Croissant · Elektroinstallationen im Ex-Bereich

de-FACHWISSEN

Die Fachbuchreihe
für Elektro- und Gebäudetechniker
in Handwerk und Industrie

André Croissant

Elektroinstallationen im Ex-Bereich

2. Auflage

Hüthig · München/Heidelberg

Für eine bessere Lesbarkeit wird in der Regel auf eine genderspezifische Schreibweise sowie eine Mehrfachbezeichnung verzichtet. Gegebenenfalls wird ausschließlich die männliche Form verwendet. Alle personenbezogenen Bezeichnungen sind geschlechtsneutral zu verstehen.

Bibliografische Information der Deutschen Nationalbibliothek
Die Deutsche Nationalbibliothek verzeichnet diese Publikation in der Deutschen Nationalbibliografie; detaillierte bibliografische Daten sind im Internet über https://portal.dnb.de/ abrufbar.

Möchten Sie Ihre Meinung zu diesem Buch abgeben?
Dann schicken Sie eine E-Mail an das Lektorat
im Hüthig Verlag:
buchservice@huethig.de
Autoren und Verlag freuen sich über Ihre Rückmeldung.

ISBN 978-3-8101-0651-3

Printed in Germany
Layout, Satz, Zeichnungen: schwesinger, galeo:design
Titelfoto: © Maria – stock.adobe.com
Druck: Westermann Druck Zwickau GmbH

Vorwort

Elektrische Anlagen in explosionsgefährdeten Bereichen verfügen über spezielle Merkmale, durch die der ordnungsgemäße Betrieb der Anlagen in diesen Bereichen ermöglicht wird. Aus Gründen der Sicherheit in explosionsgefährdeten Bereichen ist es von entscheidender Bedeutung, dass die Wirksamkeit dieser speziellen Merkmale während der gesamten Lebensdauer der Anlagen erhalten bleibt.

Bei der Ausübung von Arbeiten in und an angrenzenden Bereichen und Zonen, in denen mit explosionsfähiger Atmosphäre zu rechnen ist, gilt es stets, dem Explosionsschutz und der damit verbundenen Explosionssicherheit eine besondere Beachtung zu schenken.

Wie alle technischen Einrichtungen unterliegen beide einem recht schnellen technologischen Wandel. Die fortlaufenden Aktualisierungen der Gesetze, Verordnungen und Richtlinien und die Vielzahl von Normen und Regelwerken erschweren das tägliche Berufsleben zusätzlich.

Die möglichen Auswirkungen, die durch Explosionen hervorgerufen werden können, darunter zum Beispiel enorme Sachschäden, schwere Verletzungen und im schlimmsten Fall Unfälle mit Todesfolge, begründen jedoch die Notwendigkeit der Anforderungen durch Gesetze, Richtlinien und Verordnungen. Viele Unfälle wären in einer Nachbetrachtung und bei entsprechender Einhaltung von Vorschriften und Vorgehensweisen vermeidbar gewesen.

Richtlinien, die Anforderungen an den Explosionsschutz und die Explosionssicherheit stellen, sind unter anderem die ATEX-Richtlinien, die es bereits seit ca. 20 Jahren gibt. Seit Februar 2014 gilt die aktuelle ATEX 2014/34/EU (Herstellerrichtlinie) mit dem Titel:

„RICHTLINIE 2014/34/EU DES EUROPÄISCHEN PARLAMENTS UND DES RATES vom 26. Februar 2014 zur Harmonisierung der Rechtsvorschriften der Mitgliedstaaten für Geräte und Schutzsysteme zur bestimmungsgemäßen Verwendung in explosionsgefährdeten Bereichen (Neufassung).“

Das Thema Explosionsschutz betrifft sowohl die Hersteller als auch die Betreiber/Anwender von Anlagen, Geräten, Betriebsmitteln und Einrichtungen in explosionsfähiger Atmosphäre. Der vorbeugende Explosionsschutz (präventiver Explosionsschutz) berührt die Interessen der Hersteller und

Errichter von Anlagen, Maschinen, Geräten und Schutzeinrichtungen, die in explosionsgefährdeten Bereichen und Zonen eingesetzt und verwendet werden. Die Pflicht zur Einhaltung des Explosionsschutzes und der Explosionssicherheit von Anlagen, Bereichen und Zonen in Betrieben und Unternehmen obliegt deren Betreibern und Verantwortlichen. Hierzu wird der Explosionsschutz unter anderem durch die Betriebssicherheitsverordnung (BetrSichV) und die Gefahrstoffverordnung (GefahrStoffV) geregelt. Sicherheitsrelevante Anforderungen und Regelungen finden sich sowohl im Produktsicherheitsrecht (ATEX-Richtlinien) als auch im Arbeitssicherheitsrecht (Arbeitsschutzgesetz).

André Croissant

Einzelne Abschnitte dieses Buches wurden unter Berücksichtigung entsprechender Überarbeitung bzw. Aktualisierung übernommen aus der 2006 im Hüthig & Pflaum Verlag erschienenen 2. Auflage des Titels „Elektroinstallationen und Betriebsmittel in explosionsgefährdeten Bereichen" der Autoren *Helmut Greiner*, Dr. *Thorsten Arnhold*, Dr. rer. nat. *Dieter Beermann*, Dr. rer. nat. *Klaus de Haas*, Dipl.-Ing. (FH) *Karl Kienzle*, Dr.-Ing. *Anton Schimmele*, Dr.-Ing. *Peter Völker*.

Inhaltsverzeichnis

1 **Rechtliche Grundlagen** 15

1.1 Historische Entwicklung von Gesetzen, Verordnungen und Richtlinien 15

1.2 Richtlinie 94/9/EG – Explosionsschutzverordnung 18

1.2.1 Die neue ATEX-Richtlinie 2014/34/EU 18

1.2.2 Anwendungsbereich 19

1.2.3 Begriffe 20

1.2.4 Grundlegende Sicherheitsanforderungen 23

1.2.5 EG-Konformitätserklärungen bzw. EU-Konformitätserklärung 24

1.2.6 EG-Baumusterprüfbescheinigungen und Zertifikate nach RL 94/9/EG 24

1.2.7 Konformitätsbewertungsverfahren 25

1.2.8 Konformitätsvermutung 25

1.2.9 Qualitätssicherungssystem 25

1.2.10 Inverkehrbringen/Bereitstellung auf dem Markt und Inbetriebsetzung 29

1.2.11 Zusammenhang europäischer und internationaler Dokumente 30

1.3 Die „neue" Betriebssicherheitsverordnung (BetrSichV) 31

1.3.1 Anwendungsbereich 31

1.3.2 Änderungen in der BetrSichV in Bezug auf Explosionsgefährdungen 33

1.3.3 BetrSichV und deren Explosionsgefährdungen gemäß Abschnitt 3, Prüfungen und Anforderungen (befähigte Person) – Anwendungsbereich und Ziele 36

1.3.4 Prüfaufzeichnungen und Prüfbescheinigungen 40

1.3.5 Dokumentation 41

1.4 Gesetz über überwachungsbedürftige Anlagen (ÜAnlG) 42

1.5 DIN EN IEC 60079-17 (VDE 0165-10-1) 45

2 **Grundlegendes zu Ex-Zonen** 51

2.1 Explosionsschutz und Gefahrstoffverordnung (GefStoffV) 51

2.1.1 Mindestvorschriften für Ex-Bereiche 52

2.1.2 Koordinierungspflichten 54

2.2 Grundlagen zum Explosionsschutz 55

2.2.1 Risikobewertung/Risikoanalyse ... 56
2.2.2 Risikominderung ... 58
2.2.3 Die Wahrscheinlichkeit des Auftretens einer explosions-gefährdeten Atmosphäre ... 60
2.2.4 Gefährdungsbeurteilungen gemäß TRGS 720/ TRGS 721 für Ex-Bereiche und Tätigkeiten im Ex-Bereich ... 64
2.2.5 Beurteilungsmaßstäbe nach TRBS/TRGS ... 74
2.2.6 Gefährdungsbeurteilungen gemäß § 3 BetrSichV ... 75
2.3 Organisatorische Maßnahmen ... 76
2.3.1 Beschaffenheit von Arbeitsmitteln ... 77
2.3.2 Prüfung der Arbeitsmittel ... 77
2.4 Explosionsschutzmaßnahmen ... 78
2.4.1 Allgemeines und Abschnitt 3 BetrSichV – Zusätzliche Vorschriften für überwachungsbedürftige Anlagen ... 79
2.4.2 Zugelassene Überwachungsstelle nach ProdSG und BetrSichV (Abschnitt 3) ... 81
2.4.3 Prüfung vor Inbetriebnahme und vor Wiederinbetriebnahme nach prüfpflichtigen Änderungen (§ 15 BetrSichV) ... 85
2.4.4 Wiederkehrende Prüfung (§ 16 BetrSichV) ... 85
2.4.5 Prüfaufzeichnungen und Prüfbescheinigungen (§ 17 BetrSichV) ... 86
2.4.6 Anlagen mit Erlaubnispflicht (§ 18 BetrSichV) ... 86
2.5 Zündquellenanalyse ... 87

3 Zündschutzarten ... 91
3.1 Zündschutzart „e“ (Geräteschutz durch erhöhte Sicherheit) nach DIN EN 60079-7 (VDE 0170-6) ... 97
3.2 Zündschutzart „Druckfeste Kapselung“, Ex „d“ (IEC/EN 60079-1) ... 100
3.3 Zündschutzart „Eigensichere Stromkreise“, Ex „i“ (IEC/EN 60079-14) ... 104
3.3.1 Zugehörige Betriebsmittel ... 106
3.3.2 Schutzniveau (Kategorie) ia, ib, ic ... 107
3.3.2.1 Schutzniveau ia ... 107
3.3.2.2 Schutzniveau ib ... 108
3.3.2.3 Schutzniveau ic ... 108
3.3.2.4 Erdung eigensicherer Stromkreise ... 110

3.3.2.5 Schutzniveau ia, ib und Sicherheitsfaktoren ... 110
3.3.2.6 Kennzeichnung ... 111
3.4 Eigensichere Systeme ... 112
3.4.1 Nachweis der Eigensicherheit ... 114
3.4.2 Einfache eigensichere Stromkreise mit einer Quelle 114
3.4.3 Eigensichere Stromkreise mit mehreren Quellen ... 116
3.4.4 Kabel, Leitungen und Anschlussteile ... 118
3.4.5 Gefährdung durch unbeabsichtigtes Verbinden mehrerer eigensicherer Stromkreise ... 119
3.4.6 Gefährdung eigensicherer Stromkreise durch benachbarte nichteigensichere Stromkreise ... 119
3.4.7 Gefährdung eigensicherer Stromkreise durch unterschiedliche Erdpotentiale ... 121
3.4.8 Eigensicherheit und Blitz- und Überspannungsschutz 122
3.5 Zündschutzart „Überdruckkapselung", Ex „p" (IEC/EN 60079-2) ... 123
3.6 Statische Überdruckkapselung ... 125
3.7 Sicherheitseinrichtungen (ausgenommen statische Überdruckkapselung) ... 126
3.8 Überdruckkapselung der Betriebsarten „Ausgleich der Leckverluste" und „ständige Durchspülung" ... 127
3.8.1 Innere Freisetzung brennbarer Substanzen ... 128
3.8.2 Überdruckgekapselte Installationen ... 128
3.9 Zündschutzart „Vergusskapselung", Ex „m" (IEC/EN 60079-18) ... 129
3.9.1 Schutzniveau ma oder mb oder mc ... 130
3.9.2 Zellen und Akkumulatoren in der Zündschutzart „m" ... 131
3.9.3 Verwendung und Einsatz von Geräten mit der Zündschutzart „m" ... 131
3.10 Zündschutzart „Flüssigkeitskapselung" (Ölkapselung), Ex „o" (IEC/EN 60079-6) ... 132
3.10.1 Allgemeine Anforderungen ... 133
3.10.2 Anforderungen beim Schutzniveau „ob": ... 134
3.10.3 Anforderungen beim Schutzniveau „oc": ... 134
3.10.4 Kennzeichnung von Geräten der Zündschutzart „o" 134
3.11 Zündschutzart „Sandkapselung", Ex „q" (IEC/EN 60079-5) 136
3.12 Zündschutzart „Vermeidung von Zündung", Ex „n" (IEC/EN 60079-15) ... 138

3.12.1 Handhabung, Ausführungen und Vorgehensweisen zur Zündschutzart „n“ ... 140
3.12.2 Anforderungen an schwadensichere Geräte, Betriebsmittel und Einrichtungen mit der Zündschutzart „nR“ ... 140
3.12.3 Beachtung bei der Verwendung von Conduit-Systemen ... 141
3.12.4 Leuchten in der Zündschutzart „nR“ ... 142
3.12.5 Dokumentation und Kennzeichnung von Betriebsmitteln mit der Zündschutzart „n“ ... 143
3.13 Zündschutzart „Geräte-Staubexplosionsschutz durch Gehäuse“, Ex „t“ (IEC 60079-31) ... 143
3.13.1 Maßnahmen und Funktionsprinzip ... 143
3.13.2 Geräteschutzniveau „ta“, „tb“ und „tc“ ... 144
3.13.3 Kombination mehrerer Zündschutzarten ... 145

4 Staubexplosionsschutz ... 147
4.1 Einführung ... 147
4.2 Zündfähiger Staub ... 147
4.2.1 Allgemeines ... 147
4.2.2 Oberflächenvergrößerung bei Teilung eines Würfels ... 148
4.3 Unterschiede zwischen Störungen im Gas-Ex und Staub-Ex ... 149
4.4 Zoneneinteilung in Bereichen, in denen mit einer gefährlichen explosionsfähigen Atmosphäre durch Staub zu rechnen ist ... 149
4.5 Mindestzündenergie ... 155
4.6 Mindestzündtemperatur/Glimmtemperatur einer Staubschicht ... 155
4.6.1 Mindestzündtemperatur einer Staubwolke ... 155
4.6.2 Oberflächentemperatur von Staubschichten bis 5 mm Dicke ... 156
4.7 Einteilung der brennbaren Stäube ... 157
4.7.1 Hybride Gemische ... 157
4.7.2 Mediendichte Kapselung ... 157
4.8 Ablagerungen von Stäuben und deren Gefahren ... 158
4.8.1 Staubschichten von 5 mm bis 50 mm Dicke ... 159
4.8.2 Staubschichten von übermäßiger Dicke ... 160
4.8.2.1 Projektieren, Auswählen und Errichten nach DIN EN 60079-14 (VDE 0165-1) ... 160

5 Schutzmaßnahmen bei elektrischen Betriebsmitteln 167
5.1 Grundlegendes und Allgemeines 167
5.2 Schutz durch Gehäuse 169
5.3 Kennzeichnung von Räumen und Bereichen aus Sicht der Betreiber nach BetrSichV 171
5.3.1 Kennzeichnungen von Betriebsmitteln und Geräten 172
5.3.2 Kennzeichnung und Aufteilung der Betriebsmittel in Gerätegruppen 174
5.3.3 Weitere Kennzeichnungselemente 174
5.4 Temperaturklassen 179
5.5 Die maximale Oberflächentemperatur eines Gerätes oder eines Betriebsmittels 179
5.6 Wesentliche und aussagekräftige Dokumentation/ Explosionsschutzdokument 179
5.6.1 Inhalte einer Anlagendokumentation 180
5.6.2 Inhalte einer Gerätedokumentation 180
5.6.3 Dokumentation zur Installation 180
5.6.4 Explosionsschutzdokument 181
5.6.4.1 Benutzerinformationen 182
5.6.4.2 ATEX in Zusammenhang mit Installationen in explosions-gefährdeten Bereichen 184
5.6.4.3 Sicherheitsgerichtete Produkte gemäß DIN 31000 (VDE 1000) 185
5.6.4.4 Betriebsmittel – Elektrische Maschinen mit sich drehenden Teilen 189
5.7 Motortechnik im Ex-Bereich 191
5.7.1 Motor-Zündschutzart „Erhöhte Sicherheit“, „e“ ... 195
5.7.2 Grenz-Übertemperatur der Wicklung 195
5.7.3 Isolationstechnische Schutzmaßnahmen 197
5.7.4 Motor – Zündschutzart „Druckfeste Kapselung“, „d“ 197
5.7.5 Anschlusstechnik 198
5.7.6 Fehlfunktionen an elektrischen Maschinen 199
5.8 Umrichtergespeiste und betriebene Motoren 200
5.9 Elektrische Motoren und Maschinen mit der Zündschutz art „e“ 202
5.10 Allgemeines zum Errichten 205
5.10.1 Elektrotechnik und ATEX 206
5.10.2 Dokumentation „Betriebsanleitung“ 207

6 Beleuchtung ... 209

6.1 Beleuchtung und Leuchten in Ex-Bereichen ... 209

6.1.1 Auswahlkriterien für Leuchten ... 209

6.2 Not- und Sicherheitsbeleuchtung ... 212

6.3 Kompaktleuchten ... 214

6.4 Leuchten für Leuchtstofflampen ... 215

7 Verwendung von Steckern, Steckverbindern und Steckdosen ... 217

7.1 Steckverbindungen mit der Zündschutzart und dem Schutzniveau „eb“ ... 217

7.2 Steckverbindungen mit dem Schutzniveau „ec“ ... 218

8 Betreiben und Laden von Zellen und Batterien ... 219

9 Vermeiden von Funken als eventuelle Zündquelle ... 221

9.1 Betrachtung einer möglichen Funkenbildung bei der Wahl der Netzart ... 221

9.2 Potentialausgleich (PA) in explosionsgefährdeten Bereichen ... 225

9.3 Potentialausgleich an beweglichen Teilen, Betriebs- und Arbeitsmitteln ... 227

9.4 Anforderungen zur Vermeidung von elektrostatischen Zündgefahren ... 228

9.5 Abschalten von Stromkreisen in explosionsgefährdeten Bereichen ... 232

9.5.1 Freischalten elektrischer Stromkreise zum sicheren Arbeiten ... 233

9.5.2 Druckfest gekapselte Schaltgeräte ... 234

9.5.2.1 Gehäusekapselung ... 235

9.5.2.2 Komponentenkapselung ... 237

9.5.2.3 Einzelkontaktkapselung ... 239

9.5.3 Überdruckkapselung ... 240

9.6 Schaltgerätekombinationen (SGK) ... 241

9.6.1 Eigensichere Stromkreise in Schaltanlagen ... 242

9.7 Kabel und Leitungsanlagen ... 242

9.7.1 Elektrische Verbindungen und Anschlussteile für äußere Leiter ... 249

9.7.1.1 Feldseitige Verbindungen ... 250

9.7.1.2 Anschlüsse und Verbindungen mit Kabelschuhen oder Vergleichbarem 251
9.7.1.3 Anschluss und feste Hindernisse 252
9.7.2 Klemmen und Klemmenkästen 253
9.7.2.1 Besonderheiten 253
9.7.2.2 Techniken 253
9.7.2.3 Klemmen in der Zündschutzart „erhöhte Sicherheit“, Ex „e“ 255
9.7.3 Zusätzliche Anforderungen an die Errichtung bei Kabel- und Leitungsanlagen zur Versorgung elektrischer Betriebsmittel, Geräte und Einrichtungen 255
9.7.3.1 Kabel- und Leitungsanlagen zur Versorgung elektrischer Geräte und Einrichtungen/Kabel- und Leitungseinführungen 256
9.7.3.2 Auswahl der Kabel und Leitungen 256

10 Betrieb und Instandhaltung von Installationen und Geräten im Ex-Bereich 259
10.1 Betrieb 259
10.2 Elektrische Schutzmaßnahmen 261
10.3 Explosionsschutz und SIL (Safety integrity Level) 262
10.4 Störungsbegrenzung an Schaltgerätekombinationen und Geräten 263
10.5 Grundlagen der Instandsetzung/Instandhaltung von Installationen und Geräten im Ex-Bereich 265
10.5.1 Besondere Instandsetzungsarbeiten 267
10.5.2 Allgemeine gültige Anforderungen an Instandsetzungsarbeiten 268
10.5.3 Prüfen und Instandhaltung elektrischer Geräte und Installationen im explosionsgefährdeten Bereich 269
10.5.3.1 Arten von Prüfungen 270
10.5.3.2 Vorgehensweise – Prüfung von Motoren 279
10.5.3.3 Kenntnisse, Fachkunde und Kompetenzen von Personen 280
10.5.3.4 Gerätereparatur, Überholung und Regenerierung 284
10.5.3.5 Arbeitsstellen mit eventuell auftretender explosionsgefährdender Atmosphäre 290
10.6 Wartung und Instandhaltung von Ex-Leuchten 292

11 Blitzeinschlagsgefahren und Blitzschutz im Bereich explosionsfähiger Atmosphäre ... 293

11.1 Ausführungen zum Schutz vor Blitzeinschlag und transienter Überspannungsschutz ... 295

11.2 Gefährdungsbeurteilung/Bewertung von Brand- und Explosionsgefährdung ... 296

11.3 Blitzschlag – Hinweise für die Gefährdungsbeurteilung ... 298

11.4 Schutzmaßnahmen ... 299

11.4.1 Besonderheiten ... 299

11.4.2 Schutzmaßnahmen für alle Ex-Zonen ... 300

11.4.3 Schutzmaßnahmen entsprechend für die Zonen 0 und 20 ... 300

11.4.4 Schutzmaßnahmen entsprechend für die Zonen 1 und 21 ... 300

11.4.5 Schutzmaßnahmen entsprechend für die Zonen 2 und 22 ... 301

11.4.6 Mögliche Schutzmaßnahmen gegen Blitzschlag in explosionsgefährdeten Bereichen, in denen Maßnahmen zur Zündquellenvermeidung erforderlich sind, gemäß TRGS 723 ... 301

11.4.7 Blitzschlag gemäß DIN EN 1127-1:2019-10 ... 302

11.4.7.1 Schutzmaßnahmen zum Blitz- und Überpannungsschutz, für Kategorien 1 (Zone 0) und Kategorie 2 (Zone1) ... 302

11.4.7.2 Schutzmaßnahmen zum Blitz- und Überpannungsschutz für Kategorie 3 (Zone 2) ... 303

11.4.8 Blitz- und Überspannungsschutz gemäß DIN EN 60079-14 (VDE 0165-1):2014-10 EN 60079-14:2014 ... 304

11.4.9 Blitzschutz-Maßnahmen gemäß DIN EN 62305-3 (VDE 0185-305-3) Beiblatt 2 ... 307

Anhang ... 311

Literaturverzeichnis ... 311

Normen ... 312

Relevante Tabellen und Bilder ... 317

Stichwortverzeichnis ... 338

1 Rechtliche Grundlagen

1.1 Historische Entwicklung von Gesetzen, Verordnungen und Richtlinien

Explosionsgefährdete Betriebsstätten, in denen eine explosionsfähige Atmosphäre aus brennbaren Gasen, Dämpfen, Nebeln oder Stäuben auftreten kann, gehören zu den überwachungsbedürftigen Anlagen nach § 2 des Geräte- und Produktsicherheitsgesetzes.

Zu den überwachungsbedürftigen Anlagen zählen gemäß § 18 der Betriebssicherheitsverordnung (BetrSichV):

- Dampfkesselanlagen,
- Druckbehälteranlagen,
- Gasabfüllanlagen,
- Gashochdruckleitungen,
- Aufzugsanlagen,
- elektrische Anlagen in explosionsgefährdeten Bereichen,
- Getränkeschankanlagen,
- Acetylenanlagen,
- Anlagen zur Lagerung, Abfüllung und Beförderung von brennbaren Flüssigkeiten.

Für diese Anlagen hat der Gesetzgeber bereits vor vielen Jahren Verordnungen erlassen, um die Sicherheit der dort beschäftigten Personen zu gewährleisten und eine Gefährdung der Umwelt auszuschließen.

Nach einer ersten Polizeiverordnung über elektrische Betriebsmittel in explosionsgefährdeten Räumen im Jahre 1943 wurde von der Bundesregierung im Rahmen des Gewerberechts § 24 der Verordnung über elektrische Anlagen in explosionsgefährdeten Räumen (ExVO) am 15.8.1963 erlassen. Mit dieser Verordnung wurden sowohl die Errichtung als auch der Betrieb von elektrischen Anlagen in explosionsgefährdeten Bereichen mit Hinweis auf die damals gültigen zutreffenden VDE-Bestimmungen geregelt.

Auch auf der europäischen Ebene wurden Teilbereiche des Explosionsschutzes frühzeitig aufgegriffen. Im Jahre 1975 wurde die (Ex)-Rahmenrichtlinie (76/117/EWG) zur Angleichung der Rechtsvorschriften der Mitgliedstaaten hinsichtlich elektrischer Betriebsmittel zur Verwendung in explosionsgefährdeten Bereichen erlassen.

Diese Richtlinie konnte jedoch erst angewandt werden, als die EG-Durchführungsrichtlinie (79/196/EWG) 1979 vorlag, durch welche die in der Zwischenzeit von der europäischen Normenorganisation CENELEC erarbeiteten harmonisierten europäischen Normen EN 50014 bis EN 50020 für elektrische Betriebsmittel als verbindlich erklärt wurden. Betriebsmittel konnten danach ungehindert in die Länder der Gemeinschaft in Verkehr gebracht werden, wenn durch eine Konformitätsbescheinigung ihre Übereinstimmung mit den harmonisierten Normen EN 50014 bis EN 50020 festgestellt wurde.

Aktuell beschreibt die Normenreihe der IEC/EN 60079 mit ihren einzelnen Teilen dieses Verhältnis zwischen der Richtlinie und den harmonisierten Normen. Die früheren Normen EN 50014 bis einschließlich der EN 50020 werden heute ersetzt durch die Normen der IEC/EN 60079-1 bis zur IEC/EN 60079-46.

Die bis dahin geltende Verordnung (ExVO) musste entsprechend angepasst werden. Die Anpassung erfolgte am 27.2.1980 durch den Erlass der Verordnung über elektrische Anlagen in explosionsgefährdeten Räumen (ElexV) als Rechtsverordnung des § 24 der Gewerbeordnung.

In den nachfolgenden Jahren wurde mit der weiteren Entwicklung der europäischen Normen des Explosionsschutzes durch Anpassungsrichtlinien – zuletzt am 11.9.1997 durch die EG-Richtlinie 97/53 EG – jeweils an den technischen Stand angepasst. Durch Bekanntmachungen des Bundesministeriums für Arbeit und Soziales im Sinne des § 2 der Verwaltungsvorschrift zur ElexV wurden diese Änderungen und Ergänzungen ins deutsche Recht übertragen.

Die ElexV wurde 1992 bei der Neugestaltung des Gewerberechts aus diesem Bereich herausgenommen und in Kenntnis der zu erwartenden neuen Richtlinien der EG in das Gerätesicherheitsgesetz, heute Geräte- und Produktsicherheitsgesetz (GSPG), eingefügt (Zweites Gesetz zur Änderung des GSG, Bekanntmachung vom 23.10.1992).

Bei der Neuordnung der Struktur der europäischen Richtlinien nach dem neuen Konzept, zu der z. B. die Maschinenrichtlinie, die EMV-Richtlinie und die Niederspannungsrichtlinie gehören, wurden auch die Explosionsschutz-Richtlinien neu verfasst und erheblich verändert. Dabei sind zwei Richtlinien entstanden:

- Richtlinie nach Artikel 95 EG-Vertrag, welche den freien Warenverkehr betrifft (früher Artikel 100a),
- Richtlinie nach Artikel 137 EG-Vertrag, die Sicherheit am Arbeitsplatz betreffend (früher Artikel 118a) (**Bild 1.1**).

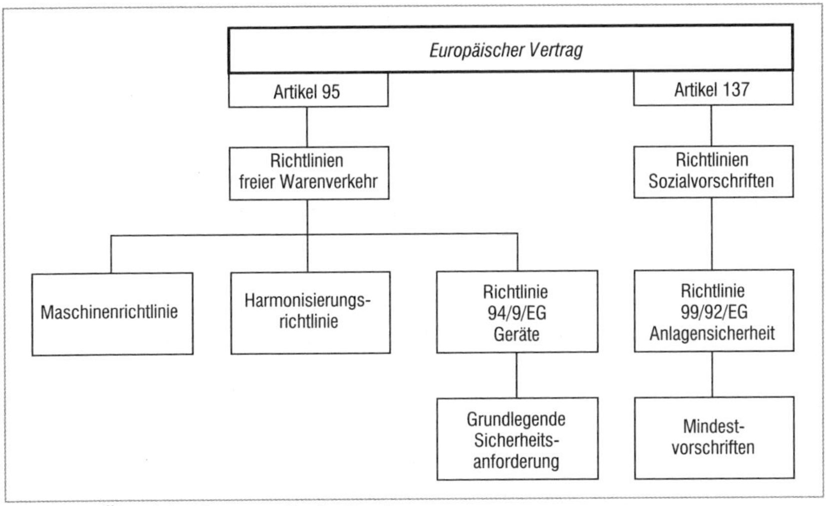

Bild 1.1 Übersicht über europäische Regelungen

Die Richtlinie 94/9/EG „Richtlinie zur Angleichung der Rechtsvorschriften der Mitgliedstaaten für Geräte und Schutzsysteme zur bestimmungsgemäßen Verwendung in explosionsgefährdeten Bereichen", die sogenannte ATEX-Richtlinie, wurde in der Bundesrepublik Deutschland mit der Veröffentlichung der Explosionsschutzverordnung (ExVO) auf § 11 GPSG vom 19.12.1996 im Bundesgesetzblatt gestützt.

Die zweite Richtlinie 99/92/EG „Richtlinie zur Verbesserung des Gesundheitsschutzes und der Sicherheit der Arbeitnehmer, die durch explosionsfähige Atmosphäre gefährdet werden können", vom 16.12.1999 wurde durch die Betriebssicherheitsverordnung (BetrSichV) am 27.9.2002 nach langer Verzögerung ebenfalls ins deutsche Recht übertragen. Diese Verordnung ist – wie bereits am Titel erkennbar – dem Arbeitsschutz zugeordnet: „Verordnung über Sicherheit und Gesundheitsschutz bei der Bereitstellung von Arbeitsmitteln und deren Benutzung bei der Arbeit, über Sicherheit beim Betrieb überwachungsbedürftiger Anlagen und der Organisation des betrieblichen Arbeitsschutzes".

Eine Übersicht über die in der Bundesrepublik Deutschland geltenden Regelungen zeigt **Tabelle 1.1**.

Grundgesetz	
Geräte- und Produktsicherheitsgesetz	Arbeitsschutzgesetz
Verordnung zum GPSG ExVO	Verordnung zum GPSG BetrSichV
Technische Regeln harmonisierte Normen	Technische Regeln TRBS 2.1.5.2 und 2.1.5.4

Tabelle 1.1 Deutsche Regelungen zum Explosionsschutz (TRBS Technische Regeln BetrSichV)

1.2 Richtlinie 94/9/EG – Explosionsschutzverordnung

Die Explosionsschutzverordnung „Verordnung über das Inverkehrbringen von Geräten und Schutzsystemen für explosionsgefährdete Bereiche" – 11. GSGV ist inhaltlich identisch mit der ATEX-Richtlinie 94/9/EG und verweist direkt auf diese Richtlinie bzw. deren Anhänge. Die Forderungen der Richtlinie werden also ohne Abweichungen ins deutsche Recht übertragen.

Die Richtlinie 94/9/EG wurde zum 26. Februar 2014 durch die ATEX-Richtlinie 2014/34/EU „Geräte und Schutzsysteme zur bestimmungsgemäßen Verwendung in explosionsgefährdeten Bereichen (Neufassung)" abgelöst.

1.2.1 Die neue ATEX-Richtlinie 2014/34/EU

Im Februar 2014 wurde die neue ATEX-Richtlinie 2014/34/EU im Amtsblatt der Europäischen Union veröffentlicht. Die erste Frage, die sich bei einer Neufassung von Richtlinien stellt, ist immer: Was hat sich geändert?

Grundlegend hat sich im Bereich des konstruktiven Explosionsschutzes, welcher in der ATEX-Richtlinie 2014/34/EU dargestellt ist, nichts geändert. Bekannte und sicherheitsrelevante Anforderungen an Geräte, Betriebsmittel und Einrichtungen in Bereichen mit explosionsfähiger Atmosphäre bleiben weitestgehend unberührt. Begrifflichkeiten und die Anpassung an das europäische Recht waren wesentlicher Bestanteil der Änderungen. So wurde zum Beispiel aus der EG-Konformitätserklärung die EU-Konformitätserklärung und aus der EG-Baumusterprüfung die EU-Baumusterprüfung.

In Bezug auf die Durchführung eines Konformitätsbewertungs-Verfahren hat sich ebenfalls nichts geändert. Die Vorgehensweise bleibt gleich der Vorgehensweise der vorangegangenen ATEX-Richtlinie.

Fazit zur neuen ATEX-Richtlinie 2014/34/EU, welche seit dem 20. April 2016 gilt:

a) Es werden keine neuen Anforderungen an den konstruktiven Explosionsschutz gestellt.
b) Hinsichtlich der Durchführung von Konformitätsbewertungsverfahren für Geräte, Einrichtungen und Betriebsmittel haben sich keine Änderungen ergeben.
c) Die harmonisierten Normen behalten ihre Gültigkeit.
d) Bescheinigungen, Zulassungen und Zertifikate behalten ihre Gültigkeit.

1.2.2 Anwendungsbereich

Diese Verordnung betrifft Geräte und Schutzsysteme für die bestimmungsgemäße Verwendung in explosionsgefährdeten Bereichen gleichermaßen. Sicherheitseinrichtungen, die außerhalb des gefährdeten Bereiches errichtet werden, die jedoch im Hinblick auf Explosionsgefahren für den sicheren Betrieb von Geräten im gefährdeten Bereich erforderlich sind, sowie Komponenten der Geräte und Systeme, werden ebenfalls von dieser Richtlinie erfasst.

Die Verordnung richtet sich an den Hersteller bzw. den Importeur/Wirtschaftsakteur solcher Geräte und Einrichtungen. Sie regelt das erste Inverkehrbringen dieser Betriebsmittel in der EU. Im Einzelnen werden Anforderungen gestellt an die

- Bauart,
- Zertifizierung,
- Herstellung und Qualitätssicherung,
- Kennzeichnung,
- Betriebsanleitung,
- Konformitätserklärung.

Diese Verordnung bezieht sich nicht auf Geräte und Systeme für den medizinischen Bereich, für durch Sprengstoffe gefährdete Bereiche, Geräte im Haushalt und auch nicht auf den See-, Luft-, Straßen- und Schienenverkehr. Betriebsmittel, die zwar im explosionsgefährdeten Bereich errichtet werden, aber keine eigene mögliche Zündquelle enthalten, fallen ebenfalls nicht unter diese Richtlinie bzw. Verordnung. Der Schutz vor sonstigen Gefahren, die von diesen Geräten ausgehen, wird nicht durch diese Verordnung, sondern durch andere Rechtsvorschriften geregelt.

Dies gilt z. B. für den Schutz vor Verletzungsgefahren bei der Handhabung und vor einer Gefährdung durch elektrischen Schlag.

Im Gegensatz zu bisherigen Regelungen beschränkt sich diese Verordnung nicht lediglich auf elektrische Betriebsmittel, sondern betrifft auch nichtelektrische Betriebsmittel.

1.2.3 Begriffe

Bestimmungsgemäßer Gebrauch

Für die bestimmungsgemäße Verwendung von Geräten, Einrichtungen und Installationen sowie Schutzsystemen für die Verwendung in explosionsgefährdeten Bereichen gilt seit dem 26. Februar 2014 die Richtlinie 2014/34/EU. Diese löst die Richtlinie 94/9/EG ab.
Die Europäische Kommission veröffentlichte einen Leitfaden: *„GUIDANCE DOCUMENT ON THE ATEX DIRECTIVE TRANSITION FROM 94/9/EC TO 2014/34/EU“* zum Übergang der ATEX-Richtlinie von der Richtlinie 94/9/EG zur Richtlinie 2014/34/EU.

Bestimmungsgemäße Verwendung

ist die Verwendung von Geräten und Schutzsystemen entsprechend der Gerätegruppe und Gerätekategorie und unter Beachtung aller Herstellerangaben, die für den sicheren Betrieb der Geräte notwendig sind.

Betreiber/Hersteller

„Gemäß Artikel 2 Nummer 12 der Richtlinie 2014/34/EU ist jede natürliche oder juristische Person, die ein Produkt herstellt bzw. entwickeln oder herstellen lässt und dieses Produkt unter ihrem eigenen Namen oder ihrer eigenen Handelsmarke vermarktet oder es für ihre eigenen Zwecke verwendet „Hersteller“ im Sinne der Richtlinie 2014/34/EU. Das bedeutet, dass auch ein Betreiber, der ein Produkt für seinen eigenen Gebrauch herstellt, damit zum Hersteller wird. In diesem Fall hat er alle Anforderungen der Richtlinie 2014/34/EU, einschließlich der erforderlichen Konformitätsbewertungsverfahren, zu erfüllen.“
(Quelle: PTB Physikalisch-Technische Bundesanstalt)

Betriebsanleitung

„Nach Artikel 6 Abs. 8 muss der Hersteller gewährleisten, dass einem Produkt die Betriebsanleitung und die Sicherheitsinformationen beigefügt sind. In Anhang II Nummer 1.0.6. ist konkretisiert, welche Inhalte die Betriebsanleitung für Geräte im Sinne der Richtlinie 2014/34/EC enthalten muss. Bei Komponenten ist diese Ziffer nicht anwendbar, da sie sich auf Geräte bezieht. Der Inhalt der Betriebsanleitung für Komponenten ist daher entsprechend anzupassen. Die Betriebsanleitung für

Komponenten soll ihre wesentlichen Merkmale beschreiben und angeben wie der Einbau in die Produkte entsprechend dem vorgesehenen Verwendungszweck zu erfolgen hat.“
(Quelle: PTB Physikalisch-Technische Bundesanstalt)

Detailprüfung
ist die Prüfung, bei der zusätzlich zu den Aspekten der Nahprüfung Defekte festgestellt werden, wie z. B. lockere Anschlüsse, die nur durch das Öffnen von Gehäusen und/oder, falls erforderlich, Verwendung von Werkzeugen und Prüfgeräten zu erkennen sind.

Erstprüfung
ist die Prüfung aller elektrischer Geräte, Systeme und Anlagen vor der ersten Inbetriebnahme.

Explosionsfähige Atmosphäre
ist ein Gemisch aus Luft und brennbaren Gasen, Dämpfen, Nebeln oder Stäuben unter atmosphärischen Bedingungen, in dem sich der Verbrennungsvorgang nach erfolgter Entzündung auf das gesamte unverbrannte Gemisch überträgt.

Fachkundige Personen in leitender Funktion (siehe auch Abschnitt 10.5.3.3 in diesem Buch)
sind Personen, die die fachliche Leitung von fachkundigem Personal wahrnehmen, angemessene Kenntnisse auf dem Gebiet des Explosionsschutzes besitzen, mit den örtlichen Gegebenheiten und der Anlage selbst vertraut sind und die Gesamtverantwortung und Überwachung der Prüfkonzepte für die elektrischen Geräte innerhalb der explosionsgefährdeten Bereiche ausüben.

Fachkundiges Personal (siehe auch Abschnitt 10.5.3.3 in diesem Buch)
sind Personen, die besondere Anforderungen an die Qualifikation des Personals erfüllen.

Geräte
sind Maschinen, Betriebsmittel, Vorrichtungen, Steuerungsteile und Warnsysteme, die einzeln oder kombiniert zur Erzeugung, Übertragung, Speicherung, Messung, Regelung und Umwandlung von Energien oder Werkstoffen dienen, soweit sie eine potentielle Zündquelle aufweisen und dadurch eine Explosion verursachen können.

Gerätegruppen
Gerätegruppe I bezieht sich auf Geräte für den Bergbau, für den Untertagebereich sowie deren Übertageanlagen, die durch Grubengas und/oder brennbare Stäube gefährdet werden können.

Gerätegruppe II gilt für Geräte für die übrigen Bereiche, die durch eine explosionsfähige Atmosphäre gefährdet werden können.

Komponenten

sind Bauteile, die für den sicheren Betrieb von Geräten und Schutzsystemen erforderlich sind, ohne jedoch selbst eine autonome Sicherheitsfunktion zu erfüllen.

Nahprüfung

ist die Prüfung, bei der zusätzlich zu den Aspekten der Sichtprüfung Defekte festgestellt werden, wie z. B. lockere Schrauben, die nur durch Verwendung von Zugangseinrichtungen, z. B. Leitern (falls erforderlich), und Werkzeugen zu erkennen sind. Für Nahprüfungen braucht ein Gehäuse üblicherweise nicht geöffnet oder das Gerät spannungsfrei geschaltet zu werden.

OBG (obere Brennbarkeitsgrenze)

ist die Konzentration eines brennbaren Gases, Dampfes oder Nebels in Luft, oberhalb der keine explosionsfähige Gasatmosphäre gebildet wird. *Anmerkung:* Speziell in der europäischen Normung und den Bestimmungen werden die Begriffe „obere Brennbarkeitsgrenze“ und „obere Explosionsgrenze“ austauschbar verwendet, um diese Grenze zu beschreiben.

Prüfung

für explosionsfähige Atmosphären ist die sorgfältige Untersuchung eines Gegenstandes, mit dem Ziel einer verlässlichen Aussage über den Zustand dieses Gegenstandes, wobei sie ohne Demontage oder, falls erforderlich, mit teilweiser Demontage durchgeführt wird, ergänzt durch Maßnahmen wie Messungen.

Schutzsysteme

sind alle Vorrichtungen, die eine anlaufende Explosion stoppen oder den von einer Explosion betroffenen Bereich begrenzen.

Sichtprüfung

ist die Prüfung, bei der ohne Nutzung von Zugangseinrichtungen oder Werkzeugen die für das Auge erkennbaren Defekte, z. B. fehlende Schrauben, festgestellt werden.

Ständige Überwachung

ist die Inspektion, Unterhaltung, Pflege, Wartung und Instandhaltung der elektrischen Anlagen durch häufig anwesendes fachkundiges Personal, das mit der betreffenden Anlage und ihren Umgebungsbedingungen Erfahrung hat, mit dem Ziel, die Explosionsschutzmerkmale der Anlage in einem ordnungsgemäßen Zustand zu erhalten.

Stichprobenprüfung
ist die Prüfung eines repräsentativen Anteils der elektrischen Geräte, Systeme und Anlagen.

UBG (untere Brennbarkeitsgrenze)
ist die Konzentration eines brennbaren Gases oder Dampfes in Luft, unterhalb der keine explosionsfähige Gasatmosphäre gebildet wird.
Anmerkung: Speziell in der europäischen Normung und den Bestimmungen werden die Begriffe „untere Brennbarkeitsgrenze" und „untere Explosionsgrenze" austauschbar verwendet, um diese Grenze zu beschreiben [4].

Wiederkehrende Prüfung
ist die Prüfung aller elektrischer Geräte, Systeme und Anlagen, die regelmäßig durchgeführt wird.

Zündtemperatur einer explosionsfähigen Gasatmosphäre
ist die niedrigste Temperatur (einer Oberfläche), an der unter festgelegten Prüfbedingungen ein brennbarer Stoff in Form von Gas oder Dampf im Gemisch mit Luft oder Luft-Inertgas gezündet wird.

1.2.4 Grundlegende Sicherheitsanforderungen

Geräte und Schutzsysteme müssen den grundlegenden Sicherheits- und Gesundheitsanforderungen (GSGA), wie diese im Anhang II der Richtlinie allgemein und bezogen auf die betroffene Gerätegruppe und Kategorie genannt sind, entsprechen. Im Gegensatz zur bisherigen Regelung gibt es keinen direkten Bezug auf technische Normen und Regeln, sondern allgemein formulierte grundlegende Sicherheitsanforderungen. Bei Beachtung und Einhaltung der von CENELEC oder CEN – den europäischen Normenorganisationen für elektrische und nicht elektrische Betriebsmittel – unter dem Mandat der EG-Kommission erstellten harmonisierten Normen durch den Hersteller, gilt die tatsächliche Rechtsvermutung, dass die grundlegenden Sicherheitsanforderungen eingehalten sind. Die harmonisierten Normen werden im Amtsblatt der Europäischen Gemeinschaften und im Bundesarbeitsblatt veröffentlicht.

„Die grundlegenden Sicherheits- und Gesundheitsanforderungen (GSGA) an Geräte und Schutzsysteme zur Verwendung in explosionsgefährdeten Bereichen haben sich durch die neue Richtlinie 2014/34/EU gegenüber der Richtlinie 94/9/EG nicht geändert. Es war das Ziel der Überarbeitung der Richtlinie durch die Europäische Kommission, diese an

den neuen Rechtsrahmen (New Legislative Framework-NLF) anzupassen. Das heißt: Übernahme der Musterbestimmungen des EG-Beschlusses Nr. 768/2008/EG vom 9. Juli 2008 über einen gemeinsamen Rechtsrahmen für die Vermarktung von Produkten sowie Berücksichtigung der Inhalte der Verordnung (EG) Nr. 765/2008 vom 9. Juli 2008 über die Vorschriften für die Akkreditierung und Marktüberwachung im Zusammenhang mit der Vermarktung von Produkten. Im Anwendungsbereich der Richtlinie 2014/34/EU werden die Komponenten nunmehr explizit genannt. Der Anhang I „Entscheidungskriterien für die Einteilung der Gerätegruppen in Kategorien" sowie der Anhang II „Wesentliche Gesundheits- und Sicherheitsanforderungen ..." wurden nicht verändert."
(Quelle: PTB Physikalisch-Technische Bundesanstalt)

1.2.5 EG-Konformitätserklärungen bzw. EU-Konformitätserklärung

Die Gültigkeit von EG-Konformitätserklärungen gemäß der Richtlinie 94/9/EG für Produkte, die vor dem 20. April 2016 in Verkehr gebracht wurden, besteht weiterhin. Geräte und Produkte, die sich in Lagerbeständen oder bereits im Vertriebsvorgang bzw. auf Vertriebswegen befinden, dürfen ebenfalls weiter in Verkehr gebracht werden. Betriebsmittel, Geräte, Einrichtungen bzw. Produkte, die nach dem 20. April 2016 in Verkehr gebracht oder zum ersten Mal in Betrieb oder zur Verwendung eingesetzt werden, müssen jedoch gemäß der Richtlinie 2014/34/EU eine EU-Konformitätserklärung nachweisen.

1.2.6 EG-Baumusterprüfbescheinigungen und Zertifikate nach RL 94/9/EG

*„Artikel 41 (2) der Richtlinie 2014/34/EU trifft die Aussage: ‚**Gemäß der Verordnung 94/9/EG ausgestellte Bescheinigungen bleiben im Rahmen der vorliegenden Richtlinie gültig.**' Mit Bescheinigungen sind Zertifikate („Certificates") einer notifizierten Stelle gemeint. Das bedeutet, dass für die EU-Konformitätserklärungen nach 2014/34/EU auch Bescheinigungen nach RL 94/9/EG weiterverwendet werden können, weil anderenfalls eine Neuzertifizierung aller Produkte notwendig wäre."*
(Quelle: PTB Physikalisch-Technische Bundesanstalt)

1.2.7 Konformitätsbewertungsverfahren

Wie schon aus anderen europäischen Richtlinien bzw. den sie umsetzenden nationalen Vorschriften bekannt, genügt die Einhaltung der grundlegenden Sicherheits- und Gesundheitsanforderungen allein für das Inverkehrbringen nicht. Es sind weitere Voraussetzungen zu erfüllen. Im Fall der Explosionsschutzverordnung ist dies insbesondere durch das „Konformitätsbewertungsverfahren“ geregelt (**Tabelle 1.2**).

Die im Konformitätsverfahren anzuwendenden Module sind mit denen anderer europäischer Richtlinien identisch. Für elektrische Geräte der Kategorien 1 und 2 (Zone 0, Zone 1, Zone 20, Zone 21) ist nach wie vor eine EU-Baumusterprüfung einer benannten Prüfstelle notwendig (**Bild 1.2**).

Für Geräte der Kategorie 3 (Zone 2, Zone 22) wird keine EU-Baumusterprüfung gefordert.

Kategorie M1 und 1	Kategorie M2 und 2		Kategorie 3
	elektrische Betriebsmittel und Verbrennungsmotoren	sonstige Betriebsmittel	
EG-Baumusterprüfung + Qualitätssicherung Produktion oder Prüfung Produkt	EG-Baumusterprüfung + Qualitätssicherung Produkt oder Konformität mit der Bauart	Herstellerbewertung + interne Fertigungskontrolle + Unterlagen bei einer benannten Stelle	Herstellerbewertung + interne Fertigungskontrolle + Unterlagen beim Hersteller
alternativ Einzelprüfung			

Tabelle 1.2 Verfahren zur Konformitätsbewertung

1.2.8 Konformitätsvermutung

Bei Produkten, die harmonisierten Normen oder Teilen dieser Normen entsprechen und deren Fundstellen im Amtsblatt der Europäischen Union veröffentlicht worden sind, wird vermutet, dass sie die wesentlichen Gesundheits- und Sicherheitsanforderungen nach Anhang II der Richtlinie 2014/34/EU erfüllen, soweit diese von den betreffenden Normen oder von Teilen dieser Normen abgedeckt sind.

1.2.9 Qualitätssicherungssystem

Der Hersteller muss ein Qualitätssicherungssystem unterhalten, dessen Anforderungen im Anhang IV und VII der Richtlinie und in der europäischen Norm EN 13980 festgelegt sind. Die Wirksamkeit dieses Systems ist von einer benannten Stelle zu bewerten.

BUREAU VERITAS

(1) **EU - Baumusterprüfbescheinigung**

(2) Geräte und Schutzsysteme zur bestimmungsgemäßen Verwendung in explosionsgefährdeten Bereichen – **Richtlinie 2014/34/EU**

(3) EU - Baumusterprüfbescheinigungsnummer

EPS 16 ATEX 1 017 **Revision 0**

(4) Gerät: Eigensicheres RFID und Barcode-Lesegerät Typ: Ident-Ex 01

(5) Hersteller: ecom instruments GmbH

(6) Anschrift: Industriestraße 2
97959 Assamstadt
Deutschland

(7) Die Bauart dieses Gerätes sowie die verschiedenen zulässigen Ausführungen sind in der Anlage zu dieser Baumusterprüfbescheinigung festgelegt.

(8) Bureau Veritas Consumer Products Services Germany GmbH bescheinigt als benannte Stelle Nr. 2004 nach Artikel 21 der Richtlinie 2014/34/EU des Europäischen Parlaments und des Rates vom 26. Februar 2014 die Erfüllung der grundlegenden Sicherheits- und Gesundheitsanforderungen für die Konzeption und den Bau von Geräten und Schutzsystemen zur bestimmungsgemäßen Verwendung in explosionsgefährdeten Bereichen gemäß Anhang II der Richtlinie. Die Ergebnisse der Prüfung sind in der vertraulichen Dokumentation unter der Referenznummer 15TH0175 festgelegt.

(9) Die grundlegenden Sicherheits- und Gesundheitsanforderungen werden erfüllt durch Übereinstimmung mit:

EN 60079-0:2012+A11:2013 **EN 60079-11:2012**

(10) Falls das Zeichen „X" hinter der Bescheinigungsnummer steht, wird auf besondere Bedingungen für die sichere Anwendung des Gerätes in der Anlage zu dieser Bescheinigung hingewiesen.

(11) Diese EU - Baumusterprüfbescheinigung bezieht sich nur auf Konzeption und Prüfung des festgelegten Gerätes gemäß Richtlinie 2014/34/EU. Weitere Anforderungen dieser Richtlinie gelten für die Herstellung und das Inverkehrbringen dieses Gerätes. Diese Anforderungen werden nicht durch diese Bescheinigung abgedeckt.

(12) Die Kennzeichnung des Gerätes muss die folgenden Angaben enthalten:

Ex II 2G Ex ib IIC T4 Gb IP64

Ex II 2D Ex ib IIIC T135°C Db IP64

[redacted]

Zertifizierungsstelle Explosionsschutz

Nürnberg, 02.05.2016

D. Zitzmann

Seite 1 von 3

Bescheinigungen ohne Unterschrift und Siegel haben keine Gültigkeit. Diese Bescheinigung darf nur unverändert weiterverbreitet werden. Auszüge oder Änderungen bedürfen der Genehmigung von Bureau Veritas Consumer Products Services Germany GmbH. EPS 16 ATEX 1 017, Revision 0.

BUREAU VERITAS
Consumer Products Services Germany GmbH
Thurn-und-Taxis-Straße 18, 90411 Nürnberg, Germany
Phone: +49 40 74041-0
cps-nuernberg@de.bureauveritas.com
www.bureauveritas.de/cps

Bild 1.2 Beispiel für eine Baumusterprüfbescheinigung (Seite 1/3)

BUREAU VERITAS

(13) **Anlage**

(14) **EU - Baumusterprüfbescheinigung EPS 16 ATEX 1 017** **Revision 0**

(15) Beschreibung des Gerätes:

Der Ident-Ex 01 ist ein tragbares RFID und Barcode-Lesegerät für den Einsatz in gas- und staubexplosionsgefährdeten Bereichen der Zonen 1 und 21 zur Datenerfassung. Die gesammelten Daten können für einen späteren Download im Lesegerät gespeichert werden oder sie können zu einem Hauptgerät (z.B. Smartphone, Tablet oder PDA) via Bluetooth übertragen werden.

Eine weitere Besonderheit ist ein eingebauter passiver RFID-Tag. Dieser vereinfacht die Handhabung des Geräts z.B. für Bluetooth Verbindungen, für NFC oder für die Geräteidentifikation.

Das Ident-Ex 01 besteht aus zwei Teilen, dem Basisgerät und verschiedenen Kopfmodulen.

Die folgenden bereits für den Cl70-Ex zertifizierten Kopfmodule können verwendet werden:

Kopfmodul	Beschreibung
SN-SE955-B*	1D Laser Barcode Scanner
EN-EX25-A*	2D Barcode Imager
NL-TLB30-B*	125/134 kHz LF RFID R/W Module Air Coil
NF-TLB30-B*	125/134 kHz LF RFID R/W Module Ferrite
NH-UNI13-B*	13.56 MHz HF RFID R/W Module
NE-UNI900-A*	868 MHz UHF RFID R/W Module
NU-UNI900-A*	915 MHz UHF RFID R/W Module
SL-SE955-TLB30A*	Kombi Module 1D Barcode + LF RFID
SF-SE955-TLB30A*	Kombi Module 1D Barcode + LF RFID
SH-SE955-UNI13-A*	Kombi Module 1D Barcode + HF RFID
NT-LID-B*	TROVAN LF RFID R/W Module
ST-SE955-LID-A*	Kombi Module 1D Barcode + Trovan

Zulässiger Umgebungstemperaturbereich: $-20°C \leq T_a \leq +50°C$

Zulässiges Zubehör:

- Handschlaufe HD ID01 – ecom Nr.: A0007005

- Lederholster LH ID01 – ecom Nr.: A0007006

Elektrische Daten:

Energieversorgung:

Versorgung über einen vom Anwender nicht austauschbaren Akku-Pack.

Uo_heating = 3,8 V, Uo_spark_ignition = 4,2 V, Io ist limitiert durch eine 1,5 A Sicherung.

Im Batterie-Pack verbauter, passiver RFID-Transponder.

Eingebautes Bluetooth-Modul mit einer Strahlungsleistung von 4 dBm (= 2,5 mW)

Seite 2 von 3

Bescheinigungen ohne Unterschrift und Siegel haben keine Gültigkeit. Diese Bescheinigung darf nur unverändert weiterverbreitet werden. Auszüge oder Änderungen bedürfen der Genehmigung von Bureau Veritas Consumer Products Services Germany GmbH. EPS 16 ATEX 1 017, Revision 0.

BUREAU VERITAS
Consumer Products Services Germany GmbH
Thurn-und-Taxis-Straße 18, 90411 Nürnberg, Germany
Phone: + 49 40 74041-0
cps-nuernberg@de.bureauveritas.com
www.bureauveritas.de/cps

Bild 1.2 Beispiel für eine Baumusterprüfbescheinigung (Seite 2/3)

BUREAU VERITAS

Installationshinweise:

Das Ident-Ex 01 darf nur außerhalb explosionsgefährdeten Bereichen mit dem mitgelieferten USB-Ladegerät mit einer Maximalspannung von 5,5 VDC geladen werden (siehe Sicherheitshinweise).

Die Kopfmodule dürfen nur vom Hersteller oder einem von ihm autorisierten Service-Center gewechselt werden.

(16) Referenznummer: 15TH0175

(17) Besondere Bedingungen:

keine

(18) Grundlegende Sicherheits- und Gesundheitsanforderungen:

Durch Übereinstimmung mit Normen abgedeckt.

Zertifizierungsstelle Explosionsschutz

Nürnberg, 02.05.2016

D. Zitzmann

Seite 3 von 3

Bescheinigungen ohne Unterschrift und Siegel haben keine Gültigkeit. Diese Bescheinigung darf nur unverändert weiterverbreitet werden. Auszüge oder Änderungen bedürfen der Genehmigung von Bureau Veritas Consumer Products Services Germany GmbH. EPS 16 ATEX 1 017, Revision 0.

BUREAU VERITAS
Consumer Products Services Germany GmbH
Thurn-und-Taxis-Straße 18, 90411 Nürnberg, Germany
Phone: + 49 40 74041-0
cps-nuernberg@de.bureauveritas.com
www.bureauveritas.de/cps

Bild 1.2 Beispiel für eine Baumusterprüfbescheinigung (Seite 3/3)

Auf der Basis eines Qualitätsmanagementsystems nach ISO 9001 sind zusätzliche Maßnahmen notwendig, um die Anforderungen der Richtlinie zu erfüllen.

- Verantwortung und Befugnis müssen in Bezug auf die Zusammenarbeit mit der benannten Stelle bei Änderungen am Produkt und QM-System festgelegt sein.
- Es muss sichergestellt sein, dass die Produkte mit den eingereichten technischen Unterlagen übereinstimmen.
- Es muss sichergestellt sein, dass alle Eigenschaften, die im Zertifikat oder den zugehörigen Unterlagen festgelegt sind, eingehalten werden.
- Es muss sichergestellt sein, dass nichtkonforme Produkte ausgesondert und nicht ausgeliefert werden.
- Die technischen Unterlagen sind 10 Jahre nach der letzten Auslieferung aufzubewahren.

1.2.10 Inverkehrbringen/Bereitstellung auf dem Markt und Inbetriebsetzung

Geräte und Schutzsysteme dürfen nur in Verkehr gebracht werden, wenn sie mit einem CE-Zeichen versehen sind und eine EU-Konformitätserklärung und eine Betriebsanleitung des Herstellers beigefügt sind. Produkte dürfen nur dann auf den Markt bereitgestellt und in Betrieb genommen werden, wenn sie bei ordnungsgemäßer Installation und Instandhaltung und bei bestimmungsgemäßer Verwendung die Anforderungen dieser Verordnung, z.B. 11. Verordnung zum Produktsicherheitsgesetz (Explosionsschutzprodukteverordnung – 11. ProdSV) erfüllen.

In der EU-Konformitätserklärung muss der Hersteller u.a. bestätigen, dass,

- die Geräte die grundlegenden Sicherheitsanforderungen erfüllen,
- das vorgeschriebene Konformitätsverfahren eingehalten ist,
- der Hersteller seine Verpflichtungen gegenüber der benannten Stelle erfüllt hat,
- eine Betriebsanleitung in der Sprache des Verwenderlandes beigefügt ist.

Die Betriebsanleitung des Herstellers muss den bestimmungsgemäßen Gebrauch des Betriebsmittels ermöglichen. Im Anhang II sind detaillierte Anforderungen aufgelistet.

Die Mindestanforderungen an die Betriebsanleitungen sind u.a.:

- Gleiche Angaben wie bei der Kennzeichnung der Geräte oder Schutzsysteme mit Ausnahme der Seriennummer und gegebenenfalls wartungsrelevante Hinweise.

- Angaben zur sicheren
  - Inbetriebnahme,
  - Verwendung,
  - Montage und Demontage,
  - Instandhaltung (Wartung und Störungsbeseitigung),
  - Installation oder zum sicheren
  - Rüsten.
- Angaben, die zweifelsfrei die Entscheidung ermöglichen, ob ein Gerät entsprechend seiner Kategorie im vorgesehenen Bereich verwendet werden kann.
- Elektrische Kenngrößen, höchste Oberflächentemperatur sowie andere Grenzwerte.
- (Falls erforderlich) sind besondere Bedingungen für die sichere Verwendung, einschließlich der Hinweise auf die sachwidrige Nutzung, die erfahrungsgemäß vorkommen kann, vorzugeben.

1.2.11 Zusammenhang europäischer und internationaler Dokumente

Im Zusammenhang mit der Durchführung von Konformitätsbewertungsverfahren und der damit verbundenen CE-Kennzeichnung von Produkten (Geräten, Maschinen, usw.) haben Normen/Dokumente eine herausragende Bedeutung erhalten. Eine besondere Stellung erlangten die EN-Normen (europäischen Normen). Bei der Anwendung der harmonisierten EN-Normen durch den Hersteller eines Gerätes zum Beispiel wird die Vermutung aufgestellt, dass alle sicherheitsrelevanten Anforderungen aus der zutreffenden EU-Richtlinie zu diesem Gerät eingehalten worden sind.

Eine Europäische Norm muss den Status einer nationalen Norm erhalten, entweder durch Veröffentlichung eines identischen Textes oder durch Anerkennung. Etwaige entgegenstehende nationale Normen müssen zurückgezogen werden.

Eine Information über den Zusammenhang der zitierten Dokumente mit den entsprechenden deutschen Dokumenten ist in **Tabelle 1.3** dargestellt.

Europäisches Dokument	Internationales Dokument	Deutsches Dokument	Klassifikation VDE-Vorschriftenwerk
–	IEC 60050-426	*	–
EN 60079-0	IEC 60079-0	DIN EN 60079-0 (VDE 0170-1)	VDE 0170-1
EN 60079-1	IEC 60079-1	DIN EN 60079-1 (VDE 0170-5)	VDE 0170-5
EN 60079-2	IEC 60079-2	DIN EN 60079-2 (VDE 0170-3)	VDE 0170-3
EN 60079-7	IEC 60079-7	DIN EN 60079-7 (VDE 0170-6)	VDE 0170-6
EN 60079-11	IEC 60079-11	DIN EN 60079-11 (VDE 0170-7)	VDE 0170-7
EN 60079-17	IEC 60079-17	DIN EN 60079-17 (VDE 0170-10)	VDE 0170-10
EN 60079-18	IEC 60079-18	DIN EN 60079-18 (VDE 0170-9)	VDE 0170-9
EN 60279 (alle Teile)	IEC 60279 (alle Teile)	DIN EN 60279-0 (VDE 0687-297) (alle Teile)	VDE 0687-297
EN 61347-2-1	IEC 61347-2-1	DIN EN 61347-2-1 (VDE 0170-31)	VDE 0170-31
* Internationales Eletrotechnisches Wörterbuch – Deutsche Ausgabe, www.dke.de/dke-iev			

Tabelle 1.3 DIN VDE 0170-16

1.3 Die „neue" Betriebssicherheitsverordnung (BetrSichV)

1.3.1 Anwendungsbereich

Die seit dem 01. Juni 2015 gültige *„Verordnung über Sicherheit und Gesundheitsschutz bei der Verwendung von Arbeitsmitteln"*, besser bekannt als die „Betriebssicherheitsverordnung (BetrSichV)", wurde 2016 nochmals in Teilen geändert. Entsprechend den vorherigen Verordnungen dient auch die aktuelle BetrSichV der teilweisen Umsetzung der Explosionsschutzrichtlinie 1999/92/EG.

Mit der Novellierung der BetrSichV wurde ein wesentlicher Teil des Explosionsschutzes und der Explosionssicherheit in die Gefahrstoffverordnung (GefStoffV) transferiert. Schwerpunktmäßig wurden jedoch spezielle nationale Regelungen im Bereich der „überwachungsbedürftigen Anlagen" mit der Version und deren Änderungen im Jahr 2016 überarbeitet. Letzte Änderungen der Verordnung erfolgten am 16.07.2021.

Der Anwendungsbereich der BetrSichV und deren Zielsetzung ergibt sich aus § 1 „Anwendungsbereich und Zielsetzung":

„Diese Verordnung gilt für die Verwendung von Arbeitsmitteln. Ziel dieser Verordnung ist es, die Sicherheit und den Schutz der Gesundheit von Beschäftigten bei der Verwendung von Arbeitsmitteln zu gewährleisten. Dies soll insbesondere erreicht werden durch:

1. die Auswahl geeigneter Arbeitsmittel und deren sichere Verwendung,

2. die für den vorgesehenen Verwendungszweck geeignete Gestaltung von Arbeits- und Fertigungsverfahren sowie
3. die Qualifikation und Unterweisung der Beschäftigten.
Diese Verordnung regelt hinsichtlich der in § 18 und in Anhang 2 genannten überwachungs-bedürftigen Anlagen zugleich Maßnahmen zum Schutz anderer Personen im Gefahrenbereich, soweit diese aufgrund der Verwendung dieser Anlagen durch Arbeitgeber im Sinne des § 2 Absatz 3 gefährdet werden können."

Folgende Punkte stellen die wesentlichen Änderungen der BetrSichV vom 01.06.2015 dar:

- neue Strukturierung der Verordnung als solche,
- Beschreibung von Schutzzielen bei der Verwendung von Arbeitsmitteln,
- Darstellung und Ausarbeitung des Verhältnisses zwischen Hersteller und Arbeitgeber,
- anwendungsbezogene Darstellung von Gefährdungsbeurteilungen,
- Verdeutlichung des „Bestandsschutzes",
- Prüfinhalte und Vorgehensweisen im Rahmen eines EG-Konformitätsverfahrens,
- Überarbeitung des Teils „überwachungsbedürftige Anlagen",
- Regelung und Ausführung des Explosionsschutzdokumentes, welches in die Gefahrstoffverordnung transferiert wurde.

Aus Abschnitt 1 „Anwendungsbereich und Begriffsbestimmungen" § 1 „Anwendungsbereich und Zielsetzung" der BetrSichV geht hervor, dass Sicherheit und Gesundheitsschutz von Beschäftigten beim Einsatz und der Verwendung von Arbeitsmitteln sicherzustellen sind. Dies soll durch Maßnahmen wie

- die geeignete Auswahl von Arbeitsmitteln und deren sichere Verwendung,
- den bestimmungsgemäßen Gebrauch, den vorgesehenen Verwendungszweck, die geeignete Gestaltung von Arbeits- und Fertigungsverfahren,
- die Qualifikation und Unterweisung der Beschäftigten erreicht werden.

Die BetrSichV regelt ebenso sowohl die in Anhang 2 genannten überwachungsbedürftigen Anlagen als auch die Schutzmaßnahmen für Personen, die sich in diesen Bereichen aufhalten und mit diesen Anlagen arbeiten bzw. durch diese Anlagen gefährdet sind.

Gemäß Abschnitt 1 § 2 „Begriffsbestimmungen" Absatz 1 sind Werkzeuge, Geräte, Maschinen oder Anlagen, darunter auch überwachungsbedürftige Anlagen, die für die Arbeit eingesetzt werden, Arbeitsmittel. Der Arbeitgeber hat dafür zu sorgen, dass nur Arbeitsmittel, die geeignet sind und den

Sicherheits- und Gesundheitsschutz gewährleisten, benutzt werden. Die potenzielle Gefährdung ist so gering wie möglich zu halten. Dabei sind die vom Ausschuss für Betriebssicherheit ermittelten und vom Bundesministerium für Arbeit und Sozialordnung veröffentlichten Regeln und Erkenntnisse zu berücksichtigen.

Der in Absatz 2 des § 2 dargestellte Einsatz und die Verwendung von Arbeitsmitteln beschreiben jegliche Tätigkeit derselben.

Zu diesen Tätigkeiten gehören unter anderem

- das Montieren und Installieren,
- das Bedienen und/oder Betreiben,
- das An- und Abschalten oder Einstellen,
- das Benutzen, Einsetzen und Gebrauchen,
- Instandhalten, Reinigen und Warten,
- Umbauen, Prüfen und Erproben,
- Demontieren, Deinstallieren,
- Transportieren,
- Überwachen.

Weiterhin wird in Absatz 10 des § 2 die Begrifflichkeit des „Stand der Technik" verfasst.

Unter dem aktuellen „Stand der Technik" versteht man

„Den Entwicklungsstand fortschrittlicher Verfahren, Einrichtungen oder Betriebsweisen, der die praktische Eignung einer Maßnahme oder Vorgehensweise zum Schutz der Gesundheit und zur Sicherheit der Beschäftigten oder anderer Personen gesichert erscheinen lässt. Bei der Bestimmung des Stands der Technik sind insbesondere vergleichbare Verfahren, Einrichtungen oder Betriebsweisen heranzuziehen, die mit Erfolg in der Praxis erprobt worden sind."

1.3.2 Änderungen in der BetrSichV in Bezug auf Explosionsgefährdungen

Seit der Novellierung der BetrSichV werden die Gefährdungsbeurteilungen zu explosionsgefährdeten Bereichen/Zonen auch in der Gefahrstoffverordnung (GefStoffV) beschrieben und gefordert.

Die Gefährdungsbeurteilung oder -bewertung ist ein Verfahren zur Bewertung von Arbeitsbedingungen hinsichtlich möglicher Gefährdungen und Belastungen für die Beschäftigten im Arbeitsumfeld. Dabei werden sowohl unmittelbare als auch mittelbare Gefährdungsquellen sowie physische, chemische, biologische, psychische und ergonomische Belastungen untersucht und bewertet. Das Ziel der Gefährdungsbeurteilung besteht darin, geeignete Schutzmaßnahmen zu treffen, um Arbeitsunfälle und Gesundheitsgefahren zu minimieren oder zu vermeiden. Die Bewertung kann entweder durch eine betriebliche Fachkraft oder durch externe Experten durchgeführt werden. Ist eine Gefährdungsquelle nicht vollständig beseitigt oder minimiert, müssen weitere Schutzmaßnahmen ergriffen werden. Die Ergebnisse der Gefährdungsbeurteilung sind schriftlich festzuhalten und die erfolgten Schutzmaßnahmen sind regelmäßig zu überprüfen.

In § 3 der BetrSichV werden die Gefährdungsbeurteilungen aus Sicht der Arbeitsmittel in einzelnen Punkten wiedergegeben.

- Festlegung von Schutzmaßnahmen,
- Festlegungen zu Art und Umfang notwendiger Prüfungen,
- Prüffristen-Ermittlung,
- wiederkehrende Prüfung der Wirksamkeit von Maßnahmen und Einrichtungen in festgelegten Intervallen,
- Dokumentation von Gefährdungsbeurteilungen,
- festgelegte wiederkehrende Überprüfung von Gefährdungsbeurteilungen.

In § 6 „Informationsermittlung und Gefährdungsbeurteilung" und § 11 „Besondere Schutzmaßnahmen gegen physikalisch-chemische Einwirkungen, insbesondere gegen Brand- und Explosionsgefährdungen" der GefStoffV wird die Gefährdungsbeurteilung hinsichtlich der Gefahrstoffe betrachtet:

- Gefährdungen mit Gefahrstoffen und deren Umgang,
- Festlegung von Schutzmaßnahmen,
- Dokumentation von und über Gefährdungsbeurteilungen und deren festgelegten Schutzmaßnahmen,
- Explosionsschutzdokument,
- Wirksamkeitsprüfungen gemäß § 7,
- Arbeitsbereiche, Arbeitsplätze, Gestaltung der Arbeitsmittel derart, dass keine Gefährdungen auftreten,
- Lagerung,
- Brandschutz.

Für die Durchführung der Gefährdungsbeurteilung einschließlich der Dokumentation ist der Arbeitgeber im Rahmen seiner betrieblichen Organisation verantwortlich (§ 3 Absatz 1 Satz 1 BetrSichV). Er kann ihm obliegende Aufgaben entsprechend § 13 Absatz 2 ArbSchG schriftlich übertragen. Nähere Angaben für die Zusammenarbeit mit anderen Arbeitgebern sind in der TRBS 1111, Abs 5.5.5 enthalten.

Die Gefährdungsbeurteilung darf nur von fachkundigen Personen nach §2 Absatz 5 BetrSichV (Fachkundenachweis) durchgeführt werden. Verfügt der Arbeitgeber nicht selbst über die entsprechenden Kenntnisse, so hat er sich durch eine oder mehrere Personen fachkundig beraten zu lassen (§3 Absatz 3 Satz 4 BetrSichV). Die Fachkunde setzt auch Kenntnisse der betrieblichen Gegebenheiten voraus, z.B. Erfahrungswissen von Beschäftigten.

Folgende Mindestvorschriften für den Explosionsschutz sind nach Anhang I, Abschnitt 1.6 der Gefahrstoffverordnung bei Tätigkeiten in Bereichen mit gefährlichen explosionsfähigen Gemischen zu beachten:

„(1) Bei der Festlegung von Schutzmaßnahmen nach §12 Absatz 2 Nummer 1 sind insbesondere Maßnahmen nachfolgender Rangfolge zu ergreifen:

1. *es sind Stoffe und Gemische einzusetzen, die keine explosionsfähigen Gemische bilden können, soweit dies nach dem Stand der Technik möglich ist,*
2. *ist dies nicht möglich, ist die Bildung von gefährlichen explosionsfähigen Gemischen zu verhindern oder einzuschränken, soweit dies nach dem Stand der Technik möglich ist,*
3. *gefährliche explosionsfähige Gemische sind gefahrlos nach dem Stand der Technik zu beseitigen.*

Soweit nach der Gefährdungsbeurteilung erforderlich, sind die Maßnahmen zur Vermeidung gefährlicher explosionsfähiger Gemische durch geeignete technische Einrichtungen zu überwachen.

[...]

(3) Kann das Auftreten gefährlicher explosionsfähiger Gemische nicht sicher verhindert werden, sind Schutzmaßnahmen zu ergreifen, um eine Zündung zu vermeiden. Für die Festlegung von Maßnahmen und die Auswahl der Arbeitsmittel kann der Arbeitgeber explosionsgefährdete Bereiche in Zonen einteilen und entsprechende Zuordnungen nach Nummer 1.8 vornehmen.“

Bei den Zonen 1, 2, 21 und 22 ist vom sogenannten Normalbetrieb die Rede, *„der Zustand, in dem die Anlagen innerhalb ihrer Ausgangsparameter benutzt werden“* [5].

Welche Betriebszustände gehören somit aber zum Normalbetrieb? Dies können z.B. sein:

- Das Anfahren und Abfahren von Anlagen,
- die Freisetzung bei betriebsüblichen Störungen, z.B. Abriss eines Sackes einer Sackabfülleinrichtung,

- die regelmäßig wiederkehrende Reinigung von Anlagen, die zum laufenden Betrieb erforderlich ist,
- Tätigkeiten wie häufige bzw. gelegentliche Inspektion, Wartung und ggf. Überprüfung und die Freisetzung geringer Mengen brennbarer Stoffe (z. B. aus Dichtungen, deren Wirkung auf der Benetzung durch die geförderte Flüssigkeit beruht).

Außerhalb des Normalbetriebs gibt es besondere und seltene Vorgänge und Tätigkeiten, die bei der Zoneneinteilung nicht berücksichtigt werden müssen, jedoch Explosionsschutzmaßnahmen erfordern.

Zu den Vorgängen und Tätigkeiten können z. B. gehören:

I. Das einmalige Durchlaufen eines explosionsfähigen Bereichs im Inneren eines Flüssiggas-Lagerbehälters während der erstmaligen Befüllung,
II. die Instandsetzung nach unplanmäßiger Abschaltung mit möglichem Auftreten einer explosionsfähigen Atmosphäre,
III. der Eingriff in eine technisch dichte oder auf Dauer technisch dichte Anlage mit möglichem Auftreten einer explosionsfähigen Atmosphäre,
IV. Öffnen einer Mannklappe,
V. seltene Instandsetzungs- und Wartungsmaßnahmen mit möglichem Auftreten einer explosionsfähigen Atmosphäre.

Wichtig ist, dass innerhalb des Explosionsschutzkonzeptes einer Anlage alle Betriebsphasen betrachtet und die erforderlichen Maßnahmen auch für Betriebsphasen/Tätigkeiten außerhalb des Normalbetriebes getroffen werden [1].

1.3.3 BetrSichV und deren Explosionsgefährdungen gemäß Abschnitt 3, Prüfungen und Anforderungen (befähigte Person) – Anwendungsbereich und Ziele

Der hier beschriebene Abschnitt ist gültig für die Prüfungen

a) von Arbeitsmitteln
b) der Maßnahmen in explosionsgefährdeten Bereichen und Zonen nach § 2 der Gefahrstoffverordnung (GefStoffV)

In Abschnitt 3 der BetrSichV ist der Betrieb von überwachungsbedürftigen Anlagen mit ihren explosionsgefährdeten Bereichen, Geräten, Komponenten und Einrichtungen geregelt. Diese Anlagen sind nach wesentlichen Änderungen vor der Inbetriebnahme in festgelegten Fristen zu prüfen. Das Ziel dieser Prüfungen besteht darin, den Schutz vor Gefahren durch Brand und Explosion zwischen den einzelnen Prüfungen zu gewährleisten. Wesentlicher Bestandteil der Prüfungen ist die Beurteilung der Eignung und des bestimmungsgemäßen Verwendungszwecks sowie der technischen Maßnahmen zum Schutz nach BetrSichV und GefStoffV. Es ist zu prüfen, ob die durch die beiden zuvor genannten Verordnungen geforderten Schutzziele durch die angewandten Schutzmaßnahmen erreicht werden. Weitere Forderungen, die aufgrund geltendem Landes- oder Bundesrecht bei den Prüfungen in Bereichen, in denen mit explosionsfähiger Atmosphäre zu rechnen ist, bestehen müssen, sind zu beachten und einzuhalten. Diese Bereiche sind durch zugelassene Überwachungsstellen oder befähigte Personen zu durchleuchten.

Explosionsgefährdete Bereiche und Zonen erstrecken sich gemäß diesem Abschnitt und dem darin enthaltenen Punkt 2 „Begriffsbestimmungen" über alle sich in diesem Bereich (Bereich mit explosionsfähiger Atmosphäre) befindlichen Arbeitsmittel, deren Schnittstellen und Verbindungsteile sowie auf die dazugehörigen Gebäudeteile.

Zur Abgrenzung und Festlegung des Prüfumfangs sind auch besondere Fähigkeiten und Qualifikationen hinsichtlich der Person (befähigte Person), die diese Prüfungen durchführt, zu beachten. So werden neben den in §2 Absatz 6 geforderten Qualifikationen, der Berufsausbildung und Berufserfahrung, der zeitnahen beruflichen Tätigkeit und den erforderlichen Kenntnissen im Bereich des Prüfens von Arbeitsmitteln weitere, im Folgenden dargestellte Qualifikationen gefordert:

- einschlägige technische Berufsausbildung oder eine vergleichbare ausreichende technische Qualifikation,
- mindestens einjährige Berufserfahrung hinsichtlich der zu prüfenden Anlagen im Hinblick auf Zusammenbau, Herstellung, Errichtung und dem Betreiben inklusive Nachweiserbringung der Berufserfahrung,
- Bestätigung der regelmäßigen Teilnahme an wiederkehrenden Schulungen oder Unterweisungen über Kenntnisse zum Umgang und Verhalten und über Arbeiten in explosionsgefährdeten Bereichen bzw. Zonen.

Weitere Prüfungen gemäß den Richtlinien und Verordnungen wie die „Prüfung vor Inbetriebnahme, nach prüfpflichtiger Änderungen und nach Instandsetzung" sind an zusätzliche Qualifikationen geknüpft. Neben den Anforderungen der Qualifikation zur befähigten Person muss die Person im Übrigen über eine behördliche Anerkennung, die Qualifikation zur entsprechenden Prüfaufgabe und die erforderlichen Prüfeinrichtungen verfügen.

Hinzu kommen spezielle Voraussetzungen an Prüfer, die gemäß §18 der BetrSichV die „Prüfung vor Inbetriebnahme, nach prüfpflichtiger Änderungen und nach Instandsetzung“ und „Wiederkehrende Prüfungen“ an Anlagen durchführen. Die Anforderungen/Qualifikationen an diese Prüfer gehen über die in § 2 Absatz 6 hinaus und beinhalten unter anderem

- ein einschlägiges Studium/entsprechende Berufsausbildung/vergleichbare technische Qualifikation oder eine technische Qualifikation mit langjähriger Berufserfahrung im Bereich der Sicherheitstechnik,
- eingehende und umfangreiche Kenntnisse im Bereich des Explosionsschutzes und dessen Regelwerks,
- nachweisliche zeitnahe Tätigkeiten,
- nachweisliche Aktualisierung des Wissensstandes zu den gültigen Regelwerken durch Seminare/Erfahrungsaustausch.

Die im Regelwerk geforderten Nachweise, Zertifikate und Angaben zu Qualifikationen, Schulungen und zu Fort- und Weiterbildungen sind einem Unternehmer, einem Arbeitgeber bzw. Betreiber bei Bedarf entsprechend vorzulegen. Durch diese Vorlagen soll sichergestellt werden, dass zum Beispiel der Betreiber einer Anlage in explosionsfähiger Umgebung qualifiziertes Personal für Arbeiten in diesen Bereichen und Umgebungen auswählen kann.

Die in der Verordnung vorgegebenen Prüfungen können teilweise durch eine „befähigte Person“ bzw. eine zur Prüfung befähigten Person (zPbP) durchgeführt werden. Je nach Prüfaufgabe werden jedoch andere Anforderungen an die befähigte Person gestellt.

Für die Anlagenprüfung vor Inbetriebnahme muss die prüfende Person folgende Voraussetzungen erfüllen:

- Weisungsfreiheit zur Prüfung,
- zeitnahe berufliche Tätigkeit, auch im Bereich der Durchführung von Prüfungen,
- entsprechende technische Berufsausbildung und/oder Berufserfahrung,
- persönliche Zuverlässigkeit,
- mindestens einjährige Erfahrung mit der Herstellung, dem Zusammenbau oder der Instandsetzung von Geräten, Schutzsystemen und Sicherheits-, Kontroll- oder Regelvorrichtungen,
- Nachweis der erforderlichen Kenntnisse des Explosionsschutzes und deren Aktualisierung (Schulung).

Für die Prüfung nach einer Instandsetzung, bei der Maßnahmen des Explosionsschutzes betroffen waren, muss zusätzlich eine behördliche Anerkennung vorliegen. Diese setzt eine langjährige Erfahrung auf dem Gebiet der Sicherheitstechnik und des Explosionsschutzes voraus. Prüfungen von Arbeitsplätzen auf Einhaltung der Maßnahmen des Explosionsschutzes vor ihrer erstmaligen Nutzung dürfen nur von einer befähigten Person mit besonderen Kenntnissen auf dem Gebiet des Explosionsschutzes durchgeführt werden. Deswegen wird für diese Aufgabe ein technisches Studium oder eine vergleichbare Ausbildung vorausgesetzt. Die Anforderungen an die befähigte Person sind in der TRBS 1203 – Allgemeine Anforderungen – und Teil 1 – Besondere Anforderungen – Explosionsgefahr festgelegt. Die jeweiligen Inhalte der Prüfung können der **Tabelle 1.4** entnommen werden.

Inhalte der Prüfung vor Inbetriebnahme, nach prüfpflichtigen Änderungen und nach Instandsetzung	**Prüf-intervall**	**Qualifikation**
Prüfung von Anlagen in explosionsgefährdeten Bereichen vor erstmaliger Inbetriebnahme und nach prüfpflichtigen Änderungen auf Explosionssicherheit Zum Beispiel: Ex-Anlagen inklusive Technische und organisatorische Ex-Schutzmaßnahmen, Brandschutzmaßnahmen, MSR-Technik gemäß §§ 15 und §§ 16 BetrSichV	max. 6 x jährlich	– einschlägiges Studium ode vergleichbare technische Qualifikation – umfassende Kenntnisse zum Ex-Schutz – Nachweiserbringung der stetigen Anpassung an denjeweils aktuellen Stand – Teilnahme am Erfahrungsaustausch – ZÜS-prüfpflichtig
von Geräten, Schutzsystemen und Sicherheits-, Kontroll- oder Regelvorrichtungen im Sinne der Richtlinie 2014/34/EU nach einer Instandsetzung	alle 3 Jahre	– einschlägige technische Berufsausbildung, technische Qualifikation – eine der Prüfaufgabe entsprechende Qualifikation – erforderliche Prüfeinrichtungen oder – Herstellerprüfung – ZÜS-prüfpflichtig oder – zPbP
Inhalte wiederkehrender Prüfungen		
Zusätzliche wiederkehrende Prüfung von – Geräten, ... im Sinne der Richtlinie 2014/34/EU mit Verbindungseinrichtungen und Wechselwirkungen Alternativ Instandhaltungskonzept!	alle 3 Jahre	– einschlägige technische Berufsausbildung, technische Qualifikation – mindestens einjährige Berufserfahrung – Kenntnisse über Ex-Gefahren durch Teilnahme an Schulungen
Zusätzliche wiederkehrende Prüfung von – Lüftungsanlagen, – GWA (Gaswarnanlagen) und – Inertisierungssystemen Alternativ Instandhaltungskonzept!	jährlich	– einschlägige technische Berufsausbildung, technische Qualifikation – mindestens einjährige Berufserfahrung – Kenntnisse über Ex-Gefahren durch Teilnahme an Schulungen
Prüfungen der Funktion und Wirksamkeit der technischen Schutzmaßnahmen gemäß § 7 (7) der GefStoffV		
Prüfungen der Funktion und Wirksamkeit der technischen Schutzmaßnahmen	max. 3 x jährlich	keine Angaben durch die GefStoffV

Tabelle 1.4 Prüfung von Arbeitsmitteln nach Anhang 2, Abs. 3 der BetrSichV in Abhängigkeit der Qualifikation

1.3.4 Prüfaufzeichnungen und Prüfbescheinigungen

Gemäß § 17 der BetrSichV sind die Prüfergebnisse aus den vorgenannten Prüfungen nachzuweisen und zu dokumentieren. Die Prüfaufzeichnungen und/oder Prüfbescheinigungen müssen mindestens enthalten:

1. Anlagenzuordnung, Kennzeichnung, Identifikation
2. Datum der erfolgten und durchgeführten Prüfung
3. Prüfumfang und Prüfart
4. Prüf- und Bewertungsgrundlagen
5. Wirksamkeit und Funktion der getroffenen Schutzmaßnahmen
6. Ergebnisse der Prüfung
7. Angaben zur Frist bis zur nächsten Prüfung

Grundsätzlich sind die Bescheinigungen und/oder Aufzeichnungen zu den Prüfungen über die gesamte Betriebszeit bzw. Verwendungsdauer der Anlage aufzubewahren.

Die Prüfung der Explosionssicherheit inklusive der Brandschutzmaßnahmen von Anlagen in explosionsgefährdeten Bereichen nach § 18 der BetrSichV (erlaubnispflichtige Anlagen) mit einem Flammpunkt von < 23 °C obliegt allein der ZÜS-Ex. Überwachungsbedürftige Anlagen werden nach der BetrSichV von zugelassenen Überwachungsstellen (ZÜS = zugelassene Überwachungsstelle) geprüft. Die Zentralstelle der Länder für Sicherheitstechnik (ZLS) erteilt hierfür die Befugnis und fordert von den ZÜS einen gemeinsamen Erfahrungsaustausch. Die Bekanntmachung der ZÜS erfolgt nach § 19 Abs. 5 ÜAnlG durch die Bundesanstalt für Arbeitsschutz und Arbeitsmedizin (BAuA).

Zu diesen erlaubnispflichtigen Anlagen gehören nach § 18 und Anhang 2 der Betriebssicherheitsverordnung folgende Anlagen:

- *„Aufzugsanlagen (Anhang 2 Abschnitt 2 BetrSichV)*
  - *Aufzugsanlagen im Sinne der Richtlinie 2014/33/EU (Aufzugsrichtlinie)*
  - *bestimmte Maschinen im Sinne des Anhangs IV Ziffer 17 der Richtlinie 2006/42/EG (Maschinenrichtlinie)*
  - *Personen-Umlaufaufzüge*
- *Anlagen in explosionsgefährdeten Bereichen (Anhang 2 Abschnitt 3 BetrSichV und § 18 Nr. 3-7 BetrSichV)*
  - *Lageranlagen für entzündbare Flüssigkeiten mit einem Flammpunkt von weniger als 23 Grad Celsius mit einem Gesamtrauminhalt von mehr als 10.000 l*

– Füllstellen mit einer Umschlagkapazität von mehr als 1.000 l/h für entzündbare Flüssigkeiten mit einem Flammpunkt von weniger als 23 Grad Celsius
– Tankstellen und Flugfeldbetankungsanlagen
– weitere Anlagen in explosionsgefährdeten Bereichen

- *Druckanlagen (Anhang 2 Abschnitt 4 BetrSichV)*
  – Dampfkesselanlagen,
  – Druckbehälteranlagen,
  – Füllanlagen,
  – Leitungen unter innerem Überdruck für gefährliche Medien"

[10]

Die Sicherstellung der Explosionssicherheit von sonstigen Anlagen in explosionsgefährdeten Bereichen, von Geräten im Sinne der Richtlinie 2014/34/EU mit ihren Verbindungsvorrichtungen und Wechselwirkungen sowie von Lüftungsanlagen, Gaswarneinrichtungen und Inertisierungssystemen kann sowohl von einer ZÜS-Ex als auch von einer zPbP (zur Prüfung befähigten Person) durchgeführt werden.

1.3.5 Dokumentation

Zu Zwecken der Prüfung und Instandhaltung muss eine aktuelle Dokumentation, eine sogenannte Nachweisakte einschließlich aller Änderungsaufzeichnungen für die folgenden Punkte zur Verfügung stehen:

a) Einteilung der explosionsgefährdeten Bereiche und, falls eingeschlossen, das für jeden Ort erforderliche Geräteschutzniveau (EPL = Equipment Protection Level gemäß IEC 60079-10-1/IEC 60079-10-22),
b) für Gase: Anforderungen an die Gerätegruppe (IIA, IIB oder IIC) und die Temperaturklasse,
c) für Stäube: Anforderungen an die Gerätegruppe (IIIA, IIIB oder IIIC) und die maximale Oberflächentemperatur,
d) Geräteeigenschaften, z. B. Umgebungstemperaturbereich, Zündschutzart, IP-Schutzgrad, Korrosionsbeständigkeit,
e) ausreichende Unterlagen, um explosionsgeschützte Geräte entsprechend der zugehörigen Zündschutzart instand zu halten (z. B. Liste und Standort der Geräte, Ersatzteile, Zertifikate und technischen Informationen) und Kopien der Aufzeichnungen von vorherigen Prüfungen, einschließlich der Erstprüfung, wie in IEC 60079-14 ausführlich beschrieben.

Anforderungen an weitere Unterlagen, die benötigt werden könnten, sind in IEC 60079-14 und IEC 60079-19 enthalten.

Die Dokumentation der Anlage muss ausreichende Informationen enthalten, um:

a) eine Historie über die Instandhaltungsarbeiten einschließlich der Ursache für diese Arbeiten bereitzustellen und

b) die Wirksamkeit des Konzepts der ständigen Überwachung zu belegen.

Festgestellte Mängel und ergriffene Instandsetzungsmaßnahmen müssen aufgezeichnet werden.

Die Dokumentation kann Teil der üblichen Instandhaltungsdokumentation sein, wenn die oben genanntenPunkte a) und b) durch das Dokumentationssystem erfüllt werden können.

Der Nachweis dafür, dass sich das fachkundige Personal den Erfordernissen des Konzepts der ständigen Überwachung bewusst ist, könnte in Form von Ausbildungsprogrammen erfolgen.

Eine andere Art für den Nachweis dieser Kenntnisse ist ebenfalls möglich.

Die Angaben des Herstellers können zusätzliche Anforderungen oder Empfehlungen in Bezug auf die Prüfung und Instandhaltung umfassen, z. B. die Arten von Schmiermitteln, die verwendet werden sollten, die Häufigkeit der Prüfungen unter bestimmten klimatischen Bedingungen oder das Drehmoment, das von Verbindungselementen aufgebracht werden sollte. Im Fall eines Widerspruchs haben die Anforderungen oder Anweisungen des Herstellers Vorrang gegenüber diesem Dokument, z. B. hinsichtlich der Häufigkeit von Prüfungen.

1.4 Gesetz über überwachungsbedürftige Anlagen (ÜAnlG)

Neben Abschnitt 3 der Betriebssicherheitsverordnung (BetrSichV) regelt das Gesetz über überwachungsbedürftige Anlagen (ÜAnlG) [3] das Errichten und den Betrieb überwachungsbedürftiger Anlagen. Das Gesetz *„dient dazu, beim Betrieb überwachungsbedürftiger Anlagen die Sicherheit und den Gesundheitsschutz der Beschäftigten und anderer Personen zu gewährleisten, die sich im Gefahrenbereich einer solchen Anlage befinden“.*

Es gilt nicht

„1. für überwachungsbedürftige Anlagen in Produkten, die ihrer Bauart nach ausschließlich zur Verwendung für militärische Zwecke bestimmt sind,

2. soweit in anderen Rechtsvorschriften entsprechende oder weitergehende Vorschriften vorgesehen sind“ (ÜAnlG, §1, Absatz 3).

Was genau sind aber überwachungsbedürftige Anlagen? Nach §2 ÜAnlG zählen darunter solche Anlagen, die *„gewerblichen oder wirtschaftlichen Zwecken dienen oder durch die Beschäftigte gefährdet werden können und von denen beim Betrieb erhebliche Risiken für die Sicherheit und die Gesundheit insbesondere Beschäftigter ausgehen können und die deshalb in einer auf Grund des §31 erlassenen Rechtsverordnung als überwachungsbedürftige Anlagen bestimmt sind“* (ÜAnlG, §2).

Der Betreiber von überwachungsbedürftigen Anlagen muss gewährleisten, dass diese so errichtet, geändert oder betrieben werden, dass die Sicherheit und der Gesundheitsschutz Beschäftigter und anderer Personen sichergestellt ist.

Des Weiteren hat er die Pflicht, dafür Sorge zu tragen, dass vor und bei der ersten Inbetriebnahme einer überwachungsbedürftigen Anlage die Anlage und deren Komponenten mindestens den Rechtsvorschriften entsprechen müssen, die für sie zum Zeitpunkt der Bereitstellung/Errichtung gegolten haben. Dies gilt auch für Teile einer überwachungsbedürftigen Anlage.

Zu den in Frage kommenden und zuvor genannten Rechtsvorschriften gehören insbesondere Verordnungen der Europäischen Union und Rechtsvorschriften, mit denen Richtlinien der Europäischen Union in deutsches Recht umgesetzt wurden.

Überwachungsbedürftige Anlagen und Teile überwachungsbedürftiger Anlagen, die der Betreiber für eigene Zwecke selbst hergestellt hat, müssen bei der ersten Inbetriebnahme den grundlegenden Anforderungen der Rechtsvorschriften sowie den Anforderungen der für sie geltenden Rechtsvorschriften entsprechen.

Der Betreiber hat vorbehaltlich einer auf Grund des §31 des ÜAnlG erlassenen Rechtsverordnung eine Gefährdungsbeurteilung durchzuführen, das Ergebnis zu dokumentieren und daraus notwendige und geeignete dem Stand der Technik entsprechende Schutzmaßnahmen abzuleiten und durchzuführen. Dabei ist das sogenannte TOP-Prinzip anzuwenden:

1. Technische Schutzmaßnahmen vor
2. Organisatorischen Schutzmaßnahmen vor
3. Persönlichen Schutzmaßnahmen (PSA)

Die Wirksamkeit der Schutzmaßnahmen ist vor der ersten Inbetriebnahme vom Betreiber zu überprüfen und das Ergebnis zu dokumentieren.

Die zuvor genannten Anforderungen *„gelten nicht, soweit entsprechende Überprüfungen im Rahmen von Prüfungen nach § 7 Absatz 1 Satz 1 Nummer 1 bis 3 ÜAnlG durchgeführt wurden“* (ÜAnlG, § 5, Absatz 3).

Weiterhin hat der Betreiber *„sicherzustellen, dass überwachungsbedürftige Anlagen durch Instandhaltungsmaßnahmen dauerhaft in einem sicheren Zustand gehalten werden“* (ÜAnlG, § 5, Absatz 4).

Ebenso hat der Betreiber einer überwachungsbedürftigen Anlage die Verpflichtung, *„mit Betreibern anderer überwachungsbedürftiger Anlagen, die in einem räumlichen oder betriebstechnischen Zusammenhang zu seiner eigenen Anlage stehen, zusammenzuarbeiten und die Schutzmaßnahmen so abzustimmen, dass Wechselwirkungen zwischen den Anlagen nicht zu Gefährdungen führen können“* (ÜAnlG, §6).

Der Betreiber einer überwachungsbedürftigen Anlage hat laut dem Gesetz über überwachungsbedürftige Anlagen (ÜAnlG) sicherzustellen, dass die Anlage

- vor der ersten Inbetriebnahme,
- vor Wiederaufnahme nach prüfpflichtigen Änderungen,
- nach außergewöhnlichen Ereignissen und
- regelmäßig wiederkehrend

auf ihren sicheren und ordnungsgemäßen Zustand geprüft wird. Des Weiteren hat er dafür Sorge zu tragen, dass die in § 10 Absatz 1 Nummer 3 oder Absatz 2 des ÜAnlG vorgeschriebenen Nachprüfungen erfolgen.

Prüfinhalte, die bereits bei Konformitätsbewertungsverfahren nach dem Produktsicherheitsrecht abgefragt und dokumentiert wurden, müssen nicht nochmals geprüft werden.

Der Betreiber einer überwachungsbedürftigen Anlage ist verpflichtet,

1. die bei einer Prüfung festgestellten Mängel innerhalb eines angemessenen Zeitraums, spätestens innerhalb eines Jahres, zu beseitigen,
2. behördlich angeordnete Prüfungen nach § 23 Absatz 2 und § 27 Absatz 5 Nummer 5 ÜAnlG unverzüglich durchführen zu lassen,
3. auf Verlangen der zugelassenen Überwachungsstelle unverzüglich die für die Prüfungen benötigten Hilfskräfte und Hilfsmittel bereitzustellen sowie die Auskünfte zu erteilen und die Unterlagen vorzulegen, die zur Durchführung der Prüfung erforderlich sind.

Ist in der auf Grund des § 31 erlassenen Rechtsverordnung nichts anderes bestimmt, hat der Betreiber einer überwachungsbedürftigen Anlage eine zugelassene Überwachungsstelle (ZÜS) mit den Prüfungen zu beauftragen. Sollte ein Mangel festgestellt werden, der eine Gefahr für die Beschäftigten oder andere Personen darstellt (gefährlicher/erheblicher Mangel), so ist die ZÜS verpflichtet, unverzüglich

- die zuständige Behörde zu informieren und ihr die entsprechende Prüfbescheinigung zu übermitteln,
- den Betreiber darüber zu informieren, dass die überwachungsbedürftige Anlage nicht betrieben werden darf und entsprechend zu kennzeichnen ist, und
- den Betreiber darauf hinzuweisen, dass die Anlage erst wieder betrieben werden darf, wenn die ZÜS in einer Nachprüfung die Beseitigung der gefährlichen Mängel nachgewiesen hat.

Wurde ein Mangel festgestellt, der eine nicht nur geringfügige Gefährdung für die Sicherheit und die Gesundheit der Beschäftigten und anderer Person darstellt, gilt fogendes:

- wird der Mangel nicht in einem vorher von der ZÜS festgelegten Zeitraum behoben (sicherheitserheblicher Mangel), ist dem Betreiber von der ZÜS mitzuteilen, dass er sie innerhalb einer von ihr gesetzten Frist mit einer Nachprüfung zu beauftragen hat.
- Geschieht dies nicht innerhalb der festgelegten Frist, hat die ZÜS die zuständige Behörde innerhalb von 14 Tagen nach Ablauf der Frist darüber zu benachrichtigen.
- Die zuständige Behörde ist auch dann innerhalb von 14 Tagen zu benachrichtigen, wenn die ZÜS bei der Nachprüfung festgestellt hat, dass der sicherheitserhebliche Mangel nicht oder nicht vollständig behoben wurde. [vgl. 3]

1.5 DIN EN IEC 60079-17 (VDE 0165-10-1)

Für die Prüfung überwachungsbedürftiger Anlagen ist zudem die DIN EN IEC 60079-17 (VDE 0165-10-1) Explosionsgefährdete Bereiche – Teil 17: „Prüfung und Instandhaltung elektrischer Anlagen“ (Stand: Oktober 2024) heranzuziehen. Für DIN EN 60079-17 (VDE 0165-10-1):2014-10 besteht eine Übergangsfrist bis 01.05.2027.

Das bedeutet, der Anwendungsbeginn für die von CENELEC am 01.05.2024 angenommene Europäische Norm als DIN-Norm ist der 01.10.2024.

In Deutschland gelten einschlägige Rechtsvorschriften, u.a. das Arbeitsschutzgesetz, die Gefahrstoffverordnung und die Betriebssicherheitsverordnung (siehe auch Konkretisierung in TRGS 720 ff. und TRBS 1201 Teil 1 „Prüfungen von Anlagen in explosionsgefährdeten Bereichen").

Die IEC 60079-17 ist einsetzbar durch Anwender und behandelt nur die Gesichtspunkte mit direktem Bezug auf die Prüfung und Instandhaltung von elektrischen Anlagen, die speziell für explosionsgefährdete Bereiche ausgelegt sind, in denen die Explosionsgefahr durch explosionsfähige Atmosphären verursacht wird.

Dieser Teil schließt Folgendes nicht ein:

- andere grundlegende Anforderungen an die Installation und Prüfung elektrischer Anlagen,
- den Eignungsnachweis für elektrische Geräte,
- Schutz oder Belüftung von Räumen,
- Gasmeldeanlagen,
- die Reparatur, Überholung und Regenerierung von explosionsgeschützten Geräten, siehe hierzu IEC 60079-19 im Kapitel 11 dieses Buches.

Obwohl die DIN EN IEC 60079 Teil 17 nicht die Prüfung von Sicherheitseinrichtungen behandelt, wie sie z.B. in belüfteten Räumen verwendet werden (siehe IEC 60079-13), enthält sie Anforderungen an die Prüfung und Instandhaltung einzelner Geräte, die Teil dieser Systeme sind, wie etwa Motoren und Sensoren.

Überprüfung nicht gekennzeichneter Geräte

Wenn bei einem explosionsgeschützten Gerät das Zertifizierungsschild oder die Zertifizierungskennzeichnung fehlt oder unleserlich ist, dürfen andere Verfahren angewendet werden, um die Rückverfolgbarkeit zu den Einzelheiten der Zertifizierung des entsprechenden Geräts zu sichern. Das angewendete Verfahren kann u.a. Folgendes einschließen:

a) zusätzliche Kennzeichnungen mit eindeutigen Anlagenkennzeichnungsnummern,
b) Seriennummern und Hinweise auf die Datenbanken in Bezug auf die Anlage.

Das Befestigungsverfahren für die Kennzeichnung darf die Wirksamkeit der Explosionsschutzmaßnahmen oder die Funktionstüchtigkeit des Gerätes nicht beeinträchtigen.

Das zur Verwaltung explosionsgeschützter Geräte verwendete Inventarisierungs- und Kennzeichnungsverfahren muss es ermöglichen, den Ersatz von Geräten durch Ersatzgeräte oder reparierte Geräte zu verfolgen, die gegenüber dem Originalgerät unterschiedliche Zertifizierungskennzeichnungen oder -details aufweisen können.

Abnahme von Geräten in Altanlagen

Bei vorhandenen Geräten, bei denen nicht bestimmt werden kann, ob sie für den Einsatz in einem explosionsgefährdeten Bereich zertifiziert sind, ist eine Gefährdungsbeurteilung dafür erforderlich, dass sie für eine Weiternutzung geeignet sind. Für einen sachgerechten Betrieb und eine ordnungsgemäße Instandhaltung der Geräte ist eine Gefährdungsbeurteilung erforderlich, um die Spezifikation der Geräte zu überprüfen, mit dem Zweck, die Eignung für den Einsatz an der speziellen Örtlichkeit festzustellen und geeignete Prüf- und Instandhaltungsanforderungen festzulegen. In diesem Zusammenhang sollte das in Anhang C beschriebene Verfahren befolgt werden.

Diese Gefährdungsbeurteilung ist für die Anwendung auf Objekte in einer Anlage vorgesehen, die älter sind als die Anforderungen für den Einsatz von zertifizierten elektrischen Geräten in explosionsgefährdeten Bereichen.

Ortsfeste Anlagen

Die Prüftiefe und das Intervall zwischen den wiederkehrenden Prüfungen müssen festgelegt sein,

a) wobei die Art der Geräte, die Hinweise des Herstellers (falls vorhanden), die die Abnutzung beeinflussenden Faktoren,
b) die Zoneneinteilung oder die EPL-Anforderungen und die Ergebnisse vorheriger Prüfungen zu berücksichtigen sind.
c) Die Prüftiefe und Häufigkeit der Prüfung dürfen für verschiedene Einheiten von Geräten an einem Standort entsprechend den individuellen Einflussgrößen für jede Geräteeinheit verändert werden, z. B. ist in korrosionsanfälligen Bereichen des Standorts möglicherweise eine Erhöhung der Häufigkeit der Prüfung erforderlich, jedoch braucht diese Erhöhung nicht auf den gesamten Standort angewendet zu werden.
d) Wenn die Prüftiefe und -häufigkeit gegenüber den Minimalanforderungen dieses Dokuments verändert werden, sollte der Prüfplan dokumentiert werden. Wo die Prüftiefe und die Intervalle für ähnliche Geräte, Anlagen und Umgebungen bereits angewendet wurden, sollten diese Erfahrungen bei der Festlegung des Prüfplans genutzt werden.

Das Intervall zwischen wiederkehrenden Prüfungen darf *drei Jahre* nicht überschreiten, ohne dass eine Gefährdungsbeurteilung durchgeführt und dokumentiert wird, die auf Geräteart, Örtlichkeit, Umgebung und der Historie der früheren Prüfungen beruht.

Die Gefährdungsbeurteilung muss von einer unabhängigen Fachperson durchgeführt werden. „Unabhängig" im Sinne der IEC 60079-17 bedeutet nicht notwendigerweise eine hinsichtlich des Betreibers „externe" Organisation oder Person.

Nachdem ein Intervall festgelegt wurde, sollte die Anlage zusätzlichen zwischenzeitlichen Stichprobenprüfungen unterzogen werden, um das vorgeschlagene Intervall und die Prüftiefe zu bestätigen oder zu verändern.

Die Prüfergebnisse werden einer fortwährenden Überprüfung unterzogen, um das Intervall zwischen den Prüfungen sowie die Prüftiefe zu begründen.

Tabelle 1.5 zeigt ein Beispiel für eine Checkliste zur Prüfung des Explosionsschutzes ortsfester Anlagen.

In den Tabellen genannte Kontrollen dürfen ausgelassen werden, wenn sie auf die Art des zu prüfenden Geräts nicht zutreffen, und Kontrollen dürfen je nach Art des Standorts ergänzt werden.

Pos.	Prüfschritt	i.O./Ja	n.i.O./Nein
1	Liegt ein Prüfplan vor?		
2	Gerät entspricht den EPL-/Zonenanforderungen des Einbauorts		
3	Gerätegruppe		
4	Maximale Oberflächentemperatur des Geräts		
5	Kennzeichnung von Stromkreisen der Geräte		
6	Ex-Geräte-Kabel- und -Leitungseinführungen		
7	Kabel- oder Leitungstyp		
8	Kabel und Leitungen Die Anlagen müssen überprüft werden, um sicherzustellen, dass die verwendeten Kabel und Leitungen mit der Dokumentation übereinstimmen.		
9	Kabel- und Leitungsabschirmungen Die Anlagen müssen inspiziert und geprüft werden, um sicherzustellen, dass die Kabel- und Leitungsabschirmungen in Übereinstimmung mit der entsprechenden Dokumentation geerdet sind.		
10	Abdichtung (Abdichtung von Schächten, Kanälen, Rohren, Conduits usw. entspricht der Anlagendokumentation und IEC 60079-14)		

Tabelle 1.5 Checkliste – Prüfung Explosionsschutz ortsfester Anlagen (Teil 1/2)

Pos.	Prüfschritt	i.O./Ja	n.i.O./Nein
Achtung: Prüf- und Messeinrichtungen Prüfeinrichtungen dürfen nur verwendet werden, wenn Vorkehrungen zur Verhinderung elektrischer Entladungen in explosionsgefährdeten Bereichen getroffen wurden. Die Verbindung von Prüfeinrichtungen außerhalb des explosionsgefährdeten Bereichs könnte zu elektrischen Entladungen im explosionsgefährdeten Bereich führen. Selbst bei der Verwendung von Messeinrichtungen, bei denen es sich um Ex-Geräte handelt, könnte die Verbindung der Prüfleitungen mit dem zu prüfenden Stromkreis zu elektrischen Entladungen im explosionsgefährdeten Bereich führen.			
1	Fehlerschleifenimpedanz oder Erdungswiderstand Die Wirksamkeit der Erdung muss überprüft werden. Die Messung darf durch Verwendung einer eigensicheren Widerstandsmesseinrichtung (nach dem vom Hersteller festgelegten Verfahren) erfolgen. Detaillierte Stichprobenprüfungen dürfen durchgeführt und die Ergebnisse mit denen der Erstprüfung verglichen werden. *Anmerkung:* Nichteigensichere Messeinrichtungen dürfen verwendet werden, wenn ein Verfahren zum sicheren Arbeiten (nach IEC 60079-14) angewendet wird und wenn seitens der für den Bereich verantwortlichen Personen sichergestellt werden kann, dass die Örtlichkeiten, an denen möglicherweise zündfähige Funken auftreten könnten, frei von einer explosionsfähigen Atmosphäre sind.		
2	Isolationswiderstand		
3	Überlastschutz Bei drehenden elektrischen Maschinen ist eine Überprüfung erforderlich, ob die Schutzeinrichtung auf den richtigen Wert für die Anwendung und nicht höher als auf den Bemessungsstrom der Maschine eingestellt ist, wie in IEC 60079-14 gefordert.		
4	Lampen und Leuchten Lampen für Leuchten müssen auf Bedingungen hin geprüft werden, die zu überhöhten Temperaturen führen können. Zu den Punkten, die geprüft werden müssen, gehören: a) fehlerhafte Angaben zu Bemessungswerten, Typ und Ort, b) Lampen, bei denen nicht leitfähige Materialien mit einer leitfähigen Beschichtung verwendet werden, c) Leuchtstofflampen, die „End of Life"-Effekte (EOL-Effekte) zeigen, in Halterungen ohne einen EOL-Schutz.		
5	Dokumentation vorhanden?		
6	Kennzeichnung vorhanden?		
7	Unbefugte Änderungen feststellbar/erkennbar?		
8	Zugehörige Betriebsmittel (Sicherheitsschnittstelle) zwischen eigensicheren und nichteigensicheren Stromkreisen		
9	Durchgängigkeit der Erdung nicht galvanisch getrennter Stromkreise Der Widerstand der Erdungsleiter zwischen dem eigensicheren hoch zuverlässigen Erdungspunkt und dem Erdungspunkt der Stromversorgung muss bei der Erstprüfung und den wiederkehrenden Prüfungen gemessen und dokumentiert werden. Bei einem TN-S-System sollte der Wert 1 Ω nicht überschreiten. Für andere Systeme dürfen die Werte anders sein.		
10	Erdverbindungen zur Erhaltung der Eigensicherheit Die Widerstände von Erdverbindungen, die zur Erhaltung der Eigensicherheit notwendig sind (wie die Erdung von Transformatorschirmen, Erdung einer Sicherheitsbarriere mit Dioden), müssen entsprechend der angegebenen Beschreibung/den Herstellerangaben gemessen werden.		
11	Erdung oder Isolierung von eigensicheren Stromkreisen		
12	Trennung zwischen eigensicheren und nichteigensicheren Stromkreisen		

Tabelle 1.5 Checkliste – Prüfung Explosionsschutz ortsfester Anlagen (Teil 2/2)

2 Grundlegendes zu Ex-Zonen

2.1 Explosionsschutz und Gefahrstoffverordnung (GefStoffV)

Spätestens seit der Novellierung der BetrSichV steht fest, dass Brand- und Explosionsgefahren in Anhang I „Besondere Vorschriften für bestimmte Gefahrstoffe und Tätigkeiten" der aktuellen Gefahrstoffverordnung (GefStoffV – Verordnung zum Schutz vor Gefahrstoffen) behandelt und betrachtet werden. § 2 „Begriffsbestimmungen" beispielsweise definiert den Begriff der Gefahrstoffe. Abschnitt 3 „Gefährdungsbeurteilung und Grundpflichten" der GefStoffV weist mit § 6 „Informationsermittlung und Gefährdungsbeurteilung" auf § 5 des Arbeitsschutzgesetzes hin und legt fest, dass bei Tätigkeiten, die den Umgang mit Gefahrstoffen betreffen, Gefährdungsbeurteilungen erfolgen müssen. Geht aus dieser durchgeführten Gefährdungsbeurteilung hervor, dass aufgrund einer explosionsfähigen Atmosphäre mit Gefahren zu rechnen ist, sind Maßnahmen zum Schutz der Beschäftigten einzuleiten, durchzuführen und auf ihre Wirksamkeit hin wiederkehrend zu prüfen. Das Explosionsschutzdokument, welches zuvor in der BetrSichV verankert war, stellt diese Gefährdungsbeurteilung in Bezug auf eventuell auftretende Atmosphären, die gefahrbringend und explosionsfähig sein können, dar.

Wichtig ist zunächst, dass es ausdrücklich erlaubt ist, im Explosionsschutzdokument auf andere, bereits vorhandene Dokumente und Berichte zu diesem Thema zu verweisen. Sind für eine Reihe von unterschiedlichen Anlagen Explosionsschutzdokumente zu erstellen, so empfiehlt sich eine Aufteilung in einen allgemeinen Teil, der für alle Anlagen gleichen Inhalts ist und deshalb nur einmal benötigt wird, sowie in einen anlagenspezifischen Teil. Der allgemeine Teil sollte neben einer prinzipiellen Inhaltsangabe (Struktur der Dokumentation), dem Gültigkeitsbereich und dem rechtlichen Bezug (Erfüllung des § 6 der Gefahrstoffverordnung) noch mindestens die folgenden Punkte enthalten:

- Systematik bei der Beurteilung von Explosionsrisiken,
- Erläuterung zur Darstellung explosionsgefährdeter Bereiche,
- Maßnahmen bei der Errichtung und dem Betreiben von Anlagen,
- Instandhaltungsmaßnahmen.

Im anlagenspezifischen Teil werden jeweils die für die einzelnen Anlagen unterschiedlichen Punkte zusammengefasst:

- Angaben zum Betriebsbereich/Anlagenteil,
- Erstelldatum, für den Betrieb Verantwortliche, deren Unterschriften und gegebenenfalls die anderer Beteiligter,
- Kurzbeschreibung der baulichen und geografischen Gegebenheiten,
- Verfahrensbeschreibung, für den Explosionsschutz wesentliche Verfahrensparameter, relevante Stoffe und ihre sicherheitstechnischen Kennzahlen – soweit für die Geräteauswahl erforderlich,
- Einstufung explosionsgefährdeter Bereiche mit Gefährdungsbeurteilung
  - in Textform einschließlich technischer Maßnahmen (z. B. Lüftung, besondere Gerätetechnik) und organisatorischer Maßnahmen,
  - als Ex-Zonenplan.
- Bewertung und Ermittlung eventuell auftretender Explosionsgefährdungen,
- Festlegung von geeigneten Schutzmaßnahmen zur Einhaltung des Explosionsschutzes (Explosionsschutzkonzept) und von Vorkehrungen zum Erreichen des Schutzziels,
- Kategorisierung der Explosionsschutzmaßnahmen zu den relevanten Bereichen,
- Mindestanforderungen gemäß § 11,
- Koordination von Personal und Firmen (Fachkenntnisse, Erfahrungen, Unterweisungen, etc.),
- Bewertung und Ermittlung von Wechselwirkungen,
- Festlegung von Ex-Bereichen/Zonen (Zoneneinteilung),
- Ermittlung der Prüffristen und Durchführung der geforderten Prüfungen §§ 15 und 16, Anhang 2, Abs. 3 der BetrSichV, sowie die Durchführung der Wirksamkeitsprüfung nach § 7 GefStoffV,
- Prüfung der Explosionssicherheit alle 6 Jahre,
- Prüfung von Geräten und Verbindungseinrichtungen alle 3 Jahre,
- jährliche Funktions- und Wirksamkeitsprüfungen von GWA, Lüftung, Inertisierungssystemen.

2.1.1 Mindestvorschriften für Ex-Bereiche

Entsprechend der jeweiligen Zone sind die Mindestvorschriften gemäß den Richtlinien und Verordnungen, wie zum Beispiel der BetrSichV und der GefStoffV, einzuhalten.

Die Mindestvorschriften für explosionsgefährdete Bereiche gelten für alle Fälle, in denen die Eigenschaften der Arbeitsumgebung, der verwendeten Arbeitsmittel oder der Stoffe sowie deren Wechselwirkung untereinander und die von der Benutzung ausgehenden Gefährdungen dies erfordern; außerdem für Einrichtungen, die sich außerhalb des gefährdeten Bereiches befinden, aber für den sicheren Betrieb im gefährdeten Bereich notwendig sind. Die Mindestvorschriften sind sowohl organisatorischer als auch technischer Natur.

Ein Beispiel für eine solche Mindestvorschrift stellt der Ex-Zonen-Plan dar, an dem sich zudem das Prinzip der Zoneneinteilung erkennen lässt.

In **Bild 2.1** ist ein in einem geschlossenen Gebäude aufgestelltes Rührgefäß, das betriebsmäßig regelmäßig zur Probenahme geöffnet wird, zu sehen. Die brennbaren Betriebsflüssigkeiten werden durch (nicht dargestellte) verschweißte und am Gefäß angeflanschte Rohrleitungen hinein- und hinausbefördert. Folgende Freisetzungsquellen sind zu betrachten:

- Flüssigkeitsoberfläche im Gefäß kontinuierlich,
- Öffnung im Gefäß primär,
- verschüttete oder austretende Flüssigkeit sekundär.

Wird Flüssigkeit verschüttet oder tritt diese aus, sammelt sie sich im Abfluss (links im Bild). Um die Ausdehnung der einzelnen Zonen festzulegen, wären noch Kenntnisse über die örtlichen Belüftungsverhältnisse und die Flüchtigkeit der eingesetzten Prozessflüssigkeiten nötig, worauf hier aber nicht weiter eingegangen werden soll.

Aus Gründen der anschaulichen Darstellung wurde vorliegend für den Ex-Zonen-Plan ein Aufriss gewählt. Sehr häufig ist aber eine Darstellung im Grundriss zweckmäßiger.

Weitere Möglichkeiten der Darstellungen zeigt **Bild 2.2.**

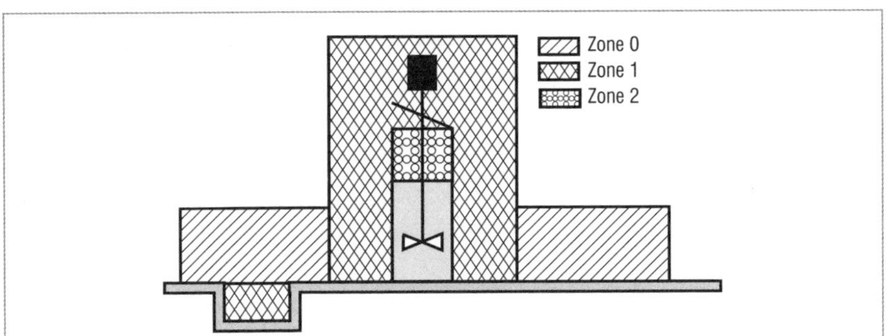

Bild 2.1 Beispiele für einen Ex-Zonen-Plan

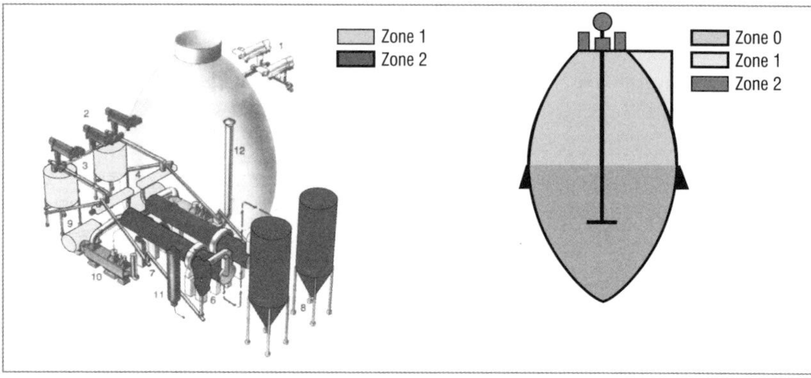

Bild 2.2 Weitere Darstellungsmöglichkeiten für Ex-Zonen-Pläne

Unter Berücksichtigung der Mindestvorschriften für Geräte, Betriebsmittel, Verbindungsvorrichtungen und Einrichtungen, welche in Bereichen/Zonen installiert und verwendet werden oder die für den Explosionsschutz in explosionsgefährdeten Bereichen/Zonen von Bedeutung sind, auch wenn sie sich selbst nicht in explosionsgefährdeten Bereichen/Zonen befinden, dürfen diese nur in Betrieb gesetzt oder verwendet werden, wenn aus der Dokumentation der Gefährdungsbeurteilung/des Explosionsschutzdokuments eindeutig hervorgeht, dass sie in diesen Bereichen/Zonen zulässig sind.

2.1.2 Koordinierungspflichten

Der Arbeitgeber, der die Verantwortung für den Betrieb trägt, koordiniert die Durchführung aller Maßnahmen, die die Sicherheit und den Gesundheitsschutz der Beschäftigten betreffen. Das ist besonders wichtig, wenn Beschäftigte unterschiedlicher Unternehmen im Betrieb tätig sind. Im Explosionsschutzdokument sind genaue Angaben zu dieser Koordinierungsaufgabe zu machen.

Auszug aus den TRBS/TRGS:

„Die Technischen Regeln für Gefahrstoffe (TRGS) geben den Stand der Technik, Arbeitsmedizin und Arbeitshygiene sowie sonstige gesicherte arbeitswissenschaftliche Erkenntnisse für Tätigkeiten mit Gefahrstoffen, einschließlich deren Einstufung und Kennzeichnung, wieder. Sie werden vom Ausschuss für Gefahrstoffe (AGS) ermittelt bzw. angepasst und vom Bundesministerium für Arbeit und Soziales im Gemeinsamen Ministerialblatt

bekannt gegeben. Diese TRGS konkretisieren im Rahmen des Anwendungsbereichs die Anforderungen der Gefahrstoffverordnung. Bei Einhaltung der Technischen Regel kann der Arbeitgeber insoweit davon ausgehen, dass die entsprechenden Anforderungen der Verordnungen erfüllt sind. Wählt der Arbeitgeber eine andere Lösung, muss er mit dieser mindestens die gleiche Sicherheit und den gleichen Gesundheitsschutz für die Beschäftigten erreichen.“
(Quelle: TRGS 722; Technische Regeln für Gefahrstoffe)

2.2 Grundlagen zum Explosionsschutz

Damit Geräte, Betriebsmittel und Einrichtungen für explosionsgefährdete Bereiche ordnungsgemäß und ihren Anforderungen entsprechend ausgewählt, eingebaut, verwendet oder installiert werden können, sind Grundlagen verschiedenster Arten notwendig. Zu diesem Grundlagenwissen gehören unter anderem die in der DIN EN 1127-1 dargestellten Kenntnisse über:

- die Durchführung der Risikobewertung,
- die Arten unterschiedlicher Risikominderungen,
- die Risikominderung und/oder das Vermeiden bzw. Einschränken einer explosionsfähigen Atmosphäre,
- die Explosionsgefahren,
- die Eigenschaften von Verbrennungsvorgängen
- das Explosionsverhalten,
- die Wahrscheinlichkeitsbetrachtungen zu einer eventuell auftretenden explosionsfähigen Atmosphäre,
- die Zündquellenbewertung/Zündquellenanalyse,
- die Zündeigenschaften von Stoffen, Gemischen und Stäuben,
- die Wahrscheinlichkeitsbetrachtung möglicher wirksamer Zündquellen,
- die Einschätzung möglicher Auswirkungen einer Explosion,
- die Gestaltungen und Möglichkeiten des konstruktiven Explosionsschutzes.

Die DIN EN 1127-1 (Stand Oktober 2011) entspricht im Vergleich und Bezug auf Maschinen und deren Sicherheit einer sogenannten Grundnorm, der Typ A-Norm. A-Normen befassen sich mit Grundlagen und sind anderen Normen, wie zum Beispiel B- und C-Normen, übergeordnet. Sie treffen und beinhalten hauptsächlich die Anforderungen in den Bereichen der Planung, der Durchführung sowie der Vorgehens- und Arbeitsweisen. Weiterhin stellt die Norm Konzepte, Durchführungsanweisungen und Arten der Methodik zum Explosionsschutz dar. Basierend sowohl auf den Grundlagen als auch auf DIN EN 1127-1 können Explosionen zum Beispiel durch Stoffe, die in Geräten, Betriebsmitteln und Einrichtungen eingesetzt, freigesetzt, verwendet und/oder verarbeitet werden, entstehen. Als ein weiterer Ausgangspunkt für Explosionen kommen neben Bereichen, in denen die Stoffe im Nahbereich von Geräten, Betriebsmitteln und Einrichtungen auftreten, auch die Werkstoffe der Geräte und Betriebsmittel selbst infrage. Um die Risiken, die zu Explosionen führen können, besser einzuschätzen, ist es unerlässlich, die Voraussetzungen, die für die Entstehung von Explosionen ursächlich sind, zu kennen. Zur Verdeutlichung sind die Bedingungen für das Entstehen einer Explosion in **Tabelle 2.1** zusammengefasst.

Gemäß Tabelle 2.1 entsteht eine gefahrdrohende explosionsfähige Atmosphäre unter entsprechenden atmosphärischen Bedingungen aus einem brennbaren Stoff oder einem brennbaren Gemisch, Luft bzw. Sauerstoff sowie einer Zündquelle.

Um Explosionen zu verhindern bzw. die Gefahr einer Explosion oder die Wahrscheinlichkeit des Entstehens eines explosionsgefährdeten Bereichs zu vermindern, sind eine Risikobewertung/Risikoanalyse und eine adäquate Risikoverringerung unabdingbar.

Pos.	Bedingung	Anmerkungen/Beispiele
1	Luft/Sauerstoff	Umluft, Umgebungsluft, Abluft, unterschiedliche Variationen von Sauerstoff
2	+ brennbarer Stoff	Gas, Gemische, Stäube (Flusen und Fasern), Nebel und Dämpfe
3	+ potentielle Zündquelle	heiße Oberflächen, elektrische Anlagen und Geräte, mechanische Funken, offene Flammen und Feuer etc.
	= **explosionsfähige Atmosphäre**	explosionsfähige Atmosphäre unter Berücksichtigung von atmosphärischen Bedingungen und deren Bezugswerten 101,3 kPa (1.013 mbar) und 20 °C (293 K). (Inkl. eventueller Abweichungen der Bezugswerte nach oben oder unten!) Spezielle Stoffe sind separat nach Stoffdaten und Eigenschaften zu betrachten.

Tabelle 2.1 Bedingungen für das Entstehen einer Explosion

2.2.1 Risikobewertung/Risikoanalyse

Bei der Risikobewertung bzw. Risikoanalyse gemäß der Richtlinie 2014/34/EU, Anhang III Nummer 3c), Anhang VIII Nummer 2 und Anhang IX Nummer 2.1 ist jeder einzelne Anlagenabschnitt, jeder Bereich, jedes Produkt und jeder Prozess individuell zu bewerten und in der Dokumentation bzw. in den Unterlagen aufzuführen. Bei dieser Bewertung geht es darum, Wahrscheinlichkeiten im Hinblick auf das Entstehen oder das Verbleiben einer explosionsfähigen Atmosphäre sowie nicht auf den Explosionsschutz bezogene Risiken festzustellen und zu bewerten. Das Auftreten potentieller Zündquellen, die Einstufung möglicher Auswirkungen einer Explosion und das Zündrisiko sind zu bestimmen und darzustellen. Bei der Durchführung der Risikobewertung/Risikoanalyse hat sich die Anwendung und Betrachtung der gültigen harmonisierten Normen als gut und hilfreich erwiesen. Die Risikobewertung bzw. die Risikoanalyse beinhaltet auch die Ergebnisse darüber, inwieweit das erforderliche Maß an Sicherheit durch entsprechende Vorkehrungen erreicht wurde. Eine umfassende und zugleich hilfreiche und aussagekräftige Risikoanalyse beschreibt einzelne Prozess- und Verfahrensschritte, eingesetzte elektrische Geräte, Betriebsmittel und deren In-stallationen in Bereichen, in denen mit explosionsfähiger Atmosphäre zu rechnen ist. Sie beschreibt weiterhin die möglichen Zündgefahren und Zündquellen, die sich durch

- Geräte, Betriebsmittel, Einrichtungen und deren Installationen,
- Wechselwirkungen der zuvor genannten Komponenten, Anlagenteile, Prozesse und Prozess- bzw. Verfahrens,- oder Hilfsstoffe,
- Schnittstellen und Nahbereiche in Prozessabläufen zu anderen Prozessen, Geräten und Einrichtungen

ergeben können.

Eine Explosionsgefahr hängt hauptsächlich von folgenden Parametern ab:

- Verwendungszweck, Einsatz, Verarbeitung, Lagerung und Freisetzung von Materialien und Stoffen,
- Materialeigenschaften und sicherheitstechnische Kenngrößen/ Stoffdaten,
- Werkstoffe und Werkstoffkombinationen der installierten und verwendeten Geräte, Betriebsmittel und Einrichtungen,
- mögliche Zündquellen,
- Reaktionsverhalten mit Luft (Sauerstoff),
- Verbrennungseigenschaften,
- Korrosionsverhalten und daraus entstehende Zündquellen und chemische Reaktionen,
- Umgebungseinflüsse (z.B.: Druck- und Temperaturschwankungen),
- Verweildauer und Menge,
- Explosionsverhalten,
- Ausdehnung und Verflüchtigung.

Tabelle 2.2 zeigt sicherheitstechnische Kenngrößen sowie sicherheitsrelevante Eigenschaften brennbarer Stoffe. Diese bilden unter anderem die Grundlage zur Risikobewertung explosionsgefährdeter Bereiche.

Pos.	sicherheitstechnische Kenngröße	Erläuterung/Bemerkung
1	unterer Explosionspunkt/Flammpunkt	wurde in der DIN EN 15794 ersetzt durch Flammpunkt
2	Explosionsgrenzen – untere Explosionsgrenze – obere Explosionsgrenze	 bezeichnet als „UEG“ bezeichnet als „OEG“
3	Sauerstoffgrenzkonzentration	bezeichnet als „SGK“
4	maximaler Explosionsdruck	„p_{max}“
5	maximale Druckanstiegsrate	$(dp/dt)_{max}$
6	Normalspaltweite	„NSW“

Tabelle 2.2 Sicherheitstechnische Kenngrößen und Eigenschaften

Um den Explosionsschutz zu gewährleisten, ist es zwingend notwendig, die grundlegenden Sicherheits- und Gesundheitsanforderungen zu erfüllen. Dazu ist ein Gefahrenbewertungsprozess (eine Gefährdungsbeurteilung) durchzuführen.

Die Geräte und Schutzsysteme müssen nach dem Prinzip der integrierten Explosionssicherheit ausgelegt sein. Hierzu hat der Hersteller Maßnahmen zu treffen, um

- vorrangig, sofern es denn möglich ist, explosionsfähige Atmosphären, die von den Geräten und Schutzsystemen selbst erzeugt oder freigesetzt werden können, zu vermeiden,
- die Entzündung explosionsfähiger Atmosphären unter Berücksichtigung von elektrischen und nichtelektrischen Zündquellenarten im Einzelfall zu verhindern,
- im Falle einer Explosion eine Gefährdung von Personen und gegebenenfalls von Haustieren oder Gütern durch direkte oder indirekte Einwirkung zu stoppen und/oder den Wirkungsbereich von Explosionsflammen und Explosionsdrücken auf ein ausreichend sicheres Maß zu begrenzen.

2.2.2 Risikominderung

Die Risikominderung stellt einen wichtigen und notwendigen Teil einer Risikoanalyse bzw. Risikobewertung dar. Das Ziel der Risikominderung ist es, das Gefahrenpotential, auch Gefährdungs-Level genannt, eines Gerätes, Betriebsmittels oder einer Einrichtung sowie von Gegenständen in explosionsgefährdeten Bereichen bzw. Zonen auf ein vertretbares Rest- und Mindestrisiko zu reduzieren. Wird bei einer Risikoanalyse festgestellt, dass die zu bewertenden Geräte, Einrichtungen und Installationen in ihrer Sicherheit und ihrer Ausführung noch nicht dem geforderten Sicherheitsstandard entsprechen, wird die Betrachtung der Risikominderung notwendig. Liegen nach der Durchführung der Risikoanalyse bzw. Risikobewertung keine Bedenken hinsichtlich des Sicherheitsstandards vor, wird die Risikominderung keine zusätzlichen Maßnahmen beinhalten.

Die Risikominderung für Anlagen, Geräte, Betriebsmittel, Gegenstände und Einrichtungen mit Installationen im explosionsgefährdeten Bereich kann in zwei Bereiche eingeteilt werden. Die Bereiche sind aufgeteilt in a) „Vorbeugender Explosionsschutz" und b) „Explosionsschutz durch konstruktive Maßnahmen (konstruktiver Explosionsschutz)". Der Bereich a) „Vorbeugender Explosionsschutz" untergliedert sich nochmals in die zwei Unterabschnitte a1) „Vermeidung oder Verringerung des Auftretens explosionsfähiger Atmosphäre" und a2) „Vermeidung von Zündquellen" (**Bild 2.3**).

Bei der Bewertung der Wahrscheinlichkeit des Auftretens einer gefährlichen explosionsfähigen Atmosphäre sind Verhaltensmuster der vorhandenen Stoffe unter bestimmten Prozessen zu berücksichtigen. Eine gefahrbringende explosionsfähige Atmosphäre kann entstehen durch

- chemische Reaktionen,
- Pyrolyse (thermo-chemische Spaltung von organischen Stoffen),
- biologische Prozesse (zum Beispiel: Stoff-Zersetzung).

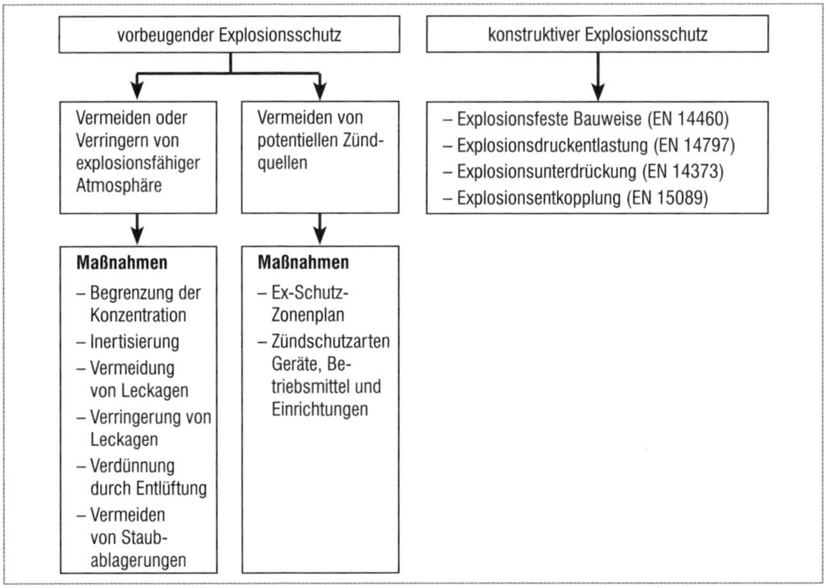

Bild 2.3 Abschätzen der Wahrscheinlichkeit einer möglichen explosionsfähigen Atmosphäre

Ist es nicht möglich, die Wahrscheinlichkeit einer eventuell auftretenden gefahrbringenden Atmosphäre im Hinblick auf eine Explosionsgefahr abzuschätzen, muss es als gegeben hingenommen werden, dass eine ständige Gefahr durch eine explosionsgefährdete Atmosphäre besteht.

2.2.3 Die Wahrscheinlichkeit des Auftretens einer explosionsgefährdeten Atmosphäre

Folgende Faktoren sind zur Einstufung bzw. Abschätzung einer voraussichtlich auftretenden Ex-Atmosphäre relevant:

- das Vorhandensein (Zeitpunkt, Zeitraum, Verweildauer etc.) eines brennbaren Stoffes,
- der Dispersionsgrad (Teilchengröße, Teilchenform, Mischung zwischen brennbaren und nicht brennbaren Teilchen) des brennbaren Stoffes,
- die Konzentration des brennbaren Stoffes in Verbindung mit Luft/Sauerstoff in einem Ex-Bereich,
- die gefahrbringende Menge einer explosionsfähigen Atmosphäre.

Die folgenden Checklisten a) und b) (**Tabelle 2.3** und **2.4**) können als „kurze“ bzw. „grobe“ Gefährdungsbeurteilung und – wie das Ablaufdiagramm (**Bild 2.4**) – als Unterstützung bei der Betrachtung der Wahrscheinlichkeit einer auftretenden gefahrbringenden Ex-Atmosphäre angesehen werden.

Die festgelegten Explosionsschutzmaßnahmen sowohl innerhalb als auch außerhalb der Zeitdauer des Normalbetriebes sind im Explosionsschutzdokument festzuhalten. Das heißt, im Explosionsschutzdokument finden sich auch Maßnahmen, die nicht im engen Zusammenhang einer Zone stehen müssen.

Hinsichtlich der Zoneneinteilung sind das Innere und das Äußere (die Umgebung) von Apparaten, Anlagen bzw. den Anlagenteilen getrennt zu betrachten.

Pos.	Vorgang/Verhaltensweise/Gefährdungsbeurteilung	gegeben	nicht gegeben
1	Kann eine chemische Reaktion stattfinden?		
1.1	Falls ja, in welchem Bereich?		
	– Prozessbereich		
	– Anlagenbereich		
	– Verfahrenstechnischer Bereich		
	– Im Bereich einer Installation		
	– Im Bereich eines Betriebsmittels, einer Einrichtung oder eines Gerätes		
2	Kann es zu einem Pyrolyse-Vorgang kommen?		
2.1	Falls ja, in welchem Bereich?		
3	Findet im Bereich ein biologischer Prozess statt?		
4	Ist ein brennbarer Stoff vorhanden?		
4.1	Welche Art des Stoffes liegt vor?		
	– Gas		
	– Staub		
	– leitfähiger Staub		
	– Fasern		
	– Flusen		
	– Gemische		
4.2	Sind die sicherheitstechnischen Kenngrößen (Stoffdaten) bekannt?		
4.3	Liegt ein Stoffgemisch vor?		
5	Ist der Dispersionsgrad des Stoffes bekannt?		
6	Ist die Konzentration des brennbaren Stoffes bekannt?		
6.1	Liegt ein Stoffgemisch vor und ist die Zusammensetzung bekannt?		
6.2	Ist die Sauerstoff- bzw. Luftkonzentration des Gemisches bekannt?		
7	Ist die Menge des gefahrbringenden Stoffes oder des Gemisches bekannt?		

Tabelle 2.3 Checkliste a): Vorgang und Vorgehensweise zur Gefährdungsbeurteilung

Pos.	Gefährdungsbeurteilung Ex-Bereiche	ja	nein
1	Ist die Wahrscheinlichkeit des Auftretens einer explosionsfähigen Atmosphäre bekannt?		
2	Ist die Dauer/der Zeitraum des Auftretens einer explosionsfähigen Atmosphäre bekannt?		
3	Um welche Art der explosionsfähigen Atmosphäre handelt es sich (Gas, Nebel, Dämpfe, Stäube oder Gemische)?		
3.1	Sind die unteren und oberen Explosionsgrenzen der Stoffe jeweils bekannt?		
3.2	Gibt es Angaben zur maximalen/minimalen Konzentration der brennbaren Stoffe?		
3.3	Sind bei Flüssigkeiten der Flammpunkt bzw. der untere Explosionspunkt (UEP) und der obere Explosionspunkt (OEP) jeweils bekannt?		
4	Ist die Wahrscheinlichkeit des Auftretens einer Zündquelle bekannt?		
5	Ist das Vorhandensein oder die Entstehung einer potentiellen Zündquelle bekannt?		
6	Wenn eine Explosion stattfindet, wie werden sich Ausmaß und Auswirkungen der Explosion gestalten?		

Tabelle 2.4 Checkliste b): Gefährdungsbeurteilung Ex-Bereiche (Teil 1/2)

Pos.	Gefährdungsbeurteilung Ex-Bereiche	ja	nein
7	Welche Schutzmaßnahmen sind vorhanden?		
	– technische Maßnahmen		
	– organisatorische Maßnahme		
7.1	Entsprechen die ausgewählten Schutzmaßnahmen den Anforderungen?		
7.2	Sind die Schutzmaßnahmen geeignet und voll umfänglich funktionsbereit?		
7.3	Kann es beim Ansprechen von Schutzmaßnahmen zu Wechselwirkungen kommen?		
7.4	Kann es zu sonstigen relevanten Wechselwirkungen kommen?		
7.5	Liegt ein Schutzkonzept für den Bereich oder die Zone vor?		
7.6	Gibt es eine Schutzzoneneinteilung/einen Zonenplan?		
7.7	Wo befindet sich die Gefahrenzone?		
	– im Inneren von Apparaturen		
	– im Nahbereich oder der Umgebung von Apparaturen, Geräten etc.		
8	Kann es zur Freisetzung oder zur Ausbreitung der gefährlichen explosionsfähigen Atmosphäre kommen?		
	– bestimmungsgemäße Freisetzung		
	– Freisetzung bei Installationsarbeiten		
	– Freisetzung bei Instandhaltungsarbeiten		
	– Freisetzung beim Probebetrieb		
	– Freisetzung beim Anfahr- oder Abfahrbetrieb		
	– Freisetzung beim Befüllen/Entleeren		
	– Freisetzung bei Störfällen		
	– Freisetzung bei Lagerung oder Verarbeitung		
8.1	Wo kann es zu Freisetzungsquellen kommen und wodurch sind diese bedingt?		
	– in Auffangräumen und Wannen		
	– bedingt durch Lüftungsmaßnahmen		
	– in Füllstellen		
	– in Entleerstellen		
	– in offenen Behältern/offenen Gerinnen		
	– an Stellteilen (betriebsbedingt)		
	– bedingt durch Korrosion		
8.2	Freisetzung durch:		
	– Verdunstung/Verflüchtigung		
	– Verspritzen oder Versprühen		
	– Undichtigkeiten		
	– Leckagen		
	– betriebsgemäße Entlüftung		

Tabelle 2.4 Checkliste b): Gefährdungsbeurteilung Ex-Bereiche (Teil 2/2)

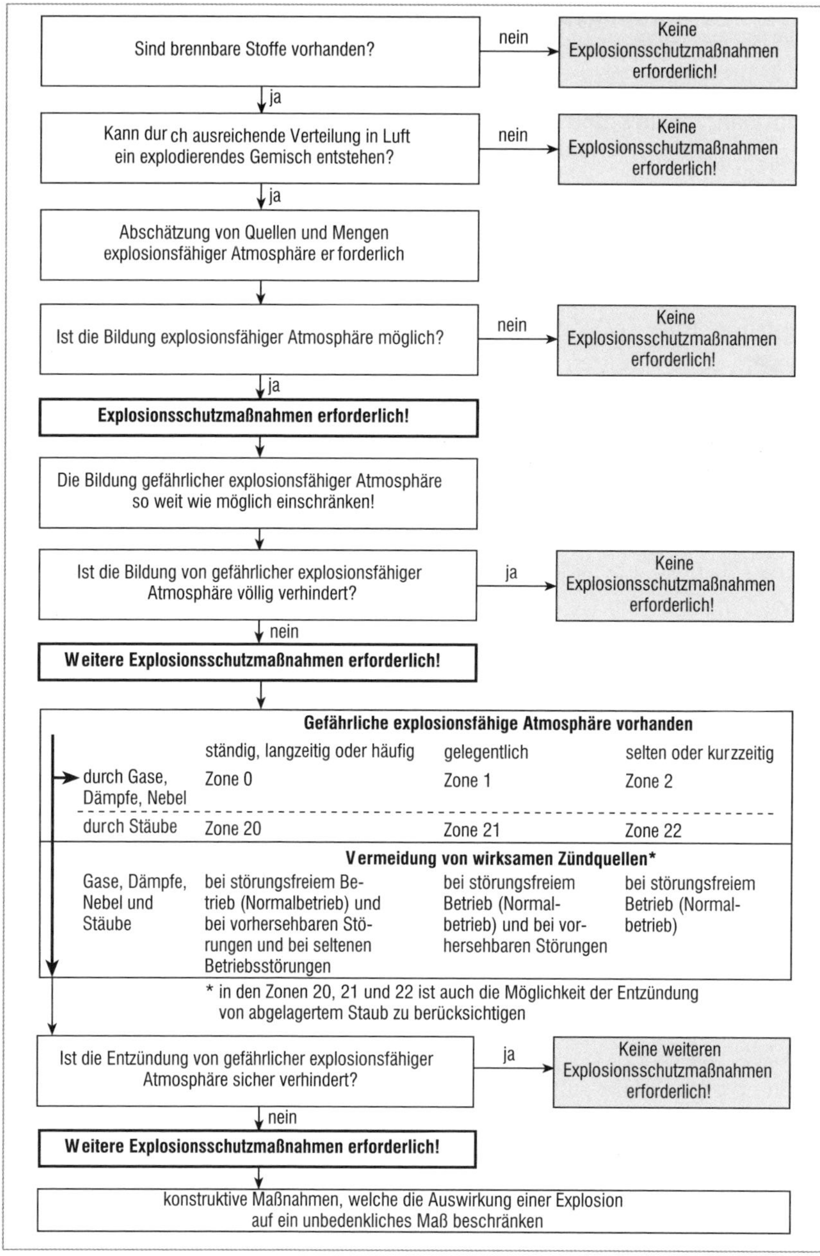

Bild 2.4 Ablaufdiagramm zur Wahrscheinlichkeitsbetrachtung zum Erkennen und Verhindern von Explosionen (nach Ex-RL)

2.2.4 Gefährdungsbeurteilungen gemäß TRGS 720/TRGS 721 für Ex-Bereiche und Tätigkeiten im Ex-Bereich

Kann während des Betreibens bzw. bei der Verwendung von technischen Anlagen, Geräten, Betriebs- und Arbeitsmitteln oder bei der Errichtung und Durchführung von Installationen die Entstehung einer gefahrdrohenden explosionsfähigen Atmosphäre nicht verhindert werden, sind sowohl gemäß der BetrSichV als auch entsprechend der GefStoffV Gefährdungsbeurteilungen zu verfassen. Diese Gefährdungsbeurteilungen sind anlagenspezifisch, arbeitsmittelspezifisch, gerätespezifisch, arbeitsplatzbezogen und tätigkeitsbezogen durchzuführen. Die Gefährdungsbeurteilungen sind hinsichtlich ihrer Wirksamkeit ständig und wiederkehrend zu prüfen und bei Durchführungen von Änderungen zu aktualisieren. Spezifische Gefährdungsbeurteilungen, wie zum Beispiel für Bereiche, in denen mit explosionsfähiger Atmosphäre zu rechnen ist, müssen die in der Tabelle 2.4, Checkliste b) aufgeführten Punkte gemäß TRGS beschreiben und darstellen.

Die IEC 60079 befasst sich mit der Einteilung von explosionsgefährdeten Bereichen, in denen Gefährdungen durch brennbare Gase oder Dämpfe auftreten können, welche dann als Grundlage zur Unterstützung bei der zweckmäßigen Auswahl und Installation von Geräten in explosionsgefährdeten Bereichen verwendet werden können.

Diese Norm ist zur Anwendung in Bereichen vorgesehen, in denen Entzündungsgefahr bestehen könnte durch das Vorhandensein von brennbaren Gasen oder Dämpfen als Gemisch mit Luft, sie gilt jedoch nicht für:

a schlagwettergefährdete Bergwerke,
b die Verarbeitung und Herstellung von Sprengstoffen,
c) unerwartete extreme Funktionsstörungen oder seltene Fehlfunktionen, die über das Konzept der in dieser Norm behandelten gewöhnlichen Situationen hinausgehen,
d) Räume, die für medizinische Zwecke benutzt werden,
e) Wohnhäuser,
f) wenn eine Gefahr aufgrund der Anwesenheit brennbarer Stäube oder brennbarer Flusen entstehen kann, aber die Prinzipien der Beurteilung eines hybriden Gemisches verwendet werden können (siehe auch IEC 60079-10-2).

Achtung: Ein zusätzlicher Leitfaden für hybride Gemische ist in Anhang I der Norm bereitgestellt.

Hier einige in diesem Zusammenhang wichtige Begriffe:

explosionsfähige Gasatmosphäre
Gemisch von Luft unter atmosphärischen Bedingungen mit brennbaren Stoffen in Form von Gas oder Dampf, das nach einer Zündung eine sich selbst unterhaltende Flammenausbreitung ermöglicht.

Anmerkung: Obwohl ein Gemisch, dessen Konzentration über der oberen Brennbarkeitsgrenze (OBG) liegt, keine explosionsfähige Gasatmosphäre ist, kann es sich leicht in eine solche verwandeln, und es ist deshalb grundsätzlich für Zwecke der Zoneneinteilung angezeigt, dieses Gemisch als explosionsfähige Gasatmosphäre zu betrachten.

Zone 0
Bereich, in dem eine explosionsfähige Gasatmosphäre ständig, für eine längere Dauer oder häufig vorhanden ist.

Anmerkung: In den Definitionen zur Zone 0 bzw. Zone 20 sind die Ausdrücke „ständig", „länger" und „häufig" im Sinne von „zeitlich überwiegend" zu finden, mit denen beabsichtigt wird, eine sehr große Wahrscheinlichkeit für das Vorhandensein von einer potenziell explosionsgefährlichen Atmosphäre im Bereich zu beschreiben.

Als Betrachtungseinheit ist hier die tatsächliche Betriebsdauer einer Anlage anzuwenden. Das heißt mit anderen Worten, dass explosionsgefährdete Bereiche der Zone 0 bzw. Zone 20 zuzuordnen sind, wenn zu mehr als 50 % der Betriebsdauer (in der Regel eine Schicht) der betrachteten Anlage oder eines Anlagenteils gefährliche explosionsfähige Atmosphäre vorherrscht.

Wird z. B. der betrachtete Teil einer Anlage im Ein-Schicht-Betrieb zehn Stunden täglich betrieben, wären dies mehr als fünf Stunden. Hierzu gehört in der Regel nur das Innere von Anlagen oder das Innere von Anlagenteilen (Verdampfer, Reaktionsgefäß, Staubfilter usw.), wenn denn die Bedingungen der Definition der Zone 0 bzw. Zone 20 erfüllt sind [5].

Zone 1
Bereich, in dem damit zu rechnen ist, dass eine explosionsfähige Gasatmosphäre im Normalbetrieb periodisch oder gelegentlich auftritt.

Überschreitet das Vorhandensein explosionsfähiger Atmosphäre eine Zeitdauer von etwa 30 min oder tritt diese gelegentlich, z. B. täglich auf, beträgt aber weniger als 50 % der Betriebsdauer der Anlage, so liegt während einer Schicht (z. B. 10 s) die Zone 1 bzw. 21 vor.

Beispiele dafür sind die nähere Umgebung von Beschickungsöffnungen, die nähere Umgebung an Umfüll- und Entleerungseinrichtungen hochentzündlicher oder leichtentzündlicher Flüssigkeiten.

Zone 2
Bereich, in dem nicht damit zu rechnen ist, dass bei Normalbetrieb eine explosionsfähige Gasatmosphäre auftritt; sollte sie doch auftreten, dann ist sie nur von kurzer Dauer.

Anmerkung: Hinweise zur Häufigkeit des Auftretens und zur Dauer können aus Anleitungen für spezielle Industriebereiche oder Anwendungen entnommen werden.

Unter vielen Experten besteht allgemeiner Konsens darin, dass der Begriff „kurzzeitig“ einer Zeitdauer von etwa 30 min entspricht.

Entsteht bereits einmal im Jahr kurzzeitig explosionsfähige Atmosphäre, so sollte bereits in Zone 2 eingestuft werden.

Ein Beispiel dafür wäre die Freisetzung geringer Mengen brennbarer Stoffe aus Dichtungen, deren Wirkung auf der Benetzung durch die geförderte Flüssigkeit beruht [2] [6].

Ausdehnung einer Zone
Entfernung von der Freisetzungsquelle in jede Richtung, wo ein Gas/Luft-Gemisch durch Luft auf eine Konzentration unterhalb der unteren Brennbarkeitsgrenze verdünnt worden ist.

Zone NE
Eine Zone von vernachlässigbarer Ausdehnung, sodass eine Zündung, wenn sie auftritt, vernachlässigbare Folgen hat.

Anmerkung: Zonen von vernachlässigbarer Ausdehnung können Zone 0 NE, Zone 1 NE oder Zone 2 NE sein.

Explosionsrisikobewertung
Im Anschluss an die Zoneneinteilung kann eine Risikobewertung durchgeführt werden, um zu beurteilen, ob als Folge der Zündung einer explosionsfähigen Atmosphäre der Einsatz eines Geräts mit einem höheren Geräteschutzniveau (EPL) erforderlich ist oder der Einsatz eines Geräts mit einem geringeren Geräteschutzniveau als gewöhnlich gerechtfertigt ist.

Die EPL-Anforderungen dürfen gegebenenfalls in die Dokumente und Zeichnungen der Zoneneinteilung übernommen werden, damit eine geeignete Auswahl von Betriebsmitteln möglich wird.

Die Norm legt die Methodik zur Ausführung einer Risikoabschätzung nicht fest, die dazu dient, die EPL-Bemessungen zu variieren, da die Festlegung irgendeiner Methodik außerhalb des Anwendungsbereichs dieser Norm liegt.

Zone vernachlässigbarer Ausdehnung

In manchen Fällen kann sich eine Zone von vernachlässigbarer Ausdehnung (NE) (engl. negligible extent) ergeben, die als nicht gefährlich behandelt werden kann. Eine Zone vernachlässigbarer Ausdehnung würde auch entweder eine vernachlässigbare Freisetzungsrate oder eine vernachlässigbare Freisetzungsmenge bedeuten und eine Überprüfung des Ausbreitungsvolumens.

Eine solche Zone setzt voraus, dass eine Explosion, wenn sie stattfindet, vernachlässigbare Folgen haben wird. Das Zone-NE-Konzept kann unabhängig von irgendwelchen anderen Anpassungen für die Risikoabschätzung zur Bestimmung von EPL angewendet werden.

Die Beurteilung für eine Einstufung in Zone NE sollte auf den folgenden Faktoren beruhen:

1. Eine Zündung würde nicht zu genügend Druck führen, um Schaden entweder durch die Druckwelle zu verursachen oder durch die Beschädigung, die durch herumfliegende Dinge oder Teile verursacht werden könnten z. B. durch zerbrochene Fensterscheiben.
2. Eine Zündung würde nicht zu genügend Hitze führen, um Schaden oder ein Feuer der umgebenden Materialien zu verursachen.
3. Für Gasdrücke über 1.000 kPag (10 barg) muss eine spezifische Risikobewertung in Betracht gezogen werden.
4. Eine Zone NE darf bei Gasdrücken über 2.000 kPag (20 barg) nicht angewendet werden, es sei denn, in einer spezifischen ausführlichen Risikobewertung kann anderes dokumentiert werden.

Ein Beispiel für die Zone NE ist eine Erdgaswolke mit einer mittleren Konzentration, die 50 Volumenprozent des UBG beträgt und die kleiner ist als 0,1 m^3 oder 1,0 % des betroffenen abgeschlossenen Raums (je nachdem, welcher Wert kleiner ist). Für andere Gase kann eine Zone NE in Erwägung gezogen werden unter Berücksichtigung des Verhältnisses der Verbrennungswärme, des maximalen Explosionsdruckes und der maximalen Druckanstiegsrate des Gases zu Methan multipliziert mit den für Methan benutzten Parametern.

Anmerkung 1: In diesem Zusammenhang ist Erdgas Gas wie es in üblichen Gasverteilungsnetzen eingesetzt wird und ist vorwiegend Methan.

Anmerkung 2: Kältetechnische- und Wärmepumpenanwendungen werden nicht als Gasverteilungssysteme angesehen. Risikoabschätzungen für diese Geräteklasse haben gezeigt, dass ein Wert von 2.000 kPag (20 barg) kein brauchbarer Bezugswert für diese Anwendungen ist.

Die Zoneneinteilung sollte von den Personen vorgenommen werden, die die Bedeutung und Wichtigkeit der Eigenschaften der brennbaren Stoffe und die Prinzipien der Gas/Dampf-Ausbreitung verstehen und die mit dem Prozess und den Geräten vertraut sind.

Es kann für andere Ingenieurdisziplinen, z.B. Elektro- und Maschinenbauingenieure, und Personal mit spezieller Verantwortung für die Sicherheit vorteilhaft sein, ein Teil des Zoneneinteilungsprozesses zu sein und einen Beitrag dazu zu liefern. Die Kompetenz der Person muss passend sein für die Art der Anlage und die Methodik, die für die Zoneneinteilung benützt wird. Geeignete andauernde Fortbildung oder Übung sollten, wenn erforderlich, auf einer regelmäßigen Basis durch das Personal vorgenommen werden.

Nur wenn vorhandene oder sich bildende brennbare feste, flüssige, gasförmige oder staubförmige Stoffe eine explosionsfähige Atmosphäre in gefahrdrohender Menge erzeugen können, sind Schutzmaßnahmen zu treffen. Zu diesen Schutzmaßnahmen gehören vorzugsweise solche, mit denen eine Bildung gefährlicher explosionsfähiger Atmosphäre verhindert oder eingeschränkt wird (Ersatz von brennbaren Stoffen durch unbrennbare, sicherer Einschluss, Lüftung, Inertisierung usw.). Reichen diese Maßnahmen nicht aus, so sind Maßnahmen zur Verhinderung der Entzündung der dann möglicherweise entstehenden gefährlichen explosionsfähigen Atmosphäre erforderlich. Sollte auch damit mit vertretbarem Aufwand kein befriedigendes Ergebnis – Wahrscheinlichkeit einer Explosion ausreichend gering – erreichbar sein, so müssen Maßnahmen ergriffen werden, mit denen die Auswirkungen einer Explosion auf ein unbedenkliches Maß beschränkt werden können (explosionsfeste Bauweise, Explosionsdruckentlastung, Explosionsunterdrückung usw.).

Kann das Auftreten gefährlicher explosionsfähiger Atmosphäre nicht mit ausreichender Wahrscheinlichkeit ausgeschlossen werden, so sind Zündquellen zu vermeiden, um eine Explosion zu verhindern. Die Maßnahmen ergeben sich aus einer qualitativen Betrachtung der Wahrscheinlichkeit des Vorhandenseins der gefährlichen explosionsfähigen Atmosphäre. Maßgeblich für das Auftreten explosionsfähiger Atmosphäre außerhalb von Apparaturen sind Freisetzungsquellen. Darunter versteht man jene Stellen an Apparaturen, an denen brennbare Stoffe in festem (z.B. Staub), flüssigem oder gasförmigem Zustand austreten können. Sowohl die Norm zur Einteilung explosionsgefährdeter Bereiche für Gase und Dämpfe als auch die zur Einteilung staubexplosionsgefährdeter Bereiche unterscheidet in Abhängigkeit von Häufigkeit und Dauer der Freisetzung zwischen kontinuierlichem, primärem und sekundärem Freisetzungsgrad einer Quelle. Als Beispiele werden angegeben:

- Quellen mit kontinuierlichem Freisetzungsgrad
  - Oberflächen brennbarer Flüssigkeiten, die kontinuierlich oder langzeitig der Atmosphäre ausgesetzt sind (z. B. Öl-/Wasserabscheider),
  - Oberflächen brennbarer Flüssigkeiten in Festdachtanks, mit ständiger Belüftung in die Atmosphäre.
- Quellen mit primärem Freisetzungsgrad
  - Dichtungen von Pumpen, Kompressoren oder Ventilen, bei denen im Normalbetrieb keine Freisetzung brennbarer Stoffe erwartet wird,
  - Flansche, Verbindungen und Rohrfittings, bei denen im Normalbetrieb keine Freisetzung brennbarer Stoffe erwartet wird,
  - Probeentnahmestellen, bei denen im Normalbetrieb keine Freisetzung brennbarer Stoffe erwartet wird,
  - Entlastungsventile, Entlüftungsöffnungen und andere Öffnungen, bei denen im Normalbetrieb keine Freisetzung brennbarer Stoffe erwartet wird,
  - Mannlöcher, die gelegentlich nur während eines sehr kurzen Zeitraumes geöffnet werden müssen (Staub).
- Quellen mit sekundärem Freisetzungsgrad
  - Dichtungen von Pumpen, Kompressoren oder Ventilen, bei denen im Normalbetrieb keine Freisetzung brennbarer Stoffe erwartet wird,
  - Flansche, Verbindungen und Rohrfittings, bei denen im Normalbetrieb keine Freisetzung brennbarer Stoffe erwartet wird,
  - Probeentnahmestellen, bei denen im Normalbetrieb keine Freisetzung brennbarer Stoffe erwartet wird,
  - Entlastungsventile, Entlüftungsöffnungen und andere Öffnungen, bei denen im Normalbetrieb keine Freisetzung brennbarer Stoffe erwartet wird,
  - Mannlöcher, die gelegentlich nur während eines sehr kurzen Zeitraumes geöffnet werden müssen (Staub).

Auch Öffnungen zwischen explosionsgefährdeten Bereichen sind grundsätzlich als Freisetzungsquellen zu betrachten. Der ihnen zuzuordnende Freisetzungsgrad hängt von der angrenzenden Zone, der Häufigkeit und Dauer der Öffnungszeiten, der Wirksamkeit der Abdichtung und dem Druckunterschied zwischen den betreffenden Bereichen ab. Mithilfe einer Bewertung der vorhandenen Freisetzungsquellen lassen sich unter Berücksichtigung der Lüftungsverhältnisse und der sonstigen physikalischen Gegebenheiten, wie Freisetzungsgeschwindigkeit, Konzentration und Flüchtigkeit, die folgenden Überlegungen anstellen. Ergibt sich, dass die gefährliche explosionsfähige Atmosphäre nur selten und sodann lediglich kurzzeitig vorhanden ist, genügt es, wenn die eingesetzten Geräte in ihrem bestimmungsgemäßen Betrieb keine Zündquellen aufweisen, denn die Wahrscheinlichkeit des Zusammentreffens einer gefährlichen explosionsfähigen Atmosphäre und einem Fehlzustand des Gerätes, bei dem es zur Zündquelle wird, wird als ausreichend gering erachtet. Explosionsgefährdete Bereiche, für die diese Situation zutrifft, werden bei Gefährdung durch Gase, Dämpfe oder Nebel als Zone 2, bei Gefährdung durch Stäube als Zone 22 eingestuft. Muss gelegentlich mit gefährlicher explosionsfähiger Atmosphäre gerechnet werden, so ist die Abwesenheit von Zündquellen im (bestimmungemäßen) Normalbetrieb zwar notwendig, jedoch nicht ausreichend. Auch bei den üblicherweise zu erwartenden Störungen dürfen die Geräte nicht zur Zündquelle werden. Hierfür sind in den meisten Fällen zusätzliche technische Maßnahmen erforderlich. Die entsprechenden explosionsgefährdeten Bereiche werden für Gase, Dämpfe oder Nebel als Zone 1 und für Stäube als Zone 21 eingestuft. Ist die gefährliche explosionsfähige Atmosphäre ständig, über lange Zeiträume oder häufig (wobei „häufig" im Sinne von „in der überwiegenden Zeit" zu interpretieren ist) vorhanden, so muss davon ausgegangen werden, dass das Auftreten einer Zündquelle unmittelbar zu einer Explosion führt. Zündquellen dürfen also keinesfalls zugelassen werden. Für die Gerätetechnik bedeutet dies, dass auch Maßnahmen gegen solche Fehler zu treffen sind, die zwar nur selten auftreten, aber nicht mit ausreichender Sicherheit ausgeschlossen werden und die zur Entstehung einer Zündquelle führen können. Die Einstufung erfolgt in diesen Fällen in Zone 0 bei Gasen, Dämpfen oder Nebeln und in Zone 20 bei Stäuben. Bereits aus der Definition dieser Zonen ergibt sich, dass diese eigentlich nur im Inneren von Behältern oder Apparaten auftreten können. Bei durch Staub verursachten explosionsgefährdeten Bereichen ist bei der Vermeidung von Zündquellen in allen drei Zonen auch die Möglichkeit der Entzündung von abgelagerten Stäuben zu berücksichtigen. Aus der Beschreibung der zur Zoneneinteilung führenden Prozedur ergibt sich klar, dass diese nur von Personen durchgeführt werden kann, die sowohl über Kenntnisse über die im Verfahren verwendeten Stoffe als auch die verfahrenstechnische Anlage als solche inklusive ihrer physikalischen Gegebenheiten und ihre Arbeitsweise verfügen. Das bedeutet, dass es für die Zoneneinteilung keine vorgefertigten Lösungen geben kann, sondern jedes Mal eine Einzelbetrachtung auf der Basis der oben beschriebenen Kenntnisse erfolgen muss. Die ermittelten Zonen sind zu dokumentieren und an den Zugängen, an denen sie von Betriebsfremden betreten werden können, mit Warnzeichen zu kennzeichnen. Sowohl die Pflicht zur Dokumentation der Zoneneinteilung als auch die Pflicht zur Kennzeichnung explosionsgefährdeter Bereiche im Betrieb sind in der Betriebssicherheitsverordnung bzw. in der Gefahrstoffverordnung vorgeschrieben. Die Zoneneinteilung ist dabei Bestandteil des Explosionsschutzdokuments.

In diesem Buch werden die wesentlichen Inhalte, die auf der Betriebssicherheitsverordnung und der Gefahrstoffverordnung basieren, kurz dargestellt.

Folgende Methoden der Zoneneinteilung sind möglich:

- Einteilung mittels der Freisetzungsquellen-Methode,
- Benutzung von technischen Regelwerken und nationalen Normen und
- vereinfachte Methoden z. B. in Basisplanungen, bei denen die Geräte oder Orte noch nicht festgelegt sind oder Berechnungen für alle Freisetzungsquellen zu aufwendig sein können.

Vereinfachte Methoden müssen für jeden der Zone-Typen, Zone 0, Zone 1 und Zone 2, Quellen bestimmen, die angemessen konservativ sind, um mögliche Freisetzungsquellen ohne einzelne Details zuzulassen. Die Beurteilung wird am besten unter Bezugnahme auf einen Satz von Kriterien gemacht, der auf technischer Erfahrung beruht und angemessen für die einzelne Anlage ist. Große Zonenbereiche sind charakteristisch für vereinfachte Methoden, verursacht durch den Ansatz und die Notwendigkeit, eine konservativere Zoneneinteilung vorzunehmen, wo Zweifel über die verbundenen Gefahren besteht.

Um zu weniger vorsichtigen oder besser zutreffenden Werten für die Grenzen der eingeteilten Bereiche zu kommen, sollte Bezug auf anschauliche Beispiele genommen werden oder eine detailliertere Beurteilung punktueller Freisetzungsquellen – wenn anwendbar – genutzt werden.

Vorgeschlagene Formen für explosionsgefährdete Bereiche

Beispiele der DIN EN 60079-10-1 (VDE 0165-101) zeigen einige vorgeschlagenen Formen explosionsgefährdeter Bereiche, die auf der in der Norm beschriebenen Art der Freisetzung beruhen und bei der Anfertigung von Zoneneinteilungszeichnungen explosionsgefährdeter Bereiche nützlich sein können.

Die Effekte eines „Aufpralls“ der Freisetzung an Hindernissen und der Einfluss der Topografie werden nicht betrachtet. Der explosionsgefährdete Bereich, der durch eine Freisetzung erzeugt wird, kann sich aus der Kombination von verschiedenen Formen ergeben.

Die **Bilder 2.5** bis **2.7** zeigen mögliche Formen der Freisetzung gemäß DIN EN 60079-10-1 (VDE 0165-101) [7].

Tabelle 2.5 zeigt mögliche Auswirkungen von Zonen auf Öffnungen mit Freisetzungsquellen.

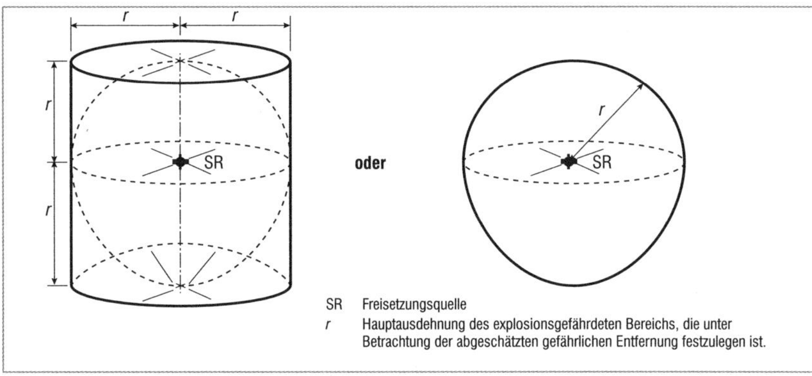

Bild 2.5 Gas/Dampf bei niederem Druck (oder bei hohem Druck, falls die Freisetzungsrichtung unvorhersehbar ist)

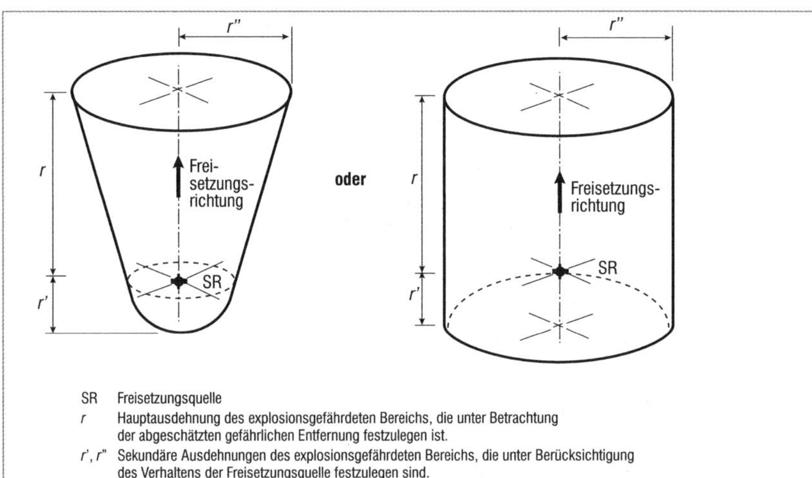

Bild 2.6 Gas/Dampf bei hohem Druck

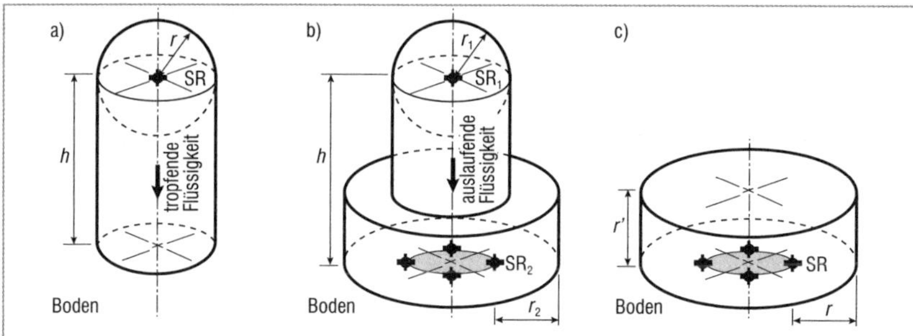

SR Freisetzungsquelle
r Hauptausdehnung des explosionsgefährdeten Bereichs, die unter Betrachtung der abgeschätzten gefährlichen Entfernung festzulegen ist.
r' Sekundäre Ausdehnungen des explosionsgefährdeten Bereichs, die unter Berücksichtigung des Verhaltens der Freisetzungsquelle festzulegen sind.
h Entfernungen zwischen der Freisetzungsquelle und Bodenniveau oder der Oberfläche unterhalb der Freisetzung.

Bild 2.7 Gas oder Dampf
a) verflüssigt durch Druck oder Starkkühlung
b) verflüssigt durch Druck oder Starkkühlung mit auslaufender Flüssigkeit
c) brennbare Flüssigkeit (nicht siedende verdampfende Lache)

Zone außerhalb der Öffnung	Öffnungstyp	Freisetzungsgrad von Öffnungen, die als Freisetzungsquellen betrachtet werden
Zone 0	A	ständig
	B	(ständig)/primär
	C	sekundär
	D	sekundär/keine Freisetzung
Zone 1	A	primär
	B	(primär)/sekundär
	C	(sekundär)/keine Freisetzung
	D	keine Freisetzung
Zone 2	A	sekundär
	B	(sekundär)/keine Freisetzung
	C	keine Freisetzung
	D	keine Freisetzung

Bei den in Klammern angegebenen Freisetzungsgraden sollte bei der Planung berücksichtigt werden, wie häufig die Türen geöffnet werden.

Tabelle 2.5 Auswirkungen von Zonen auf Öffnungen mit Freisetzungsquellen

Für den Zweck dieser Beurteilung werden Öffnungen in die Klassen A, B, C und D eingestuft, die folgende Merkmale aufweisen:

Typ A

Öffnungen, die nicht die für die Typen B, C oder D festgelegten Merkmale haben, z. B:

- offene Durchgänge für Zugangs- oder Versorgungszwecke (Beispiele für Versorgungszwecke schließen Kanäle oder Rohre durch Wände, Decken und Böden ein),
- Öffnungen, die häufig geöffnet werden,
- ortsfeste Lüftungsauslässe in Räumen, Gebäuden und ähnliche Öffnungen.

Typ B
Öffnungen, die üblicherweise geschlossen sind (z. B. automatisches Schließen), nicht häufig geöffnet werden und gut schließen.

Typ C
Öffnungen, die üblicherweise geschlossen sind (z. B. automatisches Schließen), nicht häufig geöffnet werden und über den gesamten Umfang mit Abdichtmitteln versehen sind (z. B. mit einer Dichtung), oder zwei hintereinander angeordnete Öffnungen des Typs B mit voneinander unabhängigen automatischen Schließvorrichtungen.

Typ D
Öffnungen, die wirksam abgedichtet sind, wie bei Durchführungen von Versorgungsleitungen; oder Öffnungen, die üblicherweise geschlossen sind entsprechend Typ C, die nur mit Hilfe spezieller Mittel oder in einem Notfall geöffnet werden können; oder eine Kombination einer Öffnung vom Typ C, die an einen explosionsgefährdeten Bereich angrenzt, mit einer Öffnung vom Typ B in Reihe.

Der Freisetzungsgrad einer Öffnung kann auch entsprechend den grundlegenden Prinzipien festgelegt werden. Der Freisetzungsgrad einer Öffnung zwischen einem natürlich belüfteten, als gefährdet eingestuftem Innenraum und einem als ungefährdet eingestuften äußeren Bereich kann festgelegt werden unter Berücksichtigung des Freisetzungsgrads der Quelle, die die Zone im Inneren hervorruft.

2.2.5 Beurteilungsmaßstäbe nach TRBS/TRGS

Bei der Bewertung bzw. Einstufung einer Explosionsgefahr muss davon ausgegangen werden, dass die Zündung einer möglicherweise auftretenden explosionsfähigen Atmosphäre zu jedem Zeitpunkt gegeben ist. Bei der Betrachtung der sicherheitstechnischen Kenngrößen des Explosionsschutzes ist zu beachten, dass diese auf atmosphärischen Bedingungen basieren. Eine individuelle Betrachtung der Kenngrößen hat hinsichtlich des Verwendungszwecks oder des Einsatzortes zu erfolgen. Liegen für den Verwendungszweck, den Einsatzort oder für spezielle Forderungen und Gegebenheiten keine sicherheitstechnischen Kenngrößen vor, müssen diese für diesen Fall ermittelt werden.

Hinsichtlich der Beurteilung des eventuellen Auftretens einer explosionsfähigen Atmosphäre sind grundsätzlich innenliegende Bereiche sowie Bereiche (Umgebungen/Nahbereiche) um Geräte, Betriebsmittel und Einrichtungen einzubeziehen. Bei dieser Beurteilung sind sowohl die Stoffeigenschaften als auch deren Verarbeitungs- und Auftrittszustände, bei welchen eine explosionsfähige Atmosphäre entstehen kann oder bereits vorhanden ist, relevant.

Im Rahmen der Erstellung einer Gefährdungsbeurteilung für Ex-Bereiche ist zwingend zu berücksichtigen, dass eine mit mehr als 10 l zusammenhängende explosionsfähige Atmosphäre in einem geschlossenen Raum, losgelöst von der Raumgröße, als eine gefährliche explosionsfähige Atmosphäre zu betrachten ist.

Betrachtet man jedoch einen Raum mit einem Volumen von $\leq 100\,m^3$, kann bereits eine kleinere Menge, also $< 10\,l$, zu einer gefahrdrohenden Ex-Atmosphäre führen.

2.2.6 Gefährdungsbeurteilungen gemäß § 3 BetrSichV

Gemäß § 3 der BetrSichV hat der Arbeitgeber eine Gefährdungsbeurteilung durchzuführen. Die notwendigen Maßnahmen für die sichere Bereitstellung und Benutzung der Arbeitsmittel sind jeweils zu ermitteln. Dabei sind für explosionsgefährdete Bereiche im Besonderen die Vorgaben des Anhangs 4 dieser Verordnung: „Mindestvorschriften zur Verbesserung der Sicherheit und des Gesundheitsschutzes der Beschäftigten, die durch gefährliche explosionsfähige Atmosphäre gefährdet werden können“ zu beachten. Während sich nach § 5 Arbeitsschutzgesetz die Gefährdungsbeurteilung auf die Tätigkeiten am Arbeitsplatz und die Gestaltung der Arbeitsverfahren bezieht, ist nach BetrSichV zusätzlich die Beurteilung der Gefährdung durch die Benutzung der Arbeitsmittel und deren mögliche Wechselwirkung mit Gefahrstoffen zu berücksichtigen. Die Gefährdungsbeurteilung muss für alle Betriebszustände erfolgen: Ingangsetzung, Normalbetrieb, Störungen, Wartung, Instandsetzung bis zur Stillsetzung. Sie muss aktualisiert werden, wenn Änderungen vorgenommen wurden oder Störungen aufgetreten sind. Bei der Durchführung der Gefährdungsbeurteilung sind die derzeit gültigen Gesetze und Verordnungen sowie Richtlinien bzw. Technischen Regeln (TRBS) und Technischen Regeln zur Gefahrstoffverordnung (TRGS) heranzuziehen. Ergibt die Analyse, dass nach den Bestimmungen der Gefahrstoffverordnung, der Betriebssicherheitsverordnung oder etwaiger anderer geltenden Gesetze, Verordnungen oder Richtlinien, die Bildung gefährlicher explosionsfähiger Atmosphäre nicht sicher verhindert werden kann, hat der Arbeitgeber Folgendes zu beurteilen:

a.) die Wahrscheinlichkeit und die Dauer des Auftretens gefährlicher explosionsfähiger Atmosphären,
b.) die Wahrscheinlichkeit des Vorhandenseins und die Aktivierung wirksamer Zündquellen,
c.) das Ausmaß der zu erwartenden Auswirkungen von Explosionen.

Für die Arbeitsmittel sind insbesondere Art, Umfang und Fristen erforderlicher Prüfungen zu ermitteln. Zudem ist festzulegen, welche Voraussetzungen das Prüfpersonal erfüllen muss. Weiterhin hat der Betreiber die explosionsgefährdeten Bereiche unter Berücksichtigung der Gefährdungsanalyse in Zonen einzuteilen. Maßgebend dafür sind die Dauer und die Häufigkeit des möglichen Auftretens explosionsfähiger Atmosphäre. Aus der Zoneneinteilung ergibt sich sodann der Umfang der zu ergreifenden Vorkehrungen und Maßnahmen.

Die Mindestvorschriften für explosionsgefährdete Bereiche gelten für alle Fälle, in denen die Eigenschaften der Arbeitsumgebung, der verwendeten Arbeitsmittel oder Stoffe sowie deren Wechselwirkung untereinander und die von der Benutzung ausgehenden Gefährdungen dies erfordern; ebenso für Einrichtungen, die sich außerhalb des gefährdeten Bereiches befinden, aber für den sicheren Betrieb im gefährdeten Bereich notwendig sind.

Die Mindestvorschriften sind sowohl organisatorischer als auch technischer Natur.

2.3 Organisatorische Maßnahmen

Zu den organisatorischen Maßnahmen zählen unter anderem:

- Die Unterweisung der Beschäftigten hinsichtlich des Explosionsschutzes.
- Das Vorliegen schriftlicher Anweisungen zur Durchführung von Arbeiten, zum Arbeitsfreigabesystem für gefährliche Tätigkeiten und für Tätigkeiten, die durch Wechselwirkung mit anderen Arbeiten gefährlich werden können.
- Die Gewährleistung einer angemessenen Aufsicht während der Anwesenheit von Beschäftigten in explosionsgefährdeten Bereichen.

2.3.1 Beschaffenheit von Arbeitsmitteln

Arbeitsmittel, die in explosionsgefährdeten Bereichen verwendet werden, müssen der BetrSichV entsprechen. Die im Anhang der BetrSichV beschriebenen Mindestvorschriften enthalten die Forderung, dass die verwendeten Geräte, Betriebsmittel und Schutzvorrichtungen den Anforderungen der geltenden ATEX-Richtlinie entsprechen müssen. Das bedeutet, dass diese Geräte eine „ATEX-Zulassung" aufweisen müssen, wenn dies nach aktuell geltenden Vorschriften erforderlich ist.

Sofern im Explosionsschutzdokument unter Zugrundelegung der Ergebnisse der Gefährdungsbeurteilung nichts anderes vorgesehen ist, sind die Geräte, Betriebsmittel, Einrichtungen, Installationen und Schutzsysteme in explosionsgefährdeten Bereichen entsprechend den Kategorien gemäß der Richtlinie auszuwählen. Betriebsmittel, die bereits vor dem 30.6.2003 verwendet wurden, müssen ab diesem Zeitpunkt die Mindestvorschriften des Anhangs 4, Abschnitt A, einhalten – die Anforderungen nach RL 94/9/EG jedoch nicht.

2.3.2 Prüfung der Arbeitsmittel

Der Arbeitgeber hat sicherzustellen, dass die Arbeitsmittel, deren Sicherheit von den Montagebedingungen abhängt, nach der Montage und vor der ersten Inbetriebnahme sowie nach jeder Montage auf einer neuen Baustelle oder an einem neuen Standort geprüft werden. Die Prüfung verfolgt den Zweck, sich von der ordnungsgemäßen Montage und der sicheren Funktion dieser Arbeitsmittel zu überzeugen. Die Prüfung darf nur von hierzu befähigten Personen durchgeführt werden. Unterliegen Arbeitsmittel schadenverursachenden Einflüssen, die zu gefährlichen Situationen führen können, so obliegt es der Verantwortung des Arbeitgebers, dass die Arbeitsmittel durch hierzu befähigte Personen überprüft und erforderlichenfalls erprobt werden. Haben außergewöhnliche Ereignisse stattgefunden, die zu schädigenden Auswirkungen hinsichtlich der Sicherheit des Arbeitsmittels führen können, hat der Arbeitgeber die Arbeitsmittel unverzüglich einer außerordentlichen Überprüfung durch hierzu befähigte Personen zu unterziehen. Außergewöhnliche Ereignisse in diesem Sinne können Unfälle, Veränderungen an den Arbeitsmitteln, längere Zeiten des Stillstands der Arbeitsmittel oder Naturereignisse sein. Dadurch soll erreicht werden, dass Schäden rechtzeitig entdeckt und behoben werden. Nur dann kann die Einhaltung des sicheren Betriebs gewährleistet werden. Der Arbeitgeber hat sicherzustellen, dass Arbeitsmittel, welche die Sicherheit beeinträchtigen können, nach Instandsetzungsarbeiten durch befähigte Personen auf ihren sicheren Betrieb geprüft werden. Die Ergebnisse dieser Prüfungen sind aufzuzeichnen. Die zuständige Behörde kann verlangen, dass ihr diese Aufzeichnungen auch am Betriebsort zur Verfügung gestellt werden. Die Aufzeichnungen sind über einen angemessenen Zeitraum aufzubewahren, mindestens bis zur nächsten Prüfung.

2.4 Explosionsschutzmaßnahmen

- Treten im explosionsgefährdeten Bereich mehrere Arten von brennbaren Gasen, Dämpfen, Nebeln oder Stäuben auf, so müssen die Schutzmaßnahmen auf das größtmögliche Gefährdungspotential ausgelegt werden.
- Anlagen, Geräte, Schutzsysteme und die dazugehörigen Verbindungsvorrichtungen, die nicht als Geräte gelten, aber durch ihre Verwendung eine potentielle Zündquelle darstellen, dürfen nur in Betrieb genommen werden, wenn aus dem Explosionsschutzdokument hervorgeht, dass ihr Einsatz in explosionsgefährdeten Bereichen sicher ist. Beispiel: Rohrleitung für heiße Produkte.
- Errichtung, Installation und Betrieb sind derart auszulegen, dass die Explosionsgefahr so gering wie möglich gehalten und, falls es doch zu einer Explosion kommen sollte, die Gefahr einer Explosionsübertragung verhindert wird.
- Die Beschäftigten sind vor den physikalischen Auswirkungen der Explosion zu schützen.
- Erforderlichenfalls sind die Beschäftigten vor Erreichen der Explosionsbedingungen optisch und akustisch zu warnen.
- Gefährliche elektrostatische Entladungen sind zu beachten und zu vermeiden.
- Flucht- und Rettungswege sowie Ausgänge in ausreichender Anzahl sind vorzusehen.
- Fluchtmittel sind bereitzustellen und zu warten.
- Vor der erstmaligen Nutzung von Arbeitsplätzen in explosionsgefährdeten Bereichen muss die Explosionssicherheit der Arbeitsplätze einschließlich der vorgesehenen Arbeitsmittel und der Arbeitsumgebung sowie der Maßnahmen zum Schutz von Dritten überprüft werden. Sämtliche zur Gewährleistung des Explosionsschutzes erforderlichen Bedin-

gungen sind aufrechtzuerhalten, d. h., dass ein Vergleich der Ist-Situation in der Anlage mit dem Explosionsschutzdokument vorzunehmen ist. Diese Überprüfung ist von einer befähigten Person durchzuführen, die über besondere Kenntnisse auf dem Gebiet des Explosionsschutzes verfügt.

- Eine mögliche Gefahrenausweitung bei Energieausfall ist zu berücksichtigen.

Im Anhang Abschnitt 3 BetrSichV werden auch Prüfungen organisatorischer Maßnahmen vorgeschrieben (siehe Nummer 4.1 Buchstabe c) und 5.1 Buchstabe d) BetrSichV). Bei organisatorischen Schutzmaßnahmen ist deren Eignung zu prüfen. Der Begriff „wirksam" umfasst die Teilbegriffe „geeignet" und „funktionsfähig". Anstelle von „geeignet und wirksam" muss es in § 15 Absatz 2 Satz 1 daher „geeignet und „funktionsfähig" lauten. Die Aufteilung des Begriffes „wirksam" ist im Übrigen erforderlich, weil bei Prüfungen technischer Schutzmaßnahmen deren Eignung und Funktion, bei organisatorischen Schutzmaßnahmen jedoch nur deren Eignung geprüft werden kann.

Entscheidet sich der Arbeitgeber für ein Instandhaltungskonzept gemäß Anhang 2 Abschnitt 3 Nummer 5.4 BetrSichV, kann auf die Prüfungen nach den Nummern 5.2 und 5.3 verzichtet werden. Stattdessen ist zu prüfen, ob das festgelegte Instandhaltungskonzept wirksam ist.

2.4.1 Allgemeines und Abschnitt 3 BetrSichV – Zusätzliche Vorschriften für überwachungsbedürftige Anlagen

Überwachungsbedürftige Anlagen müssen nach dem Stand der Technik montiert, installiert und betrieben werden. Bei der Einhaltung des Standes der Technik sind die vom Ausschuss für Betriebssicherheit ermittelten und vom Bundesministerium für Arbeit und Sozialordnung im Bundesarbeitsblatt veröffentlichten Regeln und Erkenntnisse zu berücksichtigen. Anlagen in explosionsgefährdeten Bereichen dürfen erstmalig und nach wesentlichen Veränderungen nur in Betrieb genommen werden, wenn sie den Anforderungen der Richtlinie 2014/34/EU (ATEX) entsprechen. Überwachungsbedürftige Anlagen dürfen nach einer Änderung nur wieder in Betrieb genommen werden, wenn die von der Änderung betroffenen Anlagenteile dem Stand der Technik entsprechen. Wer eine überwachungsbedürftige Anlage betreibt, hat diese in ordnungsgemäßem Zustand zu erhalten, zu überwachen, notwendige Instandsetzungs- oder Wartungsarbeiten unverzüglich vorzunehmen und die den Umständen nach erforderlichen Sicherheitsmaßnahmen zu treffen.

Für die Montage, die Installation, den Betrieb sowie für wesentliche Veränderungen und Änderungen der Bauart oder der Betriebsweise, welche die Sicherheit der Anlage beeinflussen, bedürfen Lageranlagen >10 m^3, Füllstellen > 1 m^3/h, Tankstellen und Flugfeldbetankungsanlagen bzw. Anlagen gemäß § 18 der BetrSichV bedürfen, soweit leicht- oder hochentzündliche Flüssigkeiten gelagert oder umgeschlagen werden, der Erlaubnis der zuständigen Behörde. Diese Erlaubnis ist schriftlich mit den notwendigen Unterlagen zu beantragen.

Wichtig: Dies gilt nicht für Anlagen in explosionsgefährdeten Bereichen.

Eine Anlage in explosionsgefährdeten Bereichen, die aus Geräten und Schutzsystemen im Sinne der Richtlinie 2014/34/EU besteht, darf erstmalig und nach einer wesentlichen Veränderung nur in Betrieb genommen werden, wenn sie unter Berücksichtigung der vorgesehenen Betriebsweise durch eine befähigte Person auf ihren ordnungsgemäßen Zustand hinsichtlich der Montage, der Installation, der Aufstellungsbedingungen und der sicheren Funktion geprüft worden ist. Ist eine Anlage in explosionsgefährdeten Bereichen hinsichtlich eines Teils, von dem der Explosionsschutz abhängt, instandgesetzt worden, so darf sie erst wieder in Betrieb genommen werden, wenn die zugelassene Überwachungsstelle festgestellt hat, dass sie in den für den Explosionsschutz wesentlichen Merkmalen den Anforderungen dieser Verordnung entspricht. Hierüber wird eine Bescheinigung erteilt oder die überwachungsbedürftige Anlage mit einem Prüfzeichen versehen. Die Prüfungen dürfen auch von befähigten Personen eines Unternehmens durchgeführt werden, wenn sie von der zuständigen Behörde für die Prüfung der durch dieses Unternehmen instand gesetzten überwachungsbedürftigen Anlage anerkannt sind. Alternativ kann eine überwachungsbedürftige Anlage nach ihrer Instandsetzung einer Prüfung durch den Hersteller unterzogen werden und dieser sodann bestätigen, dass die überwachungsbedürftige Anlage in den für den Explosionsschutz wesentlichen Merkmalen den Anforderungen dieser Verordnung entspricht. Für Lageranlagen, Füllstellen für leicht- und hochentzündliche Flüssigkeiten bzw. für Anlagen, die unter den § 18 der BetrSichV und die Erlaubnispflicht fallen, sind die genannten Prüfungen zwingend von einer zugelassenen Stelle – nicht von einer befähigten Person – durchzuführen. Eine explosionsgefährdete Anlage und ihre Anlagenteile sind von einer befähigten Person bzw. von einer „zur Prüfung befähigten Person" in bestimmten Fristen wiederkehrend auf ihren ordnungsgemäßen Zustand hinsichtlich des Betriebs zu prüfen. Lageranlagen sowie Füllstellen, Betankungsanlagen und Tankstellen für entzündliche Flüssigkeiten sind hingegen von einer zugelassenen

Stelle zu prüfen. Die wiederkehrende Prüfung besteht aus einer technischen Prüfung, die an der Anlage selbst unter Anwendung der Prüfregeln vorgenommen wird, und einer Ordnungsprüfung (Dokumentationsprüfung).

Die zuständige Behörde kann Prüffristen im Einzelfall verlängern, wenn die Sicherheit auf andere Weise gewährleistet ist, oder verkürzen, wenn dies zum Schutz der Beschäftigten oder Dritter erforderlich ist. Weiterhin kann die zuständige Behörde im Einzelfall eine außerordentliche Prüfung für überwachungsbedürftige Anlagen anordnen, wenn hierfür ein besonderer Anlass besteht, insbesondere wenn ein Schadensfall eingetreten ist.

Eine außerordentliche Prüfung wird die zuständige Behörde insbesondere dann anordnen, wenn der Verdacht besteht, dass die überwachungsbedürftige Anlage sicherheitstechnische Mängel aufweist. Der Betreiber hat eine angeordnete Prüfung unverzüglich zu veranlassen.

2.4.2 Zugelassene Überwachungsstelle nach ProdSG und BetrSichV (Abschnitt 3)

Zugelassene Überwachungsstellen für die vorgeschriebenen oder angeordneten Prüfungen sind Stellen nach §37 Abs. 5 Satz 1 des ProdSG (Produktsicherheitsgesetz), die als solche von der BAuA (Bundesanstalt für Arbeitsschutz und Arbeitsmedizin) genannt werden. Prüfungen überwachungsbedürftiger Anlagen sind, soweit in der zuständigen Rechtsverordnung nichts anderes bestimmt ist, von amtlichen oder zu diesem Zweck amtlich anerkannten Sachverständigen vorzunehmen. Zu zugelassenen Überwachungsstellen können Prüfstellen von Unternehmen im Sinne des ProdSG (Produktsicherheitsgesetz) – also Unternehmen, die eine Anlage betreiben – benannt werden, wenn sie

- organisatorisch abgrenzbar sind,
- über ein unparteiliches Berichtsverfahren verfügen,
- nicht für Planung, Herstellung, Vertrieb, Betrieb oder Instandhaltung verantwortlich sind,
- keine Tätigkeiten ausüben, die mit der Unabhängigkeit ihrer Beurteilung und ihrer Zuverlässigkeit bei den Prüftätigkeiten in Konflikt geraten können,
- ausschließlich für das Unternehmen arbeiten, dem sie angehören.

Diese Benennung ist unter anderem für explosionsgefährdete Anlagen und Lageranlagen zulässig. **Tabelle 2.6** nennt beispielhaft zugelassene Überwachungsstellen, die als solche benannt werden.

zugelassene Übewachungsstelle	Aufgabenbereiche	Baden-Württemberg	Bayern	Berlin	Brandenburg	Bremen	Hamburg	Hessen	Mecklenburg-Vorpommern	Niedersachsen	Nordrhein-Westfalen	Rheinland-Pfalz	Saarland	Sachsen	Sachsen-Anhalt	Schleswig-Holstein	Thüringen
DEKRA Automobil GmbH Handwerkstraße 15 70565 Stuttgart	Druck	x	x	x	x	x	x	x	x	x	x	x	x	x	x	x	x
	Aufzugsanlagen	x	x	x	x	x	x	x	x	x	x	x	x	x	x	x	x
	Ex-Schutz	x	x	x	x	x	x	x	x	x	x	x	x	x	x	x	x
Dekra Testing and Certification GmbH Handwerkstraße 15 70565 Stuttgart	Druck																
	Aufzugsanlagen																
	Ex-Schutz	x	x	x	x	x		x	x	x	x	x	x	x	x	x	x
GTÜ Anlagensicherheit GmbH Vor dem Lauch 25 70567 Stuttgart	Druck	x	x	x	x	x	x	x	x	x	x	x	x	x	x	x	x
	Aufzugsanlagen	x	x	x	x	x	x	x	x	x	x	x	x	x	x	x	x
	Ex-Schutz	x	x	x	x	x	x	x	x	x	x	x	x	x	x	x	x
SGS-TÜV Saar GmbH Am TÜV 1 66280 Sulzbach	Druck	x	x	x	x	x	x	x	x	x	x	x	x	x	x	x	x
	Aufzugsanlagen	x	x	x	x	x	x	x	x	x	x	x	x	x	x	x	x
	Ex-Schutz	x	x	x	x	x	x	x	x	x	x	x	x	x	x	x	x

Tabelle 2.6 Beispielhafte, nicht abgeschlossene Auflistung zugelassener Überwachungsstellen (Stand 01.07.2016) (Teil 1/3)
Quelle: Bundesanstalt für Arbeitsschutz und Arbeitsmedizin
www.baua.de/DE/Aufgaben/Gesetzliche-und-hoheitliche-Aufgaben/Produktsicherheitsgesetz/Zugelassene-Ueberwachungsstellen.html

zugelassene Übewachungsstelle	Aufgabenbereiche	Baden-Württemberg	Bayern	Berlin	Brandenburg	Bremen	Hamburg	Hessen	Mecklenburg-Vorpommern	Niedersachsen	Nordrhein-Westfalen	Rheinland-Pfalz	Saarland	Sachsen	Sachsen-Anhalt	Schleswig-Holstein	Thüringen
TÜV Austria GmbH Deutschstraße 10 A-1230 Wien	Druck	X	X	X	X	X	X	X	X	X	X	X	X	X	X	X	X
	Aufzugsanlagen	X	X	X	X	X	X	X	X	X	X	X	X	X	X	X	X
	Ex-Schutz																
TÜV NORD Systems GmbH & Co. KG Große Bahnstraße 31 22525 Hamburg	Druck	X	X	X	X	X	X	X	X	X	X	X	X	X	X	X	X
	Aufzugsanlagen	X	X	X	X	X	X	X	X	X	X	X	X	X	X	X	X
	Ex-Schutz	X	X	X	X	X	X	X	X	X	X	X	X	X	X	X	X
TÜV Rheinland Industrie Service GmbH Am Grauen Stein 51105 Köln	Druck	X	X	X	X	X	X	X	X	X	X	X	X	X	X	X	X
	Aufzugsanlagen	X	X	X	X	X	X	X	X	X	X	X	X	X	X	X	X
	Ex-Schutz	X	X	X	X	X	X	X	X	X	X	X	X	X	X	X	X
TÜV SÜD Industrie Service GmbH Westendstraße 199 80686 München	Druck	X	X	X	X	X	X	X	X	X	X	X	X	X	X	X	X
	Aufzugsanlagen	X	X	X	X	X	X	X	X	X	X	X	X	X	X	X	X
	Ex-Schutz	X	X	X	X	X	X	X	X	X	X	X	X	X	X	X	X

Tabelle 2.6 Beispielhafte, nicht abgeschlossene Auflistung zugelassener Überwachungsstellen (Stand 01.07.2016) (Teil 2/3)
Quelle: Bundesanstalt für Arbeitsschutz und Arbeitsmedizin
www.baua.de/DE/Aufgaben/Gesetzliche-und-hoheitliche-Aufgaben/Produktsicherheitsgesetz/Zugelassene-Ueberwachungsstellen.html

zugelassene Übewachungsstelle	Aufgabenbereiche	Baden-Württemberg	Bayern	Berlin	Brandenburg	Bremen	Hamburg	Hessen	Mecklenburg-Vorpommern	Niedersachsen	Nordrhein-Westfalen	Rheinland-Pfalz	Saarland	Sachsen	Sachsen-Anhalt	Schleswig-Holstein	Thüringen
TÜV Technische Überwachung Hessen GmbH Robert-Bosch-Straße 16 64293 Darmstadt	Druck	X	X	X	X	X	X	X	X	X	X	X	X	X	X	X	X
	Aufzugsanlagen	X	X	X	X	X	X	X	X	X	X	X	X	X	X	X	X
	Ex-Schutz	X	X	X	X	X	X	X	X	X	X	X	X	X	X	X	X
TÜV Thüringen e.V. Konrad-Zuse-Straße 21 99099 Erfurt	Druck	X	X	X	X	X	X	X	X	X	X	X	X	X	X	X	X
	Aufzugsanlagen	X	X	X	X	X	X	X	X	X	X	X	X	X	X	X	X
	Ex-Schutz	X	X	X	X	X	X	X	X	X	X	X	X	X	X	X	X

X = Benennung als zugelassene Überwachungsstelle für den jeweiligen Aufgabenbereich
Leerfeld = keine Benennung als zugelassene Überwachungsstelle für den jeweiligen Aufgabenbereich
Aufgabenbereiche:
Druck = Anlagen nach Anhang 2 Abschnitt 4 Nummer 2 der Betriebssicherheitsverordung (BetrSichV)
Aufzugsanlagen = Anlagen nach Anhang 2 Abschnitt Nummer 2 BetrSichV
Ex-Schutz = Anlagen nach Anhang 2 Abschnitt 3 Nummer 2 BetrSichV, sowie nach § 18 Abs. 1 Nr. 4 bis 8 BetrSichV

Tabelle 2.6 Beispielhafte, nicht abgeschlossene Auflistung zugelassener Überwachungsstellen (Stand 01.07.2016) (Teil 3/3)
Quelle: Bundesanstalt für Arbeitsschutz und Arbeitsmedizin
www.baua.de/DE/Aufgaben/Gesetzliche-und-hoheitliche-Aufgaben/Produktsicherheitsgesetz/Zugelassene-Ueberwachungsstellen.html

2.4.3 Prüfung vor Inbetriebnahme und vor Wiederinbetriebnahme nach prüfpflichtigen Änderungen (§ 15 BetrSichV)

§ 15 der Betriebssicherheitsverordnung besagt:
„Der Arbeitgeber hat sicherzustellen, dass überwachungsbedürftige Anlagen vor erstmaliger Inbetriebnahme und vor Wiederinbetriebnahme nach prüfpflichtigen Änderungen nach Maßgabe der in Anhang 2 genannten Vorgaben geprüft werden. Bei der Prüfung ist festzustellen,

1. ob die für die Prüfung benötigten technischen Unterlagen, wie beispielsweise eine EG-Konformitätserklärung, vorhanden sind und ihr Inhalt plausibel ist und

2. ob die Anlage einschließlich der Anlagenteile entsprechend dieser Verordnung errichtet ist und sich auch unter Berücksichtigung der Aufstellbedingungen in einem sicheren Zustand befindet.

Die Prüfung ist nach Maßgabe der in Anhang 2 genannten Vorgaben durchzuführen. Prüfinhalte, die im Rahmen von Konformitätsbewertungsverfahren geprüft und dokumentiert wurden, müssen nicht erneut geprüft werden.

Bei der Prüfung vor erstmaliger Inbetriebnahme ist auch festzustellen, ob die getroffenen sicherheitstechnischen Maßnahmen geeignet und wirksam sind und ob die Frist für die nächste wiederkehrende Prüfung nach § 3 Absatz 6 zutreffend festgelegt wurde."
(Quelle: BetrSichV, Stand Februar 2015)

2.4.4 Wiederkehrende Prüfung (§ 16 BetrSichV)

„Bei der wiederkehrenden Prüfung ist auch zu überprüfen, ob die Frist für die nächste wiederkehrende Prüfung nach § 3 Absatz 6 zutreffend festgelegt wurde. Im Streitfall entscheidet die zuständige Behörde. Ist eine behördlich angeordnete Prüfung durchgeführt worden, so beginnt die Frist für eine wiederkehrende Prüfung mit Monat und Jahr der Durchführung dieser Prüfung, wenn diese der wiederkehrenden Prüfung entspricht."
(Quelle: BetrSichV, Stand Februar 2015)

2.4.5 Prüfaufzeichnungen und Prüfbescheinigungen (§ 17 BetrSichV)

Über das Ergebnis der vorgeschriebenen oder angeordneten Anlagenprüfungen sind Prüfbescheinigungen zu erteilen. Soweit die Prüfung von befähigten Personen durchgeführt wird, ist das Ergebnis aufzuzeichnen. Bescheinigungen und Aufzeichnungen sind am Betriebsort der überwachungsbedürftigen Anlage aufzubewahren und der zuständigen Behörde auf Verlangen vorzuzeigen. Werden bei den Prüfungen Mängel festgestellt, durch die die Beschäftigten oder Dritte gefährdet werden, so ist dies der zuständigen Behörde unverzüglich zu melden.

Gemäß § 17 Absatz 1 der Betriebssicherheitsverordnung hat der Arbeitgeber *„dafür zu sorgen, dass das Ergebnis der Prüfung nach den §§ 15 und 16 aufgezeichnet wird. Sofern die Prüfung von einer zugelassenen Überwachungsstelle durchzuführen ist, ist von dieser über das Ergebnis der Prüfung eine Prüfbescheinigung zu fordern. Aufzeichnungen und Prüfbescheinigungen müssen mindestens Auskunft geben über*
1. Anlagenidentifikation,
2. Prüfdatum,
3. Art der Prüfung,
4. Prüfungsgrundlagen,
5. Prüfumfang,
6. Wirksamkeit und Funktion der getroffenen Schutzmaßnahmen,
7. Ergebnis der Prüfung und
8. Frist bis zur nächsten wiederkehrenden Prüfung nach § 16 Absatz 2.
Aufzeichnungen und Prüfbescheinigungen sind während der gesamten Verwendungsdauer am Betriebsort der überwachungsbedürftigen Anlage aufzubewahren und der zuständigen Behörde auf Verlangen vorzulegen. Sie können auch in elektronischer Form aufbewahrt werden."

2.4.6 Anlagen mit Erlaubnispflicht (§ 18 BetrSichV)

„Die Errichtung und der Betrieb sowie die Änderungen der Bauart oder Betriebsweise, welche die Sicherheit der Anlage beeinflussen, folgender Anlagen bedürfen der Erlaubnis der zuständigen Behörde:

- *Dampfkesselanlagen,*
- *Anlagen mit Druckgeräten, in denen ortsbewegliche Druckgeräte mit einer Füllkapazität von mehr als 10 Kilogramm je Stunde mit Druckgasen zur Abgabe an Andere befüllt werden,*

- *ortsfeste Anlagen einschließlich der Lager- und Vorratsbehälter zum Befüllen von Land-, Wasser- und Luftfahrzeugen mit entzündbaren Gasen,*
- *Räume oder Bereiche einschließlich der in ihnen vorgesehenen ortsfesten Behälter und sonstiger Lagereinrichtungen, die dazu bestimmt sind, dass in ihnen entzündbare Flüssigkeiten mit einem Gesamtrauminhalt von mehr als 10.000 Litern gelagert werden (Lageranlagen), soweit Räume oder Bereiche nicht zu Anlagen nach den Nummern 5 bis 8 gehören,*
- *ortsfest errichtete oder dauerhaft am gleichen Ort verwendete Anlagen mit einer Umschlagkapazität von mehr als 1.000 Litern je Stunde, die dazu bestimmt sind, dass in ihnen Transportbehälter mit entzündbaren Flüssigkeiten befüllt werden (Füllstellen),*
- *ortsfeste Anlagen für die Betankung von Land-, Wasser- und Luftfahrzeugen mit entzündbaren Flüssigkeiten (Tankstellen),*
- *ortsfeste Anlagen oder Bereiche auf Flugfeldern, in denen Kraftstoffbehälter von Luftfahrzeugen aus Hydrantenanlagen mit entzündbaren Flüssigkeiten befüllt werden (Flugfeldbetankungsanlagen),*
- *Anlagen für die Betankung von Land-, Wasser- und Luftfahrzeugen, bei denen Anlagen nach den Nummern 3 und 6 in einem räumlichen oder betriebstechnischen Zusammenhang verwendet werden (Betankungsanlagen).“*

(Quelle: BetrSichV, Stand Februar 2015)

2.5 Zündquellenanalyse

Ein weiterer wichtiger Punkt zur Ermittlung von Gefahren in Bereichen bzw. Zonen, in denen mit explosionsfähiger Atmosphäre gerechnet werden muss, ist die Bewertung der eventuell vorhandenen Zündquellen. Die Bereiche, in denen potentielle und gefahrbringende Zündquellen verhindert werden müssen, sind in einer Gefährdungsbeurteilung zu ermitteln und festzulegen. Relevante Schutzmaßnahmen sowie die Kennzeichnung dieser Bereiche/Zonen sind ebenfalls zu bewerten, festzulegen und durchzuführen.

Die folgende Checkliste (**Tabelle 2.7**) soll bei der Zündquellenanalyse und der Betrachtung von Zündquellen helfen.

Pos.	mögliche Zündquelle	Bemerkung	relevant	nicht relevant
1	heiße Oberflächen	Bei der Bewertung der Zündquelle sind Art und Konzentration eines Stoffes im Gemisch mit Luft zu berücksichtigen. Die Zündfähigkeit steigt mit zunehmender Temperatur und zunehmender Oberfläche! Besonderes Augenmerk auf Staub und Staubablagerungen.		
2	Flammen und heiße Gase	Aufgrund von Reaktionen und Prozessen sowie aufgrund der verfahrenstechnischen Natur kann es unter anderem zum Austritt heißer Gase und Flammen kommen. Auch heiße Partikel oder Teilchen, die in Staubflammen enthalten sein können, zählen zu den potentiellen Zündquellen.		
3	mechanisch erzeugte Funken	Sogenannte mechanisch erzeugte Funken sind zum Beispiel: – Funken durch Reibung – Schlagfunken – Schleiffunken Zu beachten sind durch mechanische Funken und Reibung eventuell entstehende heiße Oberflächen.		
4	elektrische Anlagen, Geräte, Betriebsmittel und Einrichtungen	Mögliche Zündung durch: – heiße Oberflächen – Abbrand an Schaltkontakten – Funkenbildung bei transienten Überspannungen (Schalthandlungen) – Kontaktproblemen – Lichtbögen		
5	elektrische Ausgleichsströme kathodischer Korrosionsschutz	Zündquellen durch: – Fehlerströme – Streuströme – Ableitströme – unerlaubte/hohe Rückströme – Induktions- und Kapazitiv-Ströme – transiente Überströme/Überspannungen durch atmosphärische Entladung (Blitz)		
6	statische Elektrizität	Funkenbildung unter anderem durch: – Büschelentladung – Gleitstielbüschelentladungen – Schüttkegelentladungen		
7	Blitzschlag	Bei einem Blitzschlag muss stets mit sehr hohen Spannungen, Strömen und Funken gerechnet werden. Ein Blitzeinschlag entzündet immer eine explosionsfähige Atmosphäre.		
8	elektromagnetische Wellen Frequenz 10^4 Hz bis Hochfrequenz 3 x 10^{11} Hz	Zum Beispiel im Bereich von Hochfrequenzanlagen: – Funksendestellen – Hochfrequenz-Generatoren zum Erwärmen, Trocknen, Härten, Schweißen und Schneiden		
9	elektromagnetische Wellen Frequenz 10^{11} Hz bis Hochfrequenz 3 x 15 Hz	Strahlung in diesem Spektralbereich durch: – Sonnenlicht (nach Bündelung durch eine Linse oder einen Hohlspiegel) – Strahlung starker Lichtquellen, z. B. Blitzlicht – Laserstrahlung		

Tabelle 2.7 Checkliste zur Zündquellenanalyse (Teil 1/2)

Pos.	mögliche Zündquelle	Bemerkung	relevant	nicht relevant
10	ionisierende Strahlung	Erzeugte Strahlung durch: – Röntgenstrahlung – radioaktive Strahlung und Stoffe – chemische Zersetzung und Reaktionen		
11	Ultraschall	Aufgrund der Erwärmung durch Ultraschall kann es im Extremfall zur Zündung von Stoffen kommen.		
12	adiabatische Kompression und Stoßwellen	Thermodynamischer Vorgang mit einer Zustandsänderung eines Stoffes oder eines Gemischs, zum Beispiel beim Entspannen einer Hochdruck-Gasanlage und deren Rohrleitungen. Gefahrenstellen beim Entstehen von Stoßwellen können beispielsweise sein: – Rohrkrümmungen – Verengungen – Flanschverbindungen – geschlossene Schieber Aufgrund der Zustandsänderung und der Stoßwellen kommt es an diesen Stellen zu hohen Temperaturen und Druckverhältnissen.		
13	exotherme Reaktionen und Selbstentzündung von Stäuben	Zu diesen Zündquellen gehören chemische Reaktionen und Abläufe, darunter Reaktionen von Alkalimetallen mit Wasser oder pyrophorer Stoffe mit Luft. Darüber hinaus kann es zu biologischen Prozessen und der Zersetzung organischer Stoffe kommen. Folgende Parameter sind ausschlaggebend: – Volumen-/Oberflächen-Verhältnis – Umgebungstemperaturen – Verweilzeit		

Tabelle 2.7 Checkliste zur Zündquellenanalyse (Teil 2/2)

3 Zündschutzarten

In elektrischen Anlagen können elektrische Funken oder Lichtbögen und heiße Oberflächen als Zündquelle auftreten. Elektrische Funken oder Lichtbögen werden beim Öffnen und Schließen elektrischer Stromkreise durch unzureichend sichere Kontaktgabe sowie (möglicherweise) durch Ausgleichsströme erzeugt. Bis auf wenige Ausnahmen verfügen elektrische Betriebsmittel der normalen Bauweise über eine eigene potentielle Zündquelle. Werden diese in explosionsgefährdeten Bereichen eingesetzt, so müssen sie konstruktiv derart gestaltet sein, dass sie bei bestimmungsgemäßer Verwendung eine möglicherweise vorhandene explosionsfähige Atmosphäre nicht zünden können. Die Schutzmethoden – die Zündschutzarten – beruhen auf folgenden Grundanforderungen:

- Durch konstruktive Maßnahmen wird ein Zusammentreffen von explosionsfähiger Atmosphäre und Zündquelle verhindert.
- Die konstruktive Auslegung des Gehäuses verhindert, dass sich eine Explosion im Inneren des Betriebsmittels auf die Umgebung ausbreitet.
- Durch besondere Maßnahmen wird sichergestellt, dass auch unter Annahme bestimmter Fehlerbedingungen keine Lichtbögen, Funken und unzulässig hohe Temperaturen auftreten.
- Die Energie im Stromkreis, welcher im gefährdeten Bereich verläuft, wird in solchem Maß eingeschränkt, dass zündfähige Funken und zündfähige Temperaturen nicht auftreten können.

Zündschutzarten beschreiben Funktionsweisen, welche zur Vermeidung der Zündquellen von Geräten, Komponenten und Einrichtungen notwendig sind. Sie gehören zum sogenannten sekundären Explosionsschutz bzw. zu den sekundären Explosionsschutzmaßnahmen.

Funktionsweisen zur Vermeidung von Zündquelle können sein:

a) Vermeidung von zündfähigen Energien.
b) Verhinderung eines direkten Kontakts mit einer explosionsgefährdeten Atmosphäre.
c) Verhinderung einer Entzündung von explosionsgefährdeten Gemischen.
d) Verhinderung einer Entzündung außerhalb eines Gehäuses.
e) Vermeidung von zündgefährlichen Einflüssen, die von außen einwirken.

Die **Tabelle 3.1 a** und **3.1 b** zeigen die in der Normenreihe DIN EN 60079 aufgeführten unterschiedlichen Arten mit ihrem jeweiligen definierten

Schutzziel. Alle Festlegungen und Anforderungen an die Konstruktion, Prüfung und Kennzeichnung von explosionsgeschützten elektrischen Betriebsmitteln, die in Bereichen, die durch brennbare Gase und Dämpfe gefährdet sind, verwendet werden, und die alle oder mehrere Zündschutzarten betreffen, sind in dieser Norm enthalten. Wenn im Einzelfall nichts anderes festgelegt wird, gilt als Anwendungsbereich

- Temperatur: −20 °C bis +60 °C,
- Druck: 80 kPa (0,8 bar) bis 110 kPa (1,1 bar),
- Luft mit normalem Sauerstoffgehalt, üblicherweise 21 % (Volumenanteil).

Um elektrische Betriebsmittel explosionsgeschützt auszuführen, ist jeweils eine oder sind mehrere der in der EN 60079-0 aufgeführten Zündschutzarten anzuwenden. Die Definition der Zündschutzarten, ihre jeweilige Bezeichnung und Kennzeichnung entspricht den internationalen Festlegungen.

Diese Zündschutzart verhindert unzulässig hohe Temperaturen und die Bildung von Funken und Lichtbögen. Sie ist gültig für den Normalbetrieb, das bestimmungsgemäße Betreiben und für festgelegte Betriebsbedingungen im Fehler- bzw. Störfall.

Eventuelle Zündquellen befinden sich im Inneren eines Gehäuses, in welches auch eine gefahrdrohende explosionsfähige Atmosphäre einströmen kann. Infolge einer Überdimensionierung von Bauteilen und Komponenten, z. B. einer verstärkten Isolierung von Motorwicklungen, oder aufgrund besonderer Maßnahmen zur mechanischen Festigkeit von Gehäusen, Befestigungen der Anschlusskabel und Leitern wird eine Bildung von Funken, Lichtbögen und unzulässigen Temperaturen verhindert. Hinzu kommen weitere Schutzmaßnahmen wie ein erhöhter IP-Schutzgrad und ein Überlastschutz durch für den Motor geeignete thermische Überwachungseinrichtungen.

Zündschutzart	**Vorschrift**
Erhöhte Sicherheit „e“	IEC/EN 60079-7
Druckfeste Kapselung „d“	IEC/EN 60079-1
Eigensicherheit „i“	IEC/EN 60079-14
Überdruckkapselung „p“	IEC/EN 60079-2
Überdruckgekapselte Räume	IEC/EN 60079-13
Vergusskapselung „m“	IEC/EN 60079-18
Flüssigkeitskapselung „o“	IEC/EN 60079-6
Sandkapselung „q“	IEC/EN 60079-5
Vermeidung von Zündung „n“	IEC/EN 60079-15
Geräte für Staub-Ex durch Gehäuse „t“	EN 60079-31

Tabelle 3.1 a Zündschutzarten für elektrische Betriebsmittel – Übersicht

Zündschutz-art	**Ab-kürzung**	**Erläuterung/Funktionsprinzip/Verwendungszweck/Kennzeichnung**
Erhöhte Sicherheit IEC/EN 60079-7	**„e"**	Diese Zündschutzart verhindert unzulässig hohe Temperaturen und die Bildung von Funken und Lichtbögen. Sie ist gültig für den Normalbetrieb, das bestimmungsgemäße Betreiben und für festgelegte Betriebsbedingungen im Fehler- bzw. Störfall. Eventuelle Zündquellen befinden sich im Inneren eines Gehäuses, in welches auch eine gefahrdrohende explosionsfähige Atmosphäre einströmen kann. Infolge einer Überdimensionierung von Bauteilen und Komponenten, z.B. einer verstärkten Isolierung von Motorwicklungen, oder aufgrund besonderer Maßnahmen zur mechanischen Festigkeit von Gehäusen, Befestigungen der Anschlusskabel und Leitern wird eine Bildung von Funken, Lichtbögen und unzulässigen Temperaturen verhindert. Hinzu kommen weitere Schutzmaßnahmen wie ein erhöhter IP-Schutzgrad und ein Überlastschutz durch für den Motor geeignete thermische Überwachungseinrichtungen. „eb" = Verwendung in Ex-Zone: 1, 2 „ec" = Verwendung in Ex-Zone: 2 Anwendungsbeispiele: – Klemmen- und Anschlusskästen – Steuerkästen – Motoren (Käfigläufer) – Leuchten bzw. Lampen **Kennzeichnung seit 2009** (Einführung EPL und Explosionsuntergruppen für alle Zündschutzarten wegen Elektrostatik) **II 2 G Ex e IIC T4 Gb** oder **II 2 G Ex eb IIC T4**
Druckfeste Kapselung IEC/EN 60079-1	**„d"**	Druckfeste Gehäuse mit einem integrierten Druckentlastungsspalt, der eine im Inneren des Gehäuses entstehende Explosion und die Zündung einer explosionsfähigen Atmosphäre außerhalb des Gehäuses verhindert. In den Gehäusen befinden sich potentielle Zündquellen, die mit der eindringenden Ex-Atmosphäre in Berührung kommen können. Findet im Inneren des Gehäuses eine Explosion statt, wird das Gehäuse nicht vollkommen zerstört. Der entstandene Explosionsdruck wird über den zünddurchschlagsicheren Spalt (Druckentlastungsspalt) abgeführt. „da" = Verwendung in Ex-Zone: 0, 1, 2 „db" = Verwendung in Ex-Zone: 1, 2 „dc" = Verwendung in Ex-Zone: 2 Anwendungsbeispiele: – Transformatoren – Melde- und Signalgeräte – Befehlsgeräte – Motoren – Heizgeräte – Leuchten und Lampen **Kennzeichnung seit 2009** (Einführung EPL und Explosionsuntergruppen für alle Zündschutzarten wegen Elektrostatik, Ex-Gruppe nach IEC II: Gas, III: Staub) **II 2 G Ex d IIB T4 Gb** oder **II 2 G Ex db IIC T4**

Tabelle 3.1 b Zündschutzarten für elektrische Betriebsmittel – Details (Teil 1/4)

Zündschutz-art	Ab-kürzung	Erläuterung/Funktionsprinzip/Verwendungszweck/Kennzeichnung
Eigensicher-heit IEC/EN 60079-14	„i“	Die Zündschutzart Ex „i“ beschreibt ihre Funktion in Form einer Energiebegrenzung. Die im Ex „i“ eingesetzte Energie, zum Beispiel zum Betreiben eines messtechnischen Sensors oder eines Stromkreises, liegt unter den Grenzwerten, die eine mögliche Zündung einer gefahrdrohenden explosionsfähigen Atmosphäre durch Funken oder erhöhte Temperatur verursachen. „ia“ = Verwendung in Zone: 0, 1, 2 bzw. Zone 20, 21, 22 „ib“ = Verwendung in Zone: 1, 2 bzw. Zone 21, 22 „ic“ = Verwendung in Zone: 2 bzw. Zone 22 [Ex ib] = zugehöriges elektrisches Betriebsmittel – Installation im sicheren Bereich. Anwendungsbeispiele: – MSR-Technik – Sensorik – Aktorik – Gerätetechnik Kennzeichnung: **Ex ia: EPL Ga** – Kat 1G: sicher bei Auftreten von 2 unabhängigen Fehlern **Ex ib: EPL Gb** – Kat 2G: sicher bei Auftreten von einem Fehler **Ex ic: EPL Gc** – Kat 3G: sicher im Normalbetrieb **[Ex ia]:** zugehöriges Betriebsmittel, Installation außerhalb des Ex-Bereiches **Kennzeichnung seit 2009** (Einführung EPL und Explosionsuntergruppen für alle Zündschutzarten wegen Elektrostatik, Ex-Gruppe nach IEC II: Gas, III: Staub) **II 2 G Ex ia IIC T6 Ga** oder **II 2 G Ex ia IIC T6**
Überdruck-kapselung IEC/EN 60079-2	„p“	Schutzmaßnahme, die das Eindringen einer Atmosphäre, die im Nahbereich um das zu schützende Gerät herrscht, verhindert. Die sich im Inneren des Gehäuses befindlichen möglichen Zündquellen werden durch die Anwendung eines Überdruckes gegen das Eindringen der Atmosphäre in das Gehäuse geschützt. Anwendungsbeispiele: – Überdruckgekapselte Räume nach EN 60079-13 – Gerätetechnik – Einrichtungen in Ex-Bereichen Unterscheidungen der Kennzeichnungen je nach Einsatzgebiet: **„pxb“** = Bei einer Installation des Gerätes in Zone 1 ist das Innere nicht explosionsgefährdet. Im Gehäuse können daher Standardgeräte eingesetzt werden. **„pyb“** = Bei einer Installation des Gerätes in Zone 1 gilt für das Innere des Gerätes die Zone 2. Außerdem können Geräte der Kategorie 3G und EPL Gc eingesetzt werden. **„pzc“** = Bei Installation des Gerätes in Zone 2 ist das Innere nicht explosionsgefährdet. Im Gehäuse können daher Standardgeräte eingesetzt werden. Fällt der Überdruck aus, ist eine Alarmmeldung erforderlich. Im Fall der Zündschutzart Ex px (Einsatz in Zone 1 mit internen Geräten, die nicht den EPL Gc erfüllen), muss zusätzlich das nicht geschützte Gerät im Inneren des Gehäuses abgeschaltet werden. Anwendungsbeispiele: – Schaltgerätekombinationen – Motoren/Antriebstechnik – MSR-Technik – Analysegeräte **Kennzeichnung seit 2009** (Einführung EPL und Explosionsuntergruppen für alle Zündschutzarten wegen Elektrostatik, Ex-Gruppe nach IEC II: Gas, III: Staub) **II 2 G Ex px IIB T4 Gb** oder **II 2 G Ex pxb IIC T4**

Tabelle 3.1 b Zündschutzarten für elektrische Betriebsmittel (Details) (Teil 2/4)

Zündschutz-art	**Ab-kürzung**	**Erläuterung/Funktionsprinzip/Verwendungszweck/Kennzeichnung**
Überdruck-gekapselte Räume IEC/EN 60079-13		Das Funktionsprinzip bei dieser Zündschutzart liegt darin, dass das Eindringen einer sich im Nahbereich befindlichen Atmosphäre in einen Raum/Bereich durch Überdruck mittels Zündschutzgas sowie durch ausgewählte Schutzeinrichtungen verhindert wird.
Verguss-kapselung IEC/EN 60079-18	„m"	Einbettung potentieller Zündquellen in eine Vergussmasse, die eine Zündung oder Anhebung der Temperatur auf einen unzulässigen Wert in einer gefährlichen explosionsfähigen Atmosphäre verhindert. Das Eindringen einer gefährlichen explosionsfähigen Atmosphäre in ein Gehäuse wird abgewehrt. **„ma"** = Verwendung in Ex-Zonen: 0,1,2 bzw. Zonen 20, 21, 22 **„mb"** = Verwendung in Ex-Zonen: 1,2 bzw. Zonen 21, 22 **„mc"** = Verwendung in Ex-Zone: 2 bzw. Zone 22 Anwendungsbeispiele: – Steuerventile – Sensorik – Anschluss- und Verteilertechnik/Installationstechnik – Motorentechnik (Käfigläufer) – Leuchten und Lampen **Kennzeichnung seit 2009** (Einführung EPL und Explosionsuntergruppen für alle Zündschutzarten wegen Elektrostatik, Ex-Gruppe nach IEC II: Gas, III: Staub) **II 2 G Ex m IIB T4 Gb** oder **II 2 G Ex mb IIC T4**
Flüssigkeits-kapselung IEC/EN 60079-6	„o"	Diese Zündschutzart beruht auf einem Funktions- und Wirkprinzip, welches dazu führt, dass eine Zündung der gefährlichen explosionsfähigen Atmosphäre oberhalb des Schutzflüssigkeitsniveaus oder außerhalb des Gehäuses nicht zugelassen wird. Eventuelle potentielle Zündquellen befinden sich in einer Schutzflüssigkeit innerhalb eines Gehäuses. *Achtung!* Die Schutzflüssigkeit muss in ihrem Füllgrad/ihrer Füllhöhe überwacht werden! Hierdurch wird die gefährliche explosionsfähige Atmosphäre von den Zündquellen ferngehalten. Ebenso sind die Einbaulage und der Einsatzort/Verwendungsort separat zu bewerten. Verwendung in Ex-Zonen: 1, 2 Anwendungsbeispiele: – Transformatorentechnik – Schaltgeräte – Anlasswiderstände **Kennzeichnung seit 2009** (Einführung EPL und Explosionsuntergruppen für alle Zündschutzarten wegen Elektrostatik, Ex-Gruppe nach IEC II: Gas, III: Staub) **II 2 G Ex o IIB T4 Gb** oder **II 2 G Ex ob IIC T4**

Tabelle 3.1 b Zündschutzarten für elektrische Betriebsmittel (Details) (Teil 3/4)

Zündschutz-art	Ab-kürzung	Erläuterung/Funktionsprinzip/Verwendungszweck/Kennzeichnung
Sand-kapselung IEC/EN 60079-5	„q“	Prinzip der Zündquellenunterdrückung durch ein in das Gehäuse eingefülltes Füllgut, wie zum Beispiel feinkörnigen Quarzsand bzw. Quarz-Kügelchen. Das Eindringen einer gefährlichen explosionsfähigen Atmosphäre wird auf ein Minimum reduziert. Kommt es trotz allem zu einer Zündung im Inneren von Apparaturen oder Geräten, führt dies zur Eigenlöschung durch das Füllgut. Verwendung in Ex-Zonen: 1, 2 Anwendungsbeispiele: – Bedien- und Anzeige-/Displaygeräte – Transformatorentechnik – elektrische Geräte – elektronische Vorschaltgeräte – Transmitter **Kennzeichnung seit 2009** (Einführung EPL und Explosionsuntergruppen für alle Zündschutzarten wegen Elektrostatik, Ex-Gruppe nach IEC II: Gas, III: Staub) **II 2 G Ex q IIB T4 Gb** oder **II 2 G Ex qb IIC T4**
Vermeidung von Zündung IEC/EN 60079-15	„n“	Die Funktionsweise bei der Zündschutzart „n“ beruht auf der Annahme, dass sich das Betriebsmittel im normalen Betrieb wie ein Betriebsmittel der Zündschutzart „Erhöhte Sicherheit“ verhält. Daraus folgt, dass es im Nahbereich einer gefährlichen explosionsfähigen Atmosphäre unter Berücksichtigung des bestimmungsgemäßen Verwendens und unter festgelegten bestimmungswidrigen Parametern/Betriebsbedingungen zu keiner Zündung kommen kann. Unterscheidungen der Kennzeichnungen je nach Einrichtung: **„nA“** = Einrichtung, bei der die Zündgefahr im Normallbetrieb durch Lichtbögen oder Funken auf ein Minimum reduziert ist. Nichtfunkende Betriebsmittel! **„nC“** = Einrichtungen und Bauteile **„nR“** = schwadensichere Gehäuse
Geräte Staub-Ex durch Gehäuse EN 60079-31	„t“	Durch die Dichtheit der Gehäuse wird das Eindringen von Staub verhindert oder auf ein ungefährliches Maß eingeschränkt. Somit können zündfähige Betriebsmittel in das Gehäuse eingebaut werden. Die Temperatur am Gehäuse darf die umgebende Atmosphäre nicht entzünden. Anwendungsbeispiele: – Schaltgeräte – Schaltanlagen – Anschluss- und Klemmenkästen – Motoren – Leuchten **„ta“** = Verwendung in Zone 20, 21, 22 **„tb“** = Verwendung in Zone 21, 22 **„tc“** = Verwendung in Zone 22
optische Strahlung EN 60079-28	„op“	Mittels geeigneter Maßnahmen wird vermieden, dass durch eine optische Strahlung eine explosionsfähige Atmosphäre entzündet wird. Anwendungsbereich: – Lichtwellenleiter/Einsatz in gasexplosionsgefährdeten Bereichen Es gibt drei unterschiedliche Methoden: **Ex op is** = inhärent sichere optische Strahlung **Ex op pr** = geschützte optische Strahlung **Ex op sh** = optische Strahlung mit Verriegelung

Tabelle 3.1 b Zündschutzarten für elektrische Betriebsmittel (Details) (Teil 4/4)

Inwieweit sich die Funktionsweisen einzelner Zündschutzarten unterscheiden, zeigen die folgenden Erläuterungen einzelner Zündschutzarten in **Tabelle 3.2.**

Zündschutzart	Kennzeichnung	Erläuterungen
Erhöhte Sicherheit	e	Elektrische Geräte und Ex-Bauteile dieser Zündschutzart werden in die zwei weiteren Schutzniveaus „eb“ und „ec“ eingeteilt.
Schutzniveau	eb	Dieses Schutzniveau ist für Geräte oder Ex-Bauteile (inklusive deren Verbindungen, Leiter, Wicklungen, Lampen und Batterien) gültig. Einsatz und Verwendung in den Ex-Zonen 1 und 2.
Schutzniveau	ec	Das Schutzniveau verfügt über eine Gültigkeit für Geräte oder Ex-Bauteile (inklusive deren Verbindungen, Leiter, Wicklungen, Lampen und Batterien einschließlich der Halbleiter oder Elektrolytkondensatoren). Einsatz und Verwendung in der Ex-Zone 2
Bemerkung: Elektrische Geräte, Ex-Bauteile und/oder Einrichtungen mit der Zündschutzart „e“ müssen einem der beiden Schutzniveaus „eb“ oder „ec“ entsprechen.		

Tabelle 3.2 Definition einzelner Zündschutzarten

3.1 Zündschutzart „e“ (Geräteschutz durch erhöhte Sicherheit) nach DIN EN 60079-7 (VDE 0170-6)

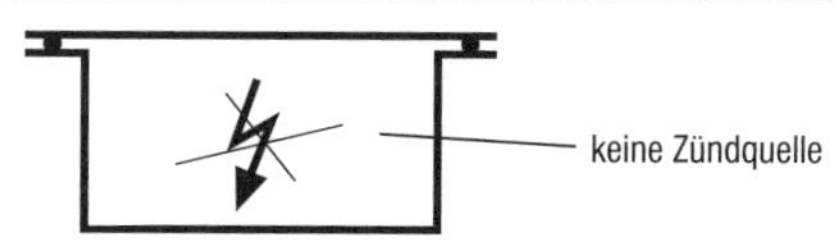

Unter der Zündschutzart „e“, „Erhöhte Sicherheit“, versteht man Maßnahmen, die während der bestimmungsgemäßen Verwendung oder unter klar definierten außergewöhnlichen Bedingungen zusätzlich durchgeführt werden. Mittels dieser Maßnahmen sollen unzulässige Temperaturen und das Auftreten eines Lichtbogens oder von Funken vermieden werden.

Die Zündschutzart „e“, „Erhöhte Sicherheit“, wurde Anfang der 40er Jahre in Deutschland entwickelt und hat inzwischen durch die Aufnahme in IEC- und europäische Normen ihre internationale Anerkennung gefunden. Gemeinsam mit den Zündschutzarten „Druckfeste Kapselung“ und „Eigensicherheit“ stellt sie die wirtschaftlich wichtigste Zündschutzart dar.

Bei Geräten, die in dieser Zündschutzart ausgeführt sind, werden Vorkehrungen getroffen, um mit einem erhöhten Grad an Sicherheit unzulässig hohe Temperaturen und das Entstehen von Funken und Lichtbögen im Inneren oder an äußeren Teilen zu verhindern. Betriebsmittel, bei denen Funken und Lichtbögen sowie zu hohe Temperaturen betriebsmäßig auftreten, können in dieser Zündschutzart allein allerdings nicht gebaut werden. **Bild 3.1** zeigt als typisches Gerät in dieser Zündschutzart eine Verteilerdose.

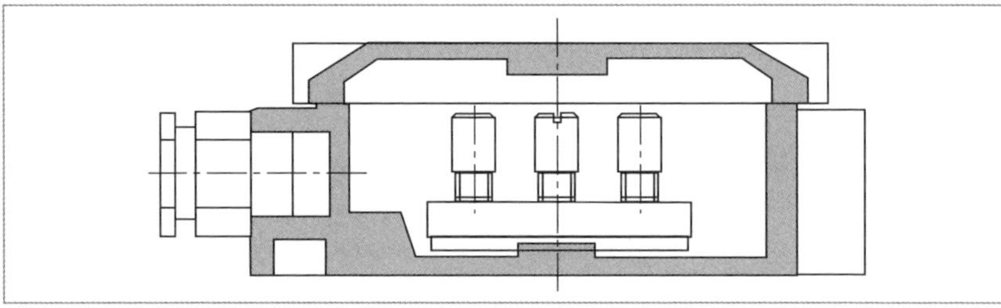

Bild 3.1 Verteilerdose in der Zündschutzart „e"

Das Entstehen einer Zündquelle wird anhand konstruktiver Maßnahmen und unter Berücksichtigung betriebsüblicher Fehler verhindert.

Dies wird im Wesentlichen erreicht durch die

- Vermeidung von Fremdeinflüssen,
- Vermeidung des Entstehens von Funken und Lichtbögen im Fehlerfall,
- Reduzierung der thermischen Belastung von Werkstoffen,
- Verhinderung von zündfähigen Temperaturen auch unter festgelegten Betriebsstörungen.

Gehäuse in der Zündschutzart „Erhöhte Sicherheit" müssen mindestens in der Schutzart IP54 gebaut sein. Besondere Anforderungen sind an die Dichtungen und Einführungsteile zu stellen, da diese die Dichtheit des Gerätes während der gesamten Nutzungsdauer sicherstellen müssen. Aufgrund von möglichen mechanischen Beschädigungen muss das Gehäuse schlagfest sein. Die Prüfung wird mit einem Fallgewicht mit einer Stoßenergie von 7 Nm bei der niedrigsten und höchsten Temperatur, für die das Gehäuse ausgelegt ist, durchgeführt (in der Regel −25 °C und +60 °C). Hochwertige Isolierstoffe, die insbesondere angesichts ihrer Kriechstromfestigkeit zu solchen zählen und höhere Kriech- und Luftstrecken als übliche Industriegeräte aufweisen, sollen die Bildung von Kriechströmen und dadurch verursachte Kurzschlüsse unwahrscheinlich werden lassen.

Besondere Anforderungen werden an die Klemmen gestellt, da die elektrische Verbindung zweier Leiter über die gesamte Nutzungsdauer des Betriebsmittels sicher sein muss. Lockerungsschutz, indirekte Druckübertragung der Klemmschraube auf den Leiter bei einer Schraubklemme, Einschränkung der Anzahl der klemmbaren Leiter und deren Querschnitte stellen sicher, dass die Klemme unter allen Betriebsbedingungen nicht zur Zündquelle wird.

Die thermische Belastung nichtmetallischer Werkstoffe, von denen der Explosionsschutz abhängt, ist im Vergleich zu normalen Industriegeräten reduziert. Damit wird die mögliche Nutzungsdauer des Betriebsmittels erhöht, sodass nicht mit einem Ausfall in der vorgegebenen Betriebsdauer zu rechnen ist. Die maximal zulässige Temperatur des Betriebsmittels ist durch seine Temperaturklasse bestimmt. Dies gilt nicht nur für die Oberfläche, sondern auch für jedes Teil im Inneren, an das die explosionsfähige Atmosphäre dringen kann. Durch besondere Auslegung des Gerätes, z.B. durch Begrenzung der maximal möglichen Verlustleistung im Gerät oder durch Überwachen der Temperatur und Abschalten der Energiezufuhr, kann erreicht werden, dass auch bei bestimmter Überlast keine unzulässige Erwärmung entsteht. Mittels Überwachung der Temperatur mit automatischer Abschaltung können überdies Störungen und Fehlerfälle, mit denen üblicherweise zu rechnen ist, beherrscht werden. Als Beispiel für die Begrenzung der Verlustleistung sind Klemmenkästen zu nennen. In Abhängigkeit von ihrer Größe und dem Querschnitt der eingeführten Leiter wird die Anzahl der Leiter derart begrenzt, dass die maximal mögliche Erwärmung nicht zu einer zu hohen Temperatur an der heißesten Stelle führt. Bei Motoren (Käfigläufer) wird dagegen die Temperatur direkt oder indirekt überwacht und vor Erreichen einer kritischen Temperatur, z.B. bei blockiertem Läufer, abgeschaltet. Neben der Anschluss- und Verteilertechnik werden vor allem Motoren (Käfigläufer) und Leuchten in dieser Zündschutzart gebaut. Bei Leuchten ist dies jedoch in der Regel nur in Kombination mit anderen Zündschutzarten möglich. Aber auch eine Vielzahl anderer Betriebsmittel, darunter Messgeräte, Transformatoren, Batterien, Akkumulatoren, Widerstandsheizungen, lassen sich in „Erhöhter Sicherheit" ausführen. Allen ist gemeinsam, dass sie betriebsmäßig über keine Zündquelle verfügen und die in der Norm für das einzelne Gerät festgelegten erhöhten Anforderungen erfüllen.

Bei der Auswahl der thermischen Schutzeinrichtungen für Motoren muss grundlegend darauf geachtet werden, dass die ausgewählten thermischen Schutzeinrichtungen für Motor und Antriebssystem geeignet sind. Daher sollte im Explosionsschutzdokument oder in der Gesamtdokumentation der rechnerische Nachweis zur Eignung der Auslösekennlinie der Motorschutzeinrichtung zur Zeit des Motors t_E beschrieben und dargestellt werden.

Bei der Verwendung und dem Einsatz von Temperaturfühlern bzw. Widerstandstemperaturgebern, RTD genannt, die direkt in die Motorwicklungen eingebracht oder installiert sind, müssen diese zusammen mit der Wicklung des Motors durch den Hersteller vergossen und getränkt werden. Es ist darauf zu achten, dass RTD und dessen Anschlüsse in Motoren mit einer Nennspannung >1,0 kV unterschiedlich anzuschließen sind, im Gegensatz zu Motoren mit Nennspannungen < 1,0 kV. Hier sind zwingend die Herstellerangaben zu beachten.

3.2 Zündschutzart „Druckfeste Kapselung", Ex „d" (IEC/EN 60079-1)

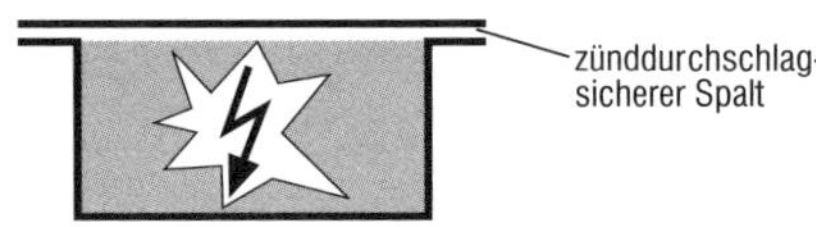

Bei der „Druckfesten Kapselung" verhindert ein stabiles Gehäuse, in welches die Betriebsmittel eingebaut sind und die eine Zündquelle bilden, die Wirkung und die Ausbreitung einer möglichen Explosion. Das Gehäuse muss dem Explosionsdruck bei einer Explosion im Inneren standhalten, ohne sich bleibend zu verformen. Dabei ist das Durchzünden der Explosion nach außen auf eine das Gehäuse umgebende explosionsfähige Atmosphäre sicher zu verhindern.

Von der Gasart (Explosionsgruppe) abgesehen, hängt der Explosionsdruck vom freien inneren Volumen und von der Gestalt des Gehäuses ab. Außerdem muss das Gehäuse entsprechend widerstandsfähig gebaut werden. Bei der Typprüfung wird das Betriebsmittel mit erhöhtem Vordruck geprüft, sodass bei dieser Prüfung der 1,5-fache Wert des Explosionsdrucks (Bezugsdruck) entsteht, der zuvor ohne Vordruck ermittelt wurde.

Die Zünddurchschlagsicherheit wird dadurch erreicht, dass die Gehäusespalte, die nach außen führt, in ihrer Länge bestimmte Werte nicht unterschreitet und in ihrer Weite bestimmte Werte nicht überschreitet. Die zünddurchschlagsichere Spaltgeometrie hängt ab

- von der Explosionsgruppe IIA, IIB oder IIC,
- von der Spaltart (Flachspalt, Zylinderspalt, Gewindespalt, Spalt umlaufender Wellen),
- vom freien Innenvolumen des Gehäuses,
- von der Geometrie des Gehäuses und seiner Einbauten.

Vor allem der letzte Punkt führt dazu, dass die in EN 60079-1 in den Tabellen 1 bis 4 vorgegebenen Spaltwerte oft nicht ausreichend sind. Der Nachweis der Flammendurchschlagssicherheit ist durch Explosionsprüfungen zu erbringen.

Die Oberflächentemperatur an der Gehäuseaußenwand darf wegen der bestehenden Gefahr einer Wärmezündung die zugeordnete Grenztemperatur der Temperaturklasse nicht überschreiten. Dies begrenzt die im Gehäuse zulässige Verlustleistung. Ist das druckfest gekapselte Gehäuse aus nichtmetallischem Werkstoff hergestellt, so sind zusätzliche Prüfungen und Bedingungen zu beachten. Gehäuse aus Kunststoff sind in ihrem freien inneren Volumen auf 3.000 cm^3 begrenzt. Ist das Volumen größer als 100 cm^3, so ist eine Flammenerosionsprüfung durchzuführen. Mit 50 Zünddurchschlagsprüfungen wird geprüft, ob sich infolge der Erosion der Spaltfläche möglicherweise ein Durchschlag ergibt.

Das druckfeste Gehäuse kann universell verwendbar sein, vgl. **Bild 3.2.**

Die an der Deckelöffnung, der Antriebsachse und der Stromdurchführung vorhandenen Spalten sind so ausgebildet, dass die Explosionsflamme im Inneren des Gehäuses keine explosionsfähige Atmosphäre nach außen zündet. Ein Sonderverschluss (Sechskantschraube) verhindert das unbeabsichtigte und unbefugte Öffnen des Druckraumes. Innerhalb bestimmter Grenzen lassen sich in dieses Gehäuse beliebige Industriegeräte einbauen. Begrenzt wird dieser Einbau durch die im Inneren umgesetzte Verlustleistung, weil durch die Erwärmung sowohl die funktionsbedingte maximale innere Gerätetemperatur als auch die durch die Temperaturklasse vorgegebene äußere Grenztemperatur nicht überschritten werden darf. Die möglichen Strom- und Spannungsgrenzen werden in der Regel durch die Dimensionierung der Einführungsteile bestimmt. Selbstverständlich kann der druckfest gekapselte Raum Teil der Gerätekonstruktion sein, wie dies z.B. bei Motoren und Leuchten, aber auch bei vielen anderen Geräten der Fall ist. Das Betriebsmittelgehäuse selbst bildet sodann das druckfest gekapselte Gehäuse.

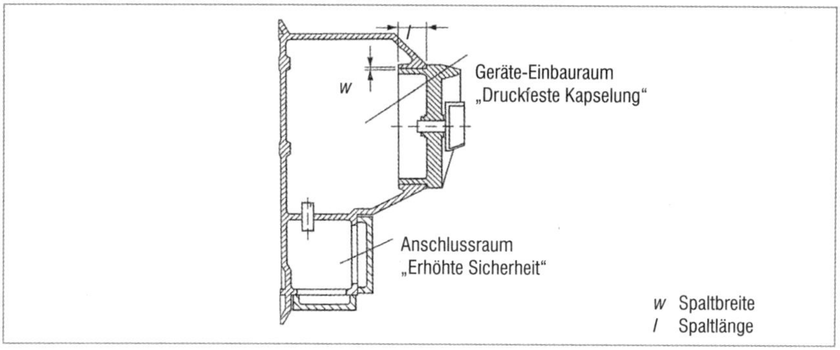

Bild 3.2 Druckfestes Gehäuse

Die Zündschutzarten „Druckfeste Kapselung“ und „Erhöhte Sicherheit“ werden im Starkstrombereich am häufigsten angewandt.

Als Anschlusstechnik für ein druckfest gekapseltes Gehäuse erlaubte die bis dahin geltende VDE-Bestimmung 0170/0171 vor der Harmonisierung der europäischen Explosionsschutznormen im Jahr 1980 nur die indirekte Einführung über einen Anschlussraum in der Zündschutzart „Erhöhte Sicherheit“. Heute sind zusätzlich direkte Einführungen, darunter auch das aus dem NEC-Bereich kommende Conduit-System, zulässig. Bei der indirekten Einführung erfolgt der betriebsseitige Anschluss in einem Anschlussgehäuse der Zündschutzart „Erhöhte Sicherheit“. Die elektrische Verbindung in das druckfeste Gehäuse wird über spezielle zünddurchschlagsichere Leitungsdurchführungen (Bolzen- oder Aderleitungsdurchführungen) ausgeführt.

Bei der direkten Einführung wird die Anschlussleitung über spezielle Leitungseinführungen direkt in das druckfeste Gehäuse geführt (**Bild 3.3**). Der zünddurchschlagsichere Abschluss der druckfesten Kapselung muss durch einen elastischen Dichtring sichergestellt werden. Dieser druckfeste Abschluss wird erst bei der Installation auf der Baustelle erreicht. Die Verantwortung für die Sicherstellung der druckfesten Kapselung, die bei der indirekten Einführung eindeutig beim Hersteller des Gerätes liegt, wird somit auf den Errichter verlagert. Je nach Leitungstyp – abhängig von der Bauart mit oder ohne Armierung, dem Leitungsdurchmesser und weiteren Kriterien – ist die passende Kabeleinführung zu verwenden.

Bei der Rohrleitungstechnik (Conduit-System), die vor allem in den USA verwendet wird, werden im explosionsgefährdeten Bereich die druckfest gekapselten Geräte über geschlossene druckfeste Rohrleitungen, in denen

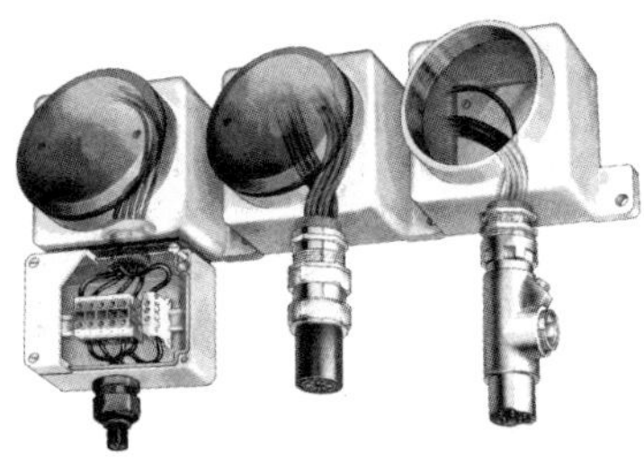

Bild 3.3 Einführungsarten

die elektrischen Leitungen verlegt werden, verbunden. Um die Ausbreitung einer Explosion aus einem Gehäuse ins Leitungssystem zu verhindern, sind Zündsperren einzubauen. Diese Zündsperren sind nach der Installation mit einer zementartigen Masse zu vergießen. Nur so kann eine anlaufende Druckwelle beherrscht und die Zerstörung des Systems verhindert werden.

Diese Technik, wie in **Bild 3.4** schematisch dargestellt, ist in solchem Grade aufwendig, dass alle positiven Gesichtspunkte durch die extrem hohen Kosten für Errichtung und Wartung kompensiert werden. Bei Vernachlässigung der Wartung kann der Explosionsschutz durch Kondenswasserbildung und Korrosion aufgehoben werden. Die **Bilder 3.5 a** und **3.5 b** zeigen die direkte Leitungseinführung in ein Gehäuse. Der wesentliche positive Aspekt, der von Verfechtern dieser Technik genannt wird, ist der höhere Brandschutz des Kabelsystems und die Abschirmung gegen äußere Beeinflussung. Zur Veranschaulichung zeigt **Bild 3.6** eine Anlage mit Conduit-Installation.

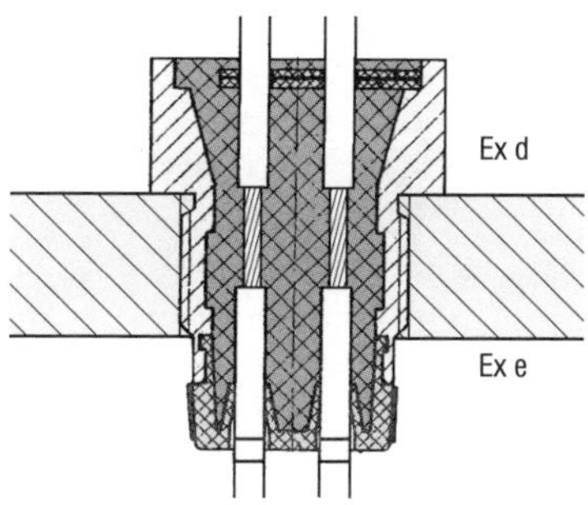

Bild 3.4 Schnittbild einer Einzelleiterdurchführung

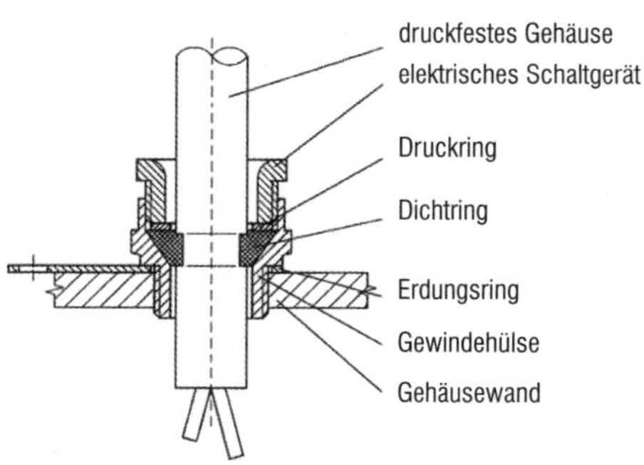

Bild 3.5 a Direkte Leitungseinführung in ein Gehäuse

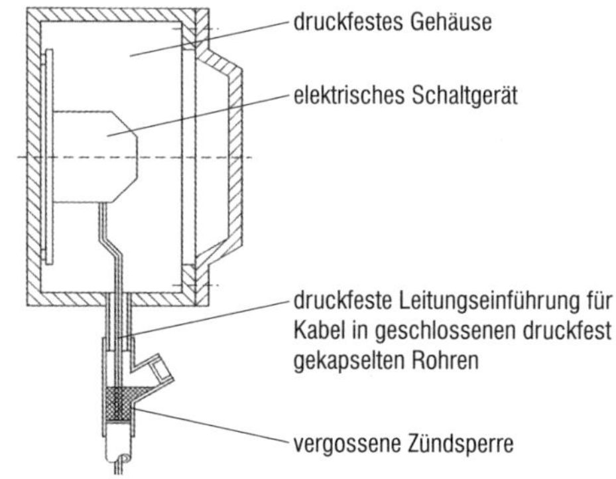

Bild 3.5 b Direkte Leitungseinführung in ein Gehäuse

Bild 3.6 Anlage mit Conduit-Installation

3.3 Zündschutzart „Eigensichere Stromkreise", Ex „i" (IEC/EN 60079-14)

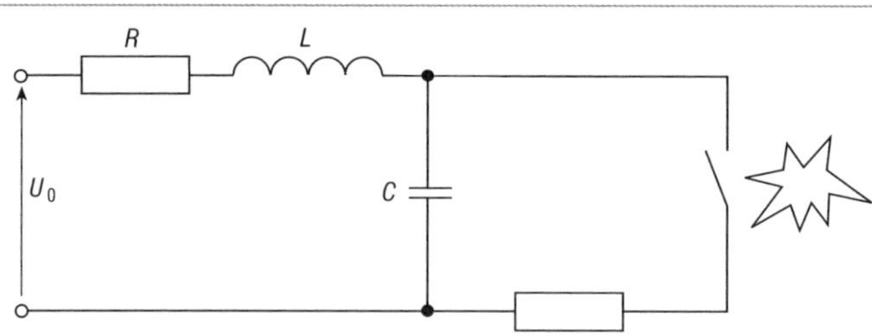

Bild 3.7 Eigensicherheit nach EN 50020

Bei der Zündschutzart „Eigensicherheit" (**Bild 3.7**) wird die Tatsache genutzt, dass zur Zündung einer explosionsfähigen Atmosphäre eine bestimmte

Energie erforderlich ist. Wird in einem Stromkreis verhindert, dass bestimmte Strom- und Spannungswerte überschritten werden, und wird die Speicherung elektrischer Energie in Spulen oder Kondensatoren derart begrenzt, dass weder durch einen Öffnungs- oder Schließfunken noch durch thermische Wirkung eine Zündung unter bestimmten Prüfbedingungen und unter Beachtung bestimmter Sicherheitszuschläge hervorgerufen wird, so ist dieser Stromkreis eigensicher.

Die Zündschutzart „Eigensicherheit" bietet sich daher vor allem dort an, wo von Natur aus nur kleine Leistungen erforderlich sind, z. B. in der Mess- und Regelungstechnik sowie in der Informationstechnik.

Ob ein Stromkreis eigensicher ist, wird mit dem Funkenprüfgerät geprüft, das gemäß IEC-Publikation als internationales Standardprüfgerät eingeführt wurde. Es wird in dem zu prüfenden Stromkreis an der Stelle angeschlossen, an welcher der Fehler simuliert werden soll. Um eine solche direkte Prüfung nicht immer durchführen zu müssen, kann bei der Beurteilung der Eigensicherheit von einfachen überschaubaren Stromkreisen der Referenzkurven, die in EN 60079-11 für die Explosionsgruppen IIC, IIB und IIA angegeben sind, ausgegangen werden. Diese Referenzkurven gelten nur für eigensichere Stromkreise mit linearer Kennlinie (ohmsche Strombegrenzung). Enthält der Stromkreis dagegen Induktivitäten oder Kapazitäten, kann die gespeicherte Energie über den Funken im Falle eines Kurzschlusses oder bei Unterbrechung zu einer Zündung führen. Daher ist im induktiven Stromkreis der Zusammenhang zwischen der maximal zulässigen Induktivität L_0 und dem Kurzschlussstrom I_0 (induktive Zündgrenzkurven), im kapazitiven Stromkreis der Zusammenhang zwischen der maximal zulässigen Kapazität C_0 und der Leerlaufspannung U_0 (kapazitive Zündgrenzkurven) zu beachten.

Die sicherheitstechnischen Kenndaten von Stromkreisen mit nichtlinearer Kennlinie, z. B. mit elektronischer Strombegrenzung, können mithilfe der Referenzkurven nicht ermittelt werden. In solchen Fällen ist eine Prüfung mit dem Funkenprüfgerät durchzuführen oder das Kennlinienverfahren heranzuziehen.

Ein elektrisches Betriebsmittel ist eigensicher, wenn alle Stromkreise des Betriebsmittels eigensicher sind. Dies können z. B. Messeinrichtungen, Anzeiger, Regelventile, aber auch Schalter, Verteilerkästen und Steckvorrichtungen sein. Die Anforderungen an die Bauart eigensicherer Betriebsmittel zielen im Wesentlichen darauf ab, dass keine thermische Zündung durch das Betriebsmittel möglich ist und im Gerät keine unbeabsichtigten elektrischen Verbindungen entstehen. Als einfache elektrische Betriebsmittel mit genau festgelegten elektrischen und thermischen Parametern im eigensicheren Stromkreis, die die Eigensicherheit nicht beeinträchtigen, gelten

- passive Bauelemente, darunter Schalter, Klemmen, Verteilerkästen,
- Energiespeicher mit genau festgelegten Kennwerten, z. B. Kondensatoren und Spulen,
- Energiequellen mit nicht mehr als 1,5 V, 100 mA und 25 mW, darunter Thermoelemente und Fotozellen.

Diese Betriebsmittel müssen zwar bestimmten Anforderungen der Norm entsprechen, werden jedoch nicht als potentielle Zündquellen angesehen. Sie brauchen nicht gekennzeichnet zu werden.

3.3.1 Zugehörige Betriebsmittel

Zugehörige Betriebsmittel sind elektrische Betriebsmittel mit eigensicheren und nichteigensicheren Stromkreisen, z. B. Netzgeräte, Registriergeräte mit elektromotorischem Papiervorschub, Relais mit eigensicherem Erregerkreis, Messumformer mit Hilfsenergie, Messverstärker, Trennstufen und Sicherheitsbarrieren. Die Bauart dieser Betriebsmittel muss gewährleisten, dass der eigensichere Stromkreis vom nichteigensicheren Stromkreis sicher getrennt ist und auch unter Annahme bestimmter Fehler die Eigensicherheit, die durch die Bauweise dieser Betriebsmittel bestimmt wird, aufrechterhalten bleibt. Diese Betriebsmittel bilden also die Trennstelle zwischen „eigensicher“ und „nichteigensicher“ und begrenzen den eigensicheren Stromkreis auf die elektrischen Kennwerte, die nicht mehr zündfähig sind. Entsprechend hoch sind die in der Norm gestellten Anforderungen. Betriebsmittel mit eigensicheren und nichteigensicheren Stromkreisen dürfen, sofern nicht eine weitere Zündschutzart angewandt wird, nur im sicheren Bereich errichtet werden. Bei diesen Betriebsmitteln wird die Zündschutzart durch eine eckige Klammer gekennzeichnet, z. B. [EEx ib] IIC – zugehöriges Betriebsmittel der Kategorie ib der Explosionsgruppe IIC.

Ein Beispiel für ein solches Betriebsmittel ist das in **Bild 3.8** dargestellte Netzgerät mit eigensicherem Ausgang. Die Aufrechterhaltung der Eigensicherheit hängt von drei Bauteilen bzw. Baugruppen ab: Der Transformator muss die galvanische Trennung zwischen dem eigensicheren und nichteigensicheren Stromkreis sicherstellen (Spannungsreduzierung). Er muss daher bestimmten, genau festgelegten konstruktiven Anforderungen entsprechen, sodass ein Verschleppen der primärseitigen Spannung auf die Se-

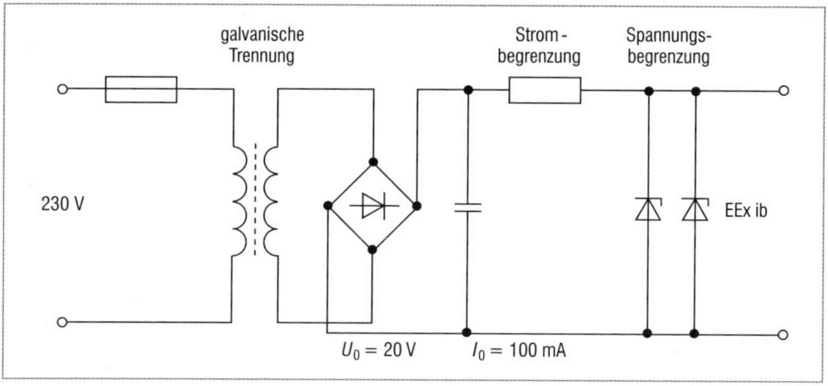

Bild 3.8 Netzgerät mit einem eigensicheren Stromkreis

kundärseite ausgeschlossen ist. An die Strombegrenzung – im Bild durch einen Widerstand verwirklicht – werden bezüglich Ausführung und Belastung bestimmte Anforderungen gestellt. Gleiches gilt für die Baugruppe, die die Spannung im eigensicheren Stromkreis begrenzt. Im Beispiel sind zwei spannungsbegrenzende Zenerdioden vorgesehen.

3.3.2 Schutzniveau (Kategorie) ia, ib, ic

Die Sicherheit eines eigensicheren Stromkreises hängt von den verwendeten Bauelementen und deren Störanfälligkeit ab. Man unterscheidet nicht störanfällige Bauelemente, wie Relais, Schichtwiderstände und Transformatoren, die die Baubestimmungen nach EN 50020 erfüllen, und störanfällige Bauelemente, wie Halbleiter und Kondensatoren. Bei der Beurteilung der Zuverlässigkeit des Gesamtgerätes unterscheidet man drei Schutzniveaus: ia, ib, ic.

3.3.2.1 Schutzniveau ia

Bei angelegter Spannung U_m bzw. U_i dürfen die eigensicheren Stromkreise im ungestörten Betrieb und bei Vorhandensein von **zwei** zählbaren Fehlern zuzüglich der nicht zählbaren Fehler, die die ungünstigsten Bedingungen ergeben, keine Zündung verursachen.

U_m ist dabei die höchste zulässige Spannung eines zugehörigen Betriebsmittels auf der Eingangsseite. U_i stellt die höchste zulässige Eingangsspannung des eigensicheren Betriebsmittels auf der Eingangsseite dar. Ein *zählbarer* Fehler ist ein Fehler, der in Teilen des Betriebsmittels, die mit den

Bauvorschriften dieser Norm übereinstimmen, auftritt. Ein *nicht zählbarer* Fehler ist ein Fehler, der in Teilen des Betriebsmittels, welche nicht mit den Bauanforderungen übereinstimmen, vorkommt.

Geräte der Zündschutzart „ia" sind geeignet für den Einsatz in Zone 0 (Kategorie 1), da sie ein höheres Sicherheitsniveau haben. Bei „ia" können der Normalbetrieb und zwei Fehler nicht zu einem kritischen Zustand führen.

3.3.2.2 Schutzniveau ib

Bei angelegter Spannung U_m bzw. U_i dürfen die eigensicheren Stromkreise im ungestörten Betrieb und bei Vorhandensein von *einem* zählbaren Fehler zuzüglich der nicht zählbaren Fehler, die die ungünstigsten Bedingungen ergeben, keine Zündung verursachen.

Bei der Fehlerbetrachtung werden bestimmte Bauteile (Bsp. Strombegrenzungswiderstand), die die in EN 60079-11, Abschnitt 8, genannten Bedingungen einhalten, als nicht störanfällig angesehen. Ein Ausfall dieser Bauelemente muss daher nicht in Betracht gezogen werden. Dagegen werden Halbleiterbauelemente als störanfällig betrachtet. Um die Fehlerbedingungen einzuhalten, müssen diese deshalb für das Schutzniveau ia dreifach, für das Schutzniveau ib zweifach vorhanden sein.

3.3.2.3 Schutzniveau ic

Für das Schutzniveau „ic" ist die Betrachtung der zählbaren Fehler nicht relevant. Nichtstöranfällige Bauelemente und Baugruppen, wie sie in EN 60079-11, Abschnitt 8, beschrieben sind, sind nicht anwendbar.

Es wird zwischen Einfehlersicherheit und Zweifehlersicherheit unterschieden:

- Einfehlersicherheit: Bei Ausfall eines sicherheitsrelevanten Bauteils muss ein zweites Bauteil dessen Aufgabe übernehmen (Schutzniveau ib: ein redundantes Bauteil).
- Zweifehlersicherheit: Bei Ausfall von zwei sicherheitsrelevanten Bauteilen muss ein drittes Bauteil deren Aufgabe übernehmen (Schutzniveau ia: zwei redundante Bauteile).

Eine wichtige Schutzmaßnahme für eigensichere Stromkreise stellt die sichere Trennung zwischen allen eigensicheren und allen nichteigensicheren Stromkreisen dar.

Beim Bau von Betriebsmitteln mit eigensicheren Stromkreisen sind zwei Aspekte besonders wichtig:

- Strom- und Spannungsbegrenzung unter Berücksichtigung eines Sicherheitsfaktors,
- Schutz der eigensicheren Stromkreise gegen den Übertritt fremder Spannungen und gegen das Annehmen zu hohen Potentials gegenüber Erde.

Da die Eigensicherheit durch Spannungsverschleppung oder unbeabsichtigtes Zusammenschalten aufgehoben werden kann, sind bei der Verlegung der Leitungen Besonderheiten zu beachten. Die Zündschutzart „Eigensicherheit“ hat den Vorteil, dass auch ohne „Feuerschein“ unter Spannung gearbeitet werden kann. Deshalb sind bei Betriebsmitteln mit eigensicheren und nichteigensicheren Stromkreisen die Anschlussteile dieser Stromkreise mindestens 50 mm voneinander getrennt anzuordnen. Wird der eigensichere Stromkreis zu Messzwecken abgeklemmt, so soll dieser Abstand verhindern, dass die abgeklemmte Leitung mit der nichteigensicheren Klemme in Berührung kommt und damit die Eigensicherheit aufgehoben wird.

Bei der Anwendung von Stromkreisen oder Betriebsmitteln mit der Zündschutzart „i“ ist es nach der Anleitung durchaus zulässig, eine Wartungsmaßnahme unter Spannung durchzuführen, sofern sich die Stromkreise oder Betriebsmittel in dem Gehäuse befinden. Folgende Bedingungen müssen diesbezüglich gegeben sein:

1. Beim Zugang zu spannungsführenden Stromkreisen oder Betriebsmitteln müssen die Abdeckungen ein Schild mit dem Warnhinweis: *„Warnung – Nicht öffnen, solange nichteigensichere Stromkreise unter Spannung stehen!“*, tragen oder
2. alle spannungsführenden Teile, die nicht in der Zündschutzart „i“ ausgelegt sind, müssen über eine separate Abdeckung, welche innen angebracht wird und bei offenem Gerät mindestens den IP-Schutzgrad IP30 aufweist, verfügen.

Die innere Abdeckung muss zusätzlich ein Schild mit der Aufschrift: *„Warnung – nicht unter Spannung öffnen!“* oder den Hinweis: *„Warnung – nichteigensichere Stromkreise durch interne IP-30 Abdeckung geschützt!“* auf dem Gerätedeckel führen.

Das Funktionsprinzip Ex „i“ in eigensicheren Stromkreisen beruht auf dem Prinzip der Energiebegrenzung durch Trennschaltverstärker. Der gesamte eigensichere Stromkreis muss vor dem Eindringen von Energie aus anderen Quellen sowie aus elektrischen oder magnetischen Feldern geschützt sein. Verantwortlich für die Nachweiserbringung der Eigensicherheit ist der Errichter oder Betreiber, jedoch nicht der Hersteller.

Bild 3.9 zeigt einen beispielhaften Aufbau eines eigensicheren Stromkreises.

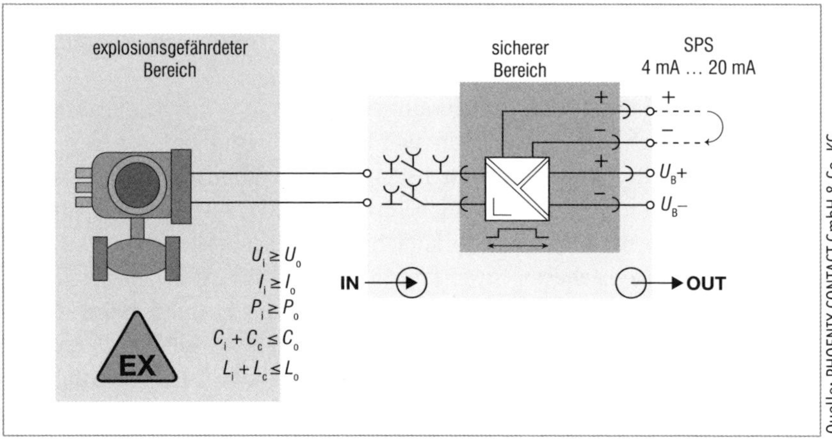

Bild 3.9 Beispiel eines eigensicheren Stromkreises

3.3.2.4 Erdung eigensicherer Stromkreise

Bei der Erdung eigensicherer Stromkreise kann es zu Potenzialdifferenzen kommen. Diese müssen in der Betrachtung der Stromkreise berücksichtigt werden. Eigensichere Stromkreise dürfen gegen Erde isoliert sein. Die Gefahr der elektrostatischen Aufladung ist zu beachten. Die Verbindung über einen Widerstand $R > 0{,}2\ \mathrm{M\Omega}$ zur Ableitung elektrostatischer Aufladung gilt nicht als Erdverbindung. Ein eigensicherer Stromkreis darf nur an einer Stelle des Potenzialausgleichssystems angeschlossen sein, wenn dies innerhalb eines eigensicheren Stromkreises geschieht. Besteht ein eigensicherer Stromkreis aus mehreren galvanisch getrennten Teilstromkreisen, kann jeder Teil einmal mit Erde verbunden werden.

3.3.2.5 Schutzniveau ia, ib und Sicherheitsfaktoren

Hinsichtlich des Explosionsschutzes der Zündschutzart „Eigensicherheit" ist insbesondere die zuverlässige Einhaltung der Spannungs- und Stromgrenzen, auch unter Annahme bestimmter Fehler, zu berücksichtigen. Man unterscheidet:

- Schutzniveau ib: Bei Auftreten eines Fehlers im eigensicheren Stromkreis ist die Eigensicherheit aufrechtzuerhalten (unter Einhaltung eines Sicherheitsfaktors von 1,5).

- Schutzniveau ia: Bei Auftreten von zwei voneinander unabhängigen Fehlern ist die Eigensicherheit aufrechtzuerhalten (unter Einhaltung eines Sicherheitsfaktors von 1,5 bei einem Fehler und eines Sicherheitsfaktors von 1,0 bei zwei voneinander unabhängigen Fehlern).

Einen Fehler kann der Ausfall eines störanfälligen Bauteils darstellen. Daher müssen bei Betriebsmitteln nach ia störanfällige Bauelemente dreifach vorhanden sein, bei Betriebsmitteln nach ib sind diese doppelt vorzusehen. Außerdem ist die Verwendung von Halbleitern zur Strombegrenzung nur für Schutzniveau ib zugelassen. Betriebsmittel und Stromkreise mit Schutzniveau ib sind nur für die Zonen 1 und 2 zulässig. In Anlagen mit eigensicheren Stromkreisen für die Zone 0 müssen eigensichere und zugehörige Betriebsmittel dem Schutzniveau ia entsprechen.

3.3.2.6 Kennzeichnung

Eigensichere und zugehörige elektrische Betriebsmittel müssen zum einen gemäß Gerätegruppe und Kategorie, zum anderen den jeweiligen europäischen Normen hinsichtlich verwendeter Zündschutzart, Schutzniveau, Explosionsgruppe und gegebenenfalls Temperaturklasse entsprechend gekennzeichnet werden. Die Kennzeichnung sei nachfolgend an einigen Beispielen näher erläutert.

Eigensichere Betriebsmittel werden mit EEx ia oder EEx ib gekennzeichnet, ergänzt um die Angabe der Explosionsgruppe und der Temperaturklasse.

Beispiel: Ex II 1 G EEx ia IIC T4

Hierbei könnte es sich beispielsweise um einen Sensor, der für die Gerätegruppe II und explosionsfähige Gas-, Dampf-, Nebel-Luft-Gemische (Buchstabe G) geeignet ist, handeln. Als Gerät der Kategorie 1 ist er in Zone 0 einsetzbar. Enthält das eigensichere Betriebsmittel Stromkreise mit unterschiedlichem Schutzniveau, so ist das Schutzniveau, das nur für einen Teil des Betriebsmittels gilt, in eckige Klammern zu setzen. Dies kann z.B. bei einem eigensicheren Messumformer, dessen elektronische Schaltung dem Schutzniveau ib entspricht, der aber Eingangsstromkreise enthält, die das Schutzniveau ia gewährleisten (z.B. durch zusätzliche Zenerdioden), zutreffen.

Beispiel: Ex II 2 (1) G EEx ib [ia] IIC T5

Das Gerät ist in Zone 1 installierbar (Kategorie 2) und verfügt über eigensichere Stromkreise, die in die Zone 0 geführt werden können (Kategorie 1 wird in runden Klammern angegeben). Bei zugehörigen elektrischen Betriebsmitteln wird durch Einklammern des Zeichens ([EEx ia], [EEx ib]) zum Ausdruck gebracht, dass diese nicht nur eigensichere Stromkreise enthalten. Zusätzlich wird die Explosionsgruppe des eigensicheren Stromkreises angegeben, nicht jedoch die Temperaturklasse. Letztere ist überdies nicht erforderlich, da zugehörige elektrische Betriebsmittel außerhalb des explosionsgefährdeten Bereiches installiert werden. Die Kategorie 1 wird hier in runden Klammern angegeben, weil nur der eigensichere Stromkreis für Zone 0 ausgelegt ist.

Beispiel: Ex II (1) G [EEx ia] IIC

Ist das zugehörige elektrische Betriebsmittel in einer weiteren Zündschutzart geschützt, sodass es selbst im explosionsgefährdeten Bereich installiert werden darf, so muss die Haupt-Zündschutzart (z. B. „d" für „Druckfeste Kapselung" und „e" für Anschlussklemmen in „Erhöhter Sicherheit") zusammen mit EEx an erster Stelle auftauchen. In diesem Fall wird nur das Zeichen ia bzw. ib in eckige Klammern gesetzt.

Beispiel: Ex II 2 (1) G EEx de [ia] IIC T6

3.4 Eigensichere Systeme

Die Systemnormen unterscheiden zwischen bescheinigten und nicht bescheinigten Systemen. Bescheinigte Systeme werden als Ganzes geprüft und bescheinigt. Nicht bescheinigte Systeme gehen von bescheinigten Einzelbetriebsmitteln aus, können aber auch nicht bescheinigungspflichtige eigensichere Betriebsmittel und Zubehör enthalten. Vom Systemplaner wird eine Systembeschreibung gefordert, in der die elektrischen Betriebsmittel, ihre elektrischen Kennwerte und die Kennwerte der Verbindungsleitungen beschrieben sind. Bei der Beurteilung der Eigensicherheit werden auch die Verbindungsleitungen mit in die Fehlerbetrachtung für das System einbezogen, wobei – abhängig von dem verwendeten Kabeltyp – auch Kabelfehler zu berücksichtigen sind.

Die EN 60079-25 für Gruppe II konzentriert sich im Wesentlichen auf den Nachweis der Eigensicherheit bei der Zusammenschaltung von Betriebsmitteln in eigensicheren Stromkreisen. Die Vorgehensweise bei der Bewertung eines einfachen eigensicheren Systems wird detailliert beschrieben. Auch die Vorgehensweise für Zusammenschaltungen mit mehreren linearen Quellen wird erläutert. Für die Beurteilung von Zusammenschaltungen mit nichtlinearen Quellen wurde das als PTB-Bericht ThEx10 veröffentlichte Verfahren in Form eines informativen Anhangs übernommen. Die Systemnorm ist damit in diesem Punkt zu einer wertvollen Ergänzung der Errichtungsbestimmung geworden. Bezüglich der Anforderungen für die Installation verweist sie im Gegenzug auf die bestehende Errichtungsbestimmung EN 60079-14. Zu Themen wie Erdung, Schirmung, Blitzschutz und Fehlerbetrachtung bei der Verdrahtung von Systemen wurden die Anforderungen detailliert aufgenommen. Für eigensichere Systeme muss der Planer grundsätzlich eine Systembeschreibung erstellen. Die eigensicheren Stromkreise sind dabei hinsichtlich der Zusammenschaltung der Betriebsmittel in einem Blockschaltbild zu beschreiben. Die verwendeten elektrischen Betriebsmittel, ihre elektrischen Kennwerte und die Kennwerte der Verbindungsleitungen sind anzugeben und der rechnerische Nachweis der Eigensicherheit ist mit der Angabe der Explosionsgruppe, des Schutzniveaus und gegebenenfalls der Temperaturklasse zu führen. Dabei ist zu unterscheiden, ob die aktiv wirkenden zugehörigen Betriebsmittel lineare oder nichtlineare Strom-Spannungs-Kennlinien aufweisen. Das Schutzniveau ia oder ib des eigensicheren Stromkreises ergibt sich aus der Fehlerbetrachtung für die Zusammenschaltung. Für Schutzniveau ib muss bei Annahme eines beliebigen Fehlers die Eigensicherheit erhalten bleiben. Für Schutzniveau ia gilt dies auch bei Annahme von zwei voneinander unabhängigen Fehlern. Dabei kann der Anwender bzw. Systemplaner auf das in den Baumusterprüfbescheinigungen der einzelnen Betriebsmittel angegebene Schutzniveau zurückgreifen, da er üblicherweise nicht in der Lage sein wird, Fehlerbetrachtungen für die innere Schaltung der Betriebsmittel durchzuführen. Ist für eines der Betriebsmittel im eigensicheren Stromkreis das Schutzniveau ib angegeben, so gilt dieses Schutzniveau für den gesamten Stromkreis. Falls Kabelfehler zu berücksichtigen sind, sind diese in die Fehlerbetrachtung des gesamten Stromkreises einzubeziehen. In der Großchemie werden üblicherweise alle eingeführten Stromkreise in einem Standard einmalig katalogisiert und der Nachweis der Eigensicherheit durch die Systembeschreibung geführt. Für die jeweilige Anwendung genügt es sodann, auf diesen Katalog und die relevante Bezeichnung des Standardstromkreises zu verweisen.

3.4.1 Nachweis der Eigensicherheit

Wie bereits erläutert, hängt die Eigensicherheit eines Stromkreises ganz wesentlich von der sicheren Begrenzung der dem Stromkreis zugeführten Leistung bzw. Stromes, der Spannung und der im Stromkreis gespeicherten Energie sowie von der Erwärmung der im explosionsgefährdeten Bereich installierten eigensicheren Betriebsmittel ab. Im Gegensatz zu anderen Zündschutzarten muss daher bei der Eigensicherheit immer die Zusammenschaltung und das Zusammenwirken aller beteiligten Betriebsmittel einschließlich der Verbindungsleitungen geprüft und ein Nachweis der Eigensicherheit geführt werden.

Die Prüfung erfolgt nach den folgenden Kriterien:

- Zu ermitteln sind die sicherheitstechnischen Maximalwerte von Strom und Spannung im eigensicheren Stromkreis. Diese sind hinsichtlich der Zulässigkeit für die gewünschte Explosionsgruppe zu überprüfen.
- Die Untersuchung soll zur Beantwortung der Frage führen, ob eine unzulässige Erwärmung der eigensicheren Betriebsmittel bei den gegebenen sicherheitstechnischen Maximalwerten von Strom, Spannung und Leistung im eigensicheren Stromkreis für die gewünschte Temperaturklasse ausgeschlossen werden kann.
- Die im Stromkreis enthaltenen Energiespeicher (Induktivitäten und Kapazitäten) sollen die zulässigen Werte nicht überschreiten.
- Die Analyse soll klarstellen, ob das Schutzniveau des eigensicheren Stromkreises der für die Anwendung festgelegten Zoneneinstufung entspricht.

3.4.2 Einfache eigensichere Stromkreise mit einer Quelle

Es liegt nahe, dass für die Planung und Projektierung einfache eigensichere MSR-Stromkreise bevorzugt werden, die sicherheitstechnisch (d. h. unter Berücksichtigung von Fehlern) betrachtet nur eine Quelle, die Strom, Spannung und Leistung in den Stromkreis liefern kann, aufweisen. Die sicherheitstechnischen Maximalwerte für den eigensicheren Stromkreis werden hier allein durch dieses eine aktive zugehörige Betriebsmittel bestimmt. Die sicherheitstechnischen Parameter sowie die Explosionsgruppe und das Schutzniveau können sodann der Prüfbescheinigung bzw. der Kennzeichnung dieses Betriebsmittels entnommen werden. Mit diesen Werten wird gleichzeitig die Eigensicherheit des kompletten Stromkreises für die angegebene Explosionsgruppe in Bezug auf die Funkenzündung gewährleistet. Die

Kriterien, die für die Prüfung eines einfachen eigensicheren Stromkreises mit einer Quelle (zugehöriges Betriebsmittel) in Zusammenschaltung mit eigensicheren Betriebsmitteln gelten, sind in **Bild 3.10** zusammengestellt. Eigensichere Betriebsmittel dürfen in explosionsgefährdeten Bereichen keine höheren Temperaturen annehmen, als es die jeweilige Temperaturklasse vorgibt. Für die Einhaltung der höchstzulässigen Temperatur sind die Höchstwerte des Eingangsstroms I_i und der Eingangsspannung U_i, mit welchen die eigensicheren Betriebsmittel betrieben werden dürfen, zu berücksichtigen. Die Werte können der Baumusterprüfbescheinigung entnommen werden. Das zugehörige Betriebsmittel muss bezüglich seiner sicherheitstechnischen Werte U_0 und I_0 so ausgewählt werden, dass diese Grenzwerte selbst im Fehlerfall nicht überschritten werden können. In den Prüfbescheinigungen wird als zusätzliche Einschränkung die maximal zulässige Eingangsleistung P_i angegeben, die das eigensichere Betriebsmittel aufnehmen darf. Es muss überdies gewährleistet werden, dass die Quelle (= das zugehörige Betriebsmittel) keine größere Leistung liefern kann. Bei Trennstufen mit ohmscher Strombegrenzung kann von einer maximalen Leistung $P_0 = U_0 \cdot I_0/4$ ausgegangen werden. Trennstufen mit elektronischer Strombegrenzung können je nach Kennlinie bis zu $P_0 = U_0 \cdot I_0$ liefern.

Beim Errichten eines eigensicheren Stromkreises ist außerdem sicherzustellen, dass durch die im Stromkreis enthaltenen Betriebsmittel – ein-

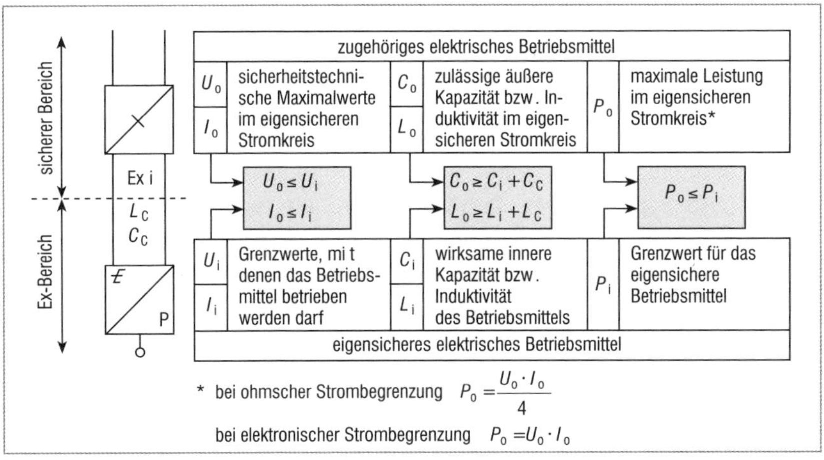

Bild 3.10 Kriterien für die Prüfung eines einfachen eigensicheren Stromkreises
Quelle: Schimmele, A.: Nachweis der Eigensicherheit für MSR-Stromkreise mit nichtlinearen Quellen, Ex-Zeitschrift der Firma R. STAHL Schaltgeräte GmbH, Nr. 34 (2002), Seite 25–31.

schließlich der Kabel und Leitungen – die höchstzulässigen Werte von Induktivität und Kapazität nicht überschritten werden. Durch die mögliche Energiespeicherung könnte die Eigensicherheit sonst aufgehoben werden.

Die im eigensicheren Stromkreis zulässige Kapazität C_0 ist von der sicherheitstechnischen maximalen Spannung (Leerlaufspannung) U_0 und der Induktivität L_0 vom Kurzschlussstrom I_0 des zugehörigen Betriebsmittels abhängig. Die Werte können dem Typschild bzw. der Prüfbescheinigung entnommen werden. Sie sind je nach Explosionsgruppe unterschiedlich. Die wirksame innere Kapazität bzw. Induktivität (C_i und L_i) der im Stromkreis liegenden Betriebsmittel sowie der Leitungen (C_c bzw. L_c) muss bekannt sein und darf in der Summe die Werte von C_0 und L_0 nicht überschreiten. Für die Kabel und Leitungen sind deren elektrischen Kennwerte C_c und L_c oder C_c und L_c/R_c zu berücksichtigen, wobei die vom Hersteller für den ungünstigsten Fall angegebenen Werte anzusetzen sind. Dabei genügt es, die maximale Kapazität zu ermitteln, die zwischen zwei benachbarten Adern auftritt. Überschlägig kann man bei handelsüblichen Kabeln und Leitungen mit guter Sicherheit von einer Kabelkapazität von 200 nF/km und einer Kabelinduktivität von 1 mH/km ausgehen. Die Kapazitäts- und Induktivitätsbeläge der Leitungen sind über die Leitungslänge verteilt und durch Widerstandsbeläge vermischt. Sie brauchen deshalb nicht als konzentrierte Kapazitäten oder Induktivitäten betrachtet zu werden. Der Nachweis der Eigensicherheit kann bei Stromkreisen mit aktiven zugehörigen Betriebsmitteln beispielsweise mittels Formblatt geführt werden.

3.4.3 Eigensichere Stromkreise mit mehreren Quellen

Beim Zusammenschalten eigensicherer Stromkreise mit mehr als einer Quelle (also bei mehreren Betriebsmitteln, die sicherheitstechnisch betrachtet im Normalbetrieb oder im Fehlerfall elektrische Energie in den eigensicheren Stromkreis einspeisen könnten,) ist rechnerisch oder messtechnisch nachzuweisen, dass die Eigensicherheit sichergestellt ist. Die sicherheitstechnisch aktiven Betriebsmittel oder Quellen sind dabei oftmals zugehörige Betriebsmittel, können aber auch eigensichere Betriebsmittel mit eigener Spannungsquelle (z. B. einer Batterie) sein. Der messtechnische Nachweis stößt in der Praxis auf Schwierigkeiten, da die erforderlichen Geräte in der Regel nicht zur Verfügung stehen und bestimmte Fehlerfälle („Worst-Case"-Betrachtung) in den Geräten simuliert werden müssten. Diese Methode bleibt daher normalerweise den Prüfstellen vorbehalten. Das

Mittel der Wahl für den Planer oder Betreiber, der den Nachweis der Eigensicherheit führen muss, ist deshalb üblicherweise der rechnerische Nachweis. Für diesen muss zunächst die Zusammenschaltung aller Quellen (also der aktiven Betriebsmittel) betrachtet werden. Unter Berücksichtigung der möglichen Fehlerfälle im eigensicheren Stromkreis sind sodann die auftretenden maximalen Ströme und Spannungen zu ermitteln. Dabei sind alle Möglichkeiten einer Stromaddition oder einer Spannungsaddition sorgfältig zu prüfen. Aus der jeweiligen Addition ergeben sich neue sicherheitstechnische Maximalwerte von Strom I_0, Spannung U_0 und Leistung P_0 für den eigensicheren Stromkreis. Mit diesen sicherheitstechnischen Maximalwerten von Strom, Spannung und Leistung kann nun die Einstufung bezüglich der Explosionsgruppe erfolgen. In gleicher Weise werden die äußere Induktivität L_0 und Kapazität C_0, die für den vorliegenden Stromkreis maximal zulässig sind, ermittelt. Diese sind in Abhängigkeit von Kurzschlussstrom I_0 bzw. Leerlaufspannung U_0 der zusammengeschalteten Quellen zu betrachten. Außerdem dürfen die Bauelemente der beteiligten Betriebsmittel, die der Strom- und Spannungsbegrenzung dienen, auch im Fehlerfall nicht überlastet werden. Für das Berechnungsverfahren ist zu unterscheiden, ob in der Zusammenschaltung nur aktive Betriebsmittel mit linearer Strom-Spannungs-Kennlinie oder ob auch solche mit nichtlinearer Kennlinie enthalten sind. Für den Fall, dass die in dem betrachteten Stromkreis enthaltenen Quellen ausschließlich lineare Ausgangskennlinien aufweisen, wird die Vorgehensweise in den Errichtungsbestimmungen EN 60079 genauer beschrieben. Danach ist mithilfe der Zündgrenzkurven der EN 50020 zu prüfen, ob die für den eigensicheren Stromkreis ermittelten neuen maximalen Strom- und Spannungswerte noch zulässig sind bzw. welcher Explosionsgruppe der eigensichere Stromkreis entspricht. Die höchstzulässige Induktivität bzw. Kapazität für diese maximalen Strom- und Spannungswerte ist ebenfalls anhand der Zündgrenzkurven zu ermitteln. Der Sicherheitsfaktor von 1,5 ist beim Strom bzw. bei der Spannung zu berücksichtigen. Für Zusammenschaltungen mit Quellen, die mit nichtlinearen Strom-Spannungs-Kennlinien versehen sind, sind die Zündgrenzkurven nicht anwendbar. Hier ist sodann nach PTB-Bericht ThEx-10 zu verfahren.

Liegt eine Zusammenschaltung von eigensicheren Stromkreisen mit mehr als einem zugehörigen Betriebsmittel vor, muss – wie in der Systemnorm gefordert – eine Systembeschreibung durch den Planer erstellt werden.

3.4.4 Kabel, Leitungen und Anschlussteile

Für einen eigensicheren Stromkreis dürfen nur isolierte Kabel und Leitungen, deren Prüfspannung Leiter gegen Erde und Leiter gegen Schirm sowie Schirm gegen Erde mindestens AC 500 V und DC 750 V beträgt, verwendet werden. Der Durchmesser eines Einzelleiters bzw. des Einzeldrahtes einer feindrähtigen Leitung darf innerhalb des explosionsgefährdeten Bereiches 0,1 mm nicht unterschreiten. Bei feindrähtigen Leitern müssen die Leiterenden gegen das Abspleißen einzelner Drähte geschützt sein, z. B. durch Aderendhülsen. Die elektrischen Kennwerte der Kabel und Leitungen C_c und L_c oder C_c und L_c/R_c müssen bekannt sein, wobei die vom Hersteller für den ungünstigsten Fall angegebenen Werte zu berücksichtigen sind. Ist ein Schirm erforderlich, darf dieser in der Regel nur an einer Stelle an Erde angeschlossen werden. Damit soll vermieden werden, dass bei Erdpotentialdifferenzen Ausgleichsströme, die bei Unterbrechungen möglicherweise zündfähige Funken erzeugen könnten, über den Schirm fließen. Ist der eigensichere Stromkreis geerdet, sollte der Schirm an derselben Stelle wie der Stromkreis geerdet werden. Bei erdfreiem eigensicherem Stromkreis ist der Schirm an einer Stelle des Potentialausgleichssystems anzuschließen. Ist aus Funktionsgründen eine mehrfache Erdung des Schirms über den gesamten Leitungsweg nötig, so ist dies zulässig, wenn gewährleistet wird, dass ein Potentialausgleich durchgehend besteht. Die Mehrfacherdung ist darüber hinaus dann gestattet, wenn ein entsprechender isolierter Erdleiter, an welchem der Schirm über ebenfalls isolierte Anschlüsse angeschlossen wird, parallel geführt werden kann. Eine mehrfache Erdung über kleine Kondensatoren (z. B. 1 nF, 1.500 V, Keramik) ist ebenfalls zulässig. Die Gesamtkapazität darf aber 10 nF nicht überschreiten. Bewehrungen müssen mit dem Potentialausgleich wirksam verbunden werden.

Eigensichere Stromkreise sind so zu verlegen, dass die Eigensicherheit nicht durch äußere elektrische oder magnetische Felder, z. B. durch nahegelegene Starkstromleitungen, beeinträchtigt wird. Dies kann durch Verwendung von abgeschirmten oder verdrillten Leitungen oder durch Einhaltung eines ausreichenden Abstands erreicht werden. Aufgrund der elektrischen oder magnetischen Einflüsse sind in solchen Fällen jedoch Störungen im Messkreis zu erwarten. Diese wiederum führen dazu, dass Schutzmaßnahmen auch aus Funktionsgründen nötig sein könnten.

3.4.5 Gefährdung durch unbeabsichtigtes Verbinden mehrerer eigensicherer Stromkreise

Die unbeabsichtigte Verbindung mehrerer eigensicherer Stromkreise (aufgrund mangelhafter Isolation oder bei Arbeiten an den Anschlussstellen) könnte zu einer Addition der für die einzelnen Stromkreise angegebenen sicherheitstechnischen Maximalwerte von Strom und Spannung führen, wobei die Grenzwerte der Eigensicherheit überschritten werden könnten. Möglich ist außerdem, dass dabei die durch das Zusammenschalten reduzierten L_0- und C_0-Werte überschritten werden. Benachbarte eigensichere Stromkreise müssen daher ausreichend voneinander isoliert sein. Sollen mehrere eigensichere Stromkreise gemeinsam in einem Kabel oder einer Leitung geführt werden, so sind die Anforderungen einzuhalten. Werde diese nicht erfüllt, so sind Kabel- bzw. Leitungsfehler gemäß EN 60079-14 zu berücksichtigen. Schirme müssen eine Oberflächenbedeckung von mindestens 60 % aufweisen und sind an einer Stelle zu erden. Zwischen den Anschlussteilen verschiedener eigensicherer Stromkreise ist ein Mindestabstand von 6 mm einzuhalten. Der Abstand zu geerdeten metallischen Teilen darf nicht kleiner als 3 mm sein. Die Anschlüsse der eigensicheren Stromkreise müssen als eigensicher gekennzeichnet werden.

3.4.6 Gefährdung eigensicherer Stromkreise durch benachbarte nichteigensichere Stromkreise

Eine der wichtigsten Maßnahmen bei der Errichtung eigensicherer Anlagen stellt der Schutz eigensicherer Stromkreise gegen das Übertreten von Fremdspannungen aus nichteigensicheren Stromkreisen dar. Eigensichere Stromkreise sind deshalb getrennt von nichteigensicheren Stromkreisen zu verlegen und durch besondere Kennzeichnung hervorzuheben. EN 60079-14 fordert unter anderem: *„In eigensicheren Stromkreisen dürfen nur Kabel und Leitungen eingesetzt werden, die einer Prüfspannung von AC 500* V_{eff} *(DC 750 V) oder der doppelten Spannung des eigensicheren Stromkreises standhalten, je nachdem, welcher Wert größer ist.*

Aderleitungen von eigensicheren Stromkreisen dürfen nicht in demselben Kabel oder derselben Leitung wie die Aderleitungen von Stromkreisen geführt werden, die nicht eigensicher sind, ausgenommen wie in 16.6 erlaubt.

Aderleitungen eigensicherer Stromkreise, ausgenommen wie in 16.2.2.7 erlaubt, dürfen nicht in demselben Bündel oder Kabelkanal wie die Ader-

leitern von Stromkreisen, die nicht eigensicher sind, geführt werden, sofern sie nicht durch eine Isolierstoff-Zwischenlage oder eine geerdete Metall-Zwischenlage getrennt sind.

Die Trennung ist nicht erforderlich, wenn metallene Mäntel oder Schirmungen für die eigensicheren Stromkreise oder die Stromkreise verwendet werden, die nicht eigensicher sind.“

Eine solche Trennung darf entfallen, wenn für die eigensicheren oder die nichteigensicheren Stromkreise Leitungen mit Mänteln oder Hüllen (Schlauchleitungen) oder Schirmungen verwendet werden. Auch für Kabel oder Leitungen (mit Mänteln oder Hüllen) gilt zunächst die Forderung nach getrennter Verlegung von eigensicheren und nichteigensicheren Stromkreisen. Wenn sie jedoch gegen mechanische Beschädigung geschützt verlegt sind, können Kabel auch nebeneinander angeordnet sein, z. B. in Leitungskanälen oder auf Kabelpritschen. Allerdings muss eine Gefährdung durch elektrische oder magnetische Felder ausgeschlossen werden können. Gleiches gilt, wenn die Kabel der eigensicheren oder der nichteigensicheren Stromkreise bewehrt, metallummantelt oder geschirmt sind. Kabel und Leitungen eigensicherer Stromkreise müssen als solche gekennzeichnet sein (farblich oder durch Beschriftung). Bei farblicher Kennzeichnung ist hellblau vorgeschrieben. Derart gekennzeichnete Kabel und Leitungen dürfen nicht für andere Zwecke verwendet werden. Bei Gefahr einer Verwechslung eigensicherer und nichteigensicherer Aderleitungen, z. B. bei Vorhandensein eines blaugefärbten N-Leiters, sind besondere Maßnahmen zu treffen. Als solche Maßnahmen gelten:

- Zusammenfassen der Adern in einem gemeinsamen hellblau gefärbten Kabelbaum,
- Beschriftung,
- übersichtliche Anordnung und räumliche Trennung.

Da an eigensicheren Stromkreisen unter Spannung gearbeitet werden darf, sind an den Anschlussteilen besondere Maßnahmen notwendig, die eine unbeabsichtigte Verbindung von eigensicheren Stromkreisen mit nichteigensicheren Stromkreisen verhindern. In Anlagen mit eigensicheren und nichteigensicheren Stromkreisen (z. B. in Mess- und Steuerschränken) müssen daher die Anschlussteile der eigensicheren Stromkreise zuverlässig von denen der nichteigensicheren Stromkreise getrennt sein, z. B. durch einen Abstand von mindestens 50 mm oder durch eine Trennwand, die ein Fadenmaß von 50 mm zwischen den metallischen Teilen dieser Anschlussklemmen gewährleistet. Zudem müssen

- die Anschlüsse der eigensicheren Stromkreise als solche gekennzeichnet sein (hellblau oder durch Beschriftung),
- die Anschlussteile so angeordnet sein, dass eine Beschädigung von Bauteilen bei Anschlussarbeiten vermieden wird.

Steckvorrichtungen für Anschlüsse von äußeren Stromkreisen (z. B. Gerätestecker an Baugruppenträgern) sind so auszuführen, dass die eigensicheren und die nichteigensicheren Stromkreise über getrennte Steckvorrichtungen geführt werden und nicht verwechselbar sind.

3.4.7 Gefährdung eigensicherer Stromkreise durch unterschiedliche Erdpotentiale

In ausgedehnten Anlagen ohne wirksamen Potentialausgleich (PA) muss mit unterschiedlichen Erdpotentialen in den einzelnen Anlagenteilen gerechnet werden. Schon allein aufgrund der potentiellen Gefahr der Funkenbildung bei Anwendung von Schutzmaßnahmen mit Schutzleiter als Schutz bei indirektem Berühren wird daher innerhalb von explosionsgefährdeten Bereichen der Zonen 0 und 1 grundsätzlich ein Potentialausgleich gefordert. Ohne entsprechende Gegenmaßnahmen können unterschiedliche Erdpotentiale in einer Anlage zudem die Eigensicherheit von Stromkreisen gefährden. Ist der Stromkreis nämlich potentialmäßig an das Erdpotential eines weit entfernten Anlagenteils, das sich von dem im Ex-Bereich vorhandenen Erdpotential unterscheidet, angebunden, besteht die Möglichkeit, dass bei einem Erdschluss im Ex-Bereich Ausgleichsströme über die eigensichere Leitung fließen, die zur Aufhebung der Eigensicherheit führen können. Aus diesem Grund sind eigensichere Stromkreise im Allgemeinen isoliert (erdfrei) zu errichten. Eine Verbindung zur Erde über einen Widerstand zwischen 0,2 mΩ und 1 MΩ, z. B. zur Ableitung elektrostatischer Aufladungen, gilt nicht als Erdung.

In bestimmten Fällen aber wird eine Erdung eigensicherer Stromkreise aus Sicherheitsgründen verlangt oder ist aus Funktionsgründen erforderlich. Diese ist erlaubt, darf allerdings lediglich an einer Stelle und muss durch Verbindung mit dem Potentialausgleich erfolgen. Ferner ist es notwendig, dass sich der Potentialausgleich über den gesamten Bereich der Leitungsführung eines eigensicheren Stromkreises (also auch im sicheren Bereich bis zum zugehörigen Betriebsmittel) erstreckt. Bei Verwendung von Sicherheitsbarrieren beispielsweise ist eine Erdung des eigensicheren Stromkreises an der Barriere durch Verbindung mit dem Potentialausgleich PA aus dem Ex-Bereich vorgeschrieben. Ohne diese Potentialanbindung des eigensicheren Stromkreises an den PA könnte bei Potentialunterschieden zwischen sicherem Bereich (z. B. Warte), Ex-Bereich (Feld) und einem angenommenen Erdschluss des eigensicheren Stromkreises im Feld ein Ausgleichsstrom über den eigensicheren Stromkreis fließen. Da die Strombegrenzung der Barriere diesen Ausgleichsstrom nicht begrenzt, könnte die Eigensicherheit gefährdet sein und bei dem Erdschluss ein zündfähiger Funke entstehen. Die Errichtungsbestimmungen fordern weiter, dass eine Erdung des eigensicheren Stromkreises nur an einer Stelle erfolgen darf. Wird der eigensichere Stromkreis beispielsweise bereits an einer Barriere geerdet, so ist eine weitere Erdverbindung des Stromkreises, z. B. am angeschlossenen eigensicheren Betriebsmittel, nicht zulässig. Damit soll vermieden werden, dass bei Auftreten eines von einem anderen Betriebsmittel herrührenden Fehlerstromes in der PA-Leitung, der dort entstehende Spannungsfall über zwei Verbindungspunkte an den eigensicheren Stromkreis zum Erliegen kommt und dort zu Ausgleichsströmen führt. Ausnahmen sind möglich für Anwendungsfälle, bei welchen ein Fehlerstrom über die PA-Verbindung zwischen den beiden Erdungspunkten sicher ausgeschlossen werden kann und der Stromkreis nicht in Zone 0 führt.

3.4.8 Eigensicherheit und Blitz- und Überspannungsschutz

In Freianlagen und bei exponierten Anlagenteilen besteht ein relativ hohes Risiko, dass sich durch das Auftreten atmosphärischer Elektrizität gefährliche Potentialdifferenzen aufbauen. Eigensichere Stromkreise sind durch die teilweise großen Distanzen zwischen Warte und Feld besonders gefährdet. Insbesondere bei Stromkreisen, die in die Zone 0 führen, in der häufig bis überwiegend eine explosionsfähige Atmosphäre vorhanden ist, würden solche Überspannungen mit hoher Wahrscheinlichkeit eine Explosion auslösen. In der Regel sollte in erster Linie der Versuch gewagt werden, das Risiko zu vermindern, indem beispielsweise Kabel und Leitungen unterirdisch geführt werden. Die Gefahr von Überspannungen entsteht jedoch auch, wenn z. B. der Blitz in die Blitzschutzanlage oberirdischer Tanks einschlägt und das Erdpotential und damit auch die Tankwandung kurzzeitig um einige kV angehoben werden. Mitunter kann es nämlich zwischen der metallischen Tankwandung und einer isoliert in den Tank eingeführten eigensicheren Messleitung, die an der fernen Erde der Messwarte angebunden ist, zu einem Überschlag im Tank kommen. Um diese Zündfunken zu vermeiden, ist die Spannungsdifferenz auf Werte zu begrenzen, die von den Isolierteilen sicher beherrscht werden. Dazu müssen Überspannungsschutzeinrichtungen, die auf jeden Fall sicherstellen, dass in dem eigensicheren Stromkreis die Isolationsspannung von 500 V nicht überschritten wird, zwischen jedem Leiter eines Kabels (einschließlich eines Schirms) und der Anlage installiert werden. In der Praxis findet sogar eine Begrenzung auf Spannungswerte zwischen 60 V und 120 V statt. Diese Überspannungsschutzeinrichtungen sind so nah wie möglich an Zone 0, nicht jedoch in der Zone 0 also solche zu installieren. Werden sie innerhalb der Zonen 1 oder 2 installiert, müssen sie entsprechend explosionsgeschützt sein. Außerdem muss das Kabel zwischen der Überspannungsschutzeinrichtung und dem eigensicheren Betriebsmittel in der Zone 0 gegen Blitzeinschlag geschützt sein. Für den eigensicheren Stromkreis ist es erforderlich, dass bei der Nachweiserbringung der Eigensicherheit die innere Kapazität oder die Induktivität der Überspannungsschutzeinrichtung ihre Berücksichtigung findet. In der Systemnorm EN 60079-25 wird klargestellt, dass die Überspannungsschutzeinrichtung nicht als Erdungspunkt anzusehen ist, obwohl sie eine Ansprechspannung von <500 V aufweist – vorausgesetzt der im bestimmungsgemäßen Betrieb fließende Strom ist <10 µA. Für die Isolationsprüfung mit 500 V kann die Überspannungsschutzeinrichtung also vorübergehend abgetrennt werden.

3.5 Zündschutzart „Überdruckkapselung", Ex „p" (IEC/EN 60079-2)

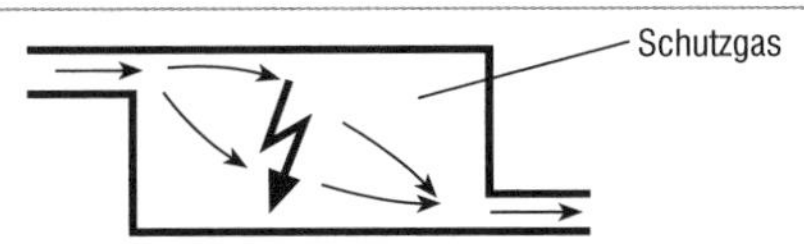

Bei der Zündschutzart „Überdruckkapselung", „Ex p", wird verhindert, dass die explosionsfähige Atmosphäre mit der Zündquelle in Berührung kommen kann. Dies wird dadurch erreicht, dass ein nicht brennbares Zündschutzgas, z. B. Luft, im Inneren der Geräte unter einem Überdruck gehalten wird, und zwar entweder

a.) ohne Zufuhr von Schutzgas im explosionsgefährdeten Bereich (statische Überdruckkapselung),

b.) durch Ausgleich der Leckverluste oder

c.) mit ständiger Durchspülung (Verdünnung).

Die Schutzmaßnahme Überdruckkapselung „p“ wird in die drei Schutzniveaus „pxb“, „pyb“ und „pzc“ eingeteilt. Bei der Auswahl des zur jeweiligen äußeren explosionsfähigen Atmosphäre notwendigen Gerätschutzniveaus „Mb“, „Gb“, „Db“, „Gc“ oder „Dc“ muss eine Bewertung darüber erfolgen, ob die Möglichkeit innerer Freisetzungen besteht und ob das Gerät in dem überdruckgekapselten Gehäuse eine Zündung hervorrufen kann. Das bedeutet, dass eine Zündquellenbewertung bzw. Zündquellenanalyse durchzuführen ist. Hierzu kann die in der EN 60079-2 aufgeführte Aufstellung (**Tabelle 3.3**) verwendet werden.

Nach der erfolgten Zündquellenbewertung legt die Zündschutzart „p“ sowohl die Kriterien zur Konstruktionsausführungen für das überdruckgekapselte Gehäuse als auch für das Überdrucksystem fest. **Tabelle 3.4** führt die Zusammenhänge von Schutzniveau und den geforderten Kriterien zur Konstruktion auf. Für wichtig erachtet werden sollte, dass die in der Tabelle aufgeführten Schutzgrade der überdruckgekapselten Gehäuse erfüllt sind.

Liegt eine innere Freisetzung vor?	**Höchste Anforderung an das Geräteschutzniveau für äußere explosionsfähige Atmosphäre**	**Enthält das Gehäuse zündfähige Geräte?**	**Schutzniveau**
Nein	„Mb“, „Gb“ oder „Db“	Ja oder Nein	„pxb“
Nein	„Gb“ oder „Db“	Nein	„pyb“
Nein	„Mb“, „Gb“ oder „Db“	Ja oder Nein	„pzs“
Ja, Gas/Dampf	„Gc“ oder „Dc	Ja oder Nein, und die zündfähigen Geräte befinden sich nicht innerhalb des Verdünnungsbereiches	„pxb“
Ja, Gas/Dampf	„Gb“ oder „Db“	Nein	„pyb“
Ja, Gas/Dampf	„Gc“ oder „Dc“	Ja, und die zündfähigen Geräte befinden sich nicht innerhalb des Verdünnungsbereiches	„pxb“
Ja, Gas/Dampf	„Gc“ oder „Dc“	Nein	„pyb“
Ja, Flüssigkeit	„Gb“ oder „Db“	Ja oder Nein	„pxb“ (inert)
Ja, Flüssigkeit	„Gb“ oder „Db“	Nein	„pyb“ (inert)
Ja, Flüssigkeit	„Gc“ oder „Dc“	Ja oder Nein	„pzs“ (inert)
Wenn die zündfähige Substanz eine Flüssigkeit ist, darf sie im Normalbetrieb niemals freigesetzt werden. Das Zündschutzgas muss inert sein, falls nach dem Überdruckkapselungsniveau ‚inert“ angegeben ist (siehe Abschnitt 13).			

Tabelle 3.3 EN 60079-2 Schutzniveau „Überdruckkapselung“ und Geräteschutzniveau

Konstruktionskriterien	Schutzniveau „pxb“	Schutzniveau „pyb“	Schutzniveau mit Anzeiger „pzc“	Schutzniveau mit Alarm „pzc“
Verhinderung des Eintritts von weißglühenden Partikeln durch eine Lüftungsöffnung im Normalbetrieb in einen Bereich, der das EPL „Mb“, „Gb“ oder „Dc“ erfordert	Funken- und Partikelsperre erforderlich, siehe 5.9	Funken- und Partikelsperre erforderlich, siehe 5.9	Das Schutzniveau „pzc“ darf nicht in Bereichen angewandt werden, die ein EPL „Mb“, „Gb“ oder „Db“ benötigen.	Das Schulzniveau „pzc“ darf nicht in Bereichen angewandt werden, die ein EPL „Mb“, „Gb“ oder „Db“ benötigen.
Verhinderung des Eintritts von weißglühenden Partikeln durch eine Lüftungsöffnung im Normalbetrieb in einen Bereich, der das EPL „Gc“ oder „Dc“ erfordert	Funken- und Partikelsperre erforderlich, siehe 5.9, es sei denn, es entstehen üblicherweise keine weißglühenden Partikel	keine Anforderung[a)]	Funken- und Partikelsperre erforderlich, siehe 5.9, es sei denn, es entstehen üblicherweise keine weißglühenden Partikel	Funken- und Partikelsperre erforderlich, siehe 5.9, es sei denn, es entstehen üblicherweise keine weißglühenden Partikel
Entfernen von Tür/Deckel nur unter Zuhilfenahme von Werkzeug möglich	Warnung, siehe 5.3 und 6.2b) ii)	Warnung, siehe 5.3[b)]	Warnung, siehe 5.3[c)]	Warnung, siehe 5.3[c)]
Entfernen von Tür/Deckel ohne Zuhilfenahme von Werkzeug	Verriegelung, siehe 7.14 (keine inneren heißen Teile)	Warnung, siehe 5.3[a)]	Warnung, siehe 5.3[c)]	Warnung, siehe 5.3.6[c)]
innere heiße Teile, die eine Abkühlzeit vor dem Öffnen des Gehäuses benötigen	Übereinstimmung mit 6.2 b) ii)	keine Anforderung[a)]	Warnung, siehe 5.3.6	Warnung, siehe 5.3.6

a) 6,2 b) ii) ist nicht auf das Schutzniveau ‚pyb‘ anwendbar, da hierfür weder heiße innere Teile zulässig sind, noch üblicherweise weißglühende Partikel entstehen dürfen.

b) Es besteht keine Anforderung, Funken- und Partikelsperren vorzusehen, da die Wahrscheinlichkeit sehr gering ist, dass sich die äußere Atmosphäre im außernormalen Betrieb bzw. in einer Fehlersituation, bei der sich die Lüftungsöffnung öffnet, innerhalb der Explosionsgrenzen beendet.

c) Es besteht keine Anforderung bezüglich der Kennzeichnung oder der Zugänglichkeit bei Gehäusen mit Schutzniveau „pzc“, da derartige Gehäuse im Normalbetrieb mit geschlossenen Türen und Deckeln unter Druck gesetzt werden. Es ist unwahrscheinlich, dass sich die Atmosphäre im Falle, dass ein Deckel oder eine Tür entfernt wird, innerhalb der Explosionsgrenzen beendet.

Tabelle 3.4 EN 60079-2 Schutzniveau und Konstruktionskriterien

3.6 Statische Überdruckkapselung

Für die statische Überdruckkapselung gibt es eine Reihe von Einschränkungen und Zusatzanforderungen, die es zu berücksichtigen gilt:

- Das Zündschutzgas muss inert sein.
- Eine innere Freisetzung brennbarer Substanzen (Gase, Dämpfe, Flüssigkeiten) ist nicht zulässig.
- Das Gehäuse muss außerhalb des Ex-Bereiches mit Inertgas gefüllt und darf im gefährdeten Bereich nicht geöffnet werden.
- Für das Schutzniveau „pxb“ oder das Schutzniveau „pyb“ muss das Auftreten eines Einzelfehlers bewertet werden, für das Schutzniveau „pzc“ wird der Normalbetrieb beachtet.

- Für die Typen „pxb“ und „pyb“ sind zwei unabhängige Sicherheitseinrichtungen, für den Typ „pzc“ eine Sicherheitseinrichtung vorzusehen, die bei Druckabfall selbsttätig freischalten, wobei die Rückstellung nur mit Werkzeug möglich sein darf.
- Der Mindestüberdruck muss derart bemessen sein, dass bei maximalem Druckverlust eine ausreichende Abkühlung der inneren Komponenten gewährleistet ist, der Mindestwert beträgt jeweils 50 Pa für das Schutzniveau „pxb“ oder das Schutzniveau „pyb“. Der Mindestüberdruck von 25 Pa ist für das Schutzniveau „pzc“ an jeder Stelle innerhalb des überdruckgekapselten Gehäuses und seiner Komponenten zu gewährleisten.

3.7 Sicherheitseinrichtungen (ausgenommen statische Überdruckkapselung)

Alle Sicherheitseinrichtungen und Sicherheitsvorkehrungen, die die Zündfähigkeit von elektrischen Geräten durch Überdruckkapselung vermindern, dürfen selbst nicht zündfähig sein. Kann dies nicht sicher gewährleistet werden, müssen diese außerhalb des explosionsgefährdeten Bereiches installiert werden. EN 60079-2 legt die Konstruktionskriterien der einzelnen Schutzniveaus fest, vgl. **Tabelle 3.5**.

Konstruktionskriterien	**Schulzniveau „pxb“**	**Schulzniveau „pyb“**	**Schulzniveau „pzc“**
Sicherheitseinrichtung zur Erkennung des Verlustes des minimalen Überdrucks	Druckfühler, siehe 7.11	Druckfühler, siehe 7.11	Anzeiger oder Druckfühler, siehe 7.11 d)
Sicherheitseinrichtung(en) zum Nachweis der Vorspüldauer für Gruppe I und Gruppe II	Zeitmessvorrichtung, Druckfühler und Durchflussmessgerät am Auslass, siehe 7.7	Zeit und Durchfluss gekennzeichnet, siehe 7.8 c)	Zeit und Durchfluss gekennzeichnet, siehe 7.8 c)
Sicherheitseinrichtung für eine Tür oder einen Deckel, die/der ein Werkzeug zum Öffnen erfordert	Warnung, siehe 6.2 b)	keine Anforderung (innere heiße Teile nicht zulässig)	keine Anforderung
Sicherheitseinrichtung für eine Tür oder einen Deckel, die/der kein Werkzeug zum Öffnen erfordert	Verriegelung, siehe 7.14 (innere heiße Teile nicht zulässig)	keine Anforderung (innere heiße Teile nicht zulässig)	keine Anforderung
Sicherheitseinrichtung für heiße innere Teile, wenn ein „Containment System“ vorhanden ist (siehe Abschnitt 15)	Alarm und Stopp des Durchflusses der brennbaren Substanz	Für Schutzniveau nicht anwendbar, da heiße innere Teile nicht zulässig sind	Alarm (Freisetzung im Normalbetrieb nicht zulässig)

Tabelle 3.5 EN 60079-2 Schutzniveau und seine Sicherheitseinrichtungen

3.8 Überdruckkapselung der Betriebsarten „Ausgleich der Leckverluste" und „ständige Durchspülung"

Für ein überdruckgekapseltes Betriebsmittel der Betriebsarten „Ausgleich der Leckverluste" bzw. „ständige Durchspülung" (Verdünnung) ist eine Überwachungs- und Steuereinrichtung erforderlich, um sicherzustellen, dass sich beim Einschalten des Betriebsmittels kein Gas im Inneren befindet (Vorspülung) und um zu gewährleisten, dass bei Druckabfall automatisch freigeschaltet wird. Eine schematische Darstellung einer solchen Einrichtung gibt **Bild 3.11** wieder. Das Zündschutzgas stellt im einfachsten Fall saubere Luft aus dem sicheren Bereich dar. Die Strömung wird mit einem Strömungswächter, der Überdruck durch einen Druckschalter überwacht. Der Überdruck muss mindestens 50 Pa (für Schutzniveau; „psb" und „pyb") und 25 Pa (für Schutzniveau: „pzc") betragen. Eine Zeitschaltung muss beim Anlaufen der Anlage eine Mindestvorspülzeit garantieren, bevor das Betriebsmittel sodann eingeschaltet werden kann. Die notwendige Dauer der Vorspülzeit bzw. der Mindestdurchfluss ist mithilfe eines Tests zu ermitteln. Zu Testzwecken wird üblicherweise ein Gas, das leichter als Luft (Helium) und ein Gas, das schwerer als Luft (Argon) ist, verwendet.

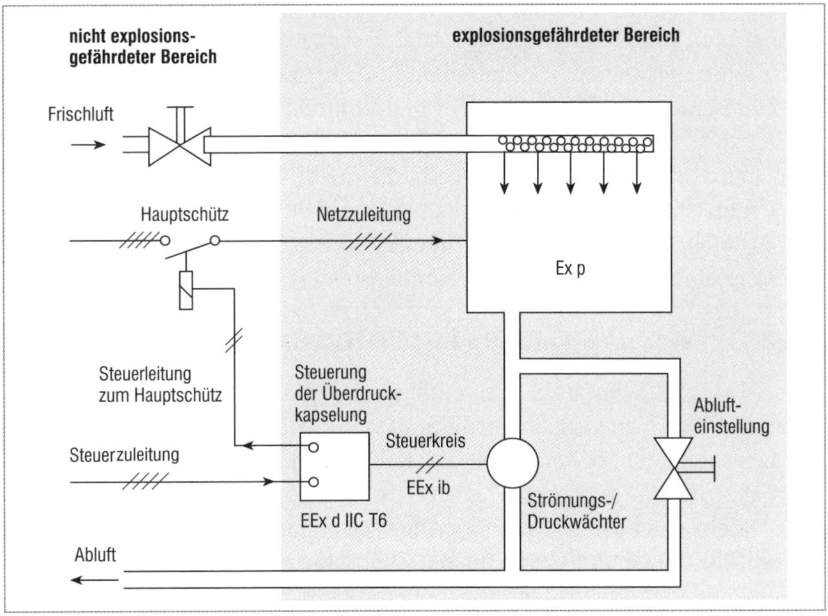

Bild 3.11 Funktionsprinzip überdruckgekapselter Geräte

Die Sicherheitseinrichtungen der Überdruckkapselung müssen für die Typen „pxb“ und „pyb“ mit einem Fehler sicher sein, für den Typ „pzc“ im Normalbetrieb sicher sein. Verbleiben die Sicherheitseinrichtungen oder andere Geräte im Betriebsmittel bei Freischaltung unter Spannung, so sind sie in einer der anderen Zündschutzarten auszuführen. Fällt der Druck unter den vom Hersteller festgelegten Wert, so ist die Anlage automatisch auszuschalten und zum Anfangszustand zurückzuführen. Für den Typ „pzc“ reicht eine Warnung aus. Enthält das überdruckgekapselte Gehäuse im Inneren Teile, deren Temperatur höher ist als die Grenztemperatur der Temperaturklasse des Gerätes, muss bei Druckabfall oder Öffnen des Gehäuses eine ausreichende Abkühlzeit gewährleistet werden. Die Abluftöffnung muss außerhalb des explosionsgefährdeten Bereiches liegen oder es ist eine Einrichtung vorzusehen, die das Heraustreten von Funken sicher verhindert.

3.8.1 Innere Freisetzung brennbarer Substanzen

Analysegeräten in der Zündschutzart „Überdruckkapselung“ wird eine Sonderstellung zugewiesen, weil bei diesen funktionsbedingt sehr häufig brennbare Substanzen in das Innere des Gerätes eingeführt werden. Das überdruckgekapselte Betriebsmittel ist sodann in Abhängigkeit von der zu erwartenden Freisetzungsrate des Analysesystems und der Wiege-, Umfüll- und Probenzugkabinen (Containment-System) auszuführen. Volumen, Art des Zündschutzgases, Vorspülzeit, Mindestdurchflussmenge, Überdruck sowie Art der Freisetzung sind in der Kennzeichnung anzugeben. Bescheinigte sicherheitsbezogene Steuerungen, die nicht im explosionsgefährdeten Bereich errichtet werden und deshalb selbst nicht explosionsgeschützt sind, sind ebenfalls zu kennzeichnen. **Tabelle 3.6** zeigt eine Übersicht der Überdruckkapselung mit Freisetzung brennbarer Substanzen.

3.8.2 Überdruckgekapselte Installationen

Alle Kabel- und Schutzrohr-Verbindungen mit einem überdruckgekapselten Gehäuse müssen so abgedichtet sein, dass die Bemessungs-Schutzart IP des Gehäuses erhalten bleibt. Sind die Kabel- und Schutzrohr-Verbindungen nicht abgedichtet, müssen sie sodann als Teil des Gehäuses betrachtet werden. Da ein gewisser Aufwand an Überwachungseinrichtungen notwendig ist, sind die Anwendungsfälle für die Zündschutzart „Überdruckkapselung“ – abgesehen von Analysegeräten – auf große Betriebsmittel zu beschränken, darunter Schaltgerätekombinationen, Motoren und ähnliche Einrichtungen.

Innere Freisetzung	**Ausgleich der Leckverluste**	**Verdünnung (ständige Durchspülung)**	
keine[1]	Luft oder Inertgas	Luft	Inertgas
begrenzte Freisetzung[2] von Gasen/Dämpfen	Inertgas O_2-Konzentration < 2 % Freisetzung im Normalbetrieb und brennbare Substanzen mit OEG > 80 % Volumenanteil nicht zulässig	UEG < 25 % der brennbaren Substanz sicherstellen	O_2-Konzentration < 2 % brennbare Substanzen mit OEG > 80 % Volumenanteil nicht zulässig
begrenzte Freisetzung[2] von Flüssigkeiten	Inertgas O_2-Konzentration < 2 % Freisetzung im Normalbetrieb und brennbare Substanzen mit OEG > 80 % Volumenanteil nicht zulässig	nicht zulässig	O_2-Konzentration < 2 % Freisetzung im Normalbetrieb und brennbare Substanzen mit OEG > 80 % Volumenanteil nicht zulässig

1 Das „Containment-System" muss im Sinne der Norm ausfallsicher sein.
2 Die Freisetzungsrate muss bei Beachten aller Fehlersituationen vorhersehbar sein.

OEG obere Explosionsgrenze
UEG untere Explosionsgrenze

Tabelle 3.6 Übersicht der Überdruckkapselung mit Freisetzung brennbarer Substanzen

3.9 Zündschutzart „Vergusskapselung", Ex „m" (IEC/EN 60079-18)

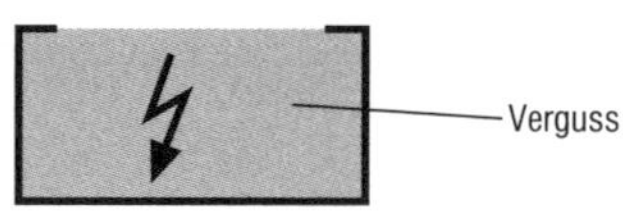

Bei der Zündschutzart „Vergusskapselung" werden Teile, die eine explosionsfähige Atmosphäre durch Funken oder Erwärmung zünden könnten, so in eine Vergussmasse eingebettet, dass die explosionsfähige Atmosphäre unter Betriebs- und Installationsbedingungen nicht entzündet werden kann. Die „Vergusskapselung" wurde als letzte Zündschutzart in die europäischen Normen eingeführt. An die mechanischen, chemischen und thermischen Eigenschaften der Vergussmasse wird eine Reihe von Anforderungen gestellt, die abhängig sind von der Aufgabe, die die Vergussmasse in Bezug auf die Einhaltung der Zündschutzart zu erfüllen hat. Die maximale Temperatur eines Bauteils im Verguss darf die Dauergebrauchstemperatur der Vergussmasse nicht überschreiten. Die Dauergebrauchstemperatur ist die Temperatur, bei welcher die Eigenschaften der Vergussmasse den Anforderungen der Norm, die während des Betriebs für die vorgesehene Lebensdauer des Betriebsmittels gestellt werden, entsprechen. Bei der thermischen Prüfung müssen innere elektrische Fehler von Bauteilen (Bauteilfehler, Kurzschluss, Unterbrechung, Fehler der gedruckten Schaltung) in Betracht gezogen werden, wobei unter festgelegten Bedingungen bestimmte Bauteile als nicht störanfällig betrachtet werden. Die folgenden Bauelemente gelten als nicht störanfällig, wenn sie für den Temperaturbereich am Einsatzort ausgelegt und mit nicht mehr als 2/3 der Bemessungsspannung, des Bemessungsstromes und der Bemessungsleistung belastet sind:

- Widerstände bestimmter Bauform,
- einlagig spiralförmig gewickelte Spulen,
- Kunststoff-, Papier- und Keramikkondensatoren,
- Halbleiter in einer Shuntbaugruppe, wenn sie die Anforderungen der EN 60079 erfüllen,
- Optokoppler, Relais, Transformatoren, Trennabstände und Abstände im Verguss, wenn sie den Anforderungen dieser Norm entsprechen.

Innerhalb des Vergusses darf kein Hohlraum $>100\ cm^3$ für das Schutzniveau „mb“ und „mc“ und $>10\ cm^3$ für Schutzniveau „ma“ eingeschlossen sein. Bei freien Hohlräumen wird eine Mindestdicke der Vergussschicht in Abhängigkeit vom Schutzniveau, von der Hohlraumgröße und der Gehäuseform gefordert. Es ist eine Druckprüfung mit mindestens 1.000 kPa Prüfdruck durchzuführen, wobei der Prüfdruck mit fallender Umgebungstemperatur, für die das Betriebsmittel vorgesehen ist, steigt.

3.9.1 Schutzniveau ma oder mb oder mc

Geräte mit dem Schutzniveau ma dürfen keine Zündung verursachen

- bei normalen Betriebs- und Installationsbedingungen,
- bei allen spezifizierten anormalen Bedingungen,
- bei definierten Fehlerbedingungen.

Die Arbeitsspannung muss <1.000 V sein. Bauelemente ohne zusätzlichen Schutz dürfen nur verwendet werden, wenn sie die Vergusskapselung im Fehlerfall weder mechanisch noch thermisch beschädigen. Bei der Fehleranalyse sind zwei unabhängige Fehler zu betrachten und zu berücksichtigen. An der Stelle, an welcher Fehler eines Bauteils zur Überhitzung führen können, ist eine nicht rückstellbare Schutzeinrichtung zur Temperaturbegrenzung zweifach vorzusehen. Schaltkontakte sind im Schutzniveau „ma“ nicht erlaubt. Zusätzliche Gehäuse müssen vor dem Vergießen die Anforderungen für „hermetisch dichte Einrichtungen“ nach IEC 60079-15 erfüllen. Die Bemessung der Schaltkontakte muss ≤ 60 V und ≤ 6 A sein. Falls der zu schaltende Strom 2/3 des vom Hersteller vorgegebenen Stromes übersteigt, muss das zusätzliche Gehäuse aus einem anorganischen Material bestehen.

Das Schutzniveau ma bietet – wie das Schutzniveau ia bei der Eigensicherheit– eine Möglichkeit, den Anforderungen an Betriebsmittel der Kategorie 1 in dieser Zündschutzart zu entsprechen.

Geräte mit dem Schutzniveau mb dürfen keine Zündung verursachen

- bei normalen Betriebs- und Installationsbedingungen,
- bei definierten Fehlerbedingungen.

Bei der Fehleranalyse ist ein Fehler anzunehmen. Die Schutzeinrichtung Temperaturbegrenzung ist nur einmal vorzusehen. Das zusätzliche Gehäuse ist aus einem anorganischen Material anzufertigen, wenn der Schaltstrom 2/3 des vom Hersteller angegebenen Bemessungsstromes des Bauelements oder 6 A übersteigt. Bei Geräten mit dem Schutzniveau „mc" werden keine Fehler angenommen. Das zusätzliche Gehäuse ist aus einem anorganischen Material herzustellen, wenn der Schaltstrom auf > 6,0 A ansteigt.

3.9.2 Zellen und Akkumulatoren in der Zündschutzart „m"

In der „Vergusskapselung" dürfen nur gasdichte Zellen und Akkumulatoren verwendet werden. Um gefährliche Betriebszustände, wie Umpolen, Tiefentladung und Überschreiten der Ladeparameter, zu verhindern, sind Sicherheitseinrichtungen vorzusehen, die darüber hinaus dafür sorgen, dass die Zelle nicht zerstört wird. Obendrein wehren die Sicherheitseinrichtungen unzulässige Temperaturen ab.

3.9.3 Verwendung und Einsatz von Geräten mit der Zündschutzart „m"

Typische Anwendung findet die Zündschutzart „Vergusskapselung" bei elektronischen Geräten, insbesondere wenn diese heiße Bauteile enthalten, deren Temperatur über der Grenztemperatur der Temperaturklasse des Betriebsmittels liegt. Nachteilig ist, dass vergossene Geräte in der Regel nicht reparierbar und schlecht recycelbar sind. Bei einer Änderung der elektronischen Schaltung ist die aufwendige Fehleranalyse der Erstprüfung zu wiederholen. Der Verguss des in **Bild 3.12** dargestellten Magnetschalters in der Zündschutzart „Vergusskapselung" hat lediglich die Aufgabe, den mechanischen Schutz des an sich zündquellenfreien und hermetisch gekapselten Schalters sicherzustellen.

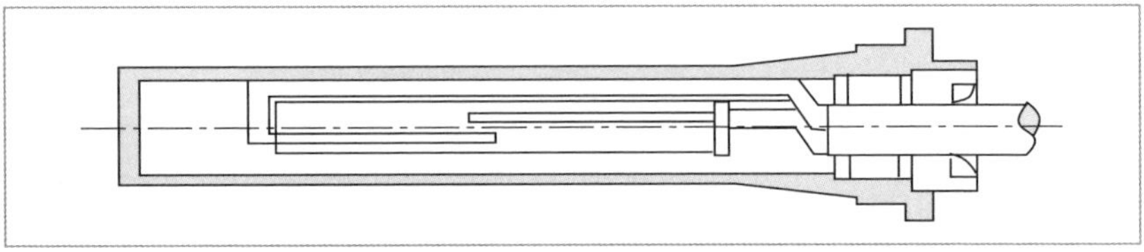

Bild 3.12 Magnetschalter in der Zündschutzart „Vergusskapselung"

3.10 Zündschutzart „Flüssigkeitskapselung" (Ölkapselung), Ex „o" (IEC/EN 60079-6)

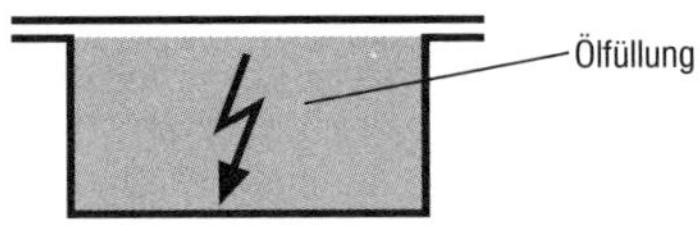

Bei der „Flüssigkeitskapselung" wird durch Einschließen des elektrischen Betriebsmittels in eine Schutzflüssigkeit verhindert, dass die äußere Atmosphäre an die Zündquelle dringen kann. Als Schutzflüssigkeit ist ein Mineralöl nach IEC 60296, eine Silikonflüssigkeit nach IEC 60836, ein synthetisch organischer Ester (Typ T1) nach IEC 61099 oder alternativ eine Flüssigkeit mit in der Norm festgelegten Eigenschaften zu verwenden. Bei modernen Betriebsmitteln, insbesondere bei den Schaltgeräten, ist die Ölkapselung praktisch verschwunden. Schütze und Schaltrelais in der Zündschutzart „Ölkapselung", wie sie früher häufig eingesetzt wurden, wird man heute kaum noch finden. Weiterhin werden die Anforderungen für Ölkapselung „o" in den Anforderungen für Flüssigkeitskapselung mit den Schutzniveaus „ob" und Schutzniveau „oc" neu definiert:

„Ex-Geräte und Ex-Bauteile mit der Zündschutzart Flüssigkeitskapselung „o" sind entweder

- *Schutzniveau **„ob"** (EPL „Mb" oder EPL „Gb") oder*
- *Schutzniveau **„oc"** (EPL „Gc").*

*Beim Schutzniveau **„ob"** gilt diese Norm für eine Bemessungsspannung von maximal 11 kV, Wechselspannung oder Gleichspannung (Effektivwert).*

*Beim Schutzniveau **„oc"** gilt diese Norm für eine Bemessungsspannung von maximal 15 kV, Wechselspannung oder Gleichspannung (Effektivwert)."*

3.10.1 Allgemeine Anforderungen

Der Flüssigkeitspegel der Schutzflüssigkeit muss angezeigt werden und ist zum Beispiel durch Anzeige- und Überwachungseinrichtungen oder mittels Pegelsteuerung mit automatischer Abschaltung zu überwachen – gegebenenfalls ist Schutzflüssigkeit nachzufüllen. Für Geräte der Gruppe I sind Mineralöle nicht zulässig! Generell ist bei der Verwendung und dem Einsatz von Einrichtungen, Geräten und Installationen mit dieser Zündschutzart ein erheblicher Wartungsaufwand zu beachten. Die chemische Widerstandsfähigkeit gegen die Schutzflüssigkeit ist vom Hersteller zu dokumentieren.

Unabhängig von der Ausrichtung der innen befindlichen Geräte sind spannungsführende Teile des elektrischen Geräts in eine Tiefe nach **Tabelle 3.7** bei niedrigstmöglichem Pegel in die Schutzflüssigkeit einzutauchen.

Neben dem Flüssigkeitspegel und der Eintauchtiefe ist sowohl die maximale Oberflächentemperatur als auch der Flammpunkt der Schutzflüssigkeit zu beachten und einzuhalten. Die maximale Oberflächentemperatur beschreibt die Temperatur außerhalb der Schutzflüssigkeit oder an einer Stelle der Oberfläche des Gerätes, der Einrichtung oder des Betriebsmittels, die in eine g.e.A hineinragt. Die festgelegten Temperaturklassen oder die festgelegte maximale Oberflächentemperatur mit ihren Grenzwerten dürfen hierbei nicht überschritten werden. In keinem Betriebs- oder Anwendungsfall und in keinem Zustand darf der Grenzwert von 200 °C überschritten werden.

Beim minimalen Flammpunkt der eingesetzten und verwendeten Schutzflüssigkeit ist der Forderung nach einer Temperatur, die mindestens 25 K höher ist, als die Temperaturen freier Oberflächen und der eingesetzten und in Flüssigkeit eingetauchten Komponenten, nachzukommen.

Spannung* U_{eff} AC oder DC in V	Eintauchtiefe in mm	
	ohne Schaltgerät	mit Schaltgerät (nur AC)
≤ 50	3	10
≤ 250	5	15
≤ 1.000	10	20
≤ 6.000	25	50
≤ 10.000	25	–
≤ 13.640	50	–

* Bei der Bestimmung der erforderlichen Werte für die Eintauchtiefe kann die Arbeitsspannung um den Faktor 1,1 höher sein als die Spannung in der Tabelle (siehe Anmerkung).

Anmerkung: Der Faktor von 1,1 berücksichtigt, dass an vielen Stellen in einer Schaltung die Arbeitsspannung der Bemessungsspannung entspricht und dass eine Anzahl von Bemessungsspannungen gebräuchlich sind, denen durch den Faktor 1,1 Rechnung getragen werden kann.

Tabelle 3.7 Eintauchtiefe gemäß DIN EN 60079-6

3.10.2 Anforderungen beim Schutzniveau „ob“:

Schaltgeräte, Schaltkreise, Schaltkontakte und deren Komponenten, die sich in einer Schutzflüssigkeit befinden oder betrieben werden und die zu keinem Zeitpunkt, sei es unter Normalbedingungen des Betriebs oder unter einer zu erwartenden Fehlfunktion, als Zündquelle auftreten, sind den Geräteschutzniveaus „Gb“ oder „Mb“ zuzuteilen. Bei diesen Geräten, Einrichtungen und Installationen ist eine Flüssigkeitspegel-/Niveau-/Füllstandsanzeige der Schutzflüssigkeit erforderlich.

Zusätzliche Anforderungen sind:

- Bei der Verwendung eines dichten Gehäuses muss dieses einer spezifischen Überdruckprüfung standhalten.
- Die Nachweiserbringung darf weder zu einem Druckanstieg noch zu übermäßigen Zersetzungsvorgängen/Reaktionen negativen Einflusses der Zündschutzart führen.
- Es muss gewährleistet werden, dass durch mögliche auftretende Kurzschlussströme, zum Beispiel von max. 32 kA, keine negativen Einflüsse oder Reaktionen zu erwarten sind.

3.10.3 Anforderungen beim Schutzniveau „oc“:

Schaltgeräte, Schaltkreise, Schaltkontakte und deren Komponenten, die sich in einer Schutzflüssigkeit befinden oder betrieben werden und die zu keinem Zeitpunkt, sei es unter Normalbedingungen des Betriebs oder unter zu erwartenden regulären Vorkommnissen, als Zündquelle auftreten, sind dem Geräteschutzniveau „Gc“ zuzuteilen.

3.10.4 Kennzeichnung von Geräten der Zündschutzart „o“

Ex-Geräte oder Ex-Bauteile mit der Zündschutzart „Flüssigkeitskapselung“, „o“, sind gemäß IEC 60079-0 mit den folgenden zusätzlichen Inhalten zu kennzeichnen:

- eingesetzte Schutzflüssigkeit,
- (falls relevant) Aussagen zur Druckentlastungseinrichtung,
- (falls relevant und zutreffend) *„Dieses Gehäuse wurde dauerhaft verschlossen und kann nicht repariert werden“*,
- (falls relevant und zutreffend) *„Dieses Gehäuse ist werkseitig verschlossen – Für Reparaturen ist die Betriebsanleitung heranzuziehen“*,
- Angaben zum maximalen und minimalen Niveau/Pegel der Schutzflüssigkeit,

- Ausführungen zum Pegel der Schutzflüssigkeit in Verbindung mit der festgelegten Temperatur (alternativ sind Einfüllbedingungen zu deklarieren),
- Herstellerangaben,
- bei Verwendung eines Messstabes (sofern relevant) *„WARNUNG – Messstab nach Gebrauch austauschen“*,
- Angaben zum erlaubten Kurzschlussstrom der zugehörigen Stromversorgung,
- *„WARNUNG – Nur OHNE LAST betreiben“.*

Neben den Angaben, die zur Kennzeichnung notwendig sind, müssen alle Ex-Geräte mit „Flüssigkeitskapselung“ („o“) über eine Betriebsanleitung verfügen, die folgende Mindestinhalte ausweist:

- Tausch- und Austauschintervalle der Schutzflüssigkeit,
- Angaben zur Menge der Schutzflüssigkeit,
- Hinweise zu eingesetzten Komponenten wie Trenn- und Lastschaltern,
- Aussagen zur Durchführung von Wartungsmaßnahmen,
- Durchführungsanleitung zur Reinigung,
- Angaben zur ordnungsgemäßen Installation und zum bestimmungsgemäßen Verwenden,
- besondere Herstellerangaben und -anforderungen.

Die Wartungs- und Prüfungsanforderungen können der **Tabelle 3.8** entnommen werden.

Die Anforderungen für Prüfung und Instandhaltung sind in IEC 60079-17 enthalten und fallen unter die Verantwortung des Anwenders. Bis IEC 60079-17 ausreichende Informationen enthält, stellt Anhang B Informationen bereit.

notwendige Prüfungen
Gerät entspricht EPL/Zonenanforderungen des Einbauortes.
Gerätegruppe ist korrekt.
Gerätetemperaturklasse ist korrekt.
Geräte-Stromkreisbezeichnung ist vorhanden.
Geräte-Stromkreisbezeichnung ist richtig.
Gehäuse, Glasscheiben und Glas-Metall-Abdichtungen und/oder -Verbindungen sind ordnungsgemäß.
keine unzulässigen Änderungen
keine sichtbaren unzulässigen Änderungen.

Tabelle 3.8 Wartungsanforderungen/Prüfungsanforderungen (Teil 1/2)
Die Anforderungen für die Prüfung nach IEC 60079-17 werden durch die in Tabelle B.1 (Prüfplan) ergänzt.

notwendige Prüfungen
Schrauben, Kabel- und Leitungseinführungen (direkt und indirekt), Blindverschlüsse sind richtig, vollständig und dicht. Zu ermitteln durch: – physikalische Prüfung, – Sichtprüfung.
Elektrische Verbindungen sind dicht.
Zustand der Gehäusedichtungen ist ordnungsgemäß.
Atmungs- und Entwässerungseinrichtungen sind ordnungsgemäß. Der Zeitplan des Herstellers für Wartungsanforderungen für das Trockenmittel wurde dokumentiert und befolgt.
Druckentlastungseinrichtungen des dichten Gehäuses sind ordnungsgemäß.
Gehäuse, die als dauerhaft dicht markiert sind, weisen keine sichtbaren Anzeichen dahingehend auf, dass das Gehäuse geöffnet wurde.
Höchst-/Mindestkriterien der Schutzflüssigkeit a) die Höhe der Schutzflüssigkeit wird entweder auf oder unter der höchsten und oberhalb der mindestzulässigen Höhe liegen, b) der maximale Wirkwinkel des Geräts zur Horizontalen ist ausreichend.
Gehäuse, die zur Öffnung vorgesehen sind, müssen bis zum geforderten Pegelbereich wiederbefüllt und nach den Anweisungen des Herstellers erneut abgedichtet werden.
Ist ein Messstab vorgesehen, ist dieser in seiner Messposition zu sichern. Die Abdichtung des Messstabs ist ordnungsgemäß.
Fernanzeigende Füllstandsanzeige der Schutzflüssigkeit arbeitet ordnungsgemäß.
Schaltgeräte-Zeitplan für Reinigung/Filterung/Austausch der Schutzflüssigkeit nach einer vorgegebenen Anzahl von normalen Schaltvorgängen oder Fehlerstromunterbrechungen ist dokumentiert.

Tabelle 3.8 Wartungsanforderungen/Prüfungsanforderungen (Teil 2/2)
Die Anforderungen für die Prüfung nach IEC 60079-17 werden durch die in Tabelle B.1 (Prüfplan) ergänzt.

3.11 Zündschutzart „Sandkapselung", Ex „q" (IEC/EN 60079-5)

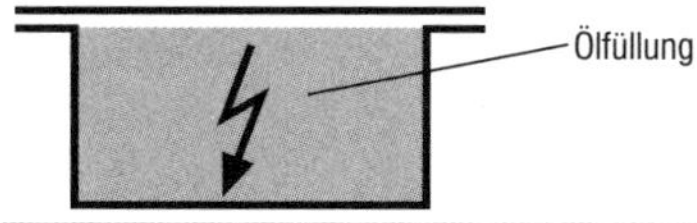

Die Zündschutzart „Sandkapselung" vermag nicht in jedem Fall das Eindringen der umgebenden explosionsfähigen Atmosphäre in das Betriebsmittel oder die Ex-Bauteile sowie die Entzündung durch die Stromkreise zu verhindern. Eine äußere Explosion wird jedoch aufgrund der kleinen freien Volumina im Füllgut und der Unterdrückung einer möglicherweise durch die Kanäle fortschreitenden Flamme verhindert. Als Füllgut sind Quarzsand oder Glaspartikel einer festgelegten Korngröße zu verwenden. Die Füllung muss ohne Hohlräume erfolgen. Die konstruktionsbedingten freien Volumina sind auf 30 cm^3 begrenzt. Mindestabstände von elektrisch spannungsführenden Teilen im Füllgut und der Gehäusewand sind einzuhalten (5 mm bei Spannungen bis 275 V).

Das Betriebsmittel ist gegen Kurzschluss oder thermische Überlastung derart zu schützen, dass die Grenztemperatur der Temperaturklasse an der Gehäusewand nicht überschritten wird. Die Überwachungseinrichtungen dürfen sich nicht selbsttätig zurückstellen. Das Gehäuse ist werkseitig zu verschließen und soll nicht zerstörungsfrei geöffnet werden können. Die Stabilität des Gehäuses muss durch eine Stoßprüfung und eine Druckprüfung nachgewiesen werden. Die Zündschutzart „q" muss auch bei Überlastungen, die in der jeweiligen Produktnorm vorgeschrieben sind, und bei jedem einzelnen inneren elektrischen Fehler, der eine Überspannung bzw. einen Überstrom verursachen kann, aufrechterhalten bleiben, z. B. bei

- Kurzschluss eines Bauteils,
- Unterbrechung infolge eines Bauteilfehlers,
- einem Fehler in der gedruckten Schaltung.

Führt ein Fehler zu einem oder mehreren Folgefehlern, z. B. durch Überlastung eines Bauelements, so wird/werden der primäre und der/die Folgefehler als ein einzelner Fehler betrachtet. Die Untersuchung dieser Fehlermöglichkeiten hat bei elektronischen Schaltungen umfangreiche Prüfungen zur Folge. Eine Erleichterung ist gegeben, da bestimmte Bauteile als nicht störanfällig gelten und deren Ausfall nicht als Fehler zu berücksichtigen ist. Die folgenden Bauteile gelten unter bestimmten Bedingungen als nicht störanfällig:

- Schicht- oder Drahtwiderstände bei maximal 2/3-Belastung,
- Kondensatoren bei maximal 2/3 der Nennspannung,
- maximal 1.000 V Summenspannung von durch Optokoppler getrennten Stromkreisen, bei einer Mindest-Bemessungsspannung 1.500 V,
- Transformatoren und Spulen, die den Anforderungen nach EN 60079-7 entsprechen.

Damit die „Sandkapselung" bei einem Kurzschluss durch einen Lichtbogen nicht zerstört wird, ist der zulässige Kurzschlussstrom auf 1500 A begrenzt oder es ist eine sichere Strombegrenzung vorzuschalten. Das Gehäuse muss gekennzeichnet werden mit „Dieses Gehäuse ist werkseitig verschlossen. Nicht öffnen." Angewandt wird diese Zündschutzart vor allem bei elektronischen Geräten. Im Gegensatz zu der Zündschutzart „Vergusskapselung", bei welcher das elektronische Gerät in ähnlicher Weise durch einen Verguss geschützt wird, lassen sich sandgekapselte Geräte zumindest beim Hersteller reparieren. Nachteilig ist, dass bei einer Änderung der Schaltung eine erneute, aufwendige Fehleranalyse durchgeführt werden muss. Ferner ist das Füllgut hygroskopisch, sodass in feuchter Umgebung ein entsprechend dichtes Gehäuse verwendet werden muss oder die eingebauten Teile anderweitig zu schützen sind.

3.12 Zündschutzart „Vermeidung von Zündung", Ex „n" (IEC/EN 60079-15)

Bei der Zündschutzart "n" beruht die Funktionsweise auf der Annahme, dass sich das Betriebsmittel im normalen Betrieb und unter definierten Fehler- und Betriebsbedingungen wie ein Betriebsmittel der Zündschutzart "Erhöhte Sicherheit" verhält und keine Zündquellen durch heiße Oberflächen sowie elektrisch bzw. mechanisch erzeugte Funken enthält (vgl. oben). Daher werden unter der Zündschutzart „n" eine Reihe von sehr unterschiedlichen Maßnahmen zusammengefasst, die verhindern, dass elektrische Betriebsmittel bei Normalbetrieb und unter Beachtung bestimmter anormaler Bedingungen, die in der Norm festgelegt sind, eine explosionsfähige Atmosphäre zünden.

„Die signifikanten technischen Änderungen gegenüber EN 60079-15: 2005 sind die folgenden:

- *Ergänzung mit den Geräteschutzniveaus,*
- *Streichung der Anforderungen an energiebegrenztes Betriebsmittel „nL" und zugehöriges energiebegrenztes Betriebsmittel „[nL]",*
- *Streichung der Anforderungen an gekapselte Einrichtungen „nC",*
- *Anforderungen an elektrische Verbindungen erweitert und verdeutlicht,*
- *Anforderungen an Vorschaltgeräte für Leuchten erweitert und verdeutlicht,*
- *Anforderungen an Bewertung und Prüfung von Motorläufern verdeutlicht,*
- *15 kV Grenzwert für Betriebsmittelschutz durch Schutzart „n" hinzugefügt,*
- *Anforderungen an die Trennung bei Spannungen über 10 kV modifiziert,*
- *Anforderungen an schwadensichere Gehäuse modifiziert,*
- *Überarbeitung der Anforderungen für Motorenläufer und –ständer,*
- *Ergänzung um Anhang A (informativ)."*

(Quelle: EN 60079-15 Explosionsfähige Atmosphäre – Teil 15: Geräteschutz durch Zündschutzart „n")

In der EN 60079-15 wird die Zündschutzart „n“ in weitere Gruppen eingeteilt, siehe hierzu **Bild 3.13.**

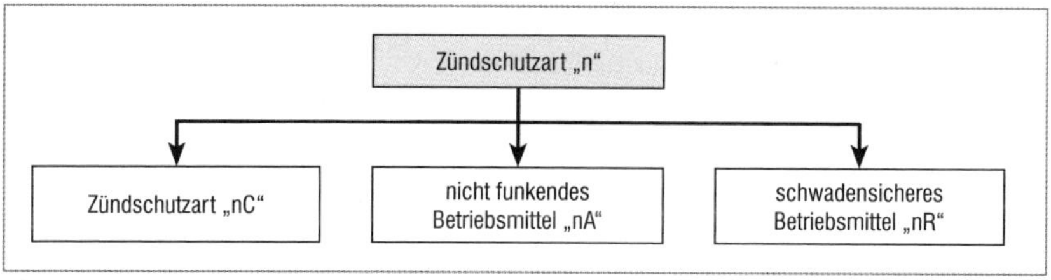

Bild 3.13 Aufteilung der Zündschutzart „n“

Grundsätzlich sind bei der Zündschutzart „n“ potentielle Zündquellen des Gerätes oder eines Betriebsmittels sowohl im Normalbetrieb als auch bei festgelegten Fehlerbedingungen in Form von Lichtbögen, Funken oder unerlaubt hohen Oberflächentemperaturen, welche höher sind als die zulässige Temperaturklasse des Gerätes bzw. des Betriebsmittels, zu vermeiden. Kann das Auftreten solcher Lichtbögen, Funken und/oder heißen Oberflächen an Geräten, Betriebsmitteln und Installationen und damit die Zündung einer sich im Nahbereich befindlichen g.e.A nicht vermieden werden, sind folgende aufgeführte Kombinationen oder einzelne Schutzmaßnahmen notwendig:

1. Umschlossene, nicht flammenübertragende Schalteinrichtung/Schaltgerätekombination, die den Kriterien entspricht:
   - Innenvolumen ≤ 20 cm^3.
   - Die Dauergebrauchstemperatur (COT) von gegossenen Dichtungen und Vergussmassen muss mindestens 10 K über der ursprünglichen Temperatur bei Normalbetrieb liegen.
   - Die (Gehäuse-)Dichtungen müssen bei Instandhaltung und Installation ihre Funktionalität gewährleisten.
2. Nicht zündfähiges Bauteil
   - Aufgrund der Anordnung der Kontakte eines nicht zündfähigen Bauteils oder einer Komponente wird sowohl das Entstehen einer Flamme als auch das Zünden einer g.e.A durch einen Funken verhindert.
3. Hermetisch verschlossene Einrichtungen
4. Schwadensichere Gehäuse

Einzelne Komponenten von Geräten, Betriebsmitteln oder Einrichtungen können auch anderen möglichen Zündschutzarten entsprechen.

3.12.1 Handhabung, Ausführungen und Vorgehensweisen zur Zündschutzart „n"

Das Öffnen während des Normalbetriebs bei abgedichteten Geräten, Betriebsmitteln, Einrichtungen und Installationen ist zu verhindern.

Instandhaltungsmaßnahmen oder Installationsarbeiten dürfen die Geräte, Betriebsmittel, Einrichtungen und deren Komponenten, darunter elastische Dichtungen und Vergussdichtungen, nicht beschädigen. Damit die Lebensdauer von Dichtungen unbeschadet erreicht wird, muss die Dauergebrauchstemperatur (COT) von gegossenen Dichtungen und Vergussmassen mindestens 10 K höher sein als die ursprüngliche Temperatur bei Normalbetrieb. Bei der Ausführung, die für das Abdichten von Leuchten bestimmt ist, muss die Dauergebrauchstemperatur (COT) von gegossenen Dichtungen und Vergussmassen mindestens 20 K über der schädlichsten Temperatur unter Nennbetrieb liegen.

3.12.2 Anforderungen an schwadensichere Geräte, Betriebsmittel und Einrichtungen mit der Zündschutzart „nR"

Bei Geräten, Betriebsmitteln und Einrichtungen mit der Ausführung „schwadensichere Gehäuse" ist zu gewährleisten, dass die an der Außenseite auftretende Temperatur eines Gehäuses die maximal zulässigen Oberflächentemperaturen überschreitet. Dies wird unter anderem dadurch erreicht, dass schwadensichere Betriebsmittel und deren Komponenten und Bauteile in ihrer Verlustleistung begrenzt ausgeführt sind.

Die Schwadensicherheit in dieser Norm stellt eine Besonderheit dar, die keiner unmittelbar vergleichbaren Methode in den Standard-Zündschutzarten entspricht. Da davon ausgegangen werden kann, dass in dem betrachteten Gefahrbereich (Zone 2) eine explosionsfähige Atmosphäre nur kurzzeitig vorhanden ist und wie ein Schwaden an dem Gehäuse vorbeizieht, lässt sich festhalten, dass eine Zündung dann nicht möglich ist, wenn das Gehäuse so dicht ist, dass in dieser kurzen Zeit die explosionsfähige Atmosphäre nicht in gefährlicher Menge in das Gehäuse eindringen kann. Ein Gehäuse ist demnach schwadensicher, wenn es derart dicht ist, dass ein vorgegebener Überdruck im Gehäuse in einer festgelegten Zeit nicht auf den halben Wert abfällt. Wird ein Gehäuse geöffnet, so ist die Prüfung in bestimmten Fällen vor erneuter Inbetriebnahme zu wiederholen. Eine entsprechende Prüfmöglichkeit am Gehäuse ist sodann vorzusehen.

Die Bewertung bzw. die Beurteilung schwadensicherer Gehäuse hat immer in der Kombination aller Betriebsmittel – komplett inklusive des dazugehörigen Zubehörs – zu erfolgen. Eine Kabel- und Leitungseinführung, die zusammen mit dem Gehäuse verwendet und hierbei explizit aufeinander abgestimmt und ausgewählt wird, muss somit als eine Einheit oder als ein Teil geprüft werden. Sollte die Kabel- und Leitungseinführung jedoch als ein eigenständiges Betriebsmittel oder Bauteil für den Einsatz in g.e.A mit der Kennzeichnung „nR“ zugelassen sein, kann eine Einzel-Bewertung ausreichen. Zusätzlich sind die Angaben aus der Betriebsanleitung sowie die entsprechenden Herstellerangaben zu beachten.

3.12.3 Beachtung bei der Verwendung von Conduit-Systemen

Beim Einsatz und der Verwendung von Conduit-Systemen ist zu beachten, dass es zwei unterschiedliche Varianten der Ausführung gibt. Variante a) beschreibt die Conduit-Systeme/-Einführungen mit konischem Gewinde, Variante b) die Systeme und Einführungen, die mit einem Parallelgewinde ausgestattet sind. Bei der Variante a) wird davon ausgegangen, dass diese die Anforderungen an „nR“-Betriebsmittel und -Geräte erfüllen. Bei der Variante b) hingegen ist das Gehäuse gemeinsam mit den Dichtungen des/der Conduit-Systems/-Einführungen zu prüfen. Erst dann dürfen Einsatz und Verwendung der Einführungen erfolgen! Nicht verwendete Einführungen des Conduit-Systems sind mit zugelassenen und geeigneten Blindstopfen mit der Kennzeichnung „nR“ auszurüsten und zu verschließen. Gehäuseöffnungen für bewegliche Komponenten und Teile müssen den Anforderungen zur Einhaltung der Zündschutzart „nR“ entsprechen. Die alleinige Abdichtwirkung zur Einhaltung der Abdichtung selbst darf zu keinem Zeitpunkt des Betriebs durch Schmierfette oder andersartige Dicht-Massen erfolgen.

Wird es in Erwägung gezogen, eine Räumlichkeit in der Zündschutzart „nR“ auszuführen oder zu errichten, müssen hinsichtlich eventueller Einbringung von Fenstern die nachgeführten Anforderungen erfüllt sein:

a) Einbringung und Ausführung von „verklebten Fenstern“
   - Das Fenster ist direkt in der Wand des Gehäuses verklebt, sodass Fenster und Gehäuse als eine Einheit anzusehen sind oder das Fenster in Verbindung mit einem eingeklebten Rahmen steht. Dieser Rahmen und das darin verklebte Fenster müssen als eine gemeinsame Einheit austauschbar sein.

b) Ausführung in Form eines „abgedichteten Fensters"
   - Bei diesem System ist der Einsatz einer geeigneten und zugelassenen Dichtung für die Zündschutzart „nR" festgelegt. Diese muss so ausgeführt und beschaffen sein, dass sie direkt im Gehäusedeckel oder in der Gehäusewand integriert ist.

3.12.4 Leuchten in der Zündschutzart „nR"

Bei der Installation von Leuchten in der Zündschutzart „nR" sind besondere Anforderungen einzuhalten, um dem geforderten Sicherheitsstandard gerecht zu werden. Zu diesen Besonderheiten gehören u. a. spezifische Dichtungen und elastische Dichtungen. Grundsätzlich sind Dichtungen so auszuführen, dass diese während der Installation oder Instandhaltung ihre Lage nicht verlieren und leicht auswechselbar sind. Zur Abdichtung von Leuchten und Betriebsmittel sowie von Lampenzubehörteilen ist das Verwenden von aushärtenden Klebstoffen unzulässig. Zur Installation müssen die dafür ausgewählten Zubehörteile derart bestimmt werden, dass es zu keiner Zeit zur Beeinträchtigung oder zum Versagen der Zündschutzart kommen kann. Aufhängvorrichtungen für eine Leuchte in der Zündschutzart „nR" sind so auszuführen, auszuwählen und zu errichten, dass eine Prüfung der Leuchte auf schwadensichere Ausstattung Bestand hat. Dies gilt auch für die Erweiterung oder den vorgesehenen Einsatz von beispielsweise Reflektoren an einer Leuchte. Die Lampe muss innerhalb der transparenten Abdeckung als Teil der Leuchte vollständig untergebracht sein. Lampenfassungen müssen die Anforderungen an Sicherheit und Austauschbarkeit der entsprechenden Norm erfüllen. Darüber hinaus dürfen Lampenfassungen nichtfunkend sein.

Bei der Installation der Leuchten ist überdies darauf zu achten, dass angegebene und festgelegte Temperaturklassen oder Oberflächentemperaturen nicht überschritten werden.

Lampen mit integrierten Zündgeräten dürfen nicht in Leuchten mit der Zündschutzart „n" eingesetzt werden. Durch die internen Zündgeräte kann es unter anderem zu unerlaubten Spannungen kommen, die wiederum vorhandene Vorschaltgeräte oder elektronische Zubehörteile beschädigen. Unzulässige Temperaturen und Oberflächentemperaturen können dadurch nicht ausgeschlossen werden. Unter Berücksichtigung von besonderen zusätzlichen oder ergänzenden Schutzmaßnahmen und unter der Voraussetzung, dass die Möglichkeit besteht, dass interne Beschädigungen vermindert oder begrenzt werden, kann der Einsatz in Betracht gezogen werden.

3.12.5 Dokumentation und Kennzeichnung von Betriebsmitteln mit der Zündschutzart „n"

„Wenn es notwendig ist, eine der anderen in IEC 60079-0 aufgeführten Zündschutzarten in die Kennzeichnung einzubeziehen, muss die nach diesem Teil der Norm verlangte Kennzeichnung als erste erfolgen. Werden mehrere Zündschutzarten in einem Betriebsmittel der Zündschutzart „n" angewendet, müssen sie alle in alphabetischer Reihenfolge geordnet angegeben werden." (Quelle: DIN EN 60079-15 (VDE 0170-16), Zündschutzart „n")

Neben der in EN/IEC 60079-0 geforderten Dokumentation sind zusätzliche und ergänzende Nachweise notwendig:

- (Sofern zutreffend) Angaben zu einer Ausführung mit heruntergestuften IP-Schutzgrad für Bauteile und Komponenten.
- Zusätzlicher Schutzgrad bei Erreichen desselben durch die Installation.
- Angaben zur Übereinstimmung von drehenden Maschinen/Motoren und deren Betriebsart.
- Für Motoren mit der Betriebsart S3 bis S10 sind Aussagen zum Einleiten eventueller besonderer Maßnahmen zu treffen, um sicherzustellen, dass das Gehäuse einer großen drehenden Maschine mit einer Bemessungsleistung über 100 kW zum Zeitpunkt des Motoranlaufs keine explosionsgefährdete Gasatmosphäre enthält.
- Angaben zum radialen Luftspalt (Abstand zwischen Ständer und Läufer).
- Angaben zu Beleuchtungsanlagen.

3.13 Zündschutzart „Geräte-Staubexplosionsschutz durch Gehäuse", Ex „t" (IEC 60079-31)

3.13.1 Maßnahmen und Funktionsprinzip

Die Zündschutzart für den Staub-Ex-Bereich „Schutz durch Gehäuse", Ex „t", beschreibt die Maßnahmen

- zum Schutz vor Eindringen in ein Gehäuse (Verhindern von Staubeintritt) und
- zur Begrenzung der Oberflächentemperatur.

Das Funktionsprinzip dieser Zündschutzart besteht darin, Geräte und Einrichtungen staubgeschützt mit einem IP-Schutzgrad von 5X und/oder staubdicht mit einem IP-Schutzgrad von 6X auszustatten. Außerdem stellt eine wesentliche Komponente der Zündschutzart „t“ die Begrenzung der Oberflächentemperatur der Betriebsmittel auf einen Wert, der mit ausreichendem Sicherheitsabstand unter der Zünd- oder Glimmtemperatur des brennbaren Staubes liegt, dar. Für die Ermittlung der maximalen Oberflächentemperatur unter normalen Betriebsbedingungen gelten genormte Verfahren.

3.13.2 Geräteschutzniveau „ta“, „tb“ und „tc“

Die Zündschutzart „t“ untergliedert sich in drei Geräteschutzniveaus mit einem entsprechenden EPL, vgl. **Bild 3.14**.

Den Zusammenhang zwischen den Geräteschutzniveaus und die Anforderungen an die Gruppen und an den EPL gegen das Eindringen von Staub und Fremdkörpern zeigt **Tabelle 3.9**.

Stromkreise von Geräten, Komponenten und Einrichtungen sowie Installationen mit dem Geräteschutzniveau „ta“ sind für einen maximalen I_k (Kurzschlussstrom) = 10 kA zu bemessen. Liegt der Ik am Einspeisepunkt des Stromkreises jedoch unter 10 kA, so muss eine Kennzeichnung für die elektrischen Geräte mit dem Geräteschutzniveau „ta“ erfolgen. Besteht bei einem elektrischen Gerät die Möglichkeit, dass die maximal zulässige Oberflächentemperatur überschritten werden kann, sind Maßnahmen zum Schutz erforderlich. Diese Schutzmaßnahmen können sowohl im Inneren der Geräte als auch außerhalb der Geräte installiert werden. Die ausgewählte Schutzmaßnahme muss die entsprechende Eignung aufweisen und darauf ausgelegt sein, dass eine Abschaltung des Stromkreises beim maximal auf-

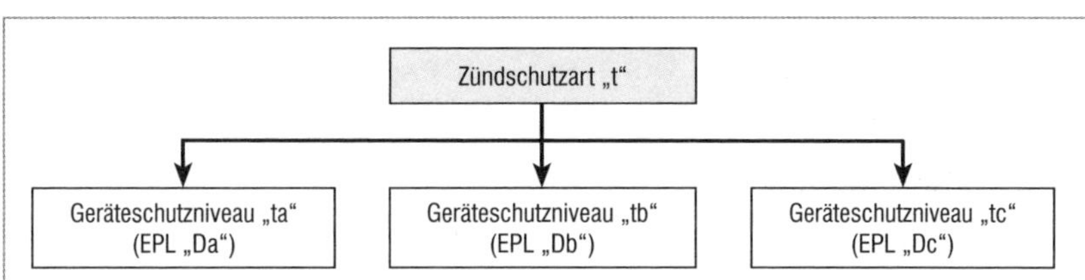

Bild 3.14 Aufteilung der Zündschutzart „t“

EPL (Geräteschutzniveau)	Gruppe III A	Gruppe III B	Gruppe III C
„Da“	IP 6X	IP 6X	IP 6X
„Db“	IP 5X	IP 6X	IP 6X
„Dc“	IP 5X	IP 5X	IP 6X

Tabelle 3.9 Verhältnis von EPL zu Gruppen und zum IP-Schutzgrad

tretenden Strom gegeben ist. Steuereinheiten und Vorrichtungen, die eine unzulässige Erwärmung von Energiespeichern (Zellen und Batterien) überwachen, können ebenfalls die Funktion einer Schutzmaßnahme erfüllen. Hier ist zu beachten, dass diese Schutzeinrichtung dafür sorgt, dass die maximal zulässige Oberflächentemperatur nicht überschritten werden kann. Soll eine ausgewählte und installierte Überstrom-Schutzeinrichtung auch den thermischen Schutz gewährleisten, muss ein Nachweis zur Funktionalität und Eignung geführt werden.

Ist beim Betrieb eines Gerätes oder einer Einrichtung mit Funken und eventuell mit Lichtbögen zu rechnen, müssen diese speziellen Bereiche des Gerätes oder der Einrichtung oder die Bauteile räumlich – durch ein zweites Gehäuse – vom eigentlichen Gehäuse getrennt werden. Das separate und zusätzliche Gehäuse muss mindestens den Anforderungen zum Geräteschutzniveau „tc" entsprechen.

3.13.3 Kombination mehrerer Zündschutzarten

Moderne explosionsgeschützte Betriebsmittel kombinieren in der Regel mehrere unterschiedliche Zündschutzarten. So hat z. B. das traditionelle Gehäuse in „druckfester Kapselung" einen Anschlussraum in „erhöhter Sicherheit". Durch die Anwendung mehrerer Zündschutzarten an einem Betriebsmittel lassen sich im Allgemeinen kleinere, leichtere und wirtschaftlichere Konstruktionen ermöglichen. Sind z. B. Schaltelemente, Meldeleuchten usw. als Einzelelemente „druckfest gekapselt" und haben sie Klemmen in der Zündschutzart „Erhöhte Sicherheit", so genügt es, diese Geräte in ein Gehäuse „erhöhter Sicherheit" einzubauen. Siehe hierzu **Bild 3.15**, welches ein Befehlsgerät als Kombination aus mehreren Zündschutzarten zeigt.

Bild 3.15 Befehlsgerät mit den Zündschutzarten Ex „e" am Gehäuse, mit Ex „d" am Element oder Ex „m" am Element

4 Staubexplosionsschutz

4.1 Einführung

Wo brennbare Stäube hergestellt, verarbeitet, transportiert, gelagert oder verpackt werden, besteht die Gefahr einer Staubexplosion. Staubexplosionen – wenn auch meist welche der leichteren Art – kommen relativ häufig vor. In einer Broschüre der Berufsgenossenschaft heißt es:

„Nach den Unterlagen der Sachversicherer kann davon ausgegangen werden, dass sich in der Bundesrepublik durchschnittlich pro Tag eine Staubexplosion ereignet; etwa jede vierte dieser Explosionen wird durch Nahrungs- oder Futtermittelstäube ausgelöst.“

Es liegt für den Anwender und Betreiber nahe, die relativ neuen Bestimmungen für den Staub-Explosionsschutz mit den lange bekannten und bewährten Bestimmungen für den Gas-Explosionsschutz zu vergleichen. Vielfach besteht die falsche Meinung, dass die Anforderungen des Staub-Explosionsschutzes mit einer der bestehenden Gas-Zündschutzarten (z. B. „d“ – druckfeste Kapselung) ohne weiteres erfüllt wären.

Die folgenden Ausführungen zeigen gewisse Parallelen, aber auch wichtige Gegensätze auf.

4.2 Zündfähiger Staub

4.2.1 Allgemeines

Brennbarer Staub mit einer Korngröße > 400 µm (0,4 mm) ist nicht zündfähig. Beim Transport und Verarbeiten von grobem Staub entsteht jedoch durch Abrieb stets auch feinerer Staub (nach Untersuchungen der BG „Nahrungsmittel und Gaststätten“ 0,1 % bis 0,25 % Massenanteil). Eine gefahrdrohende und explosionsfähige Staubatmosphäre ist dann gegeben, wenn ein Gemisch aus Luft/Sauerstoff, brennbarem Staub, Fasern, Flusen oder Flocken in der richtigen Konzentration vorhanden ist und es nach einer Zündung dieses Gemisches zu einer selbstständigen Fortpflanzung der Energie bis zur vollkommenen Verbrennung des Gemisches kommt. Bei Gemischen von 15 g/m^3 Staub in Luft muss mit einer Staubexplosion unter atmosphärischen Bedingungen gerechnet werden.

Ein Denkmodell nach der unten dargestellten **Tabelle 4.1** soll zeigen, wie die Oberfläche auf das 10.000-fache anwächst, wenn ein Würfel von 1 cm Seitenlänge in Partikel von 1 µm Seitenlänge aufgeteilt wird. Für die Summe aller Partikel ergibt sich eine rechnerische Gesamtoberfläche von 6 m². Diese Oberfläche ist mit Sauerstoff reaktionsfähig – daher die Gefahr der Staubexplosion!

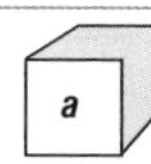

a in mm	Z	A_1 in cm²	$A = a_1 \cdot Z$ in cm²	Rel.
10	1	6	6	1
1	10^3	$6 \cdot 10^{-2}$	$6 \cdot 10$	10
0,1	10^6	$6 \cdot 10^{-4}$	$6 \cdot 10^2$	100
0,01	10^9	$6 \cdot 10^{-6}$	$6 \cdot 10^3$	1.000
0,001	10^{12}	$6 \cdot 10^{-8}$	$6 \cdot 10^4 = 6$ m²	10.000

a	Kantenlänge des Würfels
Z	Anzahl der Teile
A_1	Oberfläche eines Teils
A	Gesamtoberfläche aller Teile
Rel.	relative Oberfläche
a < 0,4 mm	Bereich der zündfähigen Partikelgröße

Tabelle 4.1 Oberflächenvergrößerung bei Teilung eines Würfels

4.2.2 Oberflächenvergrößerung bei Teilung eines Würfels

Wie bei den Gasen besteht auch bei den Stäuben die Explosionsfähigkeit nur in gewissen Grenzen der Konzentration (**Bild 4.1**), in den unteren und oberen Explosionsgrenzen. Diese Explosionsgrenzen unterscheiden sich in

- untere Explosionsgrenze: 20 g/m³ bis 60 g/m³,
- obere Explosionsgrenze: 2 kg/m³ bis 6 kg/m³.

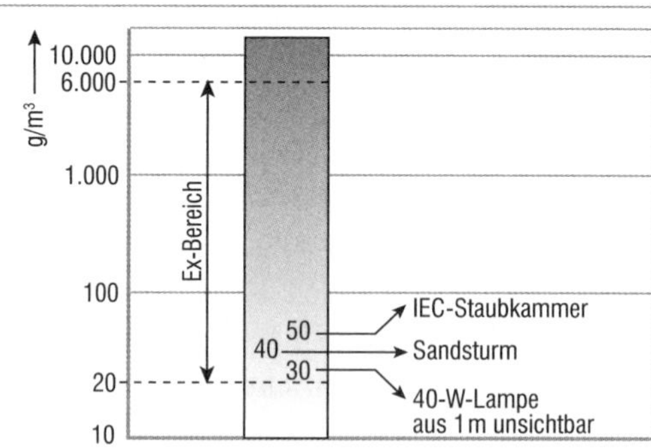

Bild 4.1 Vergleich von Staubdichten

4.3 Unterschiede zwischen Störungen im Gas-Ex und Staub-Ex

Beim Gas-Explosionsschutz kann davon ausgegangen werden, dass eine zündfähige Gaskonzentration wegen der toxischen Gefahr so rasch wie möglich beseitigt wird. Nach der Störung verflüchtigt sich das Gas und der Ausgangszustand ist wiederhergestellt. Staub verflüchtigt sich dagegen nicht, sondern lagert sich in immer dicker werdender Schicht ab. Ist diese Schicht genügend hoch, so kann es durch Wärmestau zu einem Glimmnest kommen. Bei Aufwirbelungen durch äußere Einflüsse (starker Luftzug, Verpuffung, Glimmbrand) kann ein Staub-Luft-Gemisch in zündfähiger Konzentration entstehen.

4.4 Zoneneinteilung in Bereichen, in denen mit einer gefährlichen explosionsfähigen Atmosphäre durch Staub zu rechnen ist

Bei der Zoneneinteilung im Staub-Ex-Bereich unterscheidet sich grundsätzlich nichts von der Vorgehensweise zur Zoneneinteilung im Gas-Ex-Bereich. Wie bei den Gasen, Nebeln und Dämpfen kann sich der Staub nur bei bestimmten Konzentrationen, welche im Explosionsbereich (zwischen der unteren und oberen Explosionsgrenze) liegen, bilden.

Bei der Betrachtung und Einteilung von Bereichen und Zonen in Bezug auf den vorhandenen oder auftretenden Staub muss im Gegensatz zu Einteilungen im Gas-Bereich mit Ablagerungen durch Staub gerechnet werden. Diese Ablagerungen können zum Beispiel durch ein Aufwirbeln dazu führen, das eine Staub-Ex-Zone entsteht. Auch eine durch Freisetzung entstehende Staubwolke kann zu einer potentiellen Zündquelle von explosionsfähiger Atmosphäre werden. Ebenso Staubschichten und Ablagerungen, die zu einem Wärmestau auf Geräten, Installationen und Einrichtungen führen können.

Ist mit explosionsfähigen Staubwolken zu rechnen, sind – wie im Gas-Ex-Bereich auch – Zündquellen zu vermeiden! Können diese wiederum nicht verhindert werden, sind Maßnahmen zur Vermeidung von gefahrbringenden Staubwolken oder Staubablagerungen und Staubschichten durchzuführen.

Im Anschluss an die Festlegungen zum Staub-Ex kann – ähnlich der Vorgehensweise in den Zonen der explosionsfähigen Atmosphäre durch Gas –

eine Risikoanalyse durchgeführt werden, die zur Auswahl des Geräteschutzniveaus (EPL) für Geräte herangezogen wird.

Zur Einteilung der Zonen mit explosionsfähigen Staubatmosphären sind Kenngrößen des Staubes selbst sowie von außen einwirkende Einflüsse zu bewerten und zu beachten.

Wichtige Einflüsse und Kenngrößen sind:

- Die Feststellung, ob es sich um brennbaren Staub oder nicht brennbaren Staub handelt (Stoffdaten).
- Materialeigenschaften des auftretenden Staubes.
- Freisetzung des Staubes (Ermittlung von Staubfreisetzungsquellen).
- Verhalten des Staubes (zum Beispiel: schnelles Ablagern, langsames Ablagern etc.).
- Durchführbare Maßnahmen zur Vermeidung von Staubablagerungen.
- Auswahl und Bewertung (Festlegung von Auswahl-Parametern) von zu verwendeten Geräten, Betriebsmitteln und Einrichtungen.
- Beurteilung von potentiellen Zündquellen.
- Kategorisierung des Staubes in die Gruppen
  a) Gruppe IIIA für brennbare Flusen
  b) Gruppe IIIB für nicht leitfähigen Staub
  c) Gruppe IIIC für leitfähigen Staub
- Bewertung und Betrachtung der Wahrscheinlichkeit eines Auftretens.
- Bewertung und Festlegung der Dauer eines Auftretens.

Entsprechend der Zoneneinteilung im Gas-Ex-Bereich sind diese aufgeführten Parameter und Kenngrößen durch eine Person, die dazu fähig ist, festzulegen. Bei dieser Zoneneinteilung sind alle relevanten Aspekte hinsichtlich des auftretenden Staubes und der Prozess- und Verfahrenstechnik sowie der Maschinen- und Elektrotechnik notwendig und zu hinterfragen.

Es muss nicht zwangsläufig an jeder Freisetzungsstelle mit einer explosionsfähigen Staubatmosphäre gerechnet werden. In vielen Betrieben kommt es zu keiner Staubfreisetzung und dennoch werden Staub-Ex-Zonen eingeteilt und festgehalten.

Diese Zonen können sich, wie beim Gas auch, auf das Innere von Geräten, Anlagen und Einrichtungen und auf einfache Behältnisse beziehen. Aufgrund von Lagerung, Befüllung, Entleerung oder Vergleichbarem kann es zu Staubwolken im Inneren von Apparaturen kommen, die zu keiner Zeit vermeidbar sind. Entsprechend der Einteilung der Zonen, in denen mit explosionsgefährlicher Gasatmosphäre zu rechnen ist, müssen auch mit Hinblick auf die Freisetzungsraten und den Freisetzungsgrad des Staubes eventuelle Leckagen in Rohrleitungen, Apparaturen und Einrichtungen bewertet werden. Man unterscheidet an dieser Stelle zwischen unterschiedlichen Freisetzungsgraden (vgl. **Tabelle 4.2**):

1. ständiger Freisetzungsgrad,
2. primärer Freisetzungsgrad,
3. sekundärer Freisetzungsgrad.

Die Betrachtung von Fehlern ist bei der Beurteilung möglicher Freisetzungsquellen nicht erforderlich. Die Expansion einer Zone für explosionsfähige Staubatmosphären ist als Abstand in jede Richtung vom Rand einer Freisetzungsquelle bis zu dem Punkt festgelegt, an dem die Gefährdung, die von dieser Zone ausgeht, als nicht mehr vorhanden angesehen werden muss. Als möglicher Grund für die als nicht mehr gefährlich anzusehende Zone kann zum Beispiel die Belüftung (technische oder natürliche Belüftung) angesehen werden.

Im Vergleich zu den Zonen des Gas-Explosionsschutzes werden die Zonen im Staub-Ex-Bereich in die Zonen 20, 21 und 22 eingeteilt. Auch bei diesen Zonen sind Wahrscheinlichkeit und Dauer des Auftretens ausschlaggebende Kriterien.

Die Zone 20 umfasst zum Beispiel das Innere von Apparaturen, darunter Rohre und Behälter, die zur Herstellung, Lagerung oder Vergleichbarem verwendet werden, und in denen mit ständigen, langzeitigen oder häufigen explosionsfähigen Staubatmosphären zu rechnen ist.

Zone 21 beinhaltet beispielsweise das Innere von Apparaturen, darunter Rohre und Behälter, die zur Herstellung, Lagerung oder Vergleichbarem verwendet werden, und in denen mit explosionsfähigen Staubatmosphären bei bestimmten und festgelegten Betriebszuständen (Befüll- oder Entleervorgängen) zu rechnen ist. Die Zone 21 wird auch bei Anlagen und Einrichtungen mit einem primären Freisetzungsgrad angewandt. Hier sind aber diverse Parameter des auftretenden Staubs zu berücksichtigen. Zu diesen Parametern zählen Menge, Durchsatz, Teilchengröße und Feuchtigkeitsgehalt sowie Ausbreitung des Staubes.

Anwesenheit des brennbaren Staubes	resultierende Zoneneinteilung für den Bereich von Staubwolken
ständiger Freisetzungsgrad	20
primärer Freisetzungsgrad	21
sekundärer Freisetzungsgrad	22

Tabelle 4.2 Benennung der Zonen aufgrund der Anwesenheit brennbaren Staubes
Quelle: Tabelle 1 „Benennung der Zonen aufgrund der Anwesenheit brennbaren Staubes" DIN EN 60079-10-2 (VDE 0165-102):2015-10

Bei Zone 22 verhält es sich ähnlich der Zone 21. Allerdings wird hier lediglich der sekundäre Freisetzungsgrad zur Einteilung herangezogen. Die Freisetzungsquelle ist ebenfalls unter Beachtung der Bedingungen, die zur Freisetzung führen, zu betrachten.

Mit einer staubexplosionsfähigen Atmosphäre durch Staubwolken und durch Staubschichten muss gerechnet werden (vgl. oben). Bei der Einteilung von Zonen, die durch aufgewirbelte Staubschichten entstehen können, sind mögliche Aufwirbelungen durch Wind, Lüftung oder andere Bedingungen zu berücksichtigen. Als bedenklich und kritisch sind Feinstäube mit Teilchendurchmessern von < 0,5 mm anzusehen.

Staubablagerungen und daraus entstehende Staubwolken mit eventueller Staubexplosionsgefahr können entstehen

- beim Mahlen und Trocknen von brennbaren Feststoffen,
- beim Absaugen, Umfüllen, Transportieren von brennbaren Feststoffen,
- bei Trockenvorgängen und beim Abscheiden von Feststoffen in Trocknern und Abscheidern,
- in Prozessschritten wie dem Sprühtrocknen von organischen Stoffen,
- beim Metallschleifen,
- bei der Herstellung von Metallpulvern.

Um Gefahren durch Aufwirbelungen von Staub und Staubschichten vorzubeugen, sind fachgerechte Reinigungsarbeiten unabdingbar und notwendig. Das Aufwirbeln von Staub und Staubschichten kann auch durch das Befeuchten des Staubes und der Staubschichten vermindert werden.

Damit die Zoneneinteilung transparent und aussagekräftig ist, müssen zum Beispiel im Explosionsschutzdokument oder in der Gesamtdokumentation zu den betroffenen Anlagen, Einrichtungen und deren Komponenten die Mindestangaben gemäß der DIN EN 60079-10-2 (VDE 0165-102):2015-10 aufgeführt sein.

Die Mindestanforderungen zur Dokumentation der Zoneneinteilung für Staub-Ex-Bereiche sind in der folgenden Checkliste (**Tabelle 4.3**) zusammengefasst.

Bild 4.2 zeigt eine beispielhafte Einteilung von staubexplosionsgefährdeten Bereichen.

Pos.	Betreff	In der Dokumentation vorhanden?
1	Sind die folgenden sicherheitstechnischen Kenngrößen für abgelagerten Staub bekannt? – Entzündbarkeit – Brennverhalten – Mindestzündtemperatur/Glimmtemperatur – Angaben dazu, ob der brennbare Stoff zur Selbstentzündung neigt – exotherme Zersetzung – spontane Zersetzung – Schlagempfindlichkeit	
2	Sind die folgenden sicherheitstechnischen Kenngrößen für aufgewirbelten Staub bekannt? – Explosionsfähigkeit – max. Explosionsdruck – max. zeitlicher Druckanstieg (K_{St} -Wert) – Explosionsgrenzen – Sauerstoffgrenzkonzentration – Mindestzündenergie (MZE) – Mindestzündtemperatur der Staubwolke	
3	Welche Normen wurden zur Einteilung herangezogen und wurden diese gänzlich beachtet und umgesetzt?	
4	Sind alle Aussagen zur Freisetzungsquelle und der Staubverteilung klar beschrieben?	
5	Welche Art von Staub-Ex liegt vor? – Staub-Ex durch Staubwolke – Staub-Ex durch Ablagerungen	
6	Sind alle Verfahrens- und Prozessparameter bekannt und dargestellt?	
7	Sind Maßnahmen zur Instandhaltung festgelegt und in durchzuführenden Intervallen festgehalten?	
8	Sind Maßnahmen zur Vermeidung von Staub und Staubablagerungen getroffen und klar geregelt?	
9	Welche Geräteschutzniveaus (EPL) dürfen in der betreffenden Zone eingesetzt und verwendet werden?	
10	Sind die Zündtemperaturen der Staubwolke aufgeführt?	
11	Sind die Zündtemperaturen der Staubschicht aufgeführt?	
12	Ist die Mindestzündenergie der Staubwolke aufgeführt?	
13	Ist die Staubgruppe deklariert? – Gruppe IIIA – Gruppe IIIB – Gruppe IIIC	
14	Sind die Explosionsgrenzen beschrieben?	
15	Gibt es Aussagen bzw. Angaben zum elektrischen Widerstand des Staubes/ der Staubschicht? – leitfähig – nicht leitfähig	

Tabelle 4.3 Mindestanforderungen zur Dokumentation der Zoneneinteilung für Staub-Ex-Bereiche (Teil 1/2)

Pos.	Betreff	In der Dokumentation vorhanden?
16	Gibt es Aussagen bzw. Angaben zur Trockensubstanz/zum Feuchtigkeitsgehalt des Staubes oder der Staubschicht?	
17	In welcher Nutzungseinheit kommt es zum Staub-Ex? – Lebensmittelindustrie – Pharmaindustrie – Chemieindustrie – etc.	
18	Um welche Zonen handelt es sich? – Zone 20 – Zone 21 – Zone 22	
19	Wo befindet sich die Zone 20? – An Orten im Inneren von Apparaturen, Behältern etc. – In Trichteranlagen zum Befüllen, Entleeren – Am Zyklonabscheider/Zyklon – An Mischer oder Munscher – An Mühlen – In Siloanlagen	
20	Wo befindet sich die Zone 21? – In angrenzenden Bereichen von Staub mit Türen, Öffnungen – An Förderbändern – An Füll- und Entnahmeeinrichtungen – An Probeentnahmestellen – An Abkippstallen von Krananlagen oder LKW-Kippern – An Übergabestellen – In aufgewirbelten Staubschichten	
21	Wo befindet sich die Zone 22? – An Atmungsöffnungen von Sackfilteranlagen – An selten geöffneten Einlässen/Auslässen – In selten auftretenden Bereichen mit Leckagen – An Schlauchverbindungen und Schlauchkopplungen	

Tabelle 4.3 Mindestanforderungen zur Dokumentation der Zoneneinteilung für Staub-Ex-Bereiche (Teil 2/2)

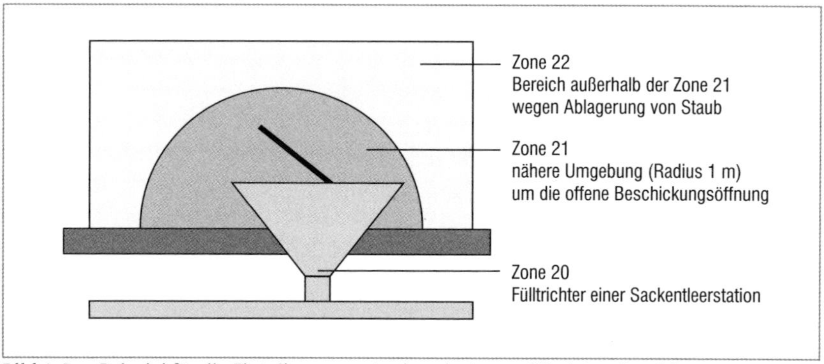

Bild 4.2 Beispiel für die Einteilung von staubexplosionsgefährdeten Bereichen

4.5 Mindestzündenergie

Bei den meisten Stäuben liegt die Mindestzündenergie (MZE) um einige Größenordnungen höher als bei den Gasen. Bei einigen „Exoten“ (Phosphor, Naphthol) liegt sie allerdings mit Werten von < 10 mJ im Bereich der MZE von Gasen.

4.6 Mindestzündtemperatur/Glimmtemperatur einer Staubschicht

Die Mindestzündtemperatur einer Staubschicht ist die niedrigste Temperatur einer heißen Oberfläche, bei der sich eine Staubschicht von festgelegter Dicke auf dieser heißen Oberfläche entzündet. **Bild 4.3** zeigt den Vorgang zur Bestimmung der Glimmtemperatur.

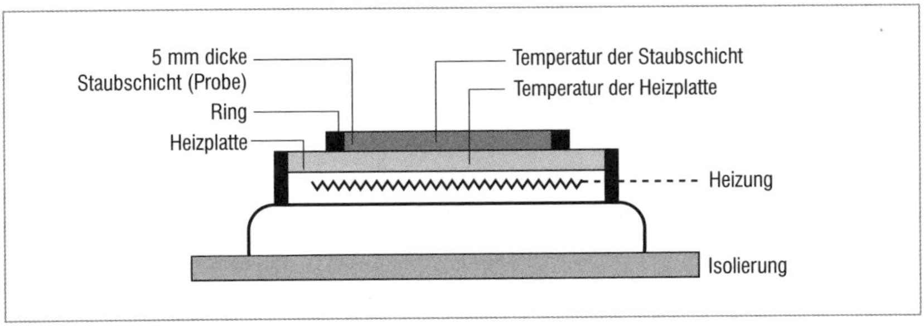

Bild 4.3 Vorgehensweise zur Bestimmung der Glimmtemperatur

4.6.1 Mindestzündtemperatur einer Staubwolke

Die Mindestzündtemperatur einer Staubwolke ist die niedrigste Temperatur der heißen inneren Wand eines Ofens, bei der sich eine Staubwolke in Luft im Ofen entzündet. Zur Bestimmung der Zündtemperatur kann eine Apparatur verwendet werden (**Bild 4.4**). Die Relation der ermittelten Temperaturen ist von Stoff zu Stoff unterschiedlich.

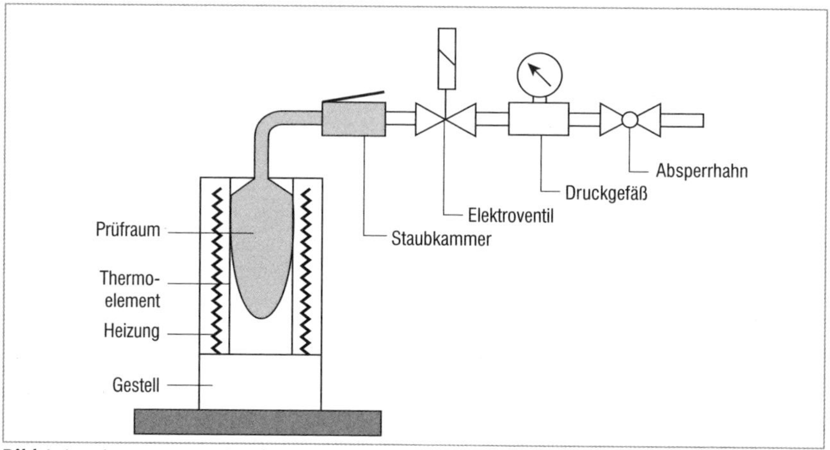

Bild 4.4 Apparatur zur Bestimmung der Zündtemperatur

4.6.2 Oberflächentemperatur von Staubschichten bis 5 mm Dicke

Die maximale Oberflächentemperatur des Betriebsmittels darf bei der Prüfung ohne Staubauflage nach dem Prüfverfahren in IEC/EN 61241-1 nicht den Wert übersteigen, der um 75 K unter der Glimmtemperatur einer Staubschicht von 5 mm Dicke des betreffenden Staubes liegt:

$$T_{max} = T_{5mm} - 75\text{ K}$$

T_{5mm} Glimmtemperatur einer 5-mm-Staubschicht

Beispiel: Bestimmung der Oberflächentemperatur von Mehlstaub

Aufgabe:

Grunddaten des Mehlstaubes: $T_{Zünd} \geq 380\,°C$; $T_{Glimm} \geq 300\,°C$

Berechnung:

T_{max} (Staubwolke) = 2/3 · 380°C = 253°C

T_{max} (Staubschicht bis 5 mm Dicke) = 300 °C – 75 °C = 225 °C

Lösung:

Die Oberflächentemperatur bei Vorhandensein von Staubschichten bis 5 mm Dicke darf somit maximal 225 °C betragen.

(Quelle: BG RCI / T054 2014 Brennbare Stäube 2014)

4.7 Einteilung der brennbaren Stäube

Die GisChem-Stoffdatenbank enthält Tabellen mit Kenngrößen von Stäuben, die unterteilt sind in

- organische Produkte,
- Naturprodukte,
- technisch-chemische Produkte,
- anorganische Produkte,
- Sonstige.

In dieser Stoffdatenbank werden Hinweise und Hilfestellungen zu Charakteristiken (UEG, OEG, MZE von Staubwolken oder Schichten), Explosionsgefahren, Brand- und Explosionsschutz aufgeführt und beschrieben.

Eine Klassifizierung mit Kurzzeichen (ähnlich wie bei Gasen und Dämpfen) wurde zwar in den Normengremien vorgeschlagen, in den Bestimmungen jedoch nicht getroffen, da bei Stäuben – im Gegensatz zu den Temperaturklassen der Gase – stets noch ein Sicherheitsabstand einzurechnen ist.

4.7.1 Hybride Gemische

Hybride Gemische sind Vermischungen von brennbaren Stäuben und Gasen, die bei der Herstellung oder Verarbeitung lösemittelhaltiger Produkte oder bei Schwelgasaustritt aus überhitzten staubförmigen Produkten (Holzkohle) auftreten können. Dabei treten Veränderungen der sicherheitstechnischen Kenngrößen auf, eine Ausweitung der Explosionsgrenzen, die Zunahme des Explosionsdrucks und eine Verringerung der Mindestzündenergie. Bei hybriden Gemischen stellt die Einhaltung der beiden Einzelbestimmungen für Gas und Staub im Allgemeinen zwar eine erste gute Voraussetzung dar, oftmals ist diese jedoch nicht ausreichend, um eine ausdrückliche Gewährleistung für die Mischung abgeben zu können.

4.7.2 Mediendichte Kapselung

Die staubdichte Kapselung eines elektrischen Betriebsmittels ist ein wichtiges Grundelement des Staubexplosionsschutzes. Abhängig von den zu erwartenden Umgebungsbedingungen (wie Zoneneinteilung und Leitfähigkeit des Staubes) wurden zwei Anforderungsgrade für die Wirksamkeit der Staubdichtheit eingeführt:

- Staubdichte (bei staubdichten Gehäusen (IP 6X) darf kein Staub eindringen) und

- staubgeschützte (bei staubgeschützten Gehäusen (IP 5X) ist es zulässig, dass eine begrenzte Menge an Staub unter bestimmten Bedingungen in das Gehäuse eindringt).

Im Gegensatz zu einer gasdichten Kapselung lässt sich eine staubdichte Kapselung mit relativ einfachen mechanischen Mitteln (Dichtungen) herstellen. Dadurch kann im Inneren eines Betriebsmittels ein „ungefährdeter“ Bereich hergestellt werden.

Dieses einfache Prinzip ist ein wesentlicher Bestandteil des Staubexplosionsschutzes! Zünddurchschlagsichere Spalten von Betriebsmitteln der Zündschutzart „d“ liegen gemäß DIN EN 60079-1 je nach Explosionsgruppe und Gehäusevolumen etwa im Bereich von 0,1 mm bis 0,8 mm. Explosionsfähige Stäube haben Korngrößen von etwa 0,02 mm bis 0,4 mm (20 µm bis 400 µm). Ein druckfest gekapseltes Gehäuse ist also nicht ohne weiteres staubdicht.

Wichtige Kenngrößen sind – neben der elektrischen Leitfähigkeit – die Glimmtemperatur und die Zündtemperatur eines brennbaren Staubes. Vor allem bei Naturprodukten von oft sehr unterschiedlicher Beschaffenheit und Herkunft können die experimentell ermittelten Werte oder Literaturangaben oft erheblich voneinander abweichen. Die folgenden Definitionen sind der DIN EN 60079-0:2014-06; VDE 0170-1:2014-06 entnommen, in welcher in Angleichung an den internationalen Sprachgebrauch leider die wenig einprägsamen, in der Literatur jedoch weiterhin verbreiteten deutschen Begriffe „Glimmtemperatur“ und „Zündtemperatur“ ersetzt werden mussten.

4.8 Ablagerungen von Stäuben und deren Gefahren

Staubablagerungen bilden eine doppelte Gefahrenquelle:

a) Bereits „geringe“ Schichthöhen von < 1 mm reichen im aufgewirbelten Zustand für eine explosionsfähige Atmosphäre aus.

b) Schichthöhen von > 5 mm können zum Glimmbrand führen.

Im Gegensatz zu Gasen und Dämpfen können sich bei Stäuben die einzelnen Störfälle addieren, indem sich der Staub in einer immer dicker werdenden Schicht auf einem Betriebsmittel ablagert. Dicke Staubschichten führen aufgrund der Wärmedämmung zu einer Temperaturerhöhung an der Oberfläche des Betriebsmittels. Durch einen mit der Selbstentzündung vergleichbaren Vorgang setzt das Glimmen bei Temperaturen ein, die umso niedriger sind, je dicker die Staubschicht ist. Staubablagerungen auf elektrischen Betriebsmitteln oder gar die völlige Zuschüttung dieser sollten durch günstigen Einbau und laufende Wartung so weit wie möglich vermieden werden, denn wenn sich der Staub an den Seiten anhäuft oder das Betriebsmittel ganz eingeschüttet wird, stellt das Auftreten eines gefährlichen Wärmestaus oder einer besonderen Glimmgefahr eine mögliche Folge dar. In diesen Fällen muss die Oberflächentemperatur auf sehr niedrige, eventuell durch Versuch zu ermittelnde Werte reduziert oder die Leistungszufuhr auf sehr niedrige Leistung pro Flächeneinheit begrenzt werden.

4.8.1 Staubschichten von 5 mm bis 50 mm Dicke

Wenn sich auf Betriebsmitteln Staubablagerungen von mehr als 5 mm bis zu 50 mm bilden können, muss die maximal zulässige Oberflächentemperatur vermindert werden. **Bild 4.5** enthält Richtwerte für die Verminderung der maximal zulässigen Oberflächentemperatur von Betriebsmitteln, die in Bereichen mit Stäuben mit einer Glimmtemperatur > 250°C, bezogen auf 5 mm Schichtdicke, eingesetzt werden sollen. Vor der Anwendung des Diagramms sollte die IEC 61241-2-1 berücksichtigt werden.

Die Abhängigkeit der Glimmtemperatur von der Schichtdicke muss durch Laborversuche ermittelt werden, wenn die Glimmtemperatur einer 5-mm-Staubschicht unter 250 °C liegt oder falls Zweifel an der Anwendbarkeit des Diagramms bestehen. Das Diagramm berücksichtigt die verminderte Glimmtemperatur des Staubes und die Temperaturerhöhung des Betriebsmittels wegen Wärmedämmung.

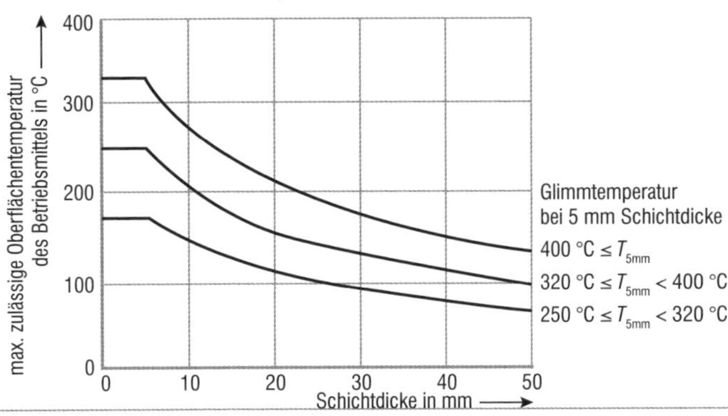

Bild 4.5 Herabsetzung der maximal zulässigen Oberflächentemperatur von Betriebsmitteln bei Staubauflagen von 5 mm bis 50 mm an der Oberseite

4.8.2 Staubschichten von übermäßiger Dicke

Falls Staubablagerungen übermäßiger Dicke an der Oberseite, seitlich oder unterhalb des Betriebsmittels nicht vermieden werden können, ist infolge der Wärmedämmung nur eine sehr viel niedrigere Oberflächentemperatur zuzulassen. Dies gilt auch für den Fall, dass das Betriebsmittel vollständig in Staub eingeschüttet wird. **Bild 4.6** aus der DIN EN 60079-14 (VDE 0165-1), Oktober 2014, „Explosionsgefährdete Bereiche – Teil 14: Projektierung, Auswahl und Errichtung elektrischer Anlagen", gibt Beispiele für „übermäßige Staubschichten".

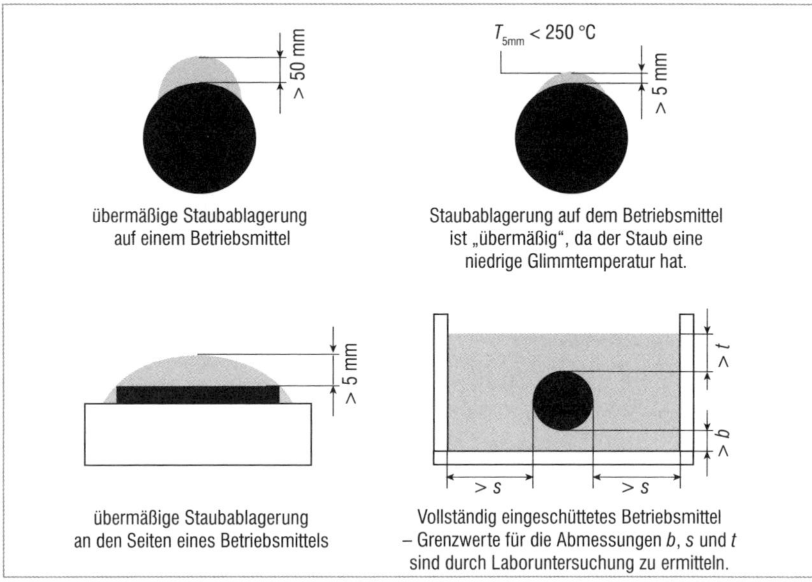

Bild 4.6 Definition von Staubablagerungen

4.8.2.1 Projektieren, Auswählen und Errichten nach DIN EN 60079-14 (VDE 0165-1)

Um elektrische Anlagen projektieren, planen und errichten zu können, sind allgemein gültige Grundlagen zum Explosionsschutz notwendig. Genauso verhält es sich bei der Auswahl von elektrischen Betriebsmitteln für diese speziellen Bereiche. Es empfiehlt sich daher, gewisse Vorbeugemaßnahmen zur Explosionsrisikoverringerung durch brennbare Stoffe auf entsprechende Grundlagen bzw. Grundsätze zu stützen.

Die Grundsätze stellen sich wie folgt dar:

1) Austausch,
2) Kontrolle,
3) Abschwächung.

Unter Punkt 1) Austausch versteht man beispielsweise den Austausch eines brennbaren Stoffes durch einen weniger gefährlichen Stoff, der schwer(er) entzündbar ist.

Beispiele für Ersatzstoffe oder Ersatzmöglichkeiten sind:

- Austausch von brennbaren (Reinigungs-)Lösungen durch Mittel aus wasserhaltiger Basis.
- Ersatz von Kohlenwasserstoffen mit niedrigem Flammpunkt durch Kohlenwasserstoffe mit einem weit über der Raum- und Verarbeitungstemperatur liegendem Flammpunkt.
- Austausch von brennbarem und staubartigem Füllstoff durch einen Füllstoff, der nicht brennbar ist.

Punkt 2) Kontrolle steht unter anderem für das Vorkommen von kontrollierten Mengen eines brennbaren Stoffes und erörtert die Möglichkeiten, diese so gering wie nur möglich zu halten. Dies betrifft auch die Freisetzung von brennbaren Stoffen. Hier ist eine kontrollierte, verringerte oder vermeidbare Freisetzung gemeint. Zu Punkt 2) Kontrolle gehört außerdem die Vermeidung sowie die Einschränkung explosionsfähiger Atmosphäre und von Zündquellen. Beispiele zur Vermeidung, Einschränkung und Begrenzung explosionsfähiger Atmosphäre sind:

- Überwachung durch sicherheitsgerichtete und funktionssichere Strömungswächter oder Gaswarnanlagen mit Alarmfunktion und manueller oder automatischer Auslösung von Sicherheits-, Schutz- und Notfalleinrichtungen.
- Maßnahmen zur Druckabsenkung (Absenkung des Druckes unter den atmosphärischen Druck von ca. 1.013 mbar, damit zum Beispiel die Gefahr einer Explosion vermindert/verhindert wird). Achtung: Der abgesenkte Druck ist messtechnisch zu überwachen.
- Konzentrationsbegrenzung brennbarer Stoffe.
- Inertisierung – Gemeint ist die Zugabe inerter Gase (Stickstoff, Kohlendioxid oder Edelgase zur Verdrängung des Sauerstoffs) oder das Spülen mit diesen.

  In **Tabelle 4.4** sind für einige Stoffe, die bei der Inertisierung zum Einsatz kommen können, unter- und überschreitende Grenzwerte angegeben.

Hinweis: Es sind hinreichende Sicherheitsabstände zu den experimentell bestimmten Grenzwerten vorzusehen. Diese gelten sowohl bei Gas-Ex-Gefahr als auch bei Staub-Ex-Gefahr.

brennbarer Stoff	**Temperatur in °C**	**partielle Inertisierung**				**totale Inertisierung**	
		Sauerstoffgrenzkonzentration im Gesamtgemisch brennbarer Stoff/Inertgas/Luft bei der Inertisierung mit:		**Mindestwert des Verhältnisses der Molanteile von Inertgas (N_2 oder CO_2) und Luft (L) notwendig zur Inertisierung bei beliebiger Zugabe von brennbarem Stoff**		**Mindestwert des Verhältnisses der Molanteile von Inertgas (N_2 oder CO_2) und brennbarem Stoff (B) notwendig zur Inertisierung bei beliebiger Zugabe von brennbarem Stoff**	
		N_2	**CO_2**	**N_2/L**	**CO_2/L**	**N_2/B**	**CO_2/B**
		C_{max}/O_2 in mol%	**C_{max}/O_2 in mol%**				
Acetaldehyd	50	8,4	–	1,5	–	–	–
Acrylsäure	80	8,0	–	1,6	–	–	–
Benzol	100	8,5	11,8	1,4	0,7	42	22
i-Butan	20	10,3	13,1	1,0	0,5	28	13
n-Butan	20	9,6	~ 12	1,1	–	27	–
Butanal	100	8,2	–	1,6	–	–	–
1-Butanol	130	8,2	–	1,6	–	–	–
t-Butanol	100	8,6	–	1,4	–	–	–
1-Butoxy-2-propanol	100	8,0	–	1,6	–	49	–
Butylacetat	100	9,5	–	1,2	–	–	–
Cyclohexan	100	8,5	11,3	1,3	0,8	54	27
Cyclohexanol	100	8,8	–	1,4	–	–	–
Cyclohexanon	100	8,0	–	1,6	–	–	–
Cyclopropan	20	9,0	~ 12	–	–	–	–
Dimethylether	20	8,5	–	1,5	–	–	–
1,4-Dioxan	100	7,0	–	2,0	–	–	–
Dipropylenglykol-dimethylether	150	7,4	–	1,9	–	–	–
Dipropylether	100	8,4	–	1,5	–	–	–
Ethan	20	8,8	11,7	1,3	0,7	21	11
Ethanol	20	8,5	–	1,4	–	17	–
Ethylacetat	20	9,8	–	1,1	–	23	–
Ethylen	20	7,6	10,5	1,7	0,9	24	13
Ethylenoxid	20	wegen Zerfallsfähigkeit von Ethylenoxid existieren diese Werte nicht				17	15
Heptan	100	–	10,9	–	0,9	–	35

Tabelle 4.4 Grenzwert-Tabelle für eine explosionsgefährdete Atmosphäre durch Gase und Dämpfe (Teil 1/2)

Quelle: Grenzwerte für die Inertisierung brennbarer Gase und Dämpfe bei 1 bar Gesamtdruck aus der Datenbank „Chemsafe" von PTB, BAM und DECHEMA; www.chemsafe.ptb.de (aufgerufen am 14.04.2025)

brennbarer Stoff	Temperatur in °C	partielle Inertisierung				totale Inertisierung	
		Sauerstoffgrenzkonzentration im Gesamtgemisch brennbarer Stoff/Inertgas/Luft bei der Inertisierung mit:		Mindestwert des Verhältnisses der Molanteile von Inertgas (N_2 oder CO_2) und Luft (L) notwendig zur Inertisierung bei beliebiger Zugabe von brennbarem Stoff		Mindestwert des Verhältnisses der Molanteile von Inertgas (N_2 oder CO_2) und brennbarem Stoff (B) notwendig zur Inertisierung bei beliebiger Zugabe von brennbarem Stoff	
		N_2	CO_2	N_2/L	CO_2/L	N_2/B	CO_2/B
		C_{max}/O_2 in mol%	C_{max}/O_2 in mol%				
Hexamethyldisiloxan	80	8,9	–	1,4	–	–	–
Hexan	20	9,3	11,6* (100 °C)	1,3	0,8* (100 °C)	42	32* (100 °C)
1-Hexanol	100	8,5	–	1,5	–	–	–
Kohlenmonoxid	20	4,3	4,6	3,1	1,7	6	3
Methan	20	9,9	13,7	1,0	0,4	11	5
Methanol	20	8,1	–	1,4	–	7	–
Methylethylketon	20	9,5	–	1,2	–	26	–
Pentan	20	9,3	–	~1,3	–	~42	–
Pentylacetat	100	9,2	–	1,3	–	–	–
Propan	20	9,8	12,6	1,1	0,6	26	13
Propanol-1	20	9,3	–	1,3	–	19	–
Propanol-2	20	8,7	–	1,4	–	25	–
Propylen	20	9,3	12,6	1,2	0,6	23	12
Propylenoxid	25	7,7	–	1,7	–	26	–
Propylformiat	20	9,8	–	1,1	–	21	–
Schwefelkohlenstoff	20	4,6	–	3,5	–	49	–
Tetrahydrofuran	100	8,3	–	1,5	–	–	–
Toluol	100	9,6	12,9	1,1	0,6	42	21
Vergaserkraftstoff	20	~9,3	–	~1,3	–	~42	–
Wasserstoff	20	4,3	5,2	3,4	1,8	17	12
Xylol	100	9,7	13,1	1,1	0,6	42	21
~ Schätzwert, *Konzentration bei 20°C nicht erreichbar							

Quelle: Grenzwerte für die Inertisierung brennbarer Gase und Dämpfe bei 1 bar Gesamtdruck aus der Datenbank „Chemsafe" von PTB, BAM und DECHEMA; www.chemsafe.ptb.de (aufgerufen am 14.04.2025)

Tabelle 4.4 Grenzwert-Tabelle für eine explosionsgefährdete Atmosphäre durch Gase und Dämpfe (Teil 2/2)

Grundsätzlich ist die Inertisierung von explosionsfähiger Gas-Atmosphäre von der Inertisierung einer durch Staub gefährdeten explosionsfähigen Atmosphäre zu unterscheiden!

Tabelle 4.5 listet die Grenzwerte für eine explosionsgefährdete Atmosphäre durch Staub auf.

brennbarer Stoff	Feinheit (Medianwert) in μm	Sauerstoffgrenzkonzentration (Molgehalt in der Gasphase) in %
ABS Mischgut	125	11
Aluminium	22	5
Bariumstearat	< 63	13
Braunkohle	63	12
Cadmiumlaurat	< 63	14
Cadmiumstearat	< 63	12
Calciumstearat	< 63	12
Cellulose	22	9
Erbsenmehl	25	15
Harnstoff	< 10	10
Harz	< 63	10
Herbizid	10	12
Holz	27	10
Hopfen	500	17
Kakao	< 63	9
Kautschuk	95	11
Kolophonium, Balsamharz	440	12
Lykopodium	30	7,5
Maisstärke	17	9
Malzschrot	25	11
Methionin	< 10	12
Methylcellulose	70	10
organisches Pigment	< 10	12
Paraformaldehyd	23	6
Polyacrylnitril	26	10
Polyethylen (HDPE)	26	10
Polymethacrylat	18	7
Roggenmehl Typ 1150	29	13
Ruß	13	12
Stärkederivat	24	14
Steinkohle (Fett-)	17	14
Wachs	< 10	11
Weizenmehl Typ 550	60	11
Zink	< 10	10

Tabelle 4.5 Sauerstoffgrenzkonzentration für das Inertisieren von Staub/Luft-Gemischen durch Stickstoff bei einer Gemischtemperatur von etwa 20° C und einem Gesamtdruck von etwa 1 bar

Punkt 3) Abschwächung beschreibt zum Beispiel organisatorische und konstruktive Maßnahmen wie die Einschränkung von betroffenen Personen und deren persönlichen Schutzausrüstung sowie Maßnahmen zur Explosionsausbreitung, Explosionsübertragung, Explosionsunterdrückung und Explosionsdruckentlastungen.

Bei der Vorgehensweise zur Verringerung oder Vermeidung eines Explosionsrisikos sind die Maßnahmen gemäß den vorgenannten Grundsätzen in der Reihenfolge Austausch, Kontrolle und Abschwächung entsprechend ihrer Prioritäten anzuwenden. Zur Errichtung und Planung und zur Auswahl von elektrischen Betriebsmitteln sollten die explosionsgefährdeten Bereiche in Zonen eingeteilt und festgelegt werden. Die Einteilung der Zonen erfolgt auf Basis der Wahrscheinlichkeit eines Auftretens einer explosionsfähigen Atmosphäre in bestimmten Bereichen. Diese Bereiche bzw. Zonen können Anlagenteile, Anlagenräume, Bauteile und bauliche Anlagen und Gebäude sein. Diese „Zoneneinteilung" ist bei der frühen Planung, Errichtung und Auswahl elektrischer Betriebsmittel ausschlaggebend für die Festlegung der einzelnen Standorte der Betriebsmittel, Anlagen oder Anlagenteile. So können Standorte für Betriebsmittel festgelegt werden, die im Hinblick auf den Explosionsschutz in unkritischeren Bereichen stehen. Ist es unumgänglich, elektrische Betriebsmittel in Bereichen mit explosionsfähiger Atmosphäre in Form von brennbaren Gasen, Dämpfen, Nebeln, Kondensat, Sublimat, Stäuben, Flusen und Fasern zu installieren, sind Maßnahmen zum Schutz vor Zündung einer explosionsfähigen Atmosphäre zu treffen.

Diese Schutzmaßnahmen können beispielsweise sein:

1. Verhindern von Zündquellen, darunter Lichtbögen und/oder elektrisch erzeugte Funken,
2. Verhindern von heißen Oberflächen,
3. Verhindern von Funken durch Reibung bzw. Schlag,
4. Maßnahmen zur Vermeidung von elektrostatischer Entladung.

In der IEC 60079-0 werden mehrere Möglichkeiten der Zündschutzarten für elektrische Geräte und Betriebsmittel für den Einsatz in Bereichen, Räumen und Anlagen mit Gefährdung durch explosionsfähige Atmosphäre aufgeführt. Weiterhin werden in dieser IEC-Norm spezielle Anforderungen für die Planung, Auswahl und Errichtung elektrischer Anlagen, Anlagenteile und Anlagenkomponenten in explosionsgefährdeten Bereichen aufgezeigt.

5 Schutzmaßnahmen bei elektrischen Betriebsmitteln

5.1 Grundlegendes und Allgemeines

Müssen elektrische Anlagen und Betriebsmittel für den Einsatz in explosionsgefährdeten Bereichen ausgewählt werden, sind weitere Kriterien für den ordnungsgemäßen Betrieb zu beachten. **Tabelle 5.1** zeigt die Aufteilung von Bereichen und Einsatzgebieten, auch Zonen genannt.

Sofern möglich, sollten elektrische Betriebsmittel und Anlagen grundsätzlich nicht in explosionsgefährdeten Bereichen geplant und eingesetzt werden! Da sich deren Einsatz jedoch nicht immer vermeiden lässt, sind zur Auswahl der Geräte und Betriebsmittel entsprechende Klassifizierungen und Einteilungen in Gruppen (Gerätegruppen oder Explosionsgruppen) sinnvoll und notwendig. Eine Aufteilung und Festlegung von Zonen entsprechend Tabelle 4.7 erleichtert die Auswahl elektrischer Betriebsmittel sowie die Errichtung und Planung von Anlagen in Bereichen mit explosionsgefährdeter Atmosphäre.

Die Explosionsgruppen werden in drei Gruppen unterteilt: Gruppe I, II und III.

Die Explosionsgruppe I beschreibt Anforderungen an die Betriebsmittel, Einrichtungen und Installationen für explosionsgefährdete Bereiche unter Tage (schlagwettergefährdete Bereiche/Grubenbau). Die Explosionsgruppe II hingegen beinhaltet die Anforderungen an die Einrichtungen, Gegenstände und Geräte über Tage, die in Bereichen, in denen aufgrund von Flüssigkeiten und Gasen eine gefahrdrohende explosionsfähige Atmosphäre herrscht, vorhanden sind. Man unterscheidet zunächst die Explosionsgruppen I und II. Gruppe I umfasst schlagwettergefährdete Grubenbaue mit

Norm	explosionsgefährdete Bereiche	Zonen	Definition Zonen – zündfähige Atmosphäre
IEC 60079-10-1	Gase, Dämpfe, Nebel	Zone 0	ständig, häufig oder langzeitig
		Zone 1	gelegentlich
		Zone 2	selten und kurzzeitig
IEC 60079-10-2	Stäube	Zone 20	ständig, häufig oder langzeitig
		Zone 21	gelegentlich
		Zone 22	selten und kurzzeitig

Tabelle 5.1 Aufteilung explosionsgefährdeter Bereiche und Zonen

Methangas und Kohlenstaub als wesentliche brennbare Stoffe. Alle anderen Anwendungsfälle gehören in die Gruppe II. Die Explosionsgruppe II wird für die brennbaren Stoffe und die explosionsgeschützten Geräte in Abhängigkeit von Grenzspaltweite und dem Verhältnis des Mindestzündstromes zum Mindestzündstrom von Methan weiter unterteilt in die Untergruppen A, B und C, wobei in C die Stoffe mit der geringsten Mindestzündenergie bzw. Grenzspaltweite eingeordnet werden. Diese Unterteilung ist wichtig für den gerätetechnischen Aufwand bei den Schutzarten „Eigensicherheit" und „druckfeste Kapselung". Da in die Gruppe IIC nur Wasserstoff und Acetylen als wesentliche Stoffe eingestuft werden, sollte man Geräte in den genannten Schutzarten nur dann in IIC fordern, wenn nicht sicher ausgeschlossen werden kann, dass diese beiden Gase in der zu instrumentierenden Anlage doch einmal zum Einsatz kommen.

Explosionsgefährdete Bereiche, Räume über Tage, in denen die Explosionsgefahr durch Feststoffe wie brennbare Flusen, Fasern, leitfähige und nicht leitfähige Stäube hervorgerufen wird, werden in der Explosionsgruppe III festgelegt. **Tabelle 5.2** nennt Beispiele für die Einstufung brennbarer Gase und Flüssigkeiten in Explosionsgruppen und Temperaturklassen.

Die Explosionsgruppen I, II und III werden hinsichtlich ihrer Gefährdungen/Gefahrstoffe nochmals in weitere „Sparten" eingeteilt, vgl. **Tabelle 5.3**.

Zum bestimmungsgemäßen Gebrauch der elektrischen Betriebsmittel sind je nach Einsatzort zusätzlich zu den durch die Explosionsschutz-Zone geforderten Anforderungen, wie zum Beispiel der Einhaltung des IP-Schutzgrades, weitere Maßnahmen zu beachten und einzuhalten. Für den bestimmungsgemäßen Gebrauch sind überdies die Herstellerangaben zu berücksichtigen.

Explosions-gruppe	**Temperaturklasse**					
	T1 > 450 °C	**T2** > 300 °C	**T3** > 200 °C	**T4** > 135 °C	**T5** > 100 °C	**T6** > 85 °C
I	Methan	–	–	–	–	–
IIA	Propan	Butan	Benzine	Acetaldehyd	–	–
IIB	Kokereigas	Ethylen	Schwefel-wasserstoff	–	–	–
IIC	Wasserstoff	Acetylen	–	–	–	Schwefel-kohlenstoff

Tabelle 5.2 Einstufung brennbarer Gase und Flüssigkeiten in Explosionsgruppen und Temperaturklassen

Bereich	Gruppe		Beispiele: Stoffe/Medien
schlagwettergefährdete Bereiche (unter Tage)	Explosionsgruppe I		Methan
explosionsgefährdete Bereiche – **Gas** (über Tage)	Explosionsgruppe II	II A	einige Gase und organische Flüssigkeiten $> 180 \mu J$, z. B. Propan
		II B	$20 \mu J \ldots 180 \mu J$, z.B. Ethylen
		II C	$< 20 \mu J$, z.B. Wasserstoff
explosionsgefährdete Bereiche – **Staub**	Explosionsgruppe III	IIIA	brennbare Flusen, Fasern (z.B. Flocken)
		IIIB	nicht leitfähiger Staub (z.B. Pulverlacke)
		IIIC	leitfähiger Staub (z.B. Metallstaub)

Tabelle 5.3 Unterteilung der Explosionsgruppen I, II und III in Bezug auf Gefährdungen/ Gefahrstoffe

Zusätzliche Maßnahmen zu den speziellen Anforderungen an die Betriebsmittel und deren Installation in explosionsgefährdeten Zonen können zum Beispiel sein:

- UV-Schutzmaßnahmen
- IP-Schutzmaßnahmen
- Korrosionsschutzmaßnahmen
- Zusätzliche Brandschutzmaßnahmen

Prinzipiell gilt für Installationen, Kabel- und Leitungsanlagen sowie für elektrische Geräte in explosionsgefährdeten Bereichen, dass diese nach ihren speziellen Anforderungen an die Zündschutzart und gemäß den Bestimmungen an die Umgebungsbedingungen auszuwählen sind.

5.2 Schutz durch Gehäuse

Die Schutzarten durch Gehäuse für Geräte, Bauteile, Komponenten und Einrichtungen, die in explosionsgefährdeten Bereichen verwendet und eingesetzt werden, müssen ebenfalls für die Anforderungen und Prüfungen von Gehäusen gemäß IEC 60079-0 geeignet sein.

So werden zum Beispiel die Prüfanforderungen an Geräte mit der Zündschutzart und dem Schutzniveau „erhöhte Sicherheit ec" individuell nach Schutzanforderungen ausgelegt.

Bei der Wärmebeständigkeitsprüfung werden zum Beispiel die geforderten 20 K (Kelvin) über der Betriebstemperatur (T_s + 20 K) für das Schutzniveau „ec" durch 10 K über der Betriebstemperatur ersetzt (T_s + 10 K). Weitere Anforderungen für den Schutz durch Gehäuse für Geräte, Betriebsmittel, Bauteile in explosionsgefährdeten Bereichen mit dem Schutzniveau „erhöhte Sicherheit ec“ sind zum Beispiel:

Punkt 1 Gehäuse mit internen blanken leitenden Teilen müssen mindestens dem IP-Schutzgrad IP54 entsprechen.

Punkt 2 Gehäuse mit internen isolierten leitenden Teilen müssen mindestens dem IP-Schutzgrad IP44 entsprechen.

Punkt 3 Gehäuse mit internen isolierten leitenden Teilen dürfen mindestens dem IP-Schutzgrad IP23 für die Gruppe I oder dem IP-Schutzgrad IP20 für die Gruppe II entsprechen, wenn davon ausgegangen werden kann, dass das Eindringen von festen Fremdkörpern senkrecht in das Gehäuse kommend verhindert wird.

Muss bei der Installation von elektrischen Geräten mit Schwitz- und Kondensatwasser oder Feuchtigkeitsansammlungen gerechnet werden, dürfen Vorkehrungen zur Entwässerung, zum Beispiel dem Einrichten von Öffnungen im Gehäuse, vorgenommen werden.

Die zu treffenden Maßnahmen zur „Entwässerung“ sind bezüglich der Gruppen dabei von folgenden Faktoren abhängig:

1. Geräte der Gruppe I müssen mindestens den zuvor genannten Punkten 1, 2 und 3 entsprechen.
2. Geräte der Gruppe II dürfen aufgrund der Notwendigkeit einer Gehäuseöffnung zur Entwässerung oder zur Vermeidung von Feuchtigkeitsansammlungen sowie zur Durchlüftung die Schutzart nach den Vorgaben der Punkte 1, 2, 3 reduzieren.
   Die Reduzierung darf jedoch den IP-Schutzgrad von IP44 (Punkt 1) oder den IP-Schutzgrad IP 24 (Punkt 2) nicht unterschreiten.

Wurden durch den Hersteller Maßnahmen zum Entwässern und Durchlüften getroffen, die die Schutzart bzw. den Schutzgrad gegenüber den Forderungen der Punkte 1, 2, 3 herabstuft, müssen diese Angaben in der Dokumentation aufgeführt werden. **Tabelle 5.4** zeigt die zusätzlichen Anforderungen von elektrischen Betriebsmitteln am Beispiel des „IP-Schutzgrades“ gemäß DIN EN 60529, Stand 2014.

IP X X

Schutz-Code 1. Ziffer 2. Ziffer

1.Ziffer	Schutz gegen das Eindringen fester Fremdkörper	Schutz gegen direktes Berühren gefährlicher Teile, wie:
0	nicht geschützt	nicht geschützt
1	≥ 50 mm Durchmesser	Handrücken
2	≥ 12,5 mm Durchmesser	Finger
3	≥ 2,5 mm Durchmesser	Werkzeug
4	≥ 1,0 mm Durchmesser	Draht
5	staubgeschützt	Draht
6	staubdicht	Draht

2.Ziffer	Schutz gegen das Eindringen von Wasser:
0	nicht geschützt
1	senkrechtes Tropfen
2	Tropfen bei 15° Neigung
3	Sprühwasser
4	Sprühwasser
5	Sprühwasser
6	starkes Strahlwasser
7	zeitweiliges Untertauchen
8	dauerndes Untertauchen
9	Hochdruck und hohe Strahlwassertemperatur

Tabelle 5.4 Erläuterungen zu zusätzlichen Schutzanforderungen (Beispiel: IP-Code) von Betriebsmitteln in explosionsfähiger Atmosphäre.

5.3 Kennzeichnung von Räumen und Bereichen aus Sicht der Betreiber nach BetrSichV

Soweit nach der Gefährdungsbeurteilung erforderlich, müssen an Arbeitsmitteln oder in deren Gefahrenbereiche ausreichende, verständliche und gut wahrnehmbare Sicherheitskennzeichnungen und Gefahrenhinweise sowie Einrichtungen zur angemessenen, unmissverständlichen und leicht wahrnehmbaren Warnung im Gefahrenfall vorhanden sein. Explosionsgefährdete Bereiche sind an ihren Zugängen mit Warnzeichen, einem Schild bzw. Piktogramm zu kennzeichnen. Eine gesonderte Kennzeichnung der Zonen ist nicht vonnöten.

Weiterhin sind Warnhinweise, Kennzeichnungen und Verbotsschilder erforderlich, beispielweise hinsichtlich möglicher Zündquellen in explosionsgefährdeten Bereichen: „Feuer, offenes Licht und Rauchen verboten".

Ferner ist das Betreten von explosionsgefährdeten Bereichen durch Unbefugte zu unterbinden. **Bild 5.1** zeigt das Warnzeichen zur Warnung vor explosionsfähiger Atmosphäre.

Bild 5.1 Kennzeichnung gemäß ASR A1.3: D-W021; Warnung vor explosionsfähiger Atmosphäre

5.3.1 Kennzeichnungen von Betriebsmitteln und Geräten

Jedes für den Einsatz in explosionsgefährdeter Atmosphäre zugelassene Betriebsmittel bzw. Gerät verfügt über eine Zulassungskennzeichnung. Diese Zulassungskennzeichnung beinhaltet unter anderem die Prüfstelle, bei welcher das Betriebsmittel/Gerät geprüft wurde. Die Kennzeichnung weist zudem das Ausstellungdatum der Zulassung und die geltende Richtlinie aus. Ebenso werden eine fortlaufende Geräte-Nummer sowie ein Hinweis auf besondere Bedingungen, die das Gerät betreffen, angegeben.

Damit der Anwender erkennen kann, für welchen Bereich das Gerät zu verwenden ist, müssen auf jedem Gerät und Schutzsystem deutlich lesbar und unauslöschbar die folgenden Mindestangaben angebracht werden:

- der Name und die Anschrift des Herstellers,
- die CE-Kennzeichnung und die Nummer der benannten/notifizierten Stelle,
- die Bezeichnung der Serie und des Typs,
- gegebenenfalls die Seriennummer,
- das Baujahr,
- das spezielle Kennzeichen zur Verhütung von Explosionen ⟨Ex⟩ in Verbindung mit dem Kennzeichen, das auf die Kategorie verweist,
- für die Gerätegruppe II der Buchstabe „G“ (für Bereiche, in denen explosionsfähige Gas-, Dampf-, Nebel-, Luft-Gemische vorhanden sind) und/oder der Buchstabe „D“ (für Bereiche, in denen Staub eine explosionsfähige Atmosphäre bilden kann).

Wenn erforderlich, müssen auch alle für die Sicherheit bei der Verwendung unabdingbaren Hinweise und die in den zutreffenden Normen geforderten Angaben, z. B. Explosionsgruppe und Temperaturklasse, angebracht werden.

Mit dem Aufbringen des CE-Zeichens erklärt der Hersteller zugleich die Einhaltung aller Richtlinien, die das Betriebsmittel betreffen. Besonderheiten gelten für Produkte, die im Inland hergestellt, in Verkehr gebracht und betrieben werden sollen. Danach können die zuständigen Landesbehörden Ausnahmen gestatten. Sofern ihnen ein begründeter Antrag für Produkte, die den geltenden und anzuwendenden Richtlinien und Verordnung unterliegen, vorliegt und auf diese kein Konformitätsbewertungsverfahren angewandt worden ist, sind die rechtlichen Voraussetzungen zum abweichenden Inverkehrbringen gegeben. Hinter dieser zweifellos komplizierten Sprachregelung verbirgt sich nichts anderes als die Möglichkeit, auch weiterhin Sonderanfertigungen verordnungskonform in Verkehr zu bringen und zu betreiben. **Tabelle 5.5** zeigt ein Beispiel einer Zulassungskennzeichnung.

Für Betriebsmittel, elektrische Geräte, die in besonderen Anlagen betrieben werden, und für deren Installationen in Bereichen wie Forschung und Entwicklung sind andere Bedingungen zum ordnungsgemäßen Betrieb notwendig. Hierzu gehört auch der Betrieb unter Aufsicht einer befähigten Stelle, welche zum Beispiel uneingeschränkten Einblick in die Dokumentation der Schutzvorkehrungen und Schutzmaßnahmen der Versuchsanlagen hat. Der ordnungsgemäße Betrieb unter Aufsicht einer befähigten Stelle ist gegeben, wenn eine oder mehrere der aufgeführten Bedingungen erfüllt sind.

- Verhindern einer explosionsfähigen Gasatmosphäre,
- Verhindern einer Zündung von explosionsfähiger Atmosphäre,
- Verhindern von Gefahren für Mensch und Tier sowie von Sachschäden durch Feuer/Explosion in und um die Versuchs- bzw. Forschungsanlage.

Kennzeichnung				
PTB	**11**	**ATEX**	**1234**	**X**
Angabe zur Prüfstelle Beispiele: – PTB, – KEMA, – TÜV, – …	Ausstellungsjahr Beispiel: 2011	Zum Zeitpunkt der Zulassung geltende Richtlinie	fortlaufende Geräte- bzw. Betriebsmittelkennzeichnung	Hinweis auf Angaben zu besonderen Bedingungen, die zu beachten sind.

Tabelle 5.5 Beispiel einer Zulassungskennzeichnung

5.3.2 Kennzeichnung und Aufteilung der Betriebsmittel in Gerätegruppen

„Die Kennzeichnung muss alle in IEC 60079-0 geforderten Elemente enthalten, ebenso alle übrigen Kennzeichnungen, die von dieser Norm und anderen einschlägigen Normen gefordert werden, mit denen das Betriebsmittel übereinstimmt. Die Kennzeichnung muss auch alle anderen Kennzeichnungselemente enthalten, die gewöhnlich von den Normen für den Bau elektrischer Betriebsmittel gefordert werden."

Grundsätzlich sind Betriebsmittel gemäß den Anforderungen des jeweiligen Einsatzortes auszuwählen. Je nach vorgesehenem Verwendungsbereich, bestimmt durch die Gefahrzone und durch die Eigenschaften der vorhandenen Gase und Dämpfe, werden an Betriebsmittel unterschiedliche Anforderungen entsprechend der Kategorie gemäß Richtlinien und Verordnungen, Explosionsgruppe und Temperaturklasse gestellt.

Betriebsmittel sind je nach Gerätekategorie mit Explosionsschutzmaßnahmen von unterschiedlich hohem Schutzniveau (Schutzgrad) auszulegen. Für Betriebsmittel zur Verwendung in explosionsgefährdeten Bereichen – außer schlagwettergefährdeten Grubenbauen – sind drei Kategorien vorgesehen: Aus diesem Grund werden die Geräte und Betriebsmittel in sogenannte Gerätegruppen eingeteilt. Diese unterscheiden sich wie in **Tabelle 5.6** dargestellt.

Geräte-gruppe	Einsatzort/Örtlichkeit
I	Geräte/Betriebsmittel für den Einsatz im Bergbau/schlagwettergefährdete Bereiche (Grubenbau)
II	Geräte/Betriebsmittel für den Einsatz in gasexplosionsgefährdeten Bereichen
III	Geräte/Betriebsmittel für den Einsatz in staubexplosionsgefährdeten Bereichen

Tabelle 5.6 Gerätegruppen und Einsatzort

5.3.3 Weitere Kennzeichnungselemente

Weitere Kennzeichnungselemente, die für alle Zündschutzarten gelten, sind

- zulässige Legierungen für Leichtmetallgehäuse,
- Sonderverschlüsse,
- Anforderungen an Anschlussteile für Schutzleiter und Potentialausgleichsleiter und Anforderungen an Einführungen für Kabel und Leitungen,
- Stoßprüfungen,
- Fallprüfungen für tragbare Betriebsmittel,

- Verriegelungen von Gehäusen, die Sicherungen oder fernbetätigte Geräte enthalten,
- Anforderungen an Ex-Bauteil

sind in den Allgemeinen Anforderungen EN 60079-0 die Anforderungen an die Kennzeichnung der Geräte festgelegt, wobei sich durch die Explosionsschutzverordnung Zusätze ergeben.

In **Bild 5.2** sind die wesentlichen Forderungen an die Kennzeichnung dargestellt.

Hersteller: Name und Anschrift
CE mit Kenn-Nummer der benannten Stelle
Typ-Bezeichnung
Seriennummer
Ex Kategorie 1, 2 oder 3 bzw. M1 oder M2
Gruppe I oder II
und für Gruppe II Buchstabe G (Gase) oder D (Staub)
Kurzzeichen der Zündschutzarten
Zertifikat Nr.
Explosionsgruppe IIA, IIB oder IIC
Temperaturklasse T1 … T6
Kennbuchstabe X (Besondere Bedingungen) oder
U (Teilbescheinigung)
Elektrische Daten
Sicherheitshinweise

Bild 5.2 Wesentliche Anforderungen an die Kennzeichnung

Zur eindeutigen Auswahl benötigter elektrischer Geräte und Betriebsmittel werden diese weiter in Gerätekategorien eingeteilt. Anhand dieser Kategorieneinteilung können die Geräte und Betriebsmittel den Explosionsschutz-Zonen zugeteilt werden.

Werden externe Einrichtungen, darunter Schutzeinrichtungen, nicht vom Hersteller als Teil des elektrischen Gerätes bereitgestellt, so muss die Kennzeichnung das Symbol „X“ nach IEC 60079-0 ausweisen, die besonderen Bedingungen für die sichere Anwendung müssen die Einzelheiten der Charakteristika der geforderten Schutzeinrichtung enthalten.

Geräte, die in explosionsgefährdeten Bereichen oder Räumen (auch Zonen genannt) eingesetzt werden, müssen einem Schutzniveau entsprechen.

Dieses Schutzniveau gibt Auskunft über den Einsatzbereich: Gas-Ex bzw. Staub-Ex, Einsatz in explosionsgefährdeten Bereichen (Unter Tage/Grubenbau) und ist als Geräteschutzniveau (EPL) festgelegt. Das Schutzniveau gibt

Aufschluss über die Unterteilung einer Zündschutzart, welche direkt im Verhältnis zum EPL steht. Für das Schutzniveau, das für das jeweilige Gerät festgelegt ist, wird die Höhe der Wahrscheinlichkeit der Wirksamkeit einer gerätebezogenen Zündquelle zugrunde gelegt. Dies spiegelt sich beispielweise in der Zündschutzart „Eigensicherheit" und dessen Schutzniveaus „ia", „ib" und „ic" wieder. **Tabelle 5.7** stellt die unterschiedlichen EPL der Geräte für die verschiedenen Einsatz- und Verwendungszwecke dar.

Geräteschutzniveau (EPL)	**Schutzniveau**	**Beschreibung**
Ma	sehr hoch	Geeignet für den Einbau und die Verwendung in schlagwettergefährdetem Grubenbau (unter Tage) – stellt im Normalbetrieb oder bei vorhersehbaren Fehlern und Fehlfunktionen auch während des Betriebs in ausströmendem Gas keine Zündgefahr dar.
Mb	hoch	Geeignet für den Einbau und die Verwendung in schlagwettergefährdetem Grubenbau (unter Tage) – stellt das erforderliche Maß an Sicherheit dar. Eine Zündgefahr im Zeitraum zwischen Gasaustritt und Ausschaltung des Gerätes ist nicht gegeben.
Ga	sehr hoch	Einsatz in gasgefährdeten Bereichen – stellt im Normalbetrieb, bei vorherseh-baren oder seltenen Fehlern und Fehlfunktionen auch während des Betriebs keine Zündgefahr dar.
Gb	hoch	Einsatz in gasgefährdeten Bereichen – stellt im Normalbetrieb, bei vorhersehbaren Fehlern und Fehlfunktionen auch während des Betriebs keine Zündgefahr dar.
Gc	erweitert	Einsatz in gasgefährdeten Bereichen – stellt im Normalbetrieb keine Zündgefahr dar. Weist weitere Schutzmaßnahmen auf, die gewährleisten sollen, dass bei üblicherweise vorhersehbaren Störungen das Gerät keine Zündgefahr darstellt.
Da	sehr hoch	Einsatz in staubgefährdeten Bereichen – stellt im Normalbetrieb, bei vorhersehbaren oder seltenen Fehlern und Fehlfunktionen auch während des Betriebs keine Zündgefahr dar.
Db	hoch	Einsatz in staubgefährdeten Bereichen – stellt im Normalbetrieb, bei vorhersehbaren Fehlern und Fehlfunktionen auch während des Betriebs keine Zündgefahr dar.
Dc	erweitert	Einsatz in staubgefährdeten Bereichen – stellt im Normalbetrieb keine Zündgefahr dar. Weist weitere Schutzmaßnahmen auf, die gewährleisten sollen, dass bei üblicherweise vorhersehbaren Störungen das Gerät keine Zündgefahr darstellt.

	Einsatzort/Örtlichkeit						
	Zone 0	**Zone 1**	**Zone 2**	**Zone 20**	**Zone 21**	**Zone 22**	**Bergbau (unter Tage)**
Gerätekategorie	1G	2G	3G	1D	2D	3D	M1 oder M2
EPL*	Ga	Gb	Gc	Da	Db	Dc	Ma oder Mb

EPL* = Geräteschutzniveau;
EPL „Ga" und „Da" stehen hierbei für das höchste Schutzniveau,
„Gb" und „Db" für das mittlere Schutzniveau,
„Gc" und „Dc" beschreiben das niedrigste Schutzniveau für die Anforderungen in explosionsgefährdeten Zonen.
G (Gas) = Gasexplosionsgefährdete Zonen (Ga, Gb, Gc)
D (Dust) = Staubexplosionsgefährdete Zonen (Da, Db, Dc)

Tabelle 5.7 Gerätekategorien und Schutzniveaus

Geräte und Betriebsmittel mit hohem Schutzniveau dürfen auch in Zonen eingesetzt werden, in denen niedrige Anforderungen an das Schutzniveau gestellt werden, *Beispiel: Gerät mit EPL „Ga" in der Zone 2.* Umgekehrt ist dies jedoch nicht zulässig!

Geräte und Betriebsmittel dürfen in den Einsatzörtlichkeiten nicht variabel eingesetzt werden! *Beispiel: Gerät mit dem EPL „Gb" in der Zone 22.*

Gas- und staubgefährdete Zonen dürfen nur mit den jeweils zugelassenen Betriebsmitteln im Rahmen der dafür geltenden Zulassung eingesetzt werden. Verfügt ein elektrisches Gerät oder ein Betriebsmittel über eine Zulassung für beide Bereiche, darf der Einsatz dementsprechend erfolgen.

Ein Praxisbeispiel zur Zoneneinteilung kann der **Tabelle 5.8** entnommen werden. **Tabelle 5.9** zeigt Beispiele zu Kennzeichnungen und einsetzbaren Betriebsmitteln.

	Zone	Erläuterung
Gas	0*	Bereich, in dem gefährliche explosionsfähige Atmosphäre als Gemisch aus Luft und brennbaren Gasen, Dämpfen oder Nebeln ständig, über lange Zeiträume oder häufig vorhanden ist.
	1*	Bereich, in dem sich im Normalbetrieb gelegentlich eine gefährliche explosionsfähige Atmosphäre als Gemisch aus Luft und brennbaren Gasen, Dämpfen oder Nebeln bilden kann.
	2*	Bereich, in dem im Normalbetrieb eine gefährliche explosionsfähige Atmosphäre als Gemisch aus Luft und brennbaren Gasen, Dämpfen oder Nebeln normalerweise nicht auftritt, und wenn doch, dann nur selten und für kurze Zeit.
Staub	20*	Bereich, in dem gefährliche explosionsfähige Atmosphäre in Form einer Wolke aus brennbarem Staub, der in der Luft enthalten ist, ständig, über lange Zeiträume oder häufig vorhanden ist.
	21*	Bereich, in dem sich im Normalbetrieb gelegentlich eine gefährliche explosionsfähige Atmosphäre in Form einer Wolke aus in der Luft enthaltenem brennbaren Staub bilden kann.
	22*	Bereich, in dem im Normalbetrieb eine gefährliche explosionsfähige Atmosphäre in Form einer Wolke aus in der Luft enthaltenem brennbaren Staub normalerweise nicht auftritt, und wenn doch, dann nur selten und für kurze Zeit.

* Definitionen aus der Gefahrstoffverordnung (GefStoffV)

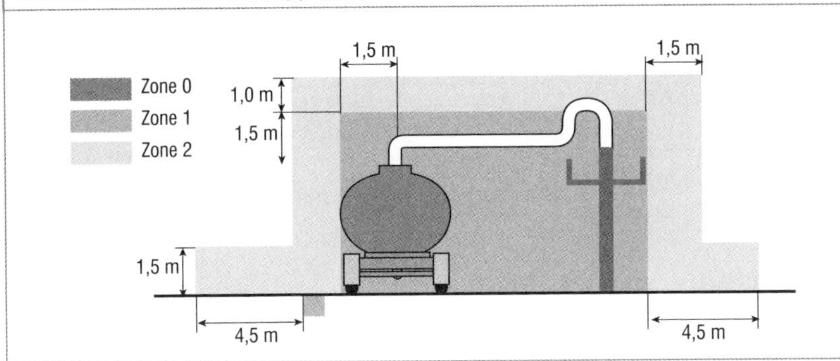

Quelle: EX4.0 Handbuch: Grundlagen Explosionsschutz, R.STAHL Schaltgeräte GmbH

Tabelle 5.8 Praxisbeispiel zur Ex-Zoneneinteilung

Geräteverwendung/Einsatzort	Gerätekategorie	Geräteschutzniveau EPL
Zone 0	1 G	Ga
Zone 0 (Sensor)/Zone 1 (Gehäuse)	1 / 2 G	Ga/Gb
Zone 1	2 G ,1G	Gb, Ga
Zone 2	3G, 2G, 1G	Gc, Gb, Ga
Zone 20	1D	Da
Zone 20 (Sensor)/Zone 21 (Gehäuse)	1 / 2 D	Da/Db
Zone 21	2D, 1D	Db, Da
Zone 22	3D, 2D, 1D	Dc, Db, Da

Tabelle 5.9 Beispiele zu Kennzeichnungen und einsetzbaren Betriebsmitteln

Elektrische Betriebsmittel für Grubenbaue, in denen zusätzlich zum Schlagwetter Anteile anderer Gase als Methan auftreten können, müssen neben den Anforderungen der Gruppe I auch die zutreffenden Anforderungen der Gruppe II einhalten. Betriebsmittel der Gruppe II werden nach dem Anwendungsbereich weiter unterschieden in Betriebsmittel für durch Gase, Dämpfe, Nebel gefährdete Bereiche (Kennbuchstabe G) und solche für durch Stäube gefährdete Bereiche (Kennbuchstabe D).

Ferner werden elektrische Betriebsmittel der Gruppe II entsprechend den Eigenschaften der explosionsfähigen Atmosphäre, für die sie bestimmt sind, unterteilt in die Explosionsgruppen IIA, IIB und IIC, siehe hierzu die **Tabelle 5.10.**

Die eingesetzten Betriebsmittel müssen für die Anforderungen der Explosionsgruppe ausgelegt sein, die von IIA nach IIC ansteigen. Ein Betriebsmittel, das den Kriterien für IIC genügt, kann verwendet werden in Bereichen, die als IIC, IIB und IIA klassifiziert sind. Betriebsmittel, die den Kriterien für IIB genügen, dürfen in den Bereichen IIB und IIA verwendet werden, während IIA-Betriebsmittel nur im Bereich IIA eingesetzt werden dürfen.

Explosionsgruppe	Prüfgas	Grenzspaltweite (MESG) in mm	Mindestzündstromverhältnis* (MIC)
IIA	Propan	$> 0,9$	$> 0,8$
IIB	Ethylen	0,5 … 0,9	0,45 … 0,8
IIC	Wasserstoff	$< 0,5$	$< 0,45$
* Mindestzündstromverhältnis bezogen auf Methan			

Tabelle 5.10 Explosionsgruppen

5.4 Temperaturklassen

Gase und Dämpfe zünden an einer heißen Oberfläche bei sehr unterschiedlichen Temperaturwerten. Nach dieser Zündtemperatur werden sie einer Temperaturklasse (vgl. **Tabelle 5.11**) zugeordnet. Entsprechend sind Betriebsmittel in Abhängigkeit von ihrer maximalen Oberflächentemperatur für bestimmte Temperaturklassen geeignet. Die an einem Betriebsmittel auftretende Temperatur darf die in Tabelle 5.11 angegebenen Werte nicht überschreiten. Das Erwärmungsverhalten bei der Prüfung wird auf +40°C Umgebungstemperatur bezogen. Abweichende Werte sind auf dem Betriebsmittel anzugeben.

Zündtemperatur der Gase und Dämpfe in °C	Temperaturklasse	maximale Oberflächentemperatur am Betriebsmittel in °C
> 450	T1	450
> 300 ... 450	T2	300
> 200 ... 300	T3	200
> 135 ... 200	T4	135
> 100 ... 135	T5	100
> 85 ... 100	T6	85

Tabelle 5.11 Temperaturklassen

5.5 Die maximale Oberflächentemperatur eines Gerätes oder eines Betriebsmittels

Die maximal zulässige Oberflächentemperatur eines Gerätes beschreibt die maximale Temperatur an der Geräteoberfläche, die unter ungünstigen Bedingungen auftreten kann. Die Temperatur liegt innerhalb festgelegter Toleranzen.

Diese Temperatur darf, bestimmt durch das Schutzniveau, im Inneren des Gehäuses oder auf der äußeren Oberfläche auftreten.

5.6 Wesentliche und aussagekräftige Dokumentation/Explosionsschutzdokument

Eine Dokumentation sowohl zu den Installationen als auch zu den Anlagen selbst muss im Betriebsbereich derselben hinterlegt oder aufbewahrt werden. Damit nachträgliche und zusätzliche Installationen oder Änderungen in der Anlage durchgeführt werden können, sind sogenannte Nachweisdokumente bzw. Nachweisunterlagen zur ordnungsgemäßen Installation notwendig.

Neben den Dokumentationen der explosionsgefährdeten Betriebsmittel, Geräte und Installationen sind auch die Dokumentationsunterlagen der nicht explosionsgefährdeten Anlagenteile aufzubewahren.

5.6.1 Inhalte einer Anlagendokumentation

Eine Anlagendokumentation beinhaltet unter anderem:

a) Explosionsschutz-Zonenpläne mit der Einteilung und Ausbreitung der Bereiche in ihre Ex-Zonen.
b) Unterlagen zur Zündquellenbewertung.
c) Stoffdaten und Einteilungen in explosionsgefährdete Bereiche wie Gas, Dampf und Staub mit Bezug auf deren Stoffgruppen (z. B. IIA).
d) Angaben zu Temperaturklassen oder Zündtemperaturen der in diesem Bereich anzutreffenden Stoffe der Gase und Dämpfe.
e) Angaben zu Leitfähigkeit, Mindestzündtemperaturen, Zündenergien von Staubschichten bzw. Staub-Luft-Gemischen in Form einer Wolke.
f) Aussagen zu relevanten Umgebungseinflüssen und Temperaturen.

5.6.2 Inhalte einer Gerätedokumentation

Im Vergleich zur Anlagendokumentation beinhaltet die Gerätedokumentation die folgenden Angaben:

a) Herstellerangaben zum Betriebsmittel/Gerät.
b) Betriebsanleitungen, Einbauanleitungen.
c) Unterlagen zur Erstinbetriebnahme und Erstprüfung.
d) Unterlagen zur ordnungsgemäßen Errichtung.
e) Typenangaben, Typenschilder, Zertifikate und Kennzeichnungen.
f) Nachweis der Eigensicherheit für eigensichere Stromkreise und Betriebsmittel/Geräte.
g) Angaben zu Personen im Hinblick auf Installation, Anschluss und Auswahl (Eignung der Person/befähigte Person).

5.6.3 Dokumentation zur Installation

Eine Installationsdokumentation sollte die folgenden Punkte enthalten:

a) Montageanleitungen, Unterlagen zur ordnungsgemäßen Errichtung der Installation.

b) Nachweise und Dokumentation zur Eignung und dem Einsatz der Installationen.
c) Installationspläne, Stromlaufpläne.
d) Anschlussschemas und Verdrahtungspläne.
e) Unterlagen zur Kabel- und Leitungsanlage (Ausführungen zu Schutzarten der Installation).
f) Errichterbescheinigung/Errichtererklärung.
g) Erstinbetriebnahme-Dokumentationen und Prüfaufzeichnungen zur „Detailprüfung".

Wie zuvor beschrieben, ist die Dokumentation als Bestandteil einer Anlage, eines Gerätes oder einer Einrichtung zu sehen. Den wichtigsten Teil einer Dokumentation, unabhängig ob diese für eine Anlage, eine Einrichtung oder ein Gerät oder Betriebsmittel verfasst wurde, stellen die Benutzerinformationen und die Bedienungsanleitung bzw. die Betriebsanleitung, als „Begleitunterlage" dar.

Diese Dokumentationen bilden die Basis des durch die § 6 und § 11 der Gefahrstoffverordnung geforderten Explosionsschutzdokuments.

5.6.4 Explosionsschutzdokument

Während der Planung einer Anlage, in jedem Fall vor der ersten Inbetriebnahme, obliegt es der Verantwortung des Betreibers, die Gefährdungen, die in Zusammenhang mit dem Auftreten explosionsfähiger Atmosphäre stehen und denen die Beschäftigten ausgesetzt sein könnten, zu ermitteln, zu bewerten und entsprechende Schutzmaßnahmen durchzuführen.

Das Ergebnis ist in dem Explosionsschutzdokument festzuhalten.

Aus diesem Dokument muss insbesondere hervorgehen,

- dass die Explosionsrisiken ermittelt und bewertet worden sind,
- dass angemessene Vorkehrungen getroffen werden, um die Ziele des Explosionsschutzes zu erreichen,
- welche Bereiche in Zonen eingeteilt wurden,
- für welche Bereiche die Mindestvorschriften gelten.

Das Dokument ist stets auf den aktuellen Stand zu halten. Es ist zu überarbeiten, wenn Veränderungen, Erweiterungen und Umgestaltungen der Anlage oder des Arbeitsablaufs vorgenommen werden. Die Anforderungen an das Explosionsschutzdokument werden konkretisiert in der Gefahrstoffverordnung oder der Namur-Empfehlung NE 99.

5.6.4.1 Benutzerinformationen

Aus den Benutzerinformationen müssen folgende relevanten Angaben hervorgehen:

a) Angaben zur bestimmungsgemäßen Verwendung.
b) Angaben zum sicheren und ordnungsgemäßen Verwenden und Benutzen.
c) Informationen zu einem eventuellen Restrisiko für den Anwender und gegebenenfalls eine entsprechende Warnung vor einem solchen.
d) Angaben darüber, ob eine Ausbildung oder zusätzliche Qualifikationen und Schulungen erforderlich sind.
e) Aussagen dazu, ob und inwieweit die PSA (Persönliche Schutzausrüstung) notwendig ist.

Die Benutzerinformationen müssen außerdem Angaben zu Transport, Montage, Installation, Inbetriebsetzung, zur Verwendung (eventuelle Umrüstung, Betrieb, Reinigung, Wartung und Instandsetzung), eventuellen Demontage, Außerbetriebnahme und Entsorgung beinhalten.

Benutzerinformationen für Betriebsmittel und Geräte, die für den Einsatz in explosionsgefährdeten Bereichen vorgesehen sind, müssen weiterhin zusätzliche Angaben (soweit zutreffend) umfangen:

- Maximale Oberflächentemperaturen, Drücke etc.,
- Schutz vor mechanischen Gefahren,
- Vermeidung eventuell auftretender Entzündungen,
- Vermeiden und/oder Verringern von Staubablagerungen,
- Gerätegruppe,
- Kategorie,
- EPL (Geräteschutzniveau).

Diese Informationen sowie zusätzliche Informationen für den Benutzer, Anwender und/oder Betreiber sind ebenfalls in der Dokumentation aufzuführen. Betroffene Einrichtungen können zum Beispiel sein:

- Sicherheitssysteme mit Temperatur- und Schwingungsüberwachungen, Funkenerkennungs- und Löschsysteme, Inertisierungssysteme, Schutzsysteme zur Explosionsdruckentlastung/Explosionsunterdrückung, Systeme zur Prozessabkopplung, Sicherheitsdruckentlastungssysteme, Systeme zur Branddetektion oder zur Brandbekämpfung,
- Zubehörteile für Sicherheitssysteme und deren Einrichtungen,
- Verkettung und zusammengeführter (gemeinsamer) Betrieb von Geräten, Schutzeinrichtungen und Betriebsmitteln.

Weitere wichtige Angaben, die in einer Dokumentation nicht fehlen dürfen und die es besonders zu beachten gilt, sind Anweisungen zu Vorgehensweisen für den Normalbetrieb einschließlich des An- und Abfahrprozesses von Anlagen, Geräten, Betriebsmitteln und Einrichtungen, Vorgaben und Anweisungen zum sicheren Öffnen von Geräten, Betriebsmitteln und Einrichtungen sowie zu notwendigen Wartungs-, Reinigungs- und Instandhaltungstätigkeiten. Hinzu kommen Vorgaben zum Erkennen von auftretenden Fehlern und den daraus resultierenden notwendigen Schutzmaßnahmen, zu Prüfungen von Geräten, Installationen und Einrichtungen.

Die Benutzerinformation/die Dokumentation beschreibt zudem die Montage und Installation von Geräten, Komponenten und Betriebsmitteln für den explosionsgefährdeten Bereich. Leider ist aus einer derartigen Dokumentation nicht immer eindeutig zu erkennen, welche Art von Werkzeug zur Installation/Montage eingesetzt werden darf. Um ein höchstmögliches Maß an Sicherheit während der Durchführung der Installation und der Montage zu gewährleisten, ist vor Beginn der Arbeiten bzw. Tätigkeiten durch die Verantwortlichen eine Gefährdungsbeurteilung zu den geplanten Arbeiten und Tätigkeiten durchzuführen. Bei einer solchen Gefährdungsbeurteilung zur Installation und Montage in Bereichen, in denen mit explosionsfähiger Atmosphäre gerechnet werden muss, ist die Bewertung des einzusetzenden Werkzeuges unabdingbar. Die Checkliste in **Tabelle 5.12** soll bei der Auswahl des geeigneten Werkzeugs als Hilfestellung dienen.

	Art des Werkzeuges	**Zone 0**	**Zone 1**	**Zone 2**	**Zone 20**	**Zone 21**	**Zone 22**
a)	Werkzeuge, bei deren Verwendung nur mit einem einzelnen Funken zu rechnen ist. Beispiele: – Schraubendreher – Schraubenschlüssel – Schlagschrauber – etc.		X	X		X	X
b)	Werkzeuge, bei deren Verwendung (z. B. bei Trenn- und Schleifarbeiten) mit einem Funkenregen zu rechnen ist.		X^1	X^1		X^2	X^2

X Ein Einsatz von Stahlwerkzeugen ist in dieser Explosionsschutz-Zone gemäß a) möglich!

X^1 Sollte nur verwendet werden, wenn in den Zonen keine explosionsfähige Atmosphäre vorliegt!

X^2 Stahlwerkzeuge nach b) sind nur nach Abschirmung des übrigen Bereichs vom Arbeitsbereich erlaubt, wenn zusätzlich:
- Ablagerungen von Staub, Flusen und Fasern am Arbeitsbereich entfernt wurden oder
- der Arbeitsbereich so feucht gehalten wird, dass es zu keiner Zeit zu Staubaufwirbelungen oder Glimmnestern kommen kann.

Tabelle 5.12 Auswahlhilfe „Werkzeugauswahl für Tätigkeiten in Ex-Bereichen“

Jeglicher Einsatz von Stahlwerkzeug sollte in Zone 1, in der mit Stoffen der Explosionsgruppe II C gemäß der EN 60079-20 zu rechnen ist, verboten werden, wenn eine gefahrdrohende explosionsfähige Atmosphäre besteht. Zu den Stoffen der Explosionsgruppe II C gehören:

- Acetylen,
- Schwefelkohlenstoff,
- Wasserstoff,
- Schwefelwasserstoff,
- Ethylenoxid,
- Kohlenmonoxid.

Einsatz und Auswahl von Werkzeugen für das Arbeiten in den Zonen 1, 2 und 21, 22 sollten über einen Arbeitsfreigabe- oder Arbeitsberechtigungsschein und eine Gefährdungsbeurteilung strukturiert geregelt werden.

5.6.4.2 ATEX in Zusammenhang mit Installationen in explosions-gefährdeten Bereichen

Zunächst gilt es zu bestimmen, was unter dem Begriff „Installation" zu verstehen ist und wann von einer „Installation" gesprochen wird. Gemäß der ATEX 2014/34/EU Leitlinien 1, Ausgabe April 2016, ist eine *„Installation eine Einheit, die aus Teilen besteht, die zuvor separat betrachtet und nur am Einsatzort zusammengestellt werden. Sie unterscheiden sich von Baugruppen, die aus zuvor separat betrachteten Teilen bestehen und zu einem kombinierten Bauteil oder einer Baugruppe verbunden werden, um als einzelne funktionale Einheit in Verkehr gebracht in Betrieb genommen zu werden."*

Die ATEX-Richtlinie 2014/34/EU beschreibt jedoch nicht den Ablauf einer Installation.

Der Installationsvorgang bereits ATEX-konformer Geräte unterliegt den rechtlichen Anforderungen der „ATEX-Betriebsrichtlinie" 1999/92/EG (ATEX 137).

Diese ATEX 137 (ATEX-Betriebsrichtlinie 1999/92/EG) wurde in Deutschland mit der bekannten Betriebssicherheitsverordnung (BerSichV, Stand Nov. 2016) in nationales Recht umgesetzt. Die Installation von Geräten in Anlagen, Maschinen und Prozessen fällt somit nicht in die Sparte der „Produkte" im Sinne der ATEX-Richtlinie 2014/34/EU.

Eine Installation beschreibt das Zusammenführen unterschiedlicher Teile, Komponenten, Schutzsysteme, Vorrichtungen bzw. Einrichtungen durch einen Endbenutzer/Betreiber oder einer anderen Person, die die Installation durchführt und umfasst bereits den Einkauf der nötigen Komponenten bis hin zur eigenverantwortlichen Installation. Hinzu kommt das Erstellen einer Risikobeurteilung. Nach der Zusammenführung der Komponenten sind Prüfungen (z. B. Inbetriebnahmeprüfungen) durchzuführen.

5.6.4.3 Sicherheitsgerichtete Produkte gemäß DIN 31000 (VDE 1000)

Beim Einsatz von elektrischen Betriebsmitteln und Geräten sowie beim Errichten von Installationen in Bereichen mit explosionsgefährdeter Atmosphäre sind Risiken im Umgang mit den Betriebsmitteln und menschlichen Verhaltensweisen stets einzukalkulieren. Diese Risiken können sowohl durch die Installation als auch durch die Geräte selbst herbeigeführt werden. Genau aus diesen Gründen ist es wichtig, dass festgelegte Kriterien bei der Ausführung von Betriebsmitteln und Geräten sowie ein sicherheitsgerichteter Leitfaden bei der Installation, der Ausführung und Herstellung berücksichtigt werden. Ein sicherheitsgerichteter Leitfaden sollte sowohl Produktnormen als auch Errichter-Normen beinhalten und beachten. Nur dann ist es möglich, Risiken zu mindern oder gar zu vermeiden. Ebenso essentiell und wichtig ist die richtige Auswahl der für die Errichtung notwendigen Normen und Richtlinien. VDE-Rahmen-Bestimmungen, zum Beispiel die DIN 31000 (VDE 1000), stellen allgemein gültige Grundsätze für das sicherheitsgerechte Zusammenstellen von Betriebsmitteln und Geräten dar. Geräte, Betriebs- und Arbeitsmittel und deren Installation sind grundsätzlich entsprechend den folgenden aufgeführten Faktoren auszustatten, zu errichten und zu installieren. Zu berücksichtigen sind

- vorhersehbare Fehleranwendungen (zum Beispiel Installationsausführungen),
- der vorhersehbare fehlerhafte Standorteinsatz (Zoneneinsatz und Zonenauswahl),
- die bestimmungsgemäße Verwendung und Einsatzvariationen,
- physikalische und/oder chemische Anforderungen,
- Anforderungen an statische und/oder dynamische Tension,
- Einwirkungen von Gasen, Dämpfen, Nebeln, Fasern und Stäuben,
- Tensionen durch Flüssigkeiten und/oder hybride Gemische,
- Belastungen aufgrund von Klimaeinflüssen,
- Überlastungen von Werkstoffen (eventuell durch Werkstofffehler bzw. durch falsche Werkstoffauswahl).

Ist mit solchen vorgenannten Risiken, Überlastungen oder Belastungen zu rechnen, sind technische Schutzmaßnahmen zu beachten und anzuwenden.

Unter technische Schutzmaßnahmen können verschiedene Maßnahmen fallen.

Bedingung dieser ist jedoch, dass diese keine weiteren Risiken mit sich bringen oder gegebene Risiken und Belastungen für die Betriebsmittel, Geräte und Installationen verstärken.

Bei der Auswahl von Betriebsmitteln und Geräten sowie bei der Errichtung von Installationen in explosionsgefährdeten Bereichen/Zonen sind neben der Eignung zum Einsatz in diesen Bereichen bzw. Zonen weitere Parameter, darunter Einflüsse von außen, zu beachten:

1.1 Auswahl geeigneter Werkstoffe
- Schädigende Werkstoffe
- Alterungsbeständige Werkstoffe
- Korrosionsgefährdete Werkstoffe und Teile
- Korrosionsfähige Umwelteinflüsse

1.2 Elektrische Isolierung/Schutzklassen/Ausstattung allgemein
- Bewertung/Auftreten eines Ableitstroms
- Bewertung von eventuell auftretenden Kriechströmen
- Festlegung von Spannungsgrenzen
- Energiespeicherung (z. B. Kondensatoreffekt bei Kabel und Leitungen)
- Beurteilen des Einflusses von Kurzschlussströmen
- Ausreichender Isolationswiderstand (Ri)
- Berührungsschutz
- IP-Schutz (IP-Code)
- Kondensatbildung in und am Gerät/Betriebsmittel
- Berücksichtigung der Elektrostatik
- Potentialausgleich/Erdung
- Überspannungsschutz (Schutz gegen transiente und atmosphärische Überspannung)

1.3 Bewegte und unbewegte Bauteile/Konstruktionsteile/Anlagenteile/Installationen
- Eingeschränkte Zugänglichkeit
- Vermeidung der Zugänglichkeit
- Bewertung von Oberflächentemperaturen (Wärme und Kälte)
- Verschmutzung und Staubablagerungen
- Eigene oder externe Strahlungsenergien
- Schutz- und Sicherheitsabstände zu anderen Gewerken
- Standsicherheit und Festigkeit

- Brandverhalten und brandschutzgerechte Installation
- Erschütterungen und Vibration
- Reibung und/oder Abrieb
- Be- und Entlüftung
- Auftretende Flüssigkeiten
- Stäube, Nebel, Dämpfe, Flusen, Fasern und Gase
- Schutz vor Funktionsverlust durch Fehlfunktionen

1.4 Umgebungseinflüsse
- Stoßbeanspruchungen
- Druckbeanspruchungen
- Beanspruchung durch Feuchtigkeit/Wasser
- Eindringen von Fremdkörpern
- Erschütterungen
- Von außen einwirkende Strahlung
- Äußere Erwärmung oder Kälte
- Temperaturschwankungen (niedrige und hohe Temperaturen)
- Chemisch aggressive Einflüsse/Farb- und Lasuranstriche
- Höhenlagen: Lage und Einbauort (Niveau über 3.000 m)
- Auftreten von Verschmutzung und/oder Staub
- Direkte und indirekte UV-Einstrahlung
- Wind (insbesondere Korrosivwinde, z. B. in Küsten-Wasserbereichen)

Die Auswahl von geeigneten Betriebsmitteln für Bereiche mit gasexplosionsgefährdeten Zonen stellt in der Regel eine Präventionsmaßnahme zur Risikominderung dar. Bei der Installation und bei den Geräten und Betriebsmitteln als solche ist insbesondere darauf zu achten, dass sowohl das Risiko durch Ausströmen von Gasen als auch das Verteilen von explosionsgefährdeten Nebeln, Dämpfen und Stäuben sowie das Auftreten von Flusen und Fasern vermieden wird. Wird der Ausbruch einer explosionsgefährdeten Atmosphäre nicht sicher verhindert, müssen Maßnahmen zum sicheren Betrieb (Risikominderung) getroffen werden. Eine Risikominderung kann zum Beispiel durch Schutzeinrichtungen wie Druckbegrenzungseinrichtungen, Zündsicherungen, Gasmangelsicherungen oder Gaswarneinrichtungen herbeigeführt werden.

Betriebsmittel und Geräte sind in Bezug auf ihre Energien jeglicher Art derart zu gestalten, auszuführen, zu steuern und zu betreiben, dass die höchsten Anforderungen an die Sicherheit erreicht werden. Sind Betriebsmittel, Geräte und deren jeweilige Installation und Steuerung sowie gegebenenfalls Schutzmaßnahmen miteinander gekoppelt und/oder verriegelt, müssen diese unweigerlich ihre Wirkung entfalten. Es kann davon ausgegangen werden, dass diese Anforderungen durch „Einschalten“ oder „Starten“ eines Prozesses der Schutzeinrichtungen ebenfalls in Betrieb gesetzt werden. Eine weitere Möglichkeit besteht darin, dass die Schutzeinrichtungen (Geräte, Betriebsmittel) und Schutzmaßnahmen (eventuelle Installationen) vor dem „Einschalten/Starten“ ihre Funktion erhalten, der Prozess allerdings erst danach gestartet werden kann.

Zwangläufig müssen Funktionalität und Wirksamkeit von Betriebsmitteln und Geräten, welche eine Schutzeinrichtung in Räumen, Bereichen und Zonen mit explosionsgefährdeter Atmosphäre darstellen, gewährleistet sein. Ist beispielsweise mit starken Temperaturschwankungen zu rechnen, können gegebenenfalls Maßnahmen zur Vermeidung von Kondesatwasser/Kondensatfeuchtigkeit in den Geräten, Betriebsmitteln und Installationen notwendig werden.

Werden drehende Maschinen oder Motoren senkrecht installiert, sind Schutzmaßnahmen zu treffen, die eine durch einen von oben in die Lüftungsöffnungen hineinfallenden Fremdköper möglicherweise entstehende Gefahr verhindern. Die Anwendung solcher Schutzmaßnahmen darf selbstverständlich nicht zu Einschränkungen und der Verhinderung der Lüftung/ notwendigen Wärmeabfuhr der in diesem Beispiel genannten Maschine führen.

Ist damit zu rechnen, dass äußere Einflüsse auf die elektrischen Geräte und Betriebsmittel, die sich im explosionsgefährdeten Bereich befinden, einwirken, sind diese bereits bei der Planung zu berücksichtigen. Die Geräteauswahl und die für diese herangezogenen Kriterien sind für spätere Prüfungen und Kontrollen aufzuführen und in der Dokumentation (Nachweisdokumentation) darzustellen.

Einen weiteren wesentlichen Punkt zur Auswahl und zum Einsatz von Geräten und Betriebsmitteln, welche auch als Produkte bezeichnet werden können, stellt der bestimmungsgemäße Gebrauch gemäß Herstellerangaben dar. Der bestimmungsgemäße Gebrauch wird meist in den Bedienungs-, Betriebs- bzw. Gebrauchsanleitungen, Handbüchern und Planungsdokumenten eines Produktes durch den Hersteller definiert.

Der bestimmungsgemäße Gebrauch besteht aus einer „vollständigen Auflistung“ von Funktionen, Einsatzmöglichkeiten, Parametern und geplanten Anwendungen zu einem Produkt. Werden in den Herstellerangaben und dessen Dokumentationen keine Funktionen, Einsatzmöglichkeiten, Parameter und/oder Anwendungen aufgeführt, so sind diese vom bestimmungsgemäßen Gebrauch ausgeschlossen. Zusätzliche oder veränderte Funktionen und Anwendungen, die aus Abwandlungen errichtet und vom Hersteller nicht anerkannt wurden, sind vom bestimmungsgemäßen Gebrauch ebenfalls ausgeschlossen.

5.6.4.4 Betriebsmittel – Elektrische Maschinen mit sich drehenden Teilen

Auch bei der Auswahl und dem Betreiben von elektrischen drehenden Maschinen und der Installation dieser sind die in diesem Buch zuvor genannten Parameter zur Auswahl zu berücksichtigen und einzuhalten.

Aufgrund des bestehenden Gefahrenpotentials von Maschinen sind jedoch weitere Anforderungen in Bezug auf deren Errichtung, Installation und Selektion zu beachten:

- Lastspiel (Grenzdrehmoment, Grenzdrehzahl, Spannungsgrenzkurve),
- Spannung (Betriebsspannung) und Spannungsversorgung,
- Frequenz (Frequenzvariable),
- Leistungsdaten zur Lebensdauer von Teilen und Hilfsstoffen (Lagern, Gleitringdichtungen, Simerringe und Schmiermittel etc.),
- Isolierstoffklassen (Werkstoffe, welche zur Isolierung von E-Motoren eingesetzt werden – Einteilung in verschiedene Wärmeklassen A, E, B, F, H),
- Wärmeübertragung der Antriebstechnik (z. B. Pumpe),
- Gesonderte und zusätzliche Anforderungen an Kabel- und Leitungseinführungen (Verschraubungen) bei Motoren, die starken Schwingungen und Vibrationen oder speziellen EMV-Anforderungen ausgesetzt sind,
- Fester, form- und kraftschlüssiger Anschluss zur Vermeidung von unerlaubten Erwärmungen.

Weitere relevante Faktoren zur Infrastruktur des Betreibens von Maschinen in Bereichen, in denen mit explosionsfähiger Atmosphäre gerechnet werden muss, sind neben der sauberen Luft zur Maschinenkühlung:

- Ein gut belüfteter Maschinen- und Anlagenstandort, optionale Ausstattung der Maschine mit Luftfiltern, wenn mit Staub, Flusen, Fasern und Schmutz zu rechnen ist,
- den Umgebungseinflüssen entsprechend ausgewähltes Gehäuse der Maschine,
- die Bewertung von Wechselwirkungen mit weiteren sich am Standort der Maschine befindlichen Geräten und Betriebsmitteln,

- die Betrachtung der Lüftungs- und Kühlluftströmung im Hinblick auf Wände, Bauwerke und bauliche Anlagen, die einen Einfluss auf die Be- und Entlüftung der Maschine haben können,
- das Vermeiden von korrosiven Umgebungseinflüssen, darunter Gase, Flüssigkeiten, Strahlung etc.,
- die Bereitstellung einer geeigneten Räumlichkeit zur Wartung- und Instandhaltung.

Räumlichkeit und Lüftung der Maschinen im Ex-Bereich sind mit einer gewissen Sorgfalt zu betrachten. Dies gilt auch für die Anschlüsse derselben. Jegliche Anschlussarbeiten an Maschinen sind unter Berücksichtigung von Herstellerangaben, Betriebsanweisungen sowie national und international gültigen Regeln und Sicherheitsanforderungen durch dafür geschultes Fachpersonal herzustellen und durchzuführen. Der Anschluss erfolgt unter Beachtung der technischen Daten und Angaben aus den Herstelleranweisungen, des Typenschilds sowie der technischen Dokumentation der Maschine.

Die Mindestangaben der Checkliste in **Tabelle 5.13** können hierbei als grundlegend erachtet werden.

Pos.	Herstellerangaben/Technische Dokumentation/Typenschild	in Ordnung	nicht in Ordnung
1	*Stromtyp/Stromart:* Spannung: Frequenz: Bemessungsstrom: Nennstrom: Verschaltungsangaben:		
2	*Kabel und/oder Leitung* Querschnitt: Länge: Umgebungstemperaturen: Umgebungseinflüsse: Verlegeart: Zugfestigkeit (nicht < 8,5 MPa) Kabel und Leitung:		
3	*Ex-Schutz* Gerätegruppe: Gruppe: Zündschutzart: Temperaturklasse: Max.-Oberflächentemperatur: Explosionsgruppe (Staub/Gas): Gerätekategorie: EPL (Geräteschutzniveau): Kabel- und Leitungseinführung: Temperaturbetrachtung: EMV-Anforderungen:		

Tabelle 5.13 Checkliste zum Anschluss elektrischer Maschinen (Teil 1/2)

Pos.	Herstellerangaben/Technische Dokumentation/Typenschild	in Ordnung	nicht in Ordnung
4	*Erdung/Potentialausgleich* Erdungsanschluss: Zusätzlicher Potentialausgleich: Gegen Selbstlockern gesichert: Schutzleiteranschluss im Klemmenkasten:		
5	*Schutzmaßnahmen* Widerstandstemperaturfühler in der Ständerwicklung: Temperaturfühler im Wicklungssystem der elektrischen Maschine: Überwachung der Lagertemperaturen: – Widerstandelement (PT 100, PT 1000...): – Auslesefähigkeit: – Alarmfähigkeit: – Möglichkeit über Abschaltkontakt: – Stillstandsheizung mit eigenen Temperaturklassen: – Vibrations- und Schwingungsüberwachung: – Tachometer/Drehzahlüberwachung: – Druckdifferenzüberwachung, z. B. Luftfilter:		
6	*Anschluss – Klemmenanschluss* Unbenutzte Kabel- und Leitungseinführung verschlossen: Verdrehungssichere Versiegelung vorhanden (IEC 60079): Fester kraftschlüssiger Anschluss: Zugentlastung vorhanden und tauglich: Alle anschlussrelevanten Drehmomente nach Herstellerangaben gewährleistet:		

Tabelle 5.13 Checkliste zum Anschluss elektrischer Maschinen (Teil 2/2)

5.7 Motortechnik im Ex-Bereich

Der Explosionsschutz elektrischer Maschinen wird gesondert behandelt. Für dieses Vorgehen sprechen unter anderem folgende Gründe:

- Elektromotoren arbeiten in relativ großen Stückzahlen in explosionsgefährdeten Bereichen, weil die bevorzugte Aufstellung außerhalb des Gefahrenbereiches entweder nur mit hohem Aufwand (mechanische statt elektrische Energieübertragung) oder gar nicht zu realisieren ist.
- Elektromotoren arbeiten unter sehr unterschiedlichen Belastungsbedingungen (Leerlauf – Nennlast – Überlast – Kurzschluss mit festgebremstem Läufer), sodass der Überlastungsschutz beispielsweise auf eine Stromaufnahme im Verhältnis 1:15 angemessen reagieren muss.
- Elektromotoren sind bestimmungsgemäß mit hoher Geschwindigkeit in Bewegung und können daher auch aus mechanischen Gründen (z. B. Streifen, Reibung) einen Zündanlass bieten.

Die IEC 60079-14 fordert zum Beispiel, dass alle Motoren und Antriebe mit einer normalen industriellen Schutzeinrichtung installiert und betrieben werden, die gegen Überlast und andere zu erwartenden Fehlfunktionen, wie zum Beispiel Kurzschluss, schützt. Einige Schutzniveaus, beispielsweise „eb“, erfordern typischerweise eine Ex-Schutzeinrichtung, um die maximale Oberflächentemperatur innerhalb der angegebenen Temperaturklasse zu begrenzen. Es ist durchaus möglich, dass industrielle Schutzeinrichtungen und Ex-Schutzeinrichtungen in einem Gerät kombiniert werden.

Für elektrische Maschinen sind die folgenden Zündschutzarten üblich:

- „Erhöhte Sicherheit“, „e“,
- „Druckfeste Kapselung“, „d“,
- „Überdruckkapselung“, „p“, „pD“
- „Nichtfunkend (non-sparking)“, „n“ bzw. „nA“,
- Schutz durch Gehäuse gespeist mit veränderlicher Frequenz und Spannung „tD“.
- Schutz durch Gehäuse „tx IIIY Dx“.

Ihre Anwendung ergibt sich aus der Art der explosionsfähigen Atmosphäre und der Wahrscheinlichkeit ihres Auftretens (Zone). Innerhalb ihrer Anwendungsgruppe sind die Zündschutzarten „e“, „d“ und „p“ nach den Normen und gesetzlichen Bestimmungen gleichwertig. Für den praktischen Einsatz ergibt sich jedoch eine unterschiedliche Bewertung, die teilweise technisch oder wirtschaftlich zu begründen ist, teilweise jedoch auch durch bestimmte Betriebserfahrungen oder durch eine jahrzehntelange andere Normenpraxis zu erklären ist. In den folgenden Abschnitten wird unter Berücksichtigung unterschiedlicher Gesichtspunkte der Versuch gestartet, die Stelle, an welcher eine solche abweichende Bewertung der Zündschutzarten begründet ist, abzugrenzen.

Neben technischen und wirtschaftlichen Gründen spielt der Umstand, in welchen Leistungsbereichen die Motoren überhaupt angeboten werden, bei der Auswahl der Zündschutzart eine zusätzliche Rolle. **Tabelle 5.14** erläutert das Prinzip der für elektrische Maschinen anwendbaren Zündschutzarten. Die Verteilung der Zündschutzarten bei netzgespeisten Antrieben ist **Bild 5.3** zu entnehmen.

Aus DIN EN 60079-0 ergeben sich für elektrische Maschinen der Zündschutzarten „e“ und „d“ unter anderem die folgenden Anforderungen:

- Elektrische Maschinen müssen normalerweise für die Anwendung im Umgebungstemperaturbereich von 20 °C bis 40 °C ausgelegt sein; anderenfalls ist das Zeichen „X“ in der Baumusterprüfbescheinigung zu verwenden und die Temperaturgrenzen sind anzugeben.

Symbol und Prinzip	Zündschutzart
d 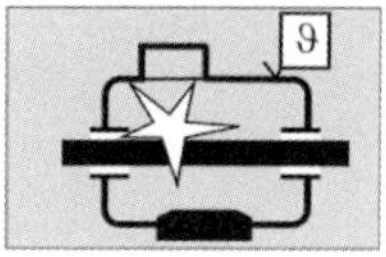	**Druckfeste Kapselung** (flameproof enclosure) Zündschutzart, bei der die Teile, die eine explosionsfähige Atmosphäre zünden können, in einem Gehäuse angeordnet sind, das bei der Explosion eines explosionsfähigen Gemisches im Innern deren Druck aushält und eine Übertragung der Explosion auf die das Gehäuse umgebende explosionsfähige Atmosphäre verhindert. *übliche Anwendung:* umrichtergespeiste Käfigläufermotoren, GS-Motoren
e 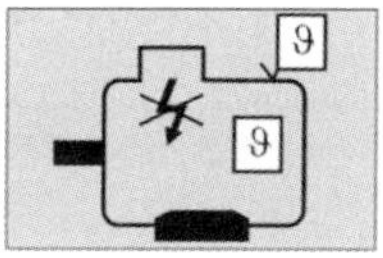	**Erhöhte Sicherheit** (Increased safety) Zündschutzart, bei der zusätzliche Maßnahmen getroffen sind, um mit einem erhöhten Grad an Sicherheit die Möglichkeit unzulässig hoher Temperaturen und des Entstehens von Funken oder Lichtbögen im Innern und an äußeren Teilen elektrischer Betriebsmittel, bei denen diese im normalen Betrieb nicht auftreten, zu verhindern. *übliche Anwendung:* Drehstrom-Käfigläufermotoren
p 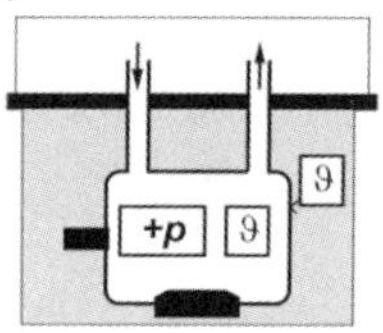	**Überdruckkapselung** (pressurization) Zündschutzart, bei der die Bildung einer explosionsfähigen Atmosphäre im Innern eines Gehäuses dadurch verhindert wird, dass durch ein Zündschutzgas ein innerer Überdruck gegenüber der umgebenden Atmosphäre aufrechterhalten wird und dass, wenn notwendig, das Innere des Gehäuses ständig so mit Zündschutzgas versorgt wird, dass die Verdünnung brennbarer Gemische erreicht wird. *übliche Anwendung:* große elektrische Maschinen aller Art
n 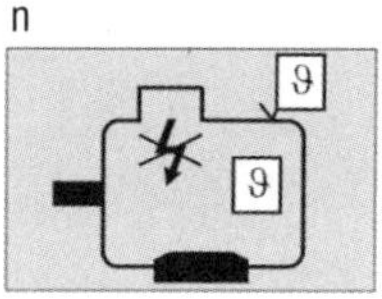 A	**Schwadensicher oder nicht funkend** **Zone-2-Betriebsmittel** (restricted breathing oder non-sparking) Zündschutzart, bei der für den normalen Betrieb und bestimmte anormale Bedingungen, wie sie in der Norm festgelegt sind, erreicht wird, dass die Betriebsmittel nicht in der Lage sind, eine umgebende explosionsfähige Atmosphäre zu zünden. *übliche Anwendung:* Drehstrom-Käfigläufermotoren
i 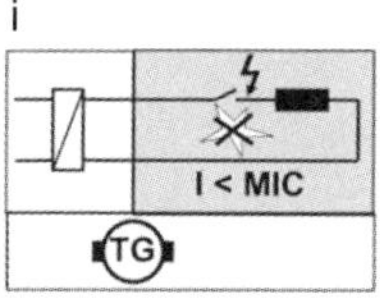	**Eigensicherheit** (intrinsic safety) Eigensicher ist ein Stromkreis, in dem weder ein Funke noch ein thermischer Effekt, der unter den in der Norm festgelegten Bedingungen auftritt, die den ungestörten Betrieb und bestimmte Fehlerbedingungen umfassen, eine Zündung einer bestimmten explosionsfähigen Atmosphäre verursachen kann. *üübliche Anwendung:* Tachogeneratoren

Tabelle 5.14 Prinzip der für elektrische Maschinen anwendbaren Zündschutzarten

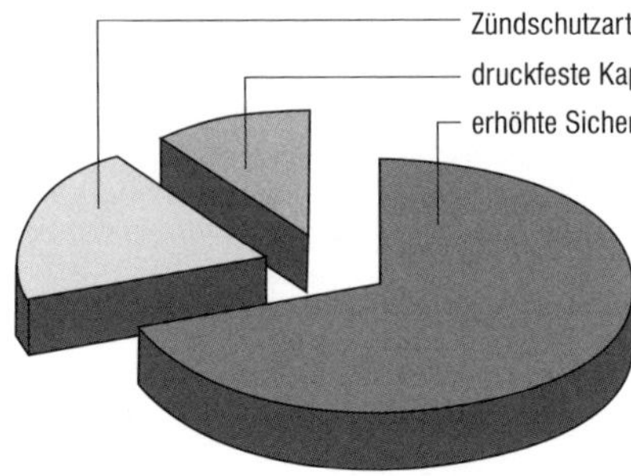

Quelle: Handbuch 2013 VEM, Explosionsschutz aktuell

Bild 5.3 Verteilung der Zündschutzarten bei netzgespeisten Antrieben (Stand 2013)

- Leichtmetall-Gehäuse und Leichtmetall-Lüfterräder für die Gruppe II dürfen nicht mehr als 6 % (Massenanteil) Magnesium enthalten.
- Zusätzlich zu dem Schutzleiteranschluss im Anschlusskasten muss bei Metallgehäusen ein äußeres Anschlussteil für den Potentialausgleich vorgesehen werden.
- In einem Anschlussraum, der einer besonderen Zündschutzart entspricht, müssen Anschlussteile zum Anschluss an äußere Stromkreise vorhanden sein.
- Der Abstand zwischen einem Außenlüfter und seiner Schutzhaube soll mindestens 1/100 des größten Lüfterdurchmessers, darf aber nicht weniger als 1 mm betragen.
- Lüfterrad, Haube und Schutzgitter müssen elektrostatisch leitfähig sein, wenn die Umfangsgeschwindigkeit des Lüfters 50 m/s oder mehr beträgt.
- Gehäuseteile und Lüfterhauben müssen eine Stoßprüfung mit 7 J aushalten, ohne dass die Zündschutzart beeinträchtigt wird. Die Lüfterhaube darf sich nicht so verlagern oder verformen, dass es zum Streifen des Lüfterrades kommt.

Bei Motoren sind folgende Mindestschutzarten gefordert:

- Für blanke, unter Spannung stehende Teile (z. B. Klemmen): IP54,
- für isolierte Teile (übriges Motorgehäuse): IP44,
- bei Aufstellung in sauberen Räumen mit regelmäßiger Überwachung durch Fachpersonal
  - in bergbaulichen Betrieben Gruppe I: IP23,
  - in anderen Betrieben Gruppe II: IP20,
- an der Lufteintrittsseite geschlossener Maschinen (Bild 5.7): IP2X,

- an der Luftaustrittsseite
  - Gruppe I: IP2X,
  - Gruppe II: IP1X,
- bei Vertikalmotoren muss das Hineinfallen von kleinen Fremdkörpern auf der Lufteintrittsseite durch ein Schutzdach oder durch entsprechenden Einbau verhindert werden.

5.7.1 Motor-Zündschutzart „Erhöhte Sicherheit", „e"

Grundgedanke der Zündschutzart „e" ist es, durch besondere Schutzmaßnahmen die Wahrscheinlichkeit eines Zündanlasses so gering zu halten, dass ein Zusammentreffen mit dem ebenfalls nur gelegentlich auftretenden zündfähigen Gemisch unwahrscheinlich wird. Ein wichtiges Element der Schutzmaßnahmen ist der Überlastungsschutz – in der Regel durch Motorschutzschalter – dessen Auswahl und Einstellung deshalb mit besonderer Sorgfalt erfolgen muss. Motoren mit Käfigläufern werden sehr häufig in der Zündschutzart „e" ausgeführt, die in Deutschland entwickelt wurde.

Ein Gehäuse mit hoher IP-Schutzart ist schwadensicher und bietet damit zusätzliche Sicherheiten im Sinne des Explosionsschutzes, obwohl dies in den Anforderungen für die Zündschutzart „e" nicht ausdrücklich verlangt wird. Den thermischen Schutzmaßnahmen der Zündschutzart „e" wird eine hohe Bedeutung zugesprochen, da der Zündanlass von vornherein sicher vermieden werden soll.

5.7.2 Grenz-Übertemperatur der Wicklung

Die Grenz-Übertemperatur der Wicklung ist gegenüber den für normale Motoren gültigen Werten bei Wärmeklasse B um 10 K und bei Wärmeklasse F um 15 K nach EN 60079 herabgesetzt, was nach der Montsinger'schen Regel theoretisch etwa einer Verdopplung der Lebensdauer (= erhöhte Sicherheit) entspricht. Unter Beibehaltung der Paketabmessungen ist die Leistungsabgabe folglich gegenüber den Normalwerten zu reduzieren. Die genannten Werte sind Übertemperaturen, die bei einer höchstzulässigen Umgebungstemperatur von 40 °C auftreten dürfen. Bedenkt man, dass viele Stoffe in die Temperaturklasse T4 für Gemische mit Zündtemperaturen von 135 °C bis 200 °C eingeordnet werden, so ist ersichtlich, dass die zulässige Wicklungstemperatur auch mit Rücksicht auf einen eventuellen Störungsfall begrenzt werden muss. Dem thermisch verzögerten Überstromrelais wird daher bei der Zündschutzart „e" bei allen Betriebszuständen eine außerordentlich weitgehende Schutzfunktion übertragen.

Im Konzept der Zündschutzart „e“ spielt die Zeit t_E eine wichtige Rolle. Sie ist in der Norm wie folgt definiert: *„Zeitspanne, innerhalb der sich eine Wechselstromwicklung durch ihren Anzugsstrom I_A von der Endtemperatur im Bemessungsbetrieb bei der höchstzulässigen Umgebungstemperatur bis zu ihrer Grenztemperatur erwärmt.“*

Die Zeit t_E ist zusammen mit dem Anzugsstromverhältnis I_A/I_N ein wichtiges Kriterium für die Auswahl und Einstellung des Motorschutzschalters, mit dessen Hilfe der nicht auszuschließende Störungsfall „blockierter Läufer“ erfasst werden kann. **Bild 5.4** unterstreicht die Deutlichkeit der Definition: Beim Dauerbetrieb (S1 im Stundenmaßstab) mit Bemessungsleistung erreicht die Motorwicklung nach Kurve 1 die Bemessungstemperatur ϑ_N – bezogen auf die maximal zulässige Umgebungstemperatur ϑ_{amb}. Im Blockierungsfall (n = 0) steigt die Temperatur nach Kurve 2 rasch an – maßgebend ist der höhere Wert von Ständer oder Läufer. Bevor die Grenztemperatur ϑlim (3) erreicht wird – also innerhalb der Zeit t_E – muss der Schutzschalter auslösen. Die Grenztemperatur ergibt sich entweder aus der Zündtemperatur entsprechend der Temperaturklasse oder der zulässigen Wicklungstemperatur am Ende der Zeit t_E analog der Wärmeklasse der Wicklungsisolierung – der niedrigere Wert ist maßgebend. Die Schutzeinrichtung muss EN 60947 entsprechen, ihre Funktion ist durch eine benannte Stelle zu überprüfen und zu kennzeichnen.

Von der im Dauerbetrieb (S1) erreichten Nenntemperatur ϑ_N steigt die Wicklungstemperatur bei festgebremstem Läufer (n = 0) steil an. Der Motorschutzschalter muss spätestens innerhalb t_E vor dem Erreichen der Grenztemperatur ϑ_{lim} abschalten.

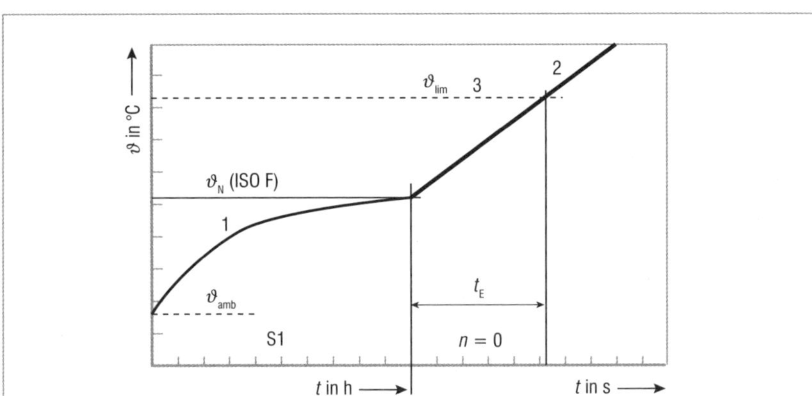

Bild 5.4 Schematische Darstellung zur Definition der Zeit t_E

5.7.3 Isolationstechnische Schutzmaßnahmen

Bei der Zündschutzart „Erhöhte Sicherheit“, „e“, spielt die Isolierung eine wichtige Rolle. Die Motorwicklung ist mit einem lösungsmittelfreien Tränkmittel einmal und bei lösungsmittelhaltigen Lacken zweimal zu tränken und zu trocknen. Luft und Kriechstrecken – vor allem im Anschlussraum – müssen den genormten Mindestwerten entsprechen, die gegenüber normalen Betriebsmitteln wesentlich erhöht sind. Wicklungsdrähte mit einem Nenndurchmesser von < 0,25 mm sind nicht zulässig.

Lackisolierte Leiter müssen dem Grad 2 entsprechen oder, falls der Lackauftrag nur den Grad 1 erfüllt, die Prüfwechselspannungen nach Grad 2 aushalten.

Alle Leiteranschlüsse müssen gegen Selbstlockern gesichert sein. Außerdem müssen nach DIN VDE 0609 die Klemmstellen für Leiter bis zu einem Querschnitt von 10 mm^2 ein Klemmen ohne besonderes Herrichten des Leiters ermöglichen. Diese Forderungen werden durch genormte Klemmenplatten mit Schlitzbolzen nach DIN 46295 erfüllt.

5.7.4 Motor – Zündschutzart „Druckfeste Kapselung“, „d“

Es ist das Schutzziel der Zündschutzart „d“, eine mögliche Zündung auf das Innere des Motorgehäuses zu beschränken und sie nicht auf die umgebende explosionsfähige Atmosphäre übergreifen zu lassen, also den Zünddurchschlag zu vermeiden. An der Oberfläche des Gehäuses darf die Temperatur den für die jeweilige Temperaturklasse zulässigen Grenzwert nicht übersteigen.

Die Temperatur der Wicklung ist nur durch die thermische Stabilität und die Alterung der verwendeten Isolierstoffe begrenzt, kann also den Werten für normale, nicht explosionsgeschützte Motoren entsprechen. Für die Außenseite der Gehäuse ergeben sich Grenzwerte, die je nach Temperaturklasse aus der Norm ersichtlich sind. Zur Einhaltung dieser Gehäusetemperaturen wird nach EN 60079 ein Überlastungsschutz vorgeschrieben. Für die Auswahl des Überstromschutzschalters sind die Bestimmungen DIN VDE 0660 und EN 60947, also die gleichen Kriterien wie für normale, nicht explosionsgeschützte Motoren maßgebend. Gegenüber Antrieben in der Zündschutzart „e“, für die eine Funktionsprüfung der Schutzeinrichtung durch eine benannte Stelle und vor allem die Einhaltung der Abschaltbedingungen für die Zeit t_E verlangt wird, ist also die Zuordnung der Schutzeinrichtung vereinfacht.

Die direkte Temperaturüberwachung durch TMS ist bei der Zündschutzart „d“ eine im gesamten Leistungsbereich anwendbare Alternative, von der zunehmend Gebrauch gemacht wird. Sie kann vom Hersteller als „TMS als Alleinschutz“ nach Typprüfung zertifiziert werden. Durch diese Prüfung ist bei läuferkritischen Maschinen zu gewährleisten, dass außerhalb der druckfesten Kapselung liegende Wellenteile keine zündgefährlichen Temperaturen erreichen.

Das TMS-Auslösegerät muss eine EU-Baumusterprüfbescheinigung aufweisen. Da im Sinne der Vorschriften für den Explosionsschutz nur die Oberflächentemperatur des Gehäuses zu überwachen ist, entfällt im Allgemeinen eine Unterscheidung nach thermisch ständer- und läuferkritischen Maschinen, sodass die in der Ständerwicklung eingebetteten Temperaturfühler im Allgemeinen alle Norm-Motorgrößen und Betriebsarten erfassen können. Verhältnismäßig aufwendig ist allerdings die Herausführung der Anschlussenden zum Klemmenkasten, der vom Innenraum des Motors meist druckfest getrennt ist.

5.7.5 Anschlusstechnik

Nach den früheren deutschen Bestimmungen ist der Anschlussraum in Zündschutzart „e“ vom druckfest gekapselten Innenraum des Motors getrennt. Die Stromzuführung zur Wicklung erfolgt über druckfeste Durchführungsbolzen oder Mehrfachdurchführungen (2), vgl. **Bild 5.5**. Diese Konstruktion wird auch als indirekte Einführung bezeichnet. Sie wird in Deutschland bevorzugt, weil es schwierig erscheint, am Aufstellungsort anstelle von (1) eine druckfeste Leitungseinführung herzustellen und unter den wechselnden Einflüssen des Betriebs aufrechtzuerhalten.

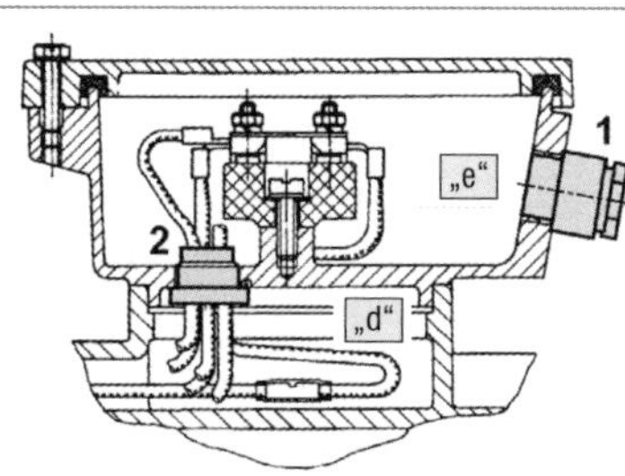

Bild 5.5 Beispiel für eine „indirekte Einführung“ in den Anschlussraum der Zündschutzart „e“ mit druckfesten Mehrfachdurchführungen (2) zum „d“-Raum. Das Einführungsteil (1) erfüllt mechanische Anforderungen und IP, jedoch nicht „d“.

Nach den europäischen Normen ist es zulässig, den Anschlussraum in die druckfeste Kapselung einzubeziehen. Diese Anschlussart, die beispielsweise in Frankreich und Nordamerika gebräuchlich ist, wird als direkte Einführung bezeichnet. Die Netzleiter müssen über geprüfte und bescheinigte druckfeste Einführungsteile in den Klemmenraum geführt werden. Da diese in Deutschland wenig gebräuchliche Anschlusstechnik in hohem Maße von der fachgerechten und sorgfältigen Ausführung abhängt, wurde in den Errichtungsbestimmungen zunächst eine Abnahme durch einen Sachverständigen verlangt. Seit die Hersteller von Bauteilen verbesserte Einführungsteile anbieten, konnte diese Forderung entfallen. Nach wie vor gilt jedoch, dass die ausführlichen Anforderungen in EN 60079 und die Montagerichtlinien des Herstellers zu beachten sind.

5.7.6 Fehlfunktionen an elektrischen Maschinen

Eventuell auftretende und bei der Auswahl zu berücksichtigende Fehlfunktionen an elektrischen Antrieben bzw. Motoren, die eine Gefahr darstellen können, sind:

- Thermische Überlast mit geringer Veränderung:
  a) Beschädigungen durch Ventilation oder des Ventilationssystems durch übermäßige Staubbildung in den Ventilationskanälen oder Schmutzbildung auf der Wicklung oder den Kühlrippen,
  b) übermäßiger Anstieg der Umgebungstemperatur oder des Kühlmediums,
  c) schrittweiser Anstieg der mechanischen Überlastung,
  d) übermäßiger Einsatz des Motors, ausgelegt für periodischen Einsatz,
  e) Phasenverschiebung.
- Thermischer Überlast mit einer starken Veränderung als Ergebnis:
  - von Motor „abwürgen“,
  - von Phasenfehlern,
  - des Startens bei ungünstigen Bedingungen wie Trägheit, einer zu geringen Spannung, eines zu hohen Drehmomentes,
  - einer sprunghaften und erheblichen Erhöhung der Belastung,
  - eines ständigen Startens und Anhaltens im Kurzintervall.

Motoren, die nicht dauernd ihren Anlaufstrom bei Bemessungsspannung und Bemessungsfrequenz führen können, müssen gegen Überlast geschützt werden. Dies gilt auch für alle Generatoren, die ihren Kurzschlussstrom nicht dauernd ohne unzulässige Erwärmung führen können. Als Überwachungseinrichtungen müssen stromabhängige zeitverzögerte Schutzeinrichtungen für alle drei Phasen, zum Beispiel sogenannte Bimetallrelais, eingesetzt werden, die passend zu der zu überwachenden Maschine auszuwählen und einzustellen sind. Ebenfalls zulässig sind Einrichtungen zur direkten Temperaturüberwachung durch eingebettete Temperaturfühler, wenn sichergestellt ist, dass mit ihnen die höchste auftretende Temperatur erfasst wird, oder gleichwertige andere Einrichtungen. Die Schutzeinrichtungen müssen so beschaffen sein, dass ein automatisches Wiedereinschalten unter Fehlerbedingungen verhindert wird. Wenn der Ausfall einer oder mehrerer Phasen bei mehrphasigen Betriebsmitteln zu einer unzulässigen Erwärmung führen kann, muss der Betrieb in einem solchen Fall unterbunden werden. Eingesetzt werden für diesen Zweck unter anderem Bimetallrelais mit Phasenausfallempfindlichkeit.

5.8 Umrichtergespeiste und betriebene Motoren

Bei der Wahl und der Installation von Motoren, die durch Umrichter jeglicher Art betrieben werden, sind zusätzliche Maßnahmen zum sicheren Betreiben zu berücksichtigen. Dazu gehört unter anderem das Berücksichtigen von verringerten Spannungen und Frequenzen direkt an den Anschlussklemmen. Eine verringerte Spannung oder Frequenz an den Anschlussklemmen, eventuell bedingt durch einen Filter am Umrichterausgang, kann zur Erhöhung des Motorstroms und dem Schlupf führen. Dies wiederum führt zu einer möglichen unerlaubt hohen Temperaturerhöhung im Motor. Weitere wichtige Faktoren sind die Baugröße der Maschine, das Erdungssystem vom Motorgehäuse, die elektrische Installation (z. B. die geeigneten Kabel- und Leitungsanlagen) und deren Anschlüsse und Schirmung. Bei der Auswahl einer Maschine eines Aggregates/Motors ist zusätzlich die Infrastruktur im Einflussbereich der Maschine bzw. des Motors zu bewerten und zu beachten. Wenn zum Beispiel das Fundament, auf dem die Maschine montiert ist, in seiner Güte und Ausführung nicht den Anforderungen der Maschine gewachsen ist, muss davon ausgegangen werden, dass es während des Betriebs der Maschine zu Störungen, zur Materialermüdung und somit zu Schäden kommen kann, welche wiederum zu eventuellen Zündquellen führen können. Die maximale Oberflächentemperatur bei umrichtergespeisten Maschinen soll unter den „ungünstigsten Bedingungen“ bestimmt werden. **Tabelle 5.15** beinhaltet die Auswahlkriterien für die Standortauswahl von Maschinen im Ex-Bereich und kann sowohl bei der Auswahl der Maschinen als auch bei der Beurteilung des Maschinenstandortes während des Betriebes und in der Planungsphase unterstützen.

Anforderungen/Gegebenheiten	**gegeben/ relevant!**	**nicht gegeben/ nicht relevant!**
Ist der Verwendungszweck der Motoren/Maschine eindeutig definiert?		
Wurden Energieübertragung und Betrieb angebauter Komponenten (z. B. direkte Kraftübertragung (Wellenmontage), indirekte Kraftübertragung (Getriebemontage), Keilriemenübertragung, Kettenriemeneinsatz etc.) berücksichtigt und bewertet?		
Wurden die Maschinenschnittstellen (Schnittstellen zu anderen Maschinen, Anlagen, Komponenten und Einrichtungen) bewertet?		
Sind Umgebungsbedingungen und Infrastruktur der Maschinen und/oder deren Komponenten bei der Auswahl berücksichtigt worden?		
Sind Maschinenparameter (z.B. Drehmoment, Drehzahl, Schwingungen, Umgebungstemperatur etc.) bekannt?		
Wenn die Maschinenparameter bekannt sind: Welche Auswirkung haben diese auf die Maschine bei: – Normalbetrieb, – einer Verkettung von mehreren Fehlern, – vorhersehbaren Betriebsstörungen, – unvorhersehbaren Betriebsstörungen etc.?, – im Fehlerfall bzw. Störfall.		
Wie ist der Aufstell- und Montageort ausgeführt?		
Entspricht der Aufstell- und Montageort den Bedingungen der Maschine oder den Anforderungen, die an die Maschine gestellt werden?		
Ist das Maschinen- Motorfundament geeignet und mechanisch so ausgeführt, dass es bei Störungen zu keinen weiteren Gefahren kommen kann?		
Entspricht das Maschinenfundament bei jeder Betriebsart den spezifisch auftretenden Belastungen durch die Maschine selbst?		

Tabelle 5.15 Standortauswahl: Auswahlkriterien für Maschinen im Ex-Bereich

Für Motoren, die mit einem Umrichter, der eine variable Drehzahl und Belastung ermöglicht, gespeist werden, ist es notwendig, die Erwärmung des Motors zusammen mit dem entsprechenden Umrichter (und Ausgangsfilter bei Verwendung) im spezifizierten Drehzahl- und Drehmomentbereich zu bestimmen. Dies kann durch eine Kombination aus Typprüfung und Berechnung durchgeführt werden. Die angewendeten spezifischen Methoden sind in den jeweiligen Normen für die Zündschutzarten beschrieben. Aufgrund von möglichen Schwierigkeiten bei der Durchführung der Versuche mit der exakten Motor-Umrichter-Kombination darf ein hinsichtlich der Charakteristik vergleichbarer Umrichter akzeptiert werden.

Es kann notwendig sein, nach Absprache zwischen dem Hersteller, Betreiber und Errichter zusätzliche Faktoren zu berücksichtigen. Dies beinhaltet die Regelung des Betreibers zur Verwendung von zusätzlichen Ausgangsfiltern oder Drosseln sowie zur Leitungslänge zwischen Motor und Umrichter. Beides beeinflusst die Motoreingangsspannung und kann den Motor zusätzlich erwärmen. Für einige Zündschutzarten kann es notwendig sein, ein Überwachungsgerät zu benutzen.

Das Gerät bedarf einer Spezifikation in der Dokumentation, und die Funktionalität bedarf eines Nachweises durch Versuch oder Berechnung.

(Quelle: DIN EN 60079-0 (VDE 0170-1):2014-06)

5.9 Elektrische Motoren und Maschinen mit der Zündschutzart „e"

Bei der Bewertung und der Auswahl von elektrischen Motoren und Maschinen ist zwingend zu berücksichtigen, dass die DIN EN 60079-7 nicht davon ausgeht, dass eine explosionsfähige Gasatmosphäre und die Anlaufphase eines Motors bzw. einer Maschine gleichzeitig auftreten werden. Grundsätzlich sind Maschinen mit dem Schutzniveau „ec" nicht für den Einsatz und die Verwendung in Bereichen oder Zonen, in denen gleichzeitig eine explosionsgefährdete Atmosphäre und der Anlauf einer Maschine möglich ist, geeignet.

Elektrische Maschinen und Motoren mit dem Schutzniveau „eb" müssen den folgenden Anforderungen entsprechen:

Punkt 1: Gehäuse mit intern blanken leitenden Teilen müssen mindestens dem IP-Schutzgrad IP54 entsprechen.

Punkt 2: Gehäuse mit intern isolierten leitenden Teilen müssen mindestens dem IP-Schutzgrad IP44 entsprechen.

Punkt 3: Gehäuse mit intern isolierten leitenden Teilen dürfen mindestens dem IP-Schutzgrad IP23 für die Gruppe I oder dem IP-Schutzgrad IP20 für die Gruppe II entsprechen, wenn davon ausgegangen werden kann, dass das Eindringen von festen Fremdkörpern, die senkrecht in das Gehäuse kommen könnten, verhindert wird. Diese Geräte müssen dementsprechend gekennzeichnet werden. Zudem müssen die in der Dokumentation aufgeführten besonderen Bedingungen für den Betrieb den Schutzgrad des Gehäuses ausweisen und zusätzliche Hinweise zum Schutz durch den Einsatzort geben.

Elektrische Maschinen und Motoren mit dem Schutzniveau „ec" müssen den zuvor aufgeführten Anforderungen des Schutzniveaus „eb" mit der Ausnahme, dass Anschluss- und Klemmkästen von elektrischen Motoren und Maschinen mit Spannungen bis 1,0 kV nur zum Inneren der Maschine bzw. des Motors zu öffnen sein dürfen, wenn diese dem Schutzgrad IP44 entsprechen, gerecht werden. Deckelungen, Einführungen in und an dem Anschluss- und Klemmkasten müssen mindestens dem IP-Schutzgrad von IP54 entsprechen. Die Anschlussteile von elektrischen Maschinen und Motoren müssen den Anforderungen der „Elektrischen Verbindungen und Anschlussteilen für äußere Leiter" genügen! Hinzu kommen die Anforderungen hinsichtlich der Betriebstemperatur der Dichtungen von Gehäusedeckeln, Abdeckungen der Anschluss- und Klemmkästen, der Kabelabzweigung- und Verteilungskästen sowie die Betrachtung der Einführungen und deren Höchsttemperaturen und Funktionalitäten. Zusätzlich sind bei größeren drehenden Maschinen und Antrieben die Kabel- und Leitungseinführungen, die aufgrund der Größe der Kabel und Leitungen oftmals über Kabelverschraubungen und eine Kabeldurchführungsplatte angeschlossen werden, die Dichtungen der Kabeleinführungen und die Kabeldurchführungsplatte zu bewerten. Mechanische Spannungen sowie Zug- und Windungskräfte sind bei Kabel- und Leitungseinführungen und beim Anschluss an die Maschine sicherzustellen. Weiterhin ist zwingend sicherzustellen, dass die Maßnahmen zur Fixierung der Kabel und Leitungen oder der Leiter keine Beschädigungen derselben hervorrufen. Die Anschlussstellen selbst dürfen nicht als Zugentlastung oder als alleinige Maßnahmen zum festen Sitz des Anschlusses dienen, wenn dies vom Hersteller oder der Anschlussstelle selbst eindeutig erkennbar oder auslegbar ist.

Vorgegebene Luftspalten, die eine Auswirkung auf die Schutzmaßnahme oder das Schutzniveau der Maschine oder des Motors haben, müssen derart ausgeführt sein, dass eine Berührung zwischen dem Läufer des Motors und dem Ständer verhindert wird.

Der Mindestluftspalt muss sich nachweislich an einem der aufgeführten Verfahren orientieren:

1. Messung des Luftspalts im zu prüfenden Gerät (Maschine/Motor)
2. Berechnung des Mindestluftspalts

Bei elektrischen Maschinen mit Käfigläufern sind zu den vorgenannten Bestimmungen zusätzliche Anforderungen zu beachten! Für drehende elektrische Maschinen mit dem Schutzniveau „eb", die zur Überwachung und zur Vermeidung unerlaubt hoher Temperaturen in die Motorwicklungen eingelassene Temperaturfühler mit einer zugehörigen Schutzeinrichtung verwenden, ist das Anzugsstromverhältnis zu ermitteln und zu kennzeichnen. Bei Motoren mit einem Anschluss mehrerer Phasen muss in jeder Phase mindestens ein Fühler vorhanden sein. Bei Motoren mit dem Schutzniveau „eb“ – mehrphasige Wicklungen, welche mit 200 V oder mehr ausgelegt sind – kommen ergänzende Schutzanforderungen zum Tragen.

Eine zusätzliche Isolation zum normalen Tränklack zwischen den Phasen von Träufelwicklungen (Spulen-Träufelwicklungen) könnte eine solche Schutzanforderung darstellen.

Wird ein Motor über einen Umrichter gespeist, kann der Umrichter – in Verbindung mit den in den Wicklungen eingesetzten Temperaturfühlern – die Sicherheitseinrichtung sein.

Als weitere Schutzmaßnahmen bzw. Schutzeinrichtungen zur Begrenzung und zur Ermittlung der Läufertemperatur können verwendet werden:

a) Drehzahlsensoren
b) Impedanzrelais
c) Differentialfühler
d) Sonstiges

Elektrische Maschinen und Motoren, die in Verbindung oder in Kombination mit Umrichtern/Frequenzumrichtern betrieben werden, müssen nachweislich geprüft werden. Durch diese Prüfung ist darzustellen, welche Maßnahmen getroffen wurden, damit die Motorgrenztemperaturen zu keinem Zeitpunkt überschritten werden. Die sogenannte „Typprüfung“ beschreibt die Ergebnisse einer Prüfung eines elektrischen Motors im Zusammenspiel mit einem festgelegten oder vergleichbaren Umrichter in einer Antriebskombination. Bei dieser Prüfung ist nachzuweisen, dass Ausgangsspannung, Ausgangsstrom und die festgelegte Schaltfrequenz die Motorgrenztemperaturen nicht über die zulässigen Werte überschreiten. Ausschlaggebende und notwendige Parameter, Anforderungen und Bedingungen, die für einen Umrichterbetrieb relevant sind, müssen in der Dokumentation aufgeführt werden.

Zu diesen Dokumentationsangaben gehören unter anderem Aussagen zu unterschiedlichen Betriebsarten und deren Prüf- und Bemessungsbedingungen, zum Beispiel bei Überlast und Anlauf (erhöhter Anlaufstrom) bei Normalbetrieb.

Als weitere Variante zum Nachweis der Einhaltung der Motorgrenztemperaturen bei Umrichter-, Antriebs-Kombinationen kann eine Berechnung herangezogen werden, die auf Basis von plausiblen und nachvollziehbaren Prüfdaten, dies es zuvor zu ermitteln gilt, durchgeführt wurde. Bei der Auswahl der thermischen Schutzeinrichtungen für Motoren muss grundlegend darauf geachtet werden, dass die ausgewählten thermischen Schutzeinrichtungen für den Motor und dessen Antriebssystem geeignet sind. Daher sollte im Explosionsschutzdokument oder in der Gesamtdokumentation der rechnerische Nachweis zur Eignung der Auslösekennlinie der Motorschutzeinrichtung zur tE – Zeit (Typspezifische Zeit der Geschwindigkeit des Temperaturanstiegs bei festgebremstem Läufer) des Motors beschrieben und dargestellt werden. Diese Angaben können aus der Baumusterprüfbescheinigung oder dem Prüfschild, eventuell in Verbindung mit dem Leistungsschild, entnommen werden. Wird eine Maschine bzw. Motor über einen Umrichter betrieben, ist gemäß der IEC/EN 60079-14 eine Baumusterprüfung für die Motor-Umrichter-Kombination (Einheit) durchzuführen.

5.10 Allgemeines zum Errichten

Zunächst ist festzuhalten, dass elektrische Anlagen in explosionsgefährdeten Bereichen selbstverständlich ebenfalls den Anforderungen für elektrische Anlagen in nicht explosionsgefährdeten Bereichen entsprechen müssen. Das heißt, beim Errichten sind auch die Anforderungen von DIN VDE 0100 „Bestimmungen für das Errichten von Starkstromanlagen bis 1.000 V“ und, wo zutreffend, auch DIN VDE 0101 „Starkstromanlagen mit Nennwechselspannungen über 1 kV“ bzw. DIN VDE 0800 „Fernmeldetechnik und Informationstechnik“ zu beachten.

Zusätzlich müssen – außer bei eigensicheren Stromkreisen – Kabel und Leitungen gegen Überlast und die schädlichen Auswirkungen von Kurz- und Erdschlüssen geschützt werden. Elektrische Betriebsmittel – eigensichere ausgenommen – sind ebenfalls gegen die schädlichen Auswirkungen von Kurz- und Erdschlüssen zu schützen.

Sollte der Fall auftreten, dass die automatische Abschaltung eines Betriebsmittels zu einem höheren Risiko als dem einer Zündung führen könnte, erlaubt die Norm stattdessen auch den Einsatz einer Warneinrichtung, wenn sichergestellt werden kann, dass deren Ansprechen sofort bemerkt wird und adäquate Abhilfemaßnahmen getroffen werden.

Grundsätzlich sollen in explosionsgefährdeten Bereichen nur die elektrischen Betriebsmittel angeordnet werden, die dort unbedingt benötigt werden. Das sind in aller Regel Beleuchtungseinrichtungen, elektrische Antriebe, elektrische Heizeinrichtungen, Steuer- und Befehlsorgane und Sensoren und Aktoren der Mess-, Steuerungs- und Regelungstechnik (MSR). Alle anderen elektrischen Einrichtungen, wie Transformatoren der Energieversorgung, Hochspannungs- und Niederspannungsschaltanlagen, Kompensationsanlagen, Signalverarbeitungsanlagen und Bedien- oder Beobachtungsanlagen, können und sollen außerhalb des explosionsgefährdeten Bereiches untergebracht werden.

Sind explosionsgefährdete Bereiche räumlich sehr ausgedehnt, so kann man ungefährdete Teilbereiche schaffen, indem man besondere Räume für Leitwarten und Schaltanlagen einrichtet. Diese Räume sind gegen die Umgebung so abzudichten, dass eine außen vorüberziehende explosionsfähige Atmosphäre nicht eindringen kann. Für den Zutritt aus einem explosionsgefährdeten Bereich, der in Zone 1 eingestuft ist, ist eine Schleuse erforderlich. Wird Frischluft benötigt, so muss sie aus einem ungefährdeten Bereich angesaugt werden, vgl. **Bild 5.6.**

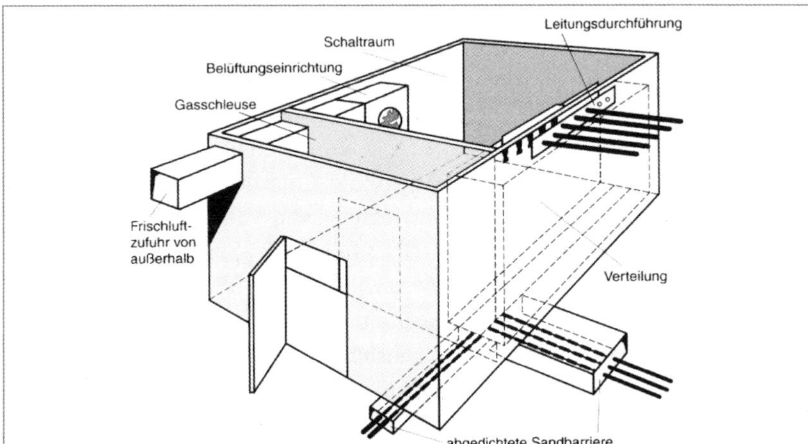

Bild 5.6 Fremdbelüfteter Schaltraum

5.10.1 Elektrotechnik und ATEX

„Als Geräte gelten Maschinen, Betriebsmittel, stationäre oder ortsbewegliche Vorrichtungen, Steuerungs- und Ausrüstungsteile sowie Warn- und Vorbeugungssysteme, die einzeln oder kombiniert zur Erzeugung, Übertragung, Speicherung, Messung, Regelung und Umwandlung von Energien und zur Verarbeitung von Werkstoffen bestimmt sind und die eigene potentielle Zündquellen aufweisen und dadurch eine Explosion verursachen können."

Nach dieser komplexen Definition in der Richtlinie kann es die Elektrofachkraft bei ihrer täglichen Arbeit häufig mit Maschinen oder Anlageteilen zu tun bekommen, die der ATEX unterliegen. Als konkrete Beispiele seien die festen Kombinationen mit Elektromotoren genannt, wie sie bei Ventilatoren, Rührwerken, Pumpen oder Getriebemotoren häufig vorkommen.

Elektrische Maschinen sind elektrische Betriebsmittel, denen durch eine „benannte Stelle" (z.B. PTB, EXAM, TÜV) nach positiver Prüfung eine EU-Baumusterprüfbescheinigung ausgestellt wird, welche auch die mechanischen Aspekte wie Erwärmung der Lagerstellen, Festigkeit und Abstände des Belüftungssystems umfasst.

Bei Elektromotoren mit ATEX-Bescheinigung sind deren Hersteller, Anwender und Instandsetzer daher von den Normen für nichtelektrische Betriebsmittel zunächst nicht betroffen.

Wenn jedoch der Elektromotor direkt oder über eine Kupplung mit einem mechanischen „Gerät" verbunden ist, kann bei der Wartung oder Instandsetzung in die Maßnahmen für den Explosionsschutz eingegriffen werden. Elektrofachkräfte müssen sich daher mit den Grundlagen für die Bewertung der von mechanischen Geräten ausgehenden Zündgefahren befassen.

5.10.2 Dokumentation „Betriebsanleitung"

Die Betriebsanleitung hat eine wichtige Funktion für den Explosionsschutz – sie wurde in der ATEX entsprechend aufgewertet. Nachstehend ein Auszug:

„Zu jedem Gerät oder Schutzsystem muss eine Betriebsanleitung vorhanden sein, die die folgenden Mindestangaben enthält:

- *gleiche Angaben wie bei der Kennzeichnung für Geräte oder Schutzsysteme mit Ausnahme der Seriennummer und gegebenenfalls wartungsrelevanten Hinweisen (z.B. Anschriften des Importeurs oder von Service-Werkstätten),*
- *Angaben zum oder zur sicheren*
  - *Inbetriebnahme,*
  - *Verwendung,*
  - *Montage und Demontage,*
  - *Instandhaltung (Wartung und Störungsbeseitigung),*
  - *Installation,*
  - *Rüsten,*

- *Angaben, die zweifelsfrei die Entscheidung ermöglichen, ob die Verwendung eines Geräts (entsprechend seiner ausgewiesenen Kategorie) oder eines Schutzsystems in dem vorgesehenen Bereich unter den zu erwartenden Bedingungen gefahrlos möglich ist,*
- *elektrische Kenngrößen und Drücke, höchste Oberflächentemperaturen sowie andere Grenzwerte,*
- *erforderlichenfalls besondere Bedingungen für die Verwendung, einschließlich der Hinweise auf sachwidrige Verwendung, die erfahrungsgemäß vorkommen kann".*

Die Hersteller sind bemüht, diese Anforderungen – nicht zuletzt aus haftungsrechtlichen Gründen – in ihren Betriebsanleitungen oder Sicherheitshinweisen umzusetzen. Das Ergebnis sind oft kleine Handbücher, deren Umfang und Größe das „Beifügen" zum Produkt schwierig macht. Es bedarf einiger organisatorischer Bemühungen, dass die Betriebsanleitung in die Hand des Errichters kommt. Dass sie im Reparaturfall auch dem Instandsetzer zur Kenntnis gebracht wird, erscheint unwahrscheinlich.

Nach den obigen Ausführungen tut der gewissenhafte Elektropraktiker jedoch gut daran, auf der Übermittlung der Dokumentation zu bestehen, weil er sie zur Beurteilung der für den Explosionsschutz relevanten Auswirkungen seiner Instandsetzungs- und eventuellen Änderungsarbeiten benötigt.

6 Beleuchtung

6.1 Beleuchtung und Leuchten in Ex-Bereichen

Der Mensch orientiert sich vorrangig visuell; 80 % aller Informationen nimmt er über die Augen wahr. Darum ist eine gute Beleuchtung sehr wichtig. Die Anforderungen an gute Beleuchtungskonzepte sind ständig gewachsen und wurden in den Gütemerkmalen guter Beleuchtung definiert. Hoher Sehkomfort beeinflusst das Handeln, Denken und das Wohlbefinden des Menschen positiv. Eine gute Sehleistung, sicheres Kontrastsehen, hohe Sehschärfe und Wahrnehmungsgeschwindigkeit führen zum schnellen Erkennen und Handeln und sind Voraussetzung für die Arbeitssicherheit. Bei der Beleuchtungsplanung geht es darum, Gesamtumfeld und Arbeitsplatz visuell so zu gestalten, dass eine hohe Arbeitsproduktivität, Arbeitssicherheit und Qualität möglich sind. In den Produktionsanlagen der chemischen bzw. petrochemischen Industrie dient die Beleuchtung in erster Linie dem unfallfreien Aufenthalt und der sicheren Führung des Betriebs. Schlechte Beleuchtung überanstrengt den Menschen bei der Arbeit und beeinträchtigt die Arbeitssicherheit. Selbst wenn keine manuelle Arbeit zu leisten ist, muss eine sichere Orientierung in der Anlage möglich sein.

6.1.1 Auswahlkriterien für Leuchten

Bei der Auswahl und der Planung von Beleuchtung und Leuchten selbst, sind Leuchten so auszuwählen, dass sowohl der Explosionsschutz als auch die lichttechnischen Anforderungen und die vorgesehenen Betriebsbedingungen erfüllt werden (**Tabelle 6.1**). Zur Auswahl der Leuchten nach den Anforderungen des Explosionsschutzes ist zuvor eine gründliche Gefährdungsanalyse der explosionsgefährdeten Bereiche durchzuführen. Zu den lichttechnischen Anforderungen gehören eine günstige Lichtstärkeverteilung, ein hoher Leuchtenwirkungsgrad und ein ausreichender Blendschutz. Weitere Auswahlkriterien sind die Wartungsfreundlichkeit und die Wirtschaftlichkeit.

Explosionsgefährdete Bereiche werden gemäß Regelwerk nach dem Grad der Gefährdung in Zonen eingeteilt: Zone 0, Zone 1 und Zone 2 für die Bereiche mit brennbaren Gasen, Nebeln und Dämpfen; Zone 20, Zone 21 und Zone 22 für die Bereiche mit brennbaren Stäuben. Weitere Festlegungen betreffen die zulässigen Temperaturklassen der Gase oder die maximal zulässige Oberflächentemperatur an der Leuchte für unterschiedliche Stäube. Bei Leuchten in druckfester Kapselung muss noch zusätzlich die Explosionsgruppe IIA, IIB und IIC berücksichtigt werden (**Tabelle 6.2**). Auf den Schutz gegen das Eindringen von Staub und Wasser ist bei explosionsgeschützten Leuchten ein besonderes Augenmerk zu legen, nicht nur wegen des Funktionserhalts, sondern auch aus Gründen des Explosionsschutzes. So müssen Leuchten in den Zündschutzarten „erhöhte Sicherheit“ und „non-sparking“ (nA, Zone 2) mindestens die Schutzart IP54 einhalten, für den Einsatz bei brennbaren Stäuben die Schutzart IP6X oder IP5X. Die IP-Kennzeichnung wird nach DIN EN 60529 vorgenommen, wobei die erste Kennziffer den Fremdkörper- und die zweite den Wasserschutz beschreibt (**Tabelle 6.3**).

Auswahl der Leuchten nach	Auswahlkriterien (Beispiele)
dem Explosionsschutz	Gefahrbereich (Zone 0...2, Zone 20...22), Art der Gase, Stäube usw.
den lichttechnischen Eigenschaften	minimale Beleuchtungsstärke, Lichtfarbe, Lichtstromverteilung
der Art und Anzahl der Lampen	z. B. Leuchtstofflampen, Entladungslampen
dem Verwendungszweck	Punktbeleuchtung, Flächenstrahler
dem Einsatzort	Innenleuchten, Außenleuchten
der Bauart	Langfeldleuchten, Hängeleuchten
den Materialeigenschaften	Metall, Kunststoff, Glas
der Montageart	Einbau-, Anbau-, Mast- oder Hängeleuchten
den Umweltbedingungen	Temperatur, Feuchtigkeit, chemische und mechanische Einflüsse usw.
den Kostengesichtspunkten	Anschaffungs- und Betriebskosten, Lebensdauer, Installations- und Wartungsaufwand

Tabelle 6.1 Auswahlkriterien für Leuchten

		bei Gasen		
Kategorie	**Ex-Gefahr**	**Zone**	**Explosionsgruppe**	**Temperaturklasse**
Ex II 1G	ständig	0	IIA, IIB, IIC	T1 ... T6
Ex II 2G	zeitweilig	1		
Ex II 3G	selten	2		
		bei brennbaren Stäuben		
Kategorie	**Ex-Gefahr**	**Zone**	**maximale Oberflächentemperatur**	
Ex II 1D	ständig	20	$T_{0_{max}}$	
Ex II 2D	zeitweilig	21		
Ex II 3D	selten	22		

Tabelle 6.2 Leuchtenauswahl nach Gefährdungskategorien

1. Kennziffer	Schutz gegen Fremdkörper und Berührung	2. Kennziffer	Schutz gegen Wasser
0	ungeschützt	0	ungeschützt
1	Fremdkörper > 50 mm	1	Tropfwasser senkrecht
2	Fremdkörper > 12 mm	2	Tropfwasser schräg
3	Fremdkörper > 2,5 mm	3	Sprühwasser
4	Fremdkörper > 1 mm	4	Spritzwasser
5	staubgeschützt	5	Strahlwasser
6	staubdicht	6	starkes Strahlwasser
		7	Eintauchen
		8	Untertauchen
Beispiel: IP65 bedeutet: 6 = staubdicht; 5 = gegen Strahlwasser geschützt.			

Tabelle 6.3 IP-Kennzeichnung – Schutz gegen äußere Einflüsse

Für das Einhalten der Schutzart der Leuchte ist sowohl der Errichter bei der Montage als auch der Betreiber der Beleuchtungsanlage verantwortlich. Um bei der Montage die angegebene Schutzart der Leuchte einhalten zu können, ist besonders auf die korrekte Leitungseinführung zu achten. Es ist sicherzustellen, dass das Dichtungsvermögen der Leitungseinführungen dem Außendurchmesser der Leitung entspricht. Die angegebene Schutzart bezieht sich auch auf die bestimmungsgemäße Gebrauchslage der Leuchte, dabei darf sie nicht „verwunden" montiert werden – was bei unebenem Untergrund schnell passieren kann. Nach der Montage muss die Auflage der Leuchtenwanne auf dem Gehäusedichtungsprofil nochmals sorgfältig geprüft werden. Sonstige Hinweise zur Montage sind oft aus der Montageanleitung des Herstellers ersichtlich. Befestigungsbauteile von Leuchten sind besonders bei Außenanlagen in feuchtwarmer Atmosphäre gegen Korrosion zu schützen. Dabei müssen die Befestigungsteile so konzipiert sein, dass sie bei einer Belastung mit dem 5-fachen Leuchtengewicht keine gefahrbringende Veränderung aufweisen. Bei schräger Montagelage ist die Leitung von unten einzuführen. Im Außenbereich sind die Leuchten zumeist höheren Temperaturschwankungen und wechselnden Atmosphären und Windlasten ausgesetzt. Die Mindestschutzart IP65 ist bei Außenanwendung der Leuchten sicherlich sinnvoll. Ein Nachteil von sehr dichten Gehäusesystemen ist die Ansammlung von Kondensationsfeuchte bei extremen Temperaturschwankungen und hoher Luftfeuchtigkeit. Ist die Leuchte in Betrieb, so entsteht dadurch ein Überdruck aufgrund der erwärmten Innenluft. Dieser Überdruck bewirkt ein Ausblasen von Luft aus dem Leuchteninneren. Beim Abschalten der Leuchte und der darauffolgenden Abkühlung der Luft fehlt diese während der Betriebsphase abgegebene Luft, und es entsteht ein

Unterdruck. Durch diesen Unterdruck wird feuchte Luft oder auf den äußeren Dichtflächen abgelagertes Regenwasser in das Leuchteninnere gesaugt. Sehr dichte Leuchten können diese Druckdifferenzen zwischen innerer und äußerer Atmosphäre schlecht ausgleichen. Bei ihnen treten die geschilderten Effekte besonders stark auf. Als wirksame Gegenmaßnahme hat sich der Einbau eines Klimastutzens erwiesen. Er gestattet bei Einhaltung der Mindestschutzart den schnellen Luftaustausch und vermindert dadurch den beschriebenen „Pumpeffekt“.

Explosionsgeschützte Leuchten sind für Umgebungstemperaturen von −20 °C bis +40 °C zugelassen. Andere Umgebungstemperaturen sind beim Hersteller anzufragen und müssen auf dem Typschild dokumentiert sein. Neben den besonderen Umgebungstemperaturen sind oft noch weitere erschwerende chemische oder physikalische Einflüsse zu berücksichtigen, z. B Salznebel, Gase, Säuren, Lösungsmittel, UV-Strahlung, aber auch extreme Vibrationen. Hinsichtlich der Auswirkung besonderer Betriebsbedingungen sollte unbedingt der Hersteller gefragt werden.

6.2 Not- und Sicherheitsbeleuchtung

Nach der Arbeitsstättenverordnung (ArbStättV) und der Gewerbeordnung ist der Unternehmer verpflichtet, eine Sicherheitsbeleuchtung zu installieren, wenn bei Ausfall der allgemeinen Beleuchtung eine Gefahr für die Arbeitnehmer entstehen kann. Es muss deshalb zunächst geprüft werden, ob eine Sicherheitsbeleuchtung erforderlich ist. Ist sie notwendig, dann ist sie so zu errichten, dass sie beleuchtungstechnisch dem Regelwerk für Notbeleuchtung und elektrotechnisch der aktuellen Normung entspricht. Selbstverständlich sind dann auch die in DIN VDE vorgeschriebenen Prüfungen durchzuführen und die entsprechenden Prüffristen einzuhalten. Notbeleuchtung (**Bild 6.1**) ist die Beleuchtung, die bei einer Störung der Strom-

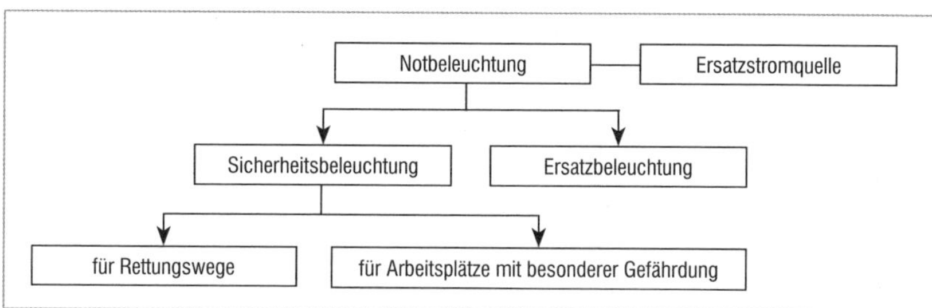

Bild 6.1 Übersicht und Unterteilung der Notbeleuchtung

versorgung der künstlichen Allgemeinbeleuchtung rechtzeitig wirksam wird. Sie ist der Oberbegriff für Sicherheitsbeleuchtung und Ersatzbeleuchtung. Bei der Sicherheitsbeleuchtung unterscheidet man erstens die Sicherheitsbeleuchtung von Rettungswegen und für das gefahrlose Verlassen von Räumen und zweitens die Sicherheitsbeleuchtung für Arbeitsplätze mit besonderer Gefährdung, für das gefahrlose Beenden von Tätigkeiten und das sichere Verlassen des Raumes.

Die Ersatzbeleuchtung dient dem Weiterführen der laufenden Tätigkeit, die aus speziellen Gründen nicht abgebrochen werden kann. Im industriellen Bereich werden durchaus auch Ersatzbeleuchtungsanlagen installiert, die bei Ausfall der allgemeinen Beleuchtung wirksam werden, obwohl durch den Ausfall keine Gefährdung für die Arbeitnehmer gegeben ist. Rettungswege in Arbeitsstätten müssen beleuchtet und gekennzeichnet werden.

Die Beleuchtungsstärke muss auf der Mittellinie des Rettungsweges über dem Fußboden oder Treppenstufen $E \geq 1$lx erreichen. Dieser Wert gilt für den ungünstigsten Punkt der Anlage am Ende der Nennbetriebsdauer. Die Gleichmäßigkeit der Beleuchtungsstärke bezieht sich auf die Mittellinie des Rettungsweges.

Die Konstruktion und die Bauform der explosionsgeschützten Leuchten hängen entscheidend von der Beleuchtungsaufgabe und dem Einsatzgebiet ab. Im Rahmen der DIN EN 60079 (VDE 0170) für explosionsgeschützte Betriebsmittel zum Einsatz in Zone 1 oder der DIN EN 60079-15 für Zone-2-Betriebsmittel kann der Hersteller die Entwicklung einer Leuchte frei gestalten. Ist dagegen für den Staubexplosionsschutz hauptsächlich auf die Gestaltung der Oberfläche und die Oberflächentemperatur sowie auf die Dichtigkeit und das Material der Leuchte zu achten, so sieht die Konstruktion einer Leuchte für den Einsatz einer Gasentladungslampe in Zone-1-Bereichen völlig anders aus. Hier kommen hauptsächlich die Zündschutzarten „erhöhte Sicherheit", „druckfeste Kapselung" oder Kombinationen der beiden zur Anwendung. Da diese gas- bzw. staubexplosionsgeschützten Leuchten schon von der Anwendung her nur geschlossene Leuchten sein können und da die mechanische Festigkeit nur durch hochwertige Materialien erreicht wird, sind diese Spezialleuchten immer Qualitätsleuchten mit einer hohen Lebensdauer und Sicherheit, neben der Gewährleistung der Normenkonformität. Es gibt heute eine Vielzahl explosionsgeschützter Leuchten für die unterschiedlichsten Anwendungen.

6.3 Kompaktleuchten

Unter Kompaktleuchten versteht man Leuchten in kompakter Bauweise für allgemeine Beleuchtungszwecke mit geringem Lichtstrom zum Einsatz in Gängen und kleinen Räumen, z. B. Wand- und Deckenleuchten oder Hinweisleuchten. Aufgrund des niedrigen Lichtstromes und der damit verbundenen niedrigen elektrischen Leistung können Lampen verwendet werden, deren marginale Temperatur unterhalb der Zündtemperatur der entsprechenden Gasgruppen liegt. Damit können Leuchten in der Zündschutzart „erhöhte Sicherheit" ausgeführt werden, deren Handhabungskomfort vergleichbar mit dem von normalen Industrieleuchten ist.

Das Leuchtengehäuse muss einer Schlagenergie von 7 J widerstehen, der lichtdurchlässige Teil einer Schlagenergie von 4 J. Dies ist ein Vielfaches von dem, was normale Leuchten aushalten müssen. Um elektrostatische Aufladungen der Leuchtengehäuse zu vermeiden, besteht für Betriebsmittel mit Kunststoffgehäusen die Möglichkeit, z. B durch Graphiteinmischungen den Oberflächenwiderstand auf ein ungefährliches Maß von $< 1\ G\Omega$ zu reduzieren. Bei Leuchten ist dies aus optischen Gründen (Transparenz) nur eingeschränkt möglich. Deshalb muss auf dem Leuchtengehäuse der Hinweis „Nur mit feuchtem Tuch reinigen!" deutlich sichtbar angebracht sein. Das Leuchtengehäuse muss für die Einbaukomponenten einen Wasser- und Staubschutz ≥ IP54 gewährleisten. Ist der Verschluss mit einer Schalteinrichtung gekoppelt, so wird die Leuchte beim Öffnen allpolig spannungsfrei geschaltet. Der unter Spannung verbleibende Klemmanschluss muss der Schutzart IP30 entsprechen. Ist eine solche Zwangsabschaltung nicht gegeben, dann ist außen auf der Leuchte ein Warnhinweis „Nicht unter Spannung öffnen!" angebracht. Lampenfassungen stellen über die Lampensockel die elektrische Verbindung zur Lampe her. Da sowohl bei den Schraubfassungen als auch bei den Steckfassungen Übergangsfunken auftreten können, z. B durch Lockerung, sind die Fassungen in der Zündschutzart „Ex d" ausgeführt. Bei der Fassung für den Einstiftsockel Fa 6 ist die Paarung Fassung – Sockel eine druckfeste Kapselung, d. h., der Einstiftsockel der Lampe bildet zusammen mit der Fassungsbuchse einen zünddurchschlagsicheren Zylinderspalt. Bei den Zweistiftsockelfassungen G 5 und G13 werden die Prinzipien der Zündschutzart „erhöhte Sicherheit" angewandt, die sich als gleichwertig sicher erwiesen haben. Auch die Anschlussklemmen sind in der Zündschutzart „e" gefertigt und müssen so konzipiert sein, dass ein Verdreh- und Selbstlockerungsschutz gegeben ist. Der Kontaktdruck ist auch bei Temperaturwechsel im Betrieb sicherzustellen. Der Klemmsockel selbst muss am Leuchtengehäuse befestigt sein. Für Glühlampen können Leuchten nur für die Temperaturklassen T1 und T2 gebaut werden, da die Temperatur an der Oberfläche für die höheren Temperaturklassen zu hoch ist. Da die maximale Oberflächentemperatur der Glühlampen von der Brennlage abhängig ist (stehend, liegend oder hängend), kann es sein, dass die Leuchten abhängig von der Montagelage unterschiedliche Temperaturklassen haben. Dies ist dann auf dem Typschild der Leuchte angegeben.

6.4 Leuchten für Leuchtstofflampen

Es gibt auch Bereiche, in denen Kunststoffleuchten nicht geeignet sind, z. B in Lackieranlagen wegen Lösungsmitteldämpfen oder in Reinräumen der pharmazeutischen Industrie. Hier bieten sich Leuchten aus Edelstahl oder lackiertem Stahlblech an. Der Lichtaustritt erfolgt durch eine temperaturwechselbeständige, bruchsichere Glasscheibe, die mittels Scharnieren über einen Zentralverschluss abgeklappt werden kann. Dadurch ist die Leuchte einfach zu öffnen. Die Stahlblechleuchten gibt es als Hängeleuchten, schwenkbare Leuchten und als Deckeneinbauleuchten.

Handleuchten und Handscheinwerfer für explosionsgefährdete Bereiche werden, wie in anderen Industriebereichen auch, für kurzzeitige Beleuchtung eingesetzt, wie sie für Kontrollgänge oder bei kleinen Reparaturen typisch ist. Es gibt eine Vielzahl von Handleuchten für die Ex-Bereiche mit unterschiedlicher Brenndauer und Lichtstärke, netzunabhängig oder mit Anschlusskabel. Die Handleuchten sollten durchgängig für die Zone-1-Anwendung konzipiert sein, da der Anwender aufgrund der Flexibilität der Handhabung und der leichten Transportfähigkeit der Leuchte schnell wechseln kann. Somit ist es sinnvoll, Handscheinwerfer oder Handleuchten zu verwenden, die in sämtlichen gas- und staubexplosionsgefährdeten Bereichen verwendbar sind. Werden Handleuchten mit Netzanschluss naturgemäß bei Reparaturen eingesetzt, so ist eine richtige Flexibilität erst bei Batterieleuchten gegeben. Der Anwender kann auf dem Markt unter einfachsten Taschenlampen mit auswechselbaren Batterien oder komfortablen Handscheinwerfern auswählen.

Letztere bieten eine hohe Lichtleistung mit Halogen- bzw. Xenonglühlampen und eine lange Brenndauer von mehreren Stunden durch wieder aufladbare, wartungsfreie Akkus. Diese Handscheinwerfer werden außerhalb des explosionsgefährdeten Bereiches in stationär angebrachten Ladestationen geparkt und dabei geladen. Während des Betriebs sind sie oft fokussierbar auf breitstrahlendes Licht oder Punktlicht. Über die Ladestation wird eine Notlichtfunktion erreicht, d. h., im geparkten Zustand leuchtet der Handscheinwerfer auf, wenn das Netz ausfällt. Dabei wird der Raum erleuchtet, der Scheinwerfer ist dann einfach auffindbar. Neben den funktionellen und lichttechnischen Leistungen müssen die Handscheinwerfer dem Explosionsschutz genügen. Sie werden meist in der Zündschutzart „erhöhte Sicherheit“ in Kombination mit der Beschaltung der Stromkreise durch Maßnahmen der Zündschutzart „Eigensicherheit“ hergestellt. Die mechanische Festigkeit und die Dichtheit werden bei transportablen Betriebsmitteln durch eine Fallprüfung getestet. Dabei darf keine Beschädigung eintreten, die die Zündschutzmaßnahmen beeinträchtigt.

Die Kennzeichnung einer Leuchte in Form des Typschildes ist als identifizierendes Dokument zu betrachten. Neben den allgemeinen Angaben gemäß der Leuchtennormung sind natürlich die Angaben bezüglich des Explosionsschutzes für die Auswahl und Installation der Leuchte vor Ort elementar. Auf den Leuchten müssen neben herstellerspezifischen Angaben auch Hinweise zu den Betriebsbedingungen und zum Explosionsschutz angegeben sein.

Leuchten und ihre Betriebsmittel sind so einzusetzen, dass mögliche Temperaturklassenänderungen beachtet werden. Dies ist dann notwendig, wenn Leuchten unterschiedlicher Leistungen eingesetzt werden. Je nach Leuchtentyp verfügen diese über unterschiedliche Temperaturklassen, die durch ihre Art und Bemessung/Auslegung der Leuchte bedingt sind. Die Auswahl erfolgt grundsätzlich anhand der geforderten Temperaturklassen. Bei Leuchten, bei denen die Möglichkeit austauschbarer Leuchtmittel gegeben ist, sind nur die zugelassenen Leuchtmittel erlaubt. Weitere Adapter oder zusätzliche Fassungen sind nicht zulässig.

Bei der Installation oder dem Einsatz von Natriumdampfniederdrucklampen ist der ungeschützte Transport aufgrund der Zündgefahr, bedingt durch austretendes Natrium nach Beschädigung der Lampe, nicht zulässig.

7 Verwendung von Steckern, Steckverbindern und Steckdosen

Grundsätzlich gilt, dass in den Bereichen und Installationsorten, in denen die Geräteschutzniveaus (EPL) „Ga“ (EX-Zone 0) und „Da“ (EX-Zone 20) gefordert werden, das Betreiben von Steckern und Steckdosen untersagt ist.

Für den Einsatz und die Verwendung von Steckern und Steckdosen in explosionsfähiger Staubatmosphäre gelten weitere besondere Anforderungen. Installierte Steckdosen in den Staub-Ex-Zonen 21 und 22 und in den Bereichen, in denen die Geräteschutzniveaus „Db“ und „Dc“ gefordert werden, sind so auszuführen, dass das Eindringen des Staubes sowohl bei eingestecktem sowie nicht eingestecktem Stecker als auch beim Einstecken selbst verhindert wird. Als weiteres ist die Steckdose/Steckvorrichtung in einem Winkel von 60° (abweichend von der senkrechten Installationswand) nach unten geneigt anzubringen, um auch bei einem Nichtverschließen der Staubschutzkappe (Federdeckel), das Eindringen des Staubes zu verhindern.

Allgemein gilt, dass auch unter dieser besonderen Anwendung von Steckdosen und deren Installation, der Installationsort so auszuwählen ist, dass die erforderliche flexible Anschlussleitung so kurz wie nur möglich betrieben wird. Dies ist der Berücksichtigung und Einhaltung der allgemein geforderten Abschaltbedingungen geschuldet.

7.1 Steckverbindungen mit der Zündschutzart und dem Schutzniveau „eb“

Steckbare Verbindungen sind dafür geeignet und dazu vorgesehen, bei Montage, Instandhaltung oder Reparatur eine schnelle und einfache Verbindung oder Trennung durchzuführen. Diese Verbindungen sind jedoch nicht dafür geeignet oder darauf ausgelegt, in einem Bereich oder einer Zone mit explosionsfähiger Atmosphäre verbunden oder getrennt zu werden.

Eine verwendbare Steckverbindung mit dem Schutzniveau „eb“ muss den nachgeführten Anforderungen entsprechen:

- Sie muss mindestens zwei Kontaktflächen aufweisen, wobei das Versagen der einen Kontaktfläche nicht zum Versagen oder zur Beeinträchtigung der Funktionalität der zweiten führen darf,

- ein Trennen der Steckverbindung darf unter anstehender Spannung nicht möglich sein – es muss eine Verriegelung bestehen,
- die Anschlusssicherheit muss gewährleistet sein:
  1. Durch eine mechanisch geeignete Halterung mit einer entgegenwirkenden Kraft von 30 N (Newton) bei trennbaren Baugruppen mit einer Masse von nicht mehr als 0,25 kg/10 l oder
  2. bei verbindenden Baugruppen an ortsfesten und vorgesehenen Verbindungspunkten der Baugruppen mit einer Trennkraft in N (Newton), die größer als das 200-fache der Bauteilmasse ist. Ist diese Forderung gegeben, sind zusätzliche mechanische Halterungen nicht notwendig.

7.2 Steckverbindungen mit dem Schutzniveau „ec"

Wie bei Steckverbindungen mit dem Schutzniveau „eb" gilt: Steckbare Verbindungen sind dazu geeignet und dafür vorgesehen, bei Montage, Instandhaltung oder Reparatur eine schnelle und einfache Verbindung oder Trennung durchzuführen. Diese Verbindungen sind jedoch nicht dazu geeignet oder darauf ausgelegt, in einem Bereich oder einer Zone mit explosionsfähiger Atmosphäre verbunden oder getrennt zu werden.

Folgende Anforderungen müssen diese Steckverbindungen nach DIN EN 60079-7 erfüllen:

- *„Jede Verbindung oder jede Gruppe von Verbindungen muss mit einer mechanischen Halteeinrichtung ausgerüstet sein, die abgesehen von der inneren Reibung, eine Trennung entgegenwirkende Kraft von mindestens 15 N sichert; die trennende Kraft muss ruckfrei etwa in der Mitte des Bauteils angreifen. Wo eine Gruppe von Einzelverbindungen mechanisch gekoppelt ist und die Masse der Baugruppe mehr als 0,25 kg beträgt oder mehr als 10 Leiter trägt, ist die Sicherheit der Verbindung besonders zu berücksichtigen.*
- *Bei zu verbindenden Baugruppen, die sich auf die Reibung verlassen, um an ihrem Platz zu bleiben, und die nicht an einer anderen Stelle als den Verbindungspunkten befestigt sind, muss die Trennkraft in Newton größer als das 100-fache der Bauteilmasse (in kg) sein, und die Kraft muss ruckfrei ansteigend etwa in der Mitte des Bauteils angreifen. In diesem Fall ist eine mechanische Haltevorrichtung nicht erforderlich."*

8 Betreiben und Laden von Zellen und Batterien

Das Betreiben sowie das Laden von Zellen und Batterien in Bereichen und Räumen, in denen mit explosionsfähiger Atmosphäre gerechnet werden muss, darf nur dann erfolgen, wenn sie für diese Bereiche und Räume geeignet und zugelassen sind. Diese Zulassungen sind durch Zertifikate nachzuweisen.

Angaben durch den Hersteller sind zu berücksichtigen und einzuhalten!

Werden Zellen und Batterien außerhalb einer explosionsfähigen Atmosphäre geladen und nach diesem Ladevorgang wieder in einen Bereich oder einen Raum mit explosionsfähiger Atmosphäre zum ordnungsgemäßen Betrieb zurückgebracht oder installiert, ist darauf zu achten, dass:

a) die entstandene und am Gehäuse anliegende Temperatur der Zellen und Batterien unterhalb der für den Raum oder den Bereich festgelegten Temperaturklassen liegt,
b) sich kein durch das Aufladen entstandene Gas im Behälter oder im Gehäuse der Zellen und Batterien befindet.

Sind Maßnahmen zur Belüftung von Zellen und Batterien zum Beispiel in deren Gehäuse vorgesehen oder vorhanden, muss bei der Installation darauf geachtet werden, dass diese nicht „verschlossen“ werden. Durch die Installation darf es nicht zur Einschränkung von Lüftungsmaßnahmen kommen.

Kann ein Hersteller das Aufladen und Verwenden seiner Zellen und Batterien in seiner Herstellerdokumentation nachweisen und ist es obendrein zulässig, dürfen diese in explosionsgefährdeten Bereichen und Zonen geladen und verwendet werden. Hierzu gehört auch das Laden in einem Gehäuse in der Ausführung Ex „d“ („druckfeste Kapselung“).

Wird ein Gerät bzw. ein Betriebsmittel außerhalb eines explosionsgefährdeten Bereiches geladen, um sodann in einen Raum mit explosionsgefährdeten Bereichen zurückgebracht und betrieben zu werden, ist zu gewährleisten, dass:

a) Die aktuelle Temperatur des Gerätes bzw. des Betriebsmittels sich unterhalb der Temperaturklasse befindet und
b) dass ein Gas, welches sich während des Ladeprozesses bildet, zur Gefahr werden kann.

Sind für Batterien spezielle Be- und Entlüftungsmaßnahmen vorgeschrieben und einzuhalten, ist bei der Ausführung der Installation darauf zu achten, dass es zu keinen negativen Einflüssen bei der Be- und Entlüftung kommt.

9 Vermeiden von Funken als eventuelle Zündquelle

Zur Vermeidung von gefahrbringenden und zündfähigen Funken sind fundierte Kenntnisse aus den Bereichen der Materialzusammensetzungen und Werkstoffkombinationen unerlässlich. Die **Tabellen 9.1** führen Materialien und Materialkombinationen auf, die zum Beispiel als metallische Installationsmaterialien, wie Montageplatten, Schutzgehäuse, Witterungsschutz und Zubehör zu Installationsmaterialien der Gruppe II, verwendet werden. Für Installationsmaterial der Gruppe II gilt:

Aufgrund eines möglichen Funkens durch zündfähige Reibungen, welche bei Leichtmetallen, die im Außenbereich installiert werden sollen, auftreten können, ist eine zusätzliche sicherheitstechnische Bewertung notwendig.

EPL (Geräteschutzniveau)	Aluminium	Magnesium	Titan	Zirkonium	Anteil gesamt in %
Ga	x	x	x	x	10,0
Gb		x	x	x	7,5
Gc					
Da		x	x	x	7,5
Db		x	x	x	7,5
Dc					

Tabelle 9.1 Materialien und Materialkombinationen für Installationsmaterial der Gruppen II und III
Besondere Beachtung muss dem Verwendungsort von Installationsmaterial (beispielsweise bei Vorhandensein von Leichtmetallen) im Außenbereich der Konstruktion gewidmet werden, da solche Materialien bekanntermaßen Funken bilden, die bei Reibungskontakt zündfähig sind.

9.1 Betrachtung einer möglichen Funkenbildung bei der Wahl der Netzart

Damit eine eventuell auftretende Funkenbildung nicht stattfindet, ist es unter anderem notwendig, auftauchende Erdschlussströme in und an Bauteilen, Gehäusen und Umhüllungen sowie Potentialunterschiede oder Potentialerhöhungen zu vermeiden.

Je nach Versorgungs-Netz (Netzsystem/Netzart) sind die folgenden Maßnahmen auszuwählen bzw. durchzuführen, um die Wahrscheinlichkeit einer Funkenentstehung so gering wie nur möglich zu halten, vgl. **Tabelle 9.2**.

Versorgungsnetz – Netzart/Netzsystem	**Örtlichkeit**	**Maßnahme/Anmerkung**
TN-Netz	Im Ex-Bereich nur als TN-S-System	Die Trennung und Verwendung des PEN-Leiters ist im Ex-Bereich unzulässig.
TT-Netz	Versorgung des Ex-Bereichs	Nur mit Einsatz eines RCD. *Achtung:* Bei hohem Erdwiderstand ist dieses System nicht anwend- bzw. durchführbar.
IT-Netz	Versorgung des Ex-Bereichs	Nur in Verbindung und mit Einsatz einer Isolationsüberwachungseinrichtung. Eventuell ist ein zusätzlicher Potentialausgleich notwendig!
Schutzkleinspannung SELV	Versorgung des Ex-Bereichs	Keine Verbindungen mit: Erde oder geerdeten Leitern, Schutzleitern anderer Stromkreise. Alle Körper/Betriebsmittel können geerdet sein.
Funktionskleinspannung PELV	Versorgung des Ex-Bereichs	PELV-Stromkreise sind geerdet. Alle Körper müssen an gemeinsamen Erde/Potentialausgleich angeschlossen werden.
Schutztrennung	Versorgung Betriebsmittel im Ex-Bereich	Versorgung von jeweils einem einzigen Betriebsmittel/Gerät.

Tabelle 9.2 Maßnahmen zur Verringerung von Zündfunken durch Netzsysteme

Zusätzlich zu den zuvor genannten möglichen Arten von Funkenbildung durch Stromnetze und unterschiedliche Netzsysteme sind weitere funkenbildende Zündquellen oberhalb eines Ex-Bereiches bei der Auswahl von Betriebsmitteln zu bewerten und zu beachten.

Werden nicht explosionsgeschützte Geräte außerhalb eines Ex-Bereiches oder einer Ex-Zone installiert oder geplant, dürfen eventuell entstehende Funken, die durch heiße Teilchen, Funken, Lichtbögen oder vergleichbares entstehen können, nicht zur Zündquelle eines darunterliegenden oder angrenzenden Ex-Bereiches werden. Sind Funken, heiße Oberflächen oder Lichtbögen an diesen Geräten nicht vermeidbar, so sind Maßnahmen wie das vollständige Kapseln oder andere geeignete Schutzmaßnahmen zu treffen und durchzuführen. Die Gefahr durch von außen in den Ex-Bereich eingebrachte Funken, Lichtbögen oder heiße Oberflächen durch nicht explosionsgeschützte Betriebsmittel und Geräte ist zu vermeiden.

Um das Auftreten zündfähiger elektrischer Funken zu vermeiden, müssen außer bei der Schutzart „Eigensicherheit“ alle aktiven Teile isoliert sein. In Abhängigkeit von der Netzform sind folgende weitere Maßnahmen erforderlich. Bei einem TN-System müssen im explosionsgefährdeten Bereich N- und PE-Leiter getrennt geführt werden. Die Auftrennung beider Leiter muss außerhalb des gefährdeten Bereiches erfolgen, vgl. **Bild 9.1**. Bei einem TT-System (getrennte Erdung für Versorgungsteil und Körper elektrischer Betriebsmittel) ist für Installationen in der Zone 1 eine Fehlerstromschutzeinrichtung (RCD) vorzusehen.

Bei einem IT-System (Sternpunkt isoliert oder über eine Impedanz geerdet) ist eine Isolationsüberwachungseinrichtung zur Anzeige des ersten Erdschlusses erforderlich. SELV-Schutzkleinspannungssysteme müssen DIN VDE 0100-410 entsprechen. Aktive Teile von SELV-Stromkreisen dürfen nicht geerdet oder mit aktiven Teilen oder Schutzleitern anderer Stromkreise verbunden werden.

PELV-Funktionskleinspannungssyteme müssen ebenfalls den Anforderungen der DIN VDE 0100-410 entsprechen. Die PELV-Stromkreise dürfen geerdet oder potentialfrei betrieben werden. Bei geerdeten Stromkreisen müssen die Erdverbindungen und alle Körper elektrischer Betriebsmittel an ein gemeinsames Potentialausgleichssystem angeschlossen werden. Bei potentialfrei betriebenen Stromkreisen dürfen die Körper elektrischer Betriebsmittel geerdet werden oder potentialfrei bleiben.

Wird Schutztrennung eingesetzt, so muss sie entsprechend der DIN VDE 0100-410 ausgeführt werden.

Nicht explosionsgeschützte Betriebsmittel und Geräte sowie deren Installationen dürfen zu keinem Zeitpunkt zur Zündquelle einer Ex-Zone werden. Zu diesen Zündquellen gehören zum Beispiel die in **Tabelle 9.3** aufgeführten Arten von Betriebsmitteln.

Einzelne Betriebsmittel, wie zum Beispiel Natriumdampfniederdrucklampen bzw. Leuchten, dürfen nicht in Bereichen oberhalb einer explosionsgefährdeten Zone installiert oder eingesetzt werden.

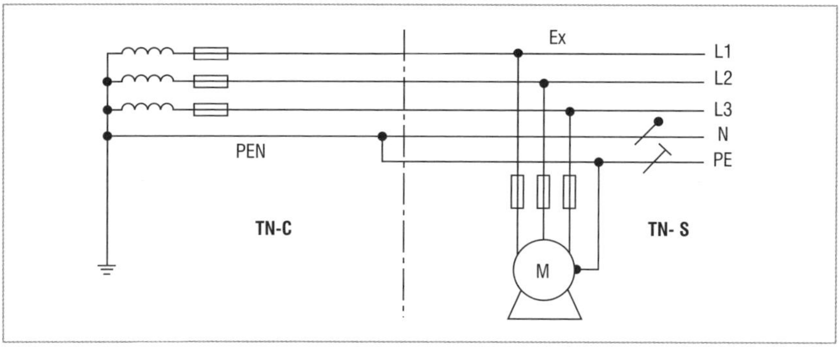

Bild 9.1 TN-Systeme mit Auftrennung des PEN in N und PE vor dem Ex-Bereich

Betriebsmittel/Gerät/Maschine	**potentielle Zündquelle**
Sicherungen, Schutzeinrichtungen	– Lichtbögen – Funken – heiße Teilchen – heiße Oberflächen
Schalteinrichtungen, Steckverbindungen (z. B. Stecker und Steckdosen)	– Lichtbögen – Funken – heiße Teilchen
Motoren/Generatoren/Stromerzeuger	– Lichtbögen – Funken – herumfliegende heiße Teilchen – heiße Oberflächen – eingeschränkte Wärmeableitung Hervorgerufen durch Gleitkontakte, Unwucht, Phasenausfall, Bürsten, Schleifringkontakte, Überlast etc.
Heizgeräte, Heizelemente, begleitende oder unterstützende Heizmittel (z. B. Rohrbegleitheizungen)	– Lichtbögen – Funken – heiße Teilchen
Hilfs- und Zubehöreinrichtungen (Energiespeicher wie Kondensatoren, Starterhilfen, Vorschaltgeräte etc.)	– Lichtbögen – Funken – heiße Teilchen
Kabel- und Leitungsanlagen, Netzversorgungssysteme	– Lichtbögen – Funken – heiße Teilchen – eingeschränkte Wärmeableitung
Beleuchtungsanlagen	– Lichtbögen – Funken – heiße Teilchen – heiße Oberflächen – eingeschränkte Wärmeableitung
innere und äußere Blitzschutzanlagen	– Lichtbögen – Funken – heiße Teilchen – fehlender Trennungsabstand/Sicherheitsabstand
fehlende oder fehlerhaft installierte Potentialausgleichs- und Erdungsanlagen *Achtung:* Elektrostatik!	– Lichtbögen – Funken – heiße Teilchen – Potentialunterschiede

Tabelle 9.3 Potentielle Zündquellen von elektrischen Betriebsmitteln und Anlagenteilen

9.2 Potentialausgleich (PA) in explosionsgefährdeten Bereichen

Grundsätzlich ist für Betriebsmittel, Geräte und Anlagen in explosionsgefährdeten Bereichen und Zonen ein PA vorzusehen und somit erforderlich. Unabhängig vom verwendeten und angewandten Netzsystem (TN-, TT-, oder IT- Netzsystem) sind alle Körper der Geräte und Betriebsmittel sowie fremdleitfähige Teile in das PA-Netz/PA-System einzubinden.

Ebenfalls mit in den PA eingebunden werden können

- Schutzleiter (PE)
- Schutzrohre
- Schutzschläuche
- Metallene Schirme und Schirmanlagen (z. B. Kabelschirme)
- Kabelbewehrungen und Kabelleitungsführungssysteme
- Leitfähige Konstruktions- und Bauteile

Nicht in den PA eingebunden werden dürfen jegliche Verbindungen mit und zum Neutralleiter!

Fremde leitfähige Teile, die nicht Bestandteil der Konstruktion oder der elektrischen Anlage sind und bei denen keine Gefahr der Spannungsverschleppung besteht, z. B. bei Türzargen und Fensterrahmen, müssen nicht einbezogen werden.

Kein gesonderter Anschluss muss für Körper vorgenommen werden, wenn ein sicherer Kontakt über Konstruktionsteile oder Rohrleitungen mit dem Potentialausgleich besteht (**Bild 9.2**).

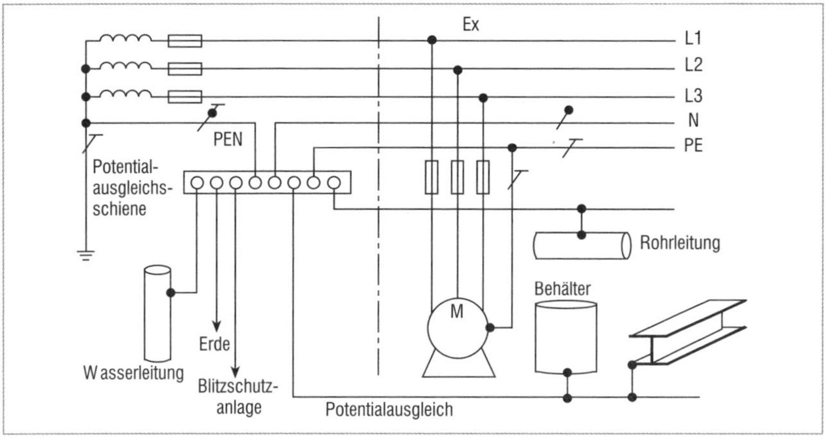

Bild 9.2 Beispielhafter Aufbau eines Potentialausgleichssystems

Metallische Gehäuse eigensicherer Betriebsmittel müssen nur dann an den Potentialausgleich angeschlossen werden, wenn dies in der Betriebsanleitung gefordert oder zur Ableitung statischer Elektrizität erwünscht ist. Anlagen mit katodischem Schutz dürfen nur dann mit dem Potentialausgleichssystem verbunden werden, wenn das System besonders dafür ausgelegt ist.

Zusätzliche Anmerkung

Metallteile in explosionsgefährdeten Bereichen, die katodisch geschützt sind, sind aktive fremde leitfähige Teile, die trotz ihres geringen negativen Potentials (besonders bei eingeprägtem Strom) als möglicherweise gefährlich anzusehen sind. Deshalb dürfen in den Zonen 0 und 20 Metallteile nur dann mit einem katodischen Schutz ausgerüstet werden, wenn er speziell für diese Art des Einsatzes vorgesehen ist. Die erforderlichen Isolierstücke sollten in jedem Fall außerhalb des explosionsgefährdeten Bereiches angeordnet werden.

Wird eine Installation, ein Gerät oder ein Betriebsmittel in den PA eingebunden bzw. angeschlossen, ist darauf zu achten, dass ein sich nicht selbstlockernder Anschluss sichergestellt ist. Weiterhin sind Maßnahmen zum Korrosionsschutz der Anschlüsse und der PA-Leiter herzustellen und durchzuführen.

Werden für die Ausführung eines PA-Systems externe oder mitgeführte Erdungsanlagen bzw. Erder herangezogen und verwendet, so sind diese separat zu bewerten. Hier empfiehlt sich eine genaue und detaillierte Gefährdungsbeurteilung zum PA-System/PA-Netz.

Hierfür ausschlaggebend können beispielsweise sein:

Bewehrungen und Schirme von Kabeln, die von nicht explosionsgefährdeten Zonen geerdet mitgeführt oder eingeführt werden (einseitig geerdete TN-Systeme etc.).

Auf einen gesonderten PA-Anschluss von Betriebsmitteln, Geräten und deren Installation kann verzichtet werden, wenn die Gehäuse/Körper einen gesicherten, festen und metallisch leitfähigen Kontakt mit den Einbaustellen und Anlagen darstellen. Die Einbaustellen und Anlagen müssen jedoch in den funktionstüchtigen PA- oder das PA-System eingebunden werden. Fremdleitfähige Bauteile oder sonstige Teile, die nicht zur Konstruktion selbst zählen, müssen ebenfalls nicht in ein PA-System eingebunden werden, wenn eine gefahrbringende Spannungsverschleppung unmöglich ist.

Um eine ausreichende leitfähige Verbindung zum PA-System herzustellen, ist der PA-Leiter mit einem Leiterquerschnitt von mindestens 6 mm^2 auszuführen. Zusätzliche PA-Leiter, darunter beispielsweise Verbindungen unter Gehäusen und Körpern, dürfen mit einem Leiterquerschnitt von mindestens 4 mm^2 errichtet werden. Größere PA-Leiterquerschnitte sind je nach Gefährdungsbeurteilung möglich.

Beim Einbinden von elektrischen Betriebsmitteln, Geräten und Installationen in einen Potentialausgleich (PA) sind jeweils die Herstellerangaben in der Gerätedokumentation zu berücksichtigen und einzuhalten. Es ist durchaus möglich, dass eigensichere oder energie- und leistungsbegrenzte Betriebsmittel, Geräte und Stromkreise nicht zwingend in einen PA eingebunden werden müssen.

Zum Einhalten besonderer Maßnahmen kann es beim Einbinden von Fahrzeugen (z. B. Silofahrzeuge) und Anlagen (unterirdische Tankanlagen) mit kathodischem Schutz kommen, die aufgrund des Förder- und Lagerguts oder deren Konstruktionsmaterialien, in den PA der ortsfesten Anlage eingebunden werden müssen. Hierbei empfiehlt es sich, eine separate Gefährdungsbeurteilung durchzuführen.

9.3 Potentialausgleich an beweglichen Teilen, Betriebs- und Arbeitsmitteln

Müssen bewegliche Betriebs- und Arbeitsmittel, darunter Fässer, Big Bags, Fördereinrichtungen, Fahrzeuge oder tragbare Geräte, aufgrund elektrostatischer Anforderungen oder zur Vermeidung von Funkenbildung mit einer „zeitweiligen Potentialausgleichsverbindung“ verbunden werden, wird empfohlen:

„die abschließende Verbindung einer zeitweiligen PA-Verbindung wie folgt herzustellen:

- *In einem nicht explosionsgefährdeten Bereich*

oder

- *mit einer Verbindung, die dem geforderten EPL (Geräteschutzniveau)-Anforderungen des Einsatzortes entspricht,*

oder

- *nach einem dokumentierten Verfahren, mit welchem das Risiko der Funkenbildung auf ein annehmbares Maß verringert wird.“*

Die eingesetzten zeitweiligen Verbindungsleitungen zum PA-Ausgleich zwischen den metallischen Betriebs- oder Arbeitsmitteln bzw. den metallischen

Teilen müssen einen Widerstand von kleiner als 1,0 MΩ aufweisen. Zur Sicherstellung des geforderten Widerstands sind messtechnische oder überwachungstechnische Maßnahmen durchzuführen und zu dokumentieren. Wiederkehrend sind Festigkeit, dauerhafte Flexibilität der Verbindungsleitungen sowie das Material der Leiter und deren Anschlüsse zu kontrollieren/zu prüfen und zu dokumentieren. Möglichkeiten zum Erhalt der Funktionalität des Systems der zeitweiligen Ausgleichsverbindungen können unter anderem eigenständige und sich selbst „prüfende" Überwachungs- und Kontrollsysteme bieten.

9.4 Anforderungen zur Vermeidung von elektrostatischen Zündgefahren

Eine häufig unterschätzte Zündgefahr sind Entladungsfunken elektrostatischer Aufladungen. Es sind Maßnahmen zu treffen, um diese zu vermeiden bzw. auf ein ungefährliches Maß zu beschränken. Die Möglichkeiten zu elektrostatischen Aufladungen werden von einer Reihe von physikalischen Parametern bestimmt, die in aller Regel stark von den lokalen Gegebenheiten abhängen. Daher sollte normalerweise eine Einzelfallbetrachtung durchgeführt werden.

Die Vermeidung von Zündgefahren durch elektrostatische Aufladung in Zone 21 hat beim Staubexplosionsschutz einen besonders hohen Stellenwert. Zwar benötigen explosionsfähige Staub-Luft-Gemische im Vergleich zu Gasen eine hohe Zündenergie, doch können mit hoher Geschwindigkeit bewegte Staubteilchen (z. B. bei pneumatischer Förderung) auch zu besonders hohen Aufladungen führen.

Sind die Schaltgeräte in größere Kunststoffgehäuse eingebaut, so muss auch die Möglichkeit elektrostatischer Entladungen in Betracht gezogen werden. Die dabei freigesetzten Energien sind häufig ebenfalls groß genug, um eine explosionsfähige Atmosphäre zu entzünden.

Bei der Durchführung von Installationsarbeiten ist darauf zu achten, dass bei der Auswahl der Betriebsmittel eine potentielle Zündquelle durch elektrostatische Aufladung an oder auf Konstruktions- und Schutzteilen verhindert wird. Selbst durch Wartungs- und Instandhaltungsmaßnahmen darf es zu keiner Zeit zu einer Gefährdung durch elektrostatische Auf- bzw. Entladung kommen. Dieser Forderung kann man durch Beachtung folgender Punkte gerecht werden:

- Durch geeignete Werkstoffauswahl unter Berücksichtigung des maximalen Oberflächenwiderstands mit den Grenzwerten 109 Ω bei einer relativen Feuchte von (50 ± 5) % oder 1.011 Ω bei einer relativen Feuchte von (30 ± 5) %,
- durch Begrenzung des Oberflächenbereichs nichtmetallischer Teile (**Tabelle 9.4**)

Unterscheidung (Geometrie) des Oberflächenbereichs:

- Freiliegende, aufladbare Fläche bei ebenen Werkstoffen,
- geschwungene und gebogene Objektflächen mit ihrer maximalen Fläche (Gesamtfläche),
- Einzelflächenbewertung bei aneinandergrenzenden Flächen mit ableitfähigen Rahmen.
  Sind die zu bewertenden Flächen mit ableitfähigen Rahmen versehen/umfasst und mit den Rahmen verbunden, darf der Oberflächenbereich um das Vierfache vergrößert werden. Bei der Betrachtung von Installations- und Konstruktionsmaterial (z. B. Rohre, Stangen oder Seile) ist der Oberflächenbereich nicht zu berücksichtigen. Hier sind die in der **Tabelle 9.5** aufgeführten Angaben zum Durchmesser oder zur Breite einzuhalten. *Achtung:* Kabel und Leitungen von äußeren Stromkreise fallen nicht unter diese Anforderungen!
- Durch Begrenzung einer nicht metallischen Schicht, welche auf eine leitende Oberfläche aufgetragen ist.
  Die Angaben zu Schichtdicken können der **Tabelle 9.6** entnommen werden. Die dort aufgeführten Werte dürfen nicht überschritten werden, die Durchschlagsspannung liegt bei ≤ 4,0 kV.

gefordertes Geräteschutzniveau	Oberflächenbereich von Konstruktions- und Schutzteilen in mm²		
	Gruppe II A	Gruppe II B	Gruppe II C
Ga	5.000	2.500	400
Gb	10.000	10.000	2.000
Gc	10.000	10.000	2.000

Tabelle 9.4 Maßangaben zum Oberflächenbereich nichtmetallischer Teile

gefordertes Geräteschutzniveau	Durchmesser/Breite von Konstruktions- und Schutzteilen in mm		
	Gruppe II A	Gruppe II B	Gruppe II C
Ga	3	3	1
Gb	30	30	20
Gc	30	30	20

Tabelle 9.5 Maßangaben zur Betrachtung von Installations- und Konstruktionsmaterial

gefordertes Geräteschutzniveau	Begrenzung nichtmetallischer Schichtdicken an Konstruktions- und Schutzteilen in mm		
	Gruppe II A	Gruppe II B	Gruppe II C
Ga	2	22	0,2
Gb	2	2	0,2
Gc	2	2	0,2

Tabelle 9.6 Schichtdicken von nichtmetallischen Konstruktions- und Schutzteilen

Einer der Hauptgründe für die Begrenzung der Dicke ist, dass die maximale Dicke der nichtmetallischen Schicht so gewählt ist, dass sie die Spannungsableitung durch die Isolierung gegen Erde erlaubt. Durch diese Maßnahme kann die statische Ladung keine zündfähigen Werte erreichen (Quelle: DIN EN 60079-14:2014-10, Abs. 6.5.2).

Werden Geräte und deren Installationen sowie Konstruktions- und Schutzteile betrieben und wird die Gefahr einer auftretenden elektrostatischen Entladung minimiert, sind diese Teile mit einem Warnhinweis/einer Warnkennzeichnung zu versehen.

Beispiel: „ACHTUNG: Gefahr durch elektrostatische Ladung"
Gleitstielbüschelentladungen müssen vermieden werden. Dies kann durch die Verwendung von Kunststoff mit mindestens einer der in **Bildern 9.3** bis **9.5** beschriebenen Eigenschaften erreicht werden. Die **Bilder 9.6** und **9.7** verdeutlichen den optischen Unterschied zwischen einer Büschelentladung und einer Gleitstielbüschelentladung. Beim Experiment ist auch der akustische Unterschied eindrucksvoll.

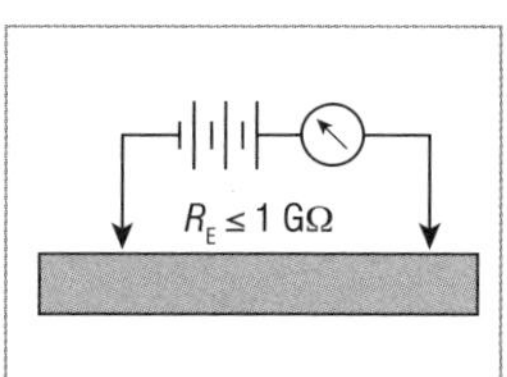

Bild 9.3 Ableitwiderstand ≤ 1 GΩ gegen elektrostatische Ableitung zur Erde durch einen Isolierstoff oder entlang seiner Oberfläche, gemessen nach dem in HD 429 S1 beschriebenen Verfahren mit einer Wirkfläche der Ringelektrode von 20 cm².

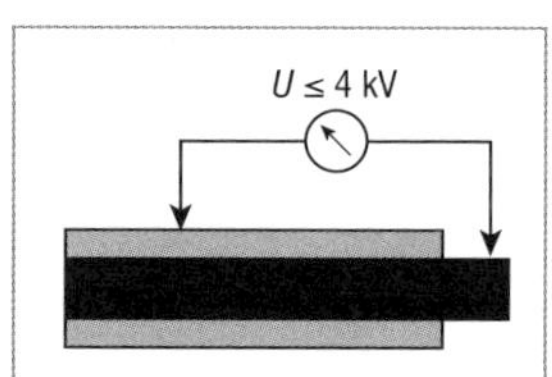

Bild 9.4 Durchschlagspannung ≤ 4 kV, gemessen durch die Dicke des Isolierstoffs nach dem in EN 60243-1 beschriebenen Verfahren.

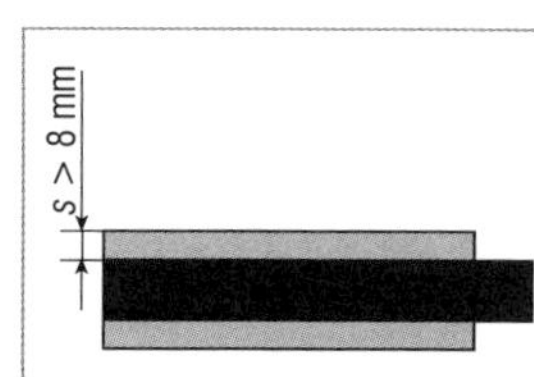

Bild 9.5 Schichtdicke von äußeren Isolierungen auf Metallteilen ≥ 8 mm. Bei einer äußeren Kunststoffschicht von 8 mm Dicke oder mehr auf Metallteilen, z. B. Messsonden oder ähnlichen Anlageteilen, sind keine Gleitstielbüschelentladungen zu erwarten. Die zu erwartende Abnutzung ist zu berücksichtigen.

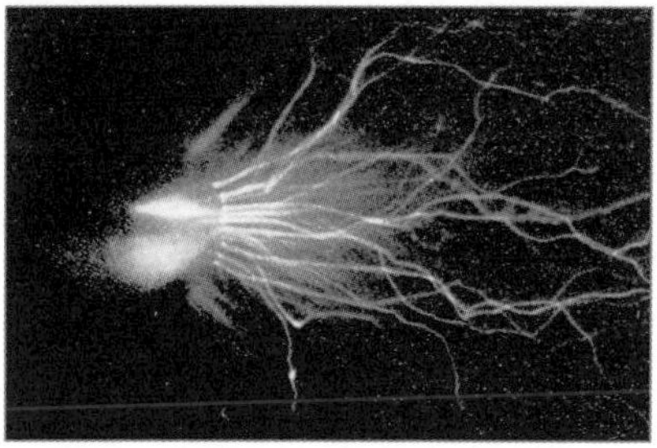

Bild 9.6 Büschelentladung mit relativ niedriger Zündenergie (ausreichend für Gase)

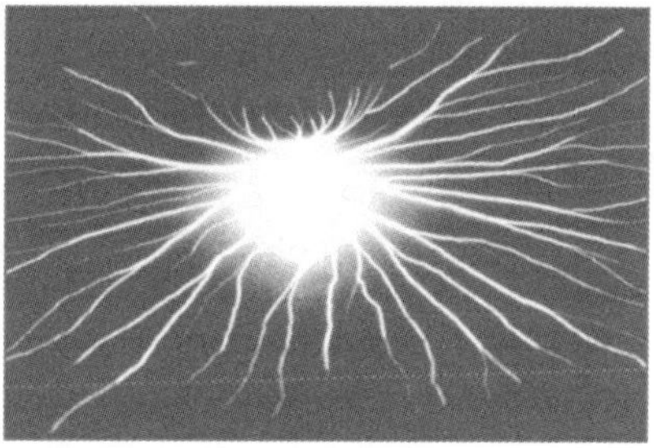

Bild 9.7 Gleitstielbüschelentladung mit relativ hoher Zündenergie (ausreichend für Stäube)

Bei den Geräteschutzniveaus „Da“, „Db“, „Dc“ (Staubex) ist zur Vermeidung elektrostatischer Aufladung an mit Farbe bestrichenen bzw. beschichteten Metall-, Schutz- und Plastikkonstruktionsteilen darauf zu achten, dass das Auftreten einer Gleitstielbüschelentladung verhindert wird.

Werden Kunststoff- bzw. Plastikabdeckungen mit einer Oberfläche von $>500\ mm^2$ zum Abdecken von leitfähigem Material benutzt, ist darauf zu achten, dass

- bei der Auswahl des verwendeten Materials der Oberflächenwiderstand den Grenzwert-Anforderungen der IEC 60079-0 entspricht und
- eine Durchschlagsspannung von $\leq 4{,}0$ kV besteht.
- Werden Geräte und deren Installationen sowie Konstruktions- und Schutzteile betrieben und die Gefahr einer auftretenden elektrostatischen Entladung minimiert, müssen diese Teile mit einem Warnhinweis/ Warnkennzeichnung versehen sein, Beispiel: „WARNUNG – mögliche Gefährdung durch elektrostatische Ladung“

Bei der Ausführung und der Errichtung von Kabel- und Leitungsanlagen ist darauf zu achten, dass diese so angeordnet bzw. installiert und verlegt werden, dass durch eventuell auftretende Reibungseffekte die Entstehung einer elektrostatischen Aufladung aufgrund von Staubdurchzug verhindert wird. Gegebenenfalls sind zusätzliche Maßnahmen zur Vermeidung einer elektrostatischen Aufladung an Kabel- und Leitungsanlagen durchzuführen.

Ist an dem explosionsgefährdeten Installationsort bzw. dem Bereich oder der Zone von elektrischen Geräten, Einrichtungen und Betriebsmitteln mit transienten Überspannungen zu rechnen, müssen gemäß der EN 62305 zusätzliche Maßnahmen zum Schutz getroffen und durchgeführt werden. Es müssen Schritte unternommen werden, welche die Auswirkungen von zum Beispiel Blitzeinschlägen auf ein sicheres Niveau beschränken.

9.5 Abschalten von Stromkreisen in explosionsgefährdeten Bereichen

Schaltgeräte haben die Aufgabe, elektrische Stromkreise zu schließen oder zu unterbrechen. Beim Ausschalten wird der Stromkreis in einer mehr oder weniger kurzen Zeit unterbrochen. Dieser Schaltvorgang wird immer vom Auftreten eines Lichtbogens oder Funkens begleitet. Auch beim Einschalten kommt es durch das Prellen der Kontakte oder durch Vorzündungen zu Funkenbildungen. Diese betriebsbedingten Funken- und Lichtbogenerscheinungen können bei ausreichender Energie im Stromkreis eine explosionsfähige Atmosphäre zünden. Zusätzlich treten an den Schaltkontakten und den Anschlusskontakten Übergangswiderstände auf. Die dort entstehende Verlustleistung führt zu einer Temperaturerhöhung im Schaltgerät, welche bei unzureichender Dimensionierung oder bei Überlastung zu einer Zündquelle werden kann.

Stromkreise, die in Bereichen/Zonen, in denen mit einer eventuell auftretenden explosionsfähigen Atmosphäre zu rechnen ist, installiert sind, müssen über eine oder mehrere Einrichtungen zum Abschalten der elektrischen Energie bzw. ihrer elektrischen Versorgung verfügen. Ausgenommen aus dieser Forderung sind eigensichere und energiebegrenzte Stromkreise. Die Maßnahmen zum Abschalten der elektrischen Versorgung sind an einer oder an mehreren dafür geeigneten Stelle(n) vorzusehen.

Aufgrund einer Abschaltung, wie zum Beispiel zu Gebrauchszwecken oder bei Notfällen der Stromkreise in explosionsgefährdeten Bereichen, darf es zu keinem weiteren Zeitpunkt zu Störungen oder zur Entstehung weiterer Gefahren kommen. Sind sicherheitsgerichtete Stromkreise zur Überwachung oder zum weiteren sicheren Betrieb von Anlagen oder anderen Stromkreisen notwendig, darf eine Abschaltung diese in ihrer Funktionalität nicht einschränken oder außer Kraft setzen. Sind zusätzliche elektrische Geräte, Betriebsmittel oder Einrichtungen zur Vermeidung weiterer Gefahren installiert und zur Aufrechterhaltung des ordnungsgemäßen und sicheren Betriebs errichtet, müssen diese aus einem separaten Stromkreis versorgt werden.

9.5.1 Freischalten elektrischer Stromkreise zum sicheren Arbeiten

Zum sicheren Arbeiten an Stromkreisen von elektrischen und sich im explosionsgefährdeten Raum befindlichen Geräten sind Einrichtungen zum Freischalten der Stromkreise vorzusehen. Von einem sicheren Arbeiten und einer eindeutigen Freischaltung kann gesprochen werden, wenn die Einrichtung für das Freischalten alle aktiven Leiter (auch den Neutralleiter) vom Versorgungsnetz trennt. Werden nicht alle Leiter über eine Freischalteinrichtung getrennt, so ist dies an der Einrichtung zum Freischalten der anderen Leiter eindeutig zu kennzeichnen! Als mögliche Trenneinrichtungen zum Freischalten können verwendet werden:

- Trenner,
- Sicherungen,
- neutrale Brücken,

wenn diese das gleichzeitige Schalten aller relevanten Leiter gewährleisten. Zudem muss an allen Trenneinrichtungen ein Hinweis bzw. eine Kennzeichnung der zugehörigen Stromkreise angebracht werden, um eine eindeutige und schnelle Zuordnung der Trenneinrichtung zu den Stromkreisen sicherzustellen. Weiterhin sollten wirksame Schutzmaßnahmen (technisch/organisatorisch) getroffen werden, um ein unbeabsichtigtes und ungewolltes Wiederzuschalten bzw. Einschalten eines Gerätes zu verhindern.

In explosionsgefährdeten Bereichen bedeutet das Arbeiten an unter Spannung stehenden nichteigensicheren Betriebsmitteln eine Zündgefahr. Es ist daher nur zulässig, wenn eine entsprechende Arbeitserlaubnis vorliegt. In allen anderen Fällen ist es erforderlich, alle ankommenden und, falls wegen der Neutralleiterspannung gegen Erde erforderlich, auch alle abgehenden Anschlüsse einschließlich des Neutralleiters üblicherweise außerhalb des explosionsgefährdeten Bereiches aufzutrennen. Dies kann durch das Herausnehmen von Sicherungen, das Lösen von Verbindungen oder das Verriegeln einer Trennstrecke oder eines Schalters geschehen. Enthält ein Gerät Energiespeicher oder innere heiße Oberflächen, so dürfen die Arbeiten erst begonnen bzw. das Gerätegehäuse erst geöffnet werden, nachdem so lange gewartet wurde, bis die gespeicherte Energie und/oder die Temperatur der inneren heißen Oberflächen auf unkritische Werte abgesunken sind.

Da eine Auftrennung der elektrischen Verbindungen immer eine Außerbetriebnahme des betreffenden Gerätes und damit auch den momentanen

Verlust seiner betrieblichen Funktionen bedeutet, ist bei Arbeiten im laufenden Betrieb eine schriftlich dokumentierte Absprache mit der Betriebsleitung erforderlich. Diese Arbeitserlaubnis enthält dann zwar keine Aspekte der Erlaubnis zur Arbeit mit Zündgefahren mehr, fixiert aber, welche Geräte oder gegebenenfalls Bereiche außer Betrieb genommen werden dürfen. In Bereichen der Zone 2 oder 22 sind Abweichungen von den oben angegebenen Forderungen möglich, wenn eine Sicherheitsbeurteilung ergibt, dass die vorgesehenen Arbeiten an unter Spannung stehenden Einrichtungen keine zündfähigen Funken entstehen lassen und dass keine gefährlichen heißen Oberflächen vorhanden sind. In diesem Fall können die Arbeiten unter Beachtung der auch in nicht explosionsgefährdeten Bereichen notwendigen Vorsichtsmaßnahmen unter Spannung durchgeführt werden. Die Sicherheitsbeurteilung und ihre Ergebnisse sollten in nachvollziehbarer Weise dokumentiert werden, für wiederkehrende Ereignisse z.B. als Teil des Explosionsschutzdokuments.

An eigensicheren Stromkreisen darf, unter der Voraussetzung, dass dies auch in nicht explosionsgefährdeten Bereichen zulässig wäre, auch in explosionsgefährdeten Bereichen gearbeitet werden. Durch die Benutzung von Prüfinstrumenten darf die Eigensicherheit des zu prüfenden Stromkreises nicht beeinträchtigt werden. Wird an zugehörigen Betriebsmitteln oder Teilen von eigensicheren Stromkreisen in nicht explosionsgefährdeten Bereichen gearbeitet, so ist ebenfalls Sorge dafür zu tragen, dass die Eigensicherheit für die Teile im explosionsgefährdeten Bereich erhalten bleibt. Wenn sich dies nicht bewerkstelligen lässt, ist eine Auftrennung der Verbindungen zum explosionsgefährdeten Bereich erforderlich, wie oben beschrieben.

9.5.2 Druckfest gekapselte Schaltgeräte

Die bei Schaltgeräten wichtigste Zündart ist die „druckfeste Kapselung". Bei dieser Zündschutzart werden alle Teile, die zündfähig sein können, in ein Gehäuse eingebaut, das die Wirkung einer inneren Explosion sicher begrenzt. Das Gehäuse muss hierzu dem bei einer Explosion im Inneren auftretenden Explosionsdruck standhalten und das Durchzünden der Explosion nach außen auf eine das Gehäuse umgebende explosionsfähige Atmosphäre sicher verhindern (druckfest und zünddurchschlagsicher). Der Explosionsdruck im Gehäuse hängt vom freien inneren Volumen und vom inneren Aufbau ab. Durch eine entsprechende Auslegung muss das Gehäuse widerstandsfähig gebaut werden. Die ausreichende Zünddurchschlagsicherheit wird dadurch erreicht, dass die Gehäusespalte, die nach außen führen, in ihrer Länge bestimmte Werte nicht unterschreiten und in ihrer Weite nicht überschreiten (zünddurchschlagsicherer Spalt). Dies muss in Versuchen im Rahmen der obligatorischen Typprüfungen nachgewiesen werden. Außerdem darf die Oberflächentemperatur an der Gehäusewand wegen der Gefahr einer Wärmezündung die zugeordnete Grenztemperatur der Temperaturklasse nicht überschreiten. Schaltgeräte in dieser Zündschutzart lassen sich in drei unterschiedlichen Bauweisen verwirklichen (**Bild 9.8**).

a) Gehäusekapselung
b) Komponentenkapselung
c) Einzelkontaktkapselung

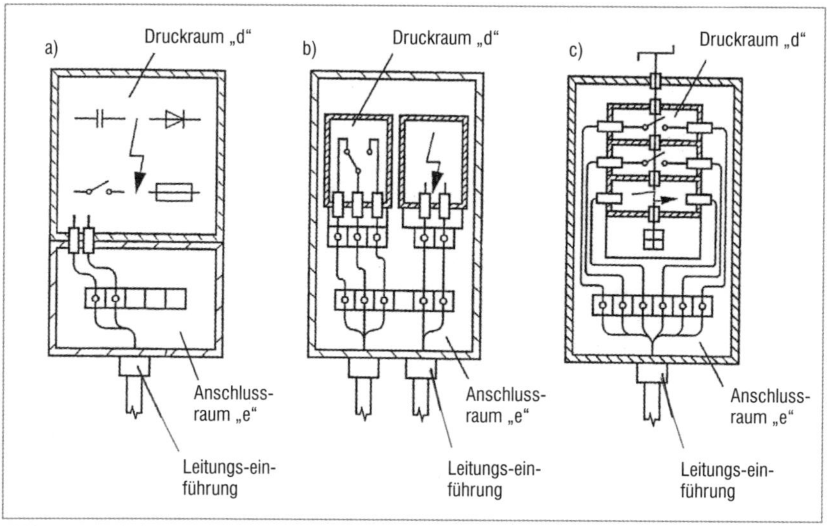

Bild 9.8 Schaltgeräte in der Zündschutzart „druckfeste Kapselung“
a) Gehäusekapselung b) Komponentenkapselung c) Einzelkontaktkapselung

9.5.2.1 Gehäusekapselung

Bei der Gehäusekapselung werden übliche Industrieschaltgeräte, z.B. Relais, Schütze, Leistungsschalter, Leitungsschutzschalter, in ein universell verwendbares Gehäuse, bestehend aus dem Geräteeinbauraum in „druckfester Kapselung“ und dem Anschlussraum in „erhöhter Sicherheit“ eingebaut. Die Spalten, die an der Deckelöffnung, der Antriebsachse und der Stromdurchführung des Einbauraumes vorhanden sind, sind so ausgebildet, dass die durch die Explosion im Gehäuseinnern entstehenden heißen Gase eine explosionsfähige Atmosphäre außen nicht zünden können (zünddurchschlagsichere Spalte). Beim Einbau der Schaltgeräte bzw. Schalgerätekombinationen in den druckfesten Raum sind mechanische, elektrische und thermische Randbedingungen zu beachten.

Elektrische Grenzbedingungen sind die maximal zulässige Spannung, bedingt durch die eingebauten Geräte, die Kriech- und Luftstrecken an den Stromdurchführungsteilen und der maximale Strom, bedingt durch die Stromtragfähigkeit und Erwärmung der Stromzuführungen. Die maximale Verlustleistung, die im Gehäuse umgesetzt werden darf, ergibt sich aus der Grenztemperatur der Temperaturklasse und den thermischen Grenzeigenschaften des Materials. Bei der Betrachtung der Verlustleistung und der Erwärmung sind immer zwei Aspekte zu beachten: zum einen der Explosionsschutz, der die maximal zulässige Temperatur im Hinblick auf die Zündtemperatur bestimmt, zum anderen die Funktionssicherheit, die die Einhaltung der thermischen Grenzwerte für die eingebauten Komponenten erforderlich macht. Innerhalb dieser in der EU-Baumusterprüfbescheinigung oder in deren Anlage festgelegten Bedingungen ist der Einbau von Geräten weitgehend frei gestaltbar (**Bild 9.9**).

Die bei einer Explosion im Inneren des Gehäuses freigesetzte Energiemenge ist proportional zum freien Volumen des Gehäuses. Daher können in großen druckfesten Gehäusen hohe Explosionsdrücke entstehen. Da die Ge-

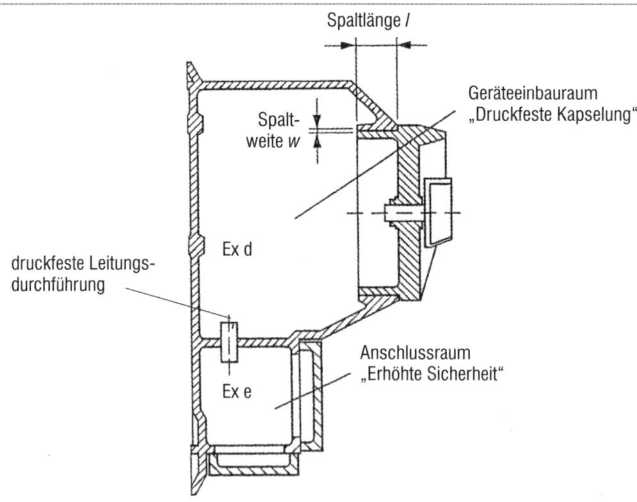

Bild 9.9 Prinzip einer Gehäusekapselung

häuse durch die Druckbelastung nicht bleibend verformt werden dürfen, müssen sie ihrer Größe entsprechend stabil sein. Durch einen ungünstigen mechanischen Einbau (Bildung von Teilräumen im druckfesten Gehäuse) kann es zu Überhöhungen des Explosionsdrucks kommen. Die Unterteilung in Teilräume ist daher zu vermeiden. Die Handhabung bei der Errichtung und auch im Betrieb wird dadurch erschwert.

Außerdem kann der außenliegende Ex-Spalt durch Korrosion beeinträchtigt werden.

Die Spaltflächen dürfen nicht mit Farbe oder Pulverbeschichtung oberflächenbehandelt werden. Andere Beschichtungstechniken sind zulässig, wenn für den Werkstoff und das Anwendungsverfahren nachgewiesen wurde, dass sie die Zünddurchschlagsicherheit des Gehäuses nicht negativ beeinflussen. Die Spaltflächen werden üblicherweise durch leichtes Einfetten (säurefreies Fett) vor Korrosion geschützt. Die Gehäuse sind deshalb nicht wartungsfrei, sondern müssen regelmäßig überprüft und gewartet werden. Abhängig von den in der Anlage vorkommenden brennbaren Flüssigkeiten oder Gasen und dem daraus entstehenden explosionsfähigen Gas-Luft-Gemisch unterscheidet man die Explosionsgruppen IIA, IIB und IIC. In Bezug auf die Gehäusekapselung ergeben sich daraus unterschiedliche Anforderungen an die Art des zünddurchschlagfesten Spaltes am Deckel. Für die überwiegende Zahl der Einsatzfälle, in denen Gase vorkommen, die in die Explosionsgruppen IIA und IIB eingestuft werden können, werden Gehäuse mit gewindelosen Spalten eingesetzt. Diese können als Flachspalte, Zylinderspalte oder Kombinationen aus beiden ausgebildet sein. Für IIC-Anwendungen sind die Anforderungen an ebene Spalten sehr hoch, und das Gehäusevolumen ist auf maximal 500 cm^3 beschränkt. Aus diesem Grund verwendet man für Einsatzfälle mit der Explosionsgruppe IIC überwiegend druckfeste Gehäuse mit Gewindespalten.

Für die Gehäusekapselung stehen die Einführungstechniken

- indirekte Einführung,
- direkte Einführung und
- Rohrleitungstechnik (Conduit-System)

zur Verfügung.

9.5.2.2 Komponentenkapselung

Die zweite Bauform, in der ein betriebsmäßig funkendes elektrisches Gerät in der Zündschutzart „Druckfeste Kapselung“ ausgeführt wird, ist die Komponentenkapselung.

Das elektrische Gerät wird in einem speziell für diesen Anwendungsfall konstruierten Gehäuse einzeln gekapselt. Die Betätigungsachsen werden herausgeführt und die elektrische Verbindung durch die druckfeste Wand an angebaute äußere Klemmen geführt. Diese offenen Klemmen erfüllen die Anforderungen der Zündschutzart „erhöhte Sicherheit" (nach Einbau). Bei der Komponentenkapselung findet also, genau wie bei der Einzelkontaktkapselung, nur die indirekte Einführungstechnik Verwendung. Der Hersteller muss sicherstellen, dass die Funktions- und Nennwerte der gekapselten Geräte durch den Einbau nicht unzulässig beeinflusst werden. Dies kann bedeuten, dass die Einbaugeräte in ihrer Leistung oder ihrem Nennstrom heruntergestuft werden müssen (Derating).

Für den Sicherungsautomaten existiert eine EU-Baumusterprüfbescheinigung als unvollständiges Betriebsmittel (früher: EG-Baumusterprüfbescheinigung/U-Schein). Durch den Einbau in ein Gehäuse der Zündschutzart „erhöhte Sicherheit" entsteht ein vollständig explosionsgeschütztes elektrisches Betriebsmittel, für das eine EG-Baumusterprüfbescheinigung ausgestellt werden kann. Diese Technik der Komponentenkapselung bietet bei Geräten, die in hohen Stückzahlen benötigt werden, eine wirtschaftliche Lösung des Explosionsschutzes. Da das äußere Gehäuse eng an die Bauform des eingebauten Gerätes angepasst wird, ist es möglich, das freie Volumen im Inneren und damit den erzeugten Explosionsdruck relativ klein zu halten. Daher kann das Außengehäuse anstatt aus Metall aus Kunststoff hergestellt werden. Das Gerät ist dadurch leichter, und die Handhabung bei der Errichtung und im Betrieb ist so einfach wie bei nicht explosionsgeschützten Schaltgeräten. Die funkenerzeugenden Teile liegen innerhalb der „druckfesten Kapselung", das gekapselte Schaltgerät ist somit in sich explosionsgeschützt und kann daher in ein Ex-e-Gehäuse eingebaut werden. Durch die im Gerät umgesetzte Leistung und die dadurch erzeugte Erwärmung sind dieser Technik jedoch hinsichtlich ihrer Strom- und Leistungsaufnahme Grenzen gesetzt.

Solche Komponenten stehen als Leistungsschutzschalter, Schmelzsicherungen, thermische Überstromauslöser, Schütze, Relais, Fehlerstromschutzschalter, Hauptschalter, Steuerschalter, Messgeräte usw. zur Verfügung. In Gehäusen der Zündschutzart „erhöhte Sicherheit" lassen sich mit solchen Komponenten elektrische Verteilungen und Steuerungen bauen, die in ihrer einfachen Handhabung nicht explosionsgeschützten Verteilungen kaum nachstehen.

9.5.2.3 Einzelkontaktkapselung

Bei der Einzelkontaktkapselung wird nur die Schaltkammer, in welcher der Zündfunke oder der Schaltlichtbogen auftritt, druckfest gekapselt. Die elektrischen Anschlüsse sind wie bei der Komponentenkapselung als angebaute Klemmen in der Zündschutzart „erhöhte Sicherheit“ herausgeführt. **Bild 9.10** zeigt einen Paketnockenschalter in dieser Bauweise, bei dem jede einzelne Schaltkammer einen in sich abgeschlossenen druckfest gekapselten Raum bildet. Wegen der offenen Klemmen existiert auch für diesen Schalter eine Teilbescheinigung. Der Schalter muss deshalb in ein Gehäuse der Zündschutzart „e“ eingebaut werden. In dieser Bauweise werden Schalter mit Nennspannungen bis 690 V und -strömen bis 160 A verwirklicht. Neben der kompakteren Bauweise ist ein weiterer Vorteil dieser Bauart die vollständige Phasentrennung der Schaltkammern und damit die sichere Verhinderung eines Phasenkurzschlusses innerhalb des Schaltgerätes. Weitere typische Anwendungsfälle der Einzelkontaktkapselung sind explosionsgeschützte Steckvorrichtungen (**Bild 9.11**). Nach IEC 60079-0 müssen diese entweder elektrisch oder mechanisch so verriegelt sein, dass sie nicht getrennt werden können, wenn die Kontakte unter Spannung stehen, und dass die Kontakte nicht unter Spannung gesetzt werden können, wenn die Steckverbindungen getrennt sind, oder sie müssen mithilfe von Sonderverschlüssen zusammengehalten und entsprechen gekennzeichnet werden. Letzteres findet in der Praxis wenig Anwendung.

Durch einen mechanischen Verriegelungsmechanismus ist gewährleistet, dass das Stecken und Ziehen nur im spannungslosen Zustand möglich ist.

Bild 9.10 Paketnockenschalter in Einzelkontaktkapselung

Bild 9.11 Das Funktionsprinzip einer Steckvorrichtung mit mechanischer Verriegelung anhand eines Beispiels von explosionsgeschützten Steckvorrichtungen.

Die Steckerstifte bilden im gesteckten Zustand mit den Lamellenkontakten der Kontaktbuchsen Kontakte in „erhöhter Sicherheit“, auch die Anschlussklemmen von Stecker und Steckdose sind in dieser Zündschutzart ausgeführt.

Soll der Stecker gezogen werden, so gibt ihn die Verriegelung erst frei, nachdem die Kontakte in druckfest gekapselten Schaltkammern getrennt wurden und die Schaltlichtbögen gelöscht sind. Bei Strömen bis maximal 10 A und Spannungen von AC 250 V oder DC 60 V können Steckvorrichtungen auch abweichend von diesen Anforderungen ausgeführt werden, wenn die Steckverbindung den Bemessungsstrom mit einer Zeitverzögerung unterbricht, sodass bei der Trennung kein Lichtbogen auftreten kann, und wenn die Steckverbindung während der Phase der Lichtbogenlöschung eine druckfeste Kapselung bleibt. Bei der in **Bild 9.12** dargestellten Kleinsteckvorrichtung wird man diesen Anforderungen durch einen Dreistufen-Trennmechanismus gerecht. In der ersten Stufe werden die Steckerhälften bis zu einem Anschlag auseinandergezogen. Dabei kommt es innerhalb von kleinen druckfest gekapselten Räumen zur Kontakttrennung und zur Lichtbogenlöschung. Danach müssen beide Steckerhälften um 30° gegeneinander verdreht werden (Stufe 2), und erst jetzt ist die komplette Trennung der beiden Steckerhälften möglich.

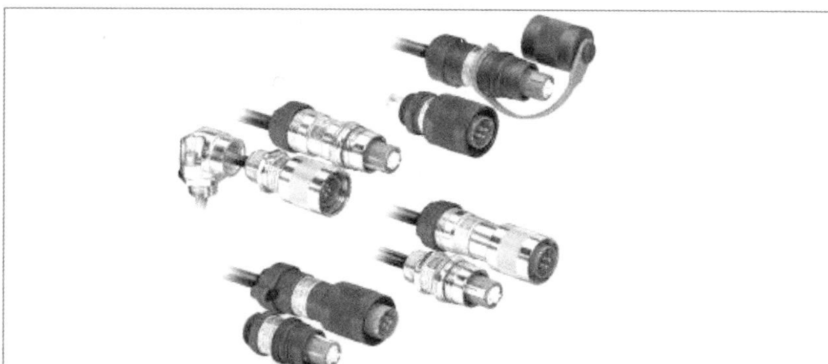

Bild 9.12 Kleinsteckvorrichtung für Ströme bis 10 A und Spannungen von 250 V AC/60 V DC

9.5.3 Überdruckkapselung

Die „druckfeste Kapselung“ stellt sehr hohe Anforderungen an die mechanische Festigkeit, sodass mit zunehmendem Gehäusevolumen auch die Kosten ansteigen. Auch im Hinblick auf die Kühlung der Einbauten ergeben sich bei dieser Zündschutzart wenige Möglichkeiten. Hier bietet sich die

Zündschutzart „Überdruckkapselung" als interessante Alternative an, wenn es sich um den Explosionsschutz großer Schaltgeräte oder Schaltanlagen (aber auch Motoren) handelt, die eine hohe Verlustleistung freisetzen. Typische Anwendungsfälle sind beispielsweise Frequenzumrichter. Der Vorteil einer Überdruckkapselung gegenüber einer druckfesten Steuerung besteht in diesen Anwendungsfällen darin, dass das Gehäuse lediglich bestimmte Dichtheitsanforderungen erfüllen muss, um den Überdruck im Inneren sicherzustellen. Außerdem wird infolge der Durchspülung mit dem Zündschutzgas ein Teil der freigesetzten Verlustleistung abgeführt.

Die Zündschutzart „Überdruckkapselung" erfordert Überwachungs- und Steuereinrichtungen, um sicherzustellen, dass durch das Vorhandensein des Zündschutzgases das Eindringen einer explosionsfähigen Atmosphäre in das Innere des Gerätes sicher verhindert wird. Das vollständige Abschalten der Anlage bei einem Fehler in der Schutzgasversorgung oder bei der Wartung und die Wartezeit beim Wiedereinschalten, bis die Anlage ausreichend vorgespült ist, sind für den Betrieb einer Schaltanlage meistens akzeptabel. Aus diesen Gründen beschränkt sich das Einsatzgebiet der „Überdruckkapselung" hauptsächlich auf die eingangs erwähnten Fälle.

9.6 Schaltgerätekombinationen (SGK)

Die Anforderungen an explosionsgeschützte Schaltgeräte und -anlagen unterscheiden sich funktionell nicht von denen im Normalbereich. Die Anwendungsbereiche sind jedoch verschoben. Typische Anwendungen in explosionsgefährdeten Bereichen sind Vorortgeräte, Steuergeräte mit direkter Anzeige, handbetätigte Schalter, Klemmenkästen usw., seltener große Verteileranlagen, weil diese – soweit möglich – im nicht explosionsgefährdeten Bereich errichtet werden.

Auch für die explosionsgeschützten Ausführungen der SGK ist natürlich als Basisvorschrift DIN EN 60439-1 (DIN VDE 0660-600-1) zu beachten.

Diese sieht diverse Prüfungen und auch Nachweise vor:

- Erwärmungsprüfungen,
- Spannungsprüfungen,
- Nachweis der Kurzschlussfestigkeit,
- Prüfung der Kriech- und Luftstrecken,
- mechanische Funktionsprüfung,
- Überprüfen der Schutzmaßnahmen gegen Berühren,

- Überprüfen der Maßnahmen des IP-Schutzes,
- Überprüfen der Dokumentation,
- elektrische Funktionsprüfung.

Die Prüfungen nach DIN VDE 0660-600-1 werden von der für den Explosionsschutz zuständigen Prüfstelle nicht durchgeführt. Der Hersteller muss jedoch gegenüber der Prüfstelle die erfolgreich durchgeführte Prüfung nachweisen.

Die Stückprüfungen nach DIN EN 60439-1 sind wie die Prüfungen der Explosionsschutzmaßnahmen nach IEC 60079 vom Hersteller eigenverantwortlich durchzuführen und zu dokumentieren.

9.6.1 Eigensichere Stromkreise in Schaltanlagen

Bei Schaltanlagen und Steuerungen, die auch eigensichere Stromkreise enthalten, sind die Anforderungen in IEC 60079-14 bezüglich der getrennten Verlegung dieser Stromkreise zu beachten. Getrenntes Führen in Leiterbündeln, die Kennzeichnung (üblicherweise blaue Leitungen), der Abstand zwischen den Anschlussklemmen und die Kennzeichnung dieser Klemmen sind die wichtigsten Maßnahmen, um eine Spannungsverschleppung auf den eigensicheren Stromkreis zu verhindern.

Beim Einbau von zugehörigen elektrischen Betriebsmitteln in ein druckfest gekapseltes Gehäuse sind die sicherheitstechnischen Kenngrößen dieses Gerätes außen auf dem druckfest gekapselten Gehäuse zu dokumentieren. Nur so kann bei der Errichtung des eigensicheren Stromkreises einfach überprüft werden, ob die Zusammenschaltung mit den eigensicheren Betriebsmitteln zulässig ist.

9.7 Kabel- und Leitungsanlagen

Grundsätzlich ist bei der Errichtung von Kabel- und Leitungsanlagen sowie bei der internen Verdrahtung von Geräten, Einrichtungen und Installationen die EN 60079-0 mit all ihren Anforderungen zu erfüllen. Hinzu kommen die Anforderungen der DIN VDE 0100 „Errichten von Niederspannungsanlagen“ mit ihren einzelnen Teilen. Ein wesentlicher und unbedingt zu berücksichtigender Teil der DIN VDE 0100 ist der Teil 520: Teil 5-52: Auswahl und Errichtung elektrischer Betriebsmittel – Kabel- und Leitungsanlagen.

Die Auswahl von Kabeln und Leitungen kann nach den nationalen Normen DIN VDE 0298 „Verwendung von Kabeln und isolierten Leitungen für Starkstromanlagen" und den DIN VDE Normen 0800 mit ihren einzelnen Teilen, wie die DIN VDE 0898 „Verwendung von Kabeln für Fernmeldeanlagen und Informationsverarbeitungsanlagen", erfolgen.

Nichtummantelte Aderleitungen dürfen nur dann als spannungsführende Leiter verwendet werden, wenn sie in Schalttafeln, Gehäusen oder speziellen Rohrleitungssystemen („Conduits") verlegt sind (siehe unten). Dies gilt nicht für eigensichere Stromkreise.

Bei Aluminium als Leiterwerkstoff müssen besondere Anschlussklemmen verwendet werden. Außer bei eigensicheren Stromkreisen beträgt der erforderliche Mindestquerschnitt 16 mm^2.

Der Anschluss von Kabeln und Leitungen und „Conduits" an die elektrischen Betriebsmittel muss entsprechend deren Zündschutzart erfolgen. Zu beachten ist, dass die Werkstoffe für Kabel und Leitungen häufig Kaltflusseigenschaften haben, d.h., dass sie sich unter Druck verformen können. Da sich dies negativ auf die Zündschutzart auswirken kann, sollten für solche Kabel und Leitungen nur spezielle Kabeleinführungen verwendet werden, z.B. solche ohne Kompressionsdichtungen. Wenn dadurch keine ausreichende Klemmung der Kabel und Leitungen mehr erfolgen kann, ist es allerdings erforderlich, die Kabel und Leitungen an anderer Stelle zusätzlich festzuklemmen. Mehr- oder speziell feindrähtige Leiter müssen an ihren Enden durch Kabelschuhe, Aderendhülsen oder die Art der Anschlussklemme gegen Aufspleißen geschützt werden; Löten allein genügt nicht. Ausgenommen bei eigensicheren Stromkreisen, müssen ungenutzte Aderleitungen an ihrem Ende im explosionsgefährdeten Bereich mit Erde verbunden oder durch geeignete Abschlussmittel ausreichend isoliert werden. Die Isolierung allein mit Isolierband wird nicht empfohlen. Unbenutzte Öffnungen für Kabel und Leitungseinführungen in die Gehäuse elektrischer Betriebsmittel müssen mit Verschlusselementen verschlossen sein, die der Zündschutzart des Betriebsmittels entsprechen. Sie dürfen, außer bei der Schutzart „Eigensicherheit", nur mit einem Werkzeug zu öffnen sein. Der zufällige Kontakt von Metallbewehrungen oder -ummantelungen von Kabeln und Leitungen mit Rohrleitungen muss, außer bei elektrischen Begleitheizungen, verhindert werden. Üblicherweise ist eine Ummantelung mit einem nichtmetallischen Werkstoff dafür ausreichend. Die Leitungsführung in der Verbraucheranlage zwischen den Schalt-, Steuer- und Verteilungsanlagen und den Verbrauchern sollte so erfolgen, dass die Kabel und Leitungen durch zu erwartende mechanische (Anstoß von Gabelstaplern, Vibration), chemische (Korrosion, Lösungsmittel) und thermische Beanspruchungen nicht beschädigt werden. Zu erreichen ist dies am ehesten durch eine geeignete Verlegung. Angewendet werden die oberirdische und die unterirdische Verlegung, letztere bei ebenerdigen oder Freiluftanlagen. Im Erdboden dürfen nur Kabel verlegt werden; dafür sind Kabelkanäle, Kabelgräben oder Kabelziehsteine vorzusehen. Das Eindringen von aggressiven Flüssigkeiten in Kabelgräben und -kanäle muss verhindert werden, ebenso das Eindringen von Gasen und Dämpfen, die schwerer als Luft sind. Dies wird erreicht, indem die Gräben und Kanäle mit Sand aufgefüllt, mit Platten abgedeckt und die Fugen mit Dichtmasse abgedichtet werden. In Gebäuden kann anstelle von Abdeckplatten und Steinen auch Magerbeton verwendet werden. Eine Einfärbung zur Kennzeichnung der Kabeltrasse wird empfohlen. Auch bei den Kabelziehsteinen muss eine Abdichtung erfolgen. Die oberirdische Verlegung erfolgt auf Kabelpritschen, Kabelbetten oder in Kabelkanälen. Auch Schutzrohre können zur Anwendung kommen. In Deutschland nicht üblich, aber zulässig ist die in den USA heute noch standardmäßige Verlegung in einem geschlossenen Rohrleitungssystem spezieller Ausführung (sogenanntes Conduit-System). Die dickwandigen Rohre bilden dabei einen druckfest gekapselten Raum, in den Einzeladerleitungen eingezogen werden. Die Verbindung der Rohre erfolgt über Spezialeinrichtungen, die mit Vergussmasse verfüllt werden. Die verwendeten Betriebsmittel müssen für den Anschluss solcher Rohrsysteme geeignet sein. Für Betriebsmittel mit einem derartigen Anschluss gibt es Adapter, mit denen es möglich ist, Kabel oder Mehraderleitungen in diese Betriebsmittel einzuführen. Besonders zu beachten ist der Brandschutz für Kabel und Leitungen. Es dürfen nur Kabel und Leitungen verwendet werden, die solche Kennwerte für die Flammenausbreitung gemäß ihrer Prüfung aufweisen, wenn sie nicht in mit Sand verfüllten Kabelgräben oder -kanälen verlegt oder anderweitig gegen Flammenausbreitung geschützt sind. Auch bei oberirdischer Verlegung von Kabeln und Leitungen ist darauf zu achten, dass es nicht zu einem Durchtritt von Gasen, Dämpfen oder brennbaren Flüssigkeiten von einem Bereich zum anderen kommen kann. „Conduits" müssen wie oben beschrieben abgedichtet sein. In besonderen Fällen, z. B. bei größeren Druckunterschieden zwischen den Endpunkten, kann das auch für Kabel und Leitungen erforderlich sein. Bei Kabel- und Leitungsdurchführungen durch Decken und Wände muss nicht nur der Brandschutz sichergestellt sein, es dürfen ebenfalls keine Gase, Dämpfe oder brennbare Flüssigkeiten in Räume eindringen, die als nicht explosionsgefährdete Bereiche eingestuft sind. Das Gleiche gilt dann, wenn Wände oder Decken die Grenze zwischen zwei Zonen, z. B. Zone 1 und Zone 2, darstellen.

Bei den Abschottungsmaßnahmen (z. B. Brandschottung) ist zu bedenken, dass im Allgemeinen Erweiterungen oder Veränderungen in der elektrischen Anlage auch eine Erweiterung der Kabel- und Leitungsanlage notwendig machen. Die Durchführungen müssen deshalb erlauben, Kabel oder Leitungen hinsichtlich ihres Durchmessers und ihrer Anzahl zu ändern. Es gibt handelsübliche Durchführungen, die diese Anforderungen erfüllen. Es können aber auch Durchbrüche durch Ausschäumen, durch Verstopfen mit Steinwolle und Abschluss mit Mörtelabdichtung verschlossen werden. Wenn viele Leitungen oder Kabel zu verlegen sind und häufig Änderungen und Erweiterungen an der Trasse vorgenommen werden müssen, haben sich Sandbarrieren bewährt. Sie sind baurechtlich zugelassene Brandschotte (**Bild 9.13**).

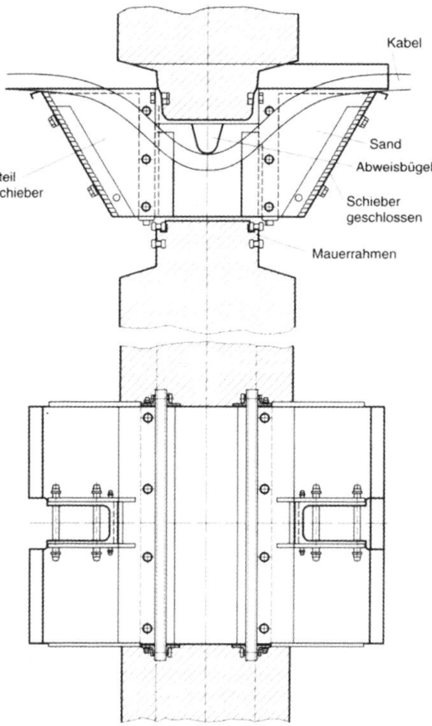

Bild 9.13 Kabelabschottung mit dem Sandkasten-System

In staubexplosionsgefährdeten Bereichen müssen Kabel und Leitungen so verlegt werden, dass sich auf ihnen möglichst wenig Staub ablagern kann und dass unvermeidbare Stauablagerungen leicht entfernt werden können. Da Kabel und Leitungen ebenfalls die maximal zulässigen Oberflächentemperaturen für den Bereich einhalten müssen, in dem sie verlegt sind, ist im Fall von Staubablagerungen zu überprüfen, dass es nicht zu unzulässigen Temperaturerhöhungen durch das zusätzliche thermische Isolationsvermögen des abgelagerten Staubes kommt. Dies gilt besonders für Stäube mit niedriger Glimmtemperatur. Außerdem besteht in staubexplosionsgefährdeten Bereichen die Gefahr, dass Kabel und Leitungen durch bewegten Staub elektrostatisch aufgeladen werden. Die Verlegung sollte deshalb so erfolgen, dass ein Kontakt mit bewegtem Staub vermieden wird. Wo das nicht möglich ist, sind andere Maßnahmen gegen elektrostatische Aufladung zu treffen.

Unterbrechungen von Kabeln und Leitungen sind in explosionsgefährdeten Bereichen so weit wie möglich zu vermeiden. Wenn sie erforderlich sind, muss die Verbindung den zu erwartenden mechanischen, elektrischen und umgebungsbezogenen Beanspruchungen widerstehen können. Dazu wird sie üblicherweise in einem Gehäuse ausgeführt, das mit seiner Zündschutzart die Anforderungen der umgebenden Zone erfüllt. **Bild 9.16** zeigt Abzweigdosen in der Zündschutzart „Erhöhte Sicherheit", Ex „e", für die Zone 1. Verbindungen außerhalb von Gehäusen können, wenn die Verbindung nichtmechanisch beansprucht wird, mit Epoxidharz oder Kabelmasse eingegossen oder als Schrumpfschlauchmuffe ausgeführt werden.

Leiterverbindungen, mit Ausnahme solcher in „Conduits" und in eigensicheren Stromkreisen, dürfen nur durch Pressverbindungen, gesicherte Schraubverbindungen, Schweißen oder Hartlöten hergestellt werden. Weichlöten ist nur dann erlaubt, wenn die zu verbindenden Leiter zusätzlich mechanisch zusammengehalten werden. Wenn Stromkreise von einem nicht explosionsgefährdeten Bereich durch einen explosionsgefährdeten Bereich in einen anderen nicht explosionsgefährdeten Bereich führen, müssen Kabel und Leitungen innerhalb des explosionsgefährdeten Bereiches den Anforderungen der betreffenden Zone entsprechen.

Wenn elektrische Betriebsmittel in der Zone 0 benötigt werden, verwendet man normalerweise solche, die in die Begrenzungswand zur Zone 0 eingebaut werden. Dies gilt insbesondere für Messumformer für Stand und Druck an zur Atmosphäre hin offenen Behältern. Für die Temperaturmessung an solchen Behältern werden üblicherweise Thermoschutzrohre eingesetzt, bei denen aufgrund ihrer Wanddicke ausgeschlossen werden kann, dass der darin eingebaute Temperaturfühler mit der Zone 0 in Berührung kommt. In all diesen Fällen ist es daher in der Regel möglich, die für den Betrieb benötigten Kabel und Leitungen außerhalb der Zone 0 oder 20 zu verlegen.

Andere als die oben beschriebenen Installationen von elektrischen Betriebsmitteln in und an der Zone 0 oder 20 sind dem Autor bisher nicht bekannt geworden. Sollte es tatsächlich erforderlich werden, Kabel und Leitungen nichteigensicherer Stromkreise in die Zone 0 oder 20 hinein zu führen, so sollten sie in Anlehnung an die Anforderungen der Richtlinie für Geräte der Kategorie 1G oder 1D entweder durch zwei unabhängige Maßnahmen geschützt werden, z. B. durch Verlegen von Kabeln und Leitungen, die der Zündschutzart Ex „e“ entsprechen, zusätzlich in einem druckfesten Conduit-System oder aber durch empfindliche Erd- und Kurzschlussüberwachungen, die beim Ansprechen die Versorgungsspannung abschalten.

Achtung: Die Anforderungen dieses Unterabschnitts bzw. Absatzes gelten nicht für die Installation von eigensicheren Stromkreisen!

Da die Gefahr einer Beschädigung flexibler Leitungen schwerer auszuschließen ist, werden in den Installationsnormen besondere Anforderungen an flexible Leitungen gestellt. Zulässig sind nur leichte Gummischlauchleitung, leichte Gummischlauchleitung mit einem Mantel aus Polychloropren, schwere Gummischlauchleitung, schwere Gummischlauchleitung mit einem Mantel aus Polychloropren oder kunststoffisolierte Leitungen in einer gleichwiderstandsfähigen Ausführung wie schwere Gummischlauchleitung. Die Verwendung von flexiblen Leitungen ist immer dann sinnvoll, wenn an und für sich ortsfest installierte Betriebsmittel gelegentlich aus Wartungs- oder anderen Gründen um eine geringe Distanz verschoben werden müssen. Wenn eine ortsfeste Verdrahtung eine solche Verschiebung nicht zulässt, sollte dann der Anschluss von einem geeignet geschützten Klemmenkasten aus mit einer flexiblen Verbindung erfolgen. Noch kritischer in Bezug auf ihre mechanische oder anderweitige Beanspruchung müssen die Anschlussleitungen von transportablen oder ortsveränderlichen Betriebsmitteln gesehen werden. Hier dürfen nach den Installationsnormen nur Leitungen mit einem Außenmantel aus schwerem Polychloropren oder einem anderen gleichwertigen synthetischen Elastomer, schwere Gummischlauchleitung oder Leitungen mit einem vergleichbar robusten Aufbau verwendet werden. Für die Leiter ist ein Mindestquerschnitt von 1,0 mm^2 gefordert. Falls ein Schutzleiter benötigt wird, sollte er wie die anderen Leiter gesondert isoliert sein und in der Ummantelung der Versorgungsleitung mitgeführt werden.

Kabel und Leitungen mit einer kleineren Zugfestigkeit des Mantels, wie zum Beispiel PVC 2,5 N/mm^2 oder Polyethylen mit 15,0 N/mm^2, dürfen nicht in Bereichen bzw. Zonen mit explosionsgefährdender Atmosphäre eingesetzt und installiert werden. Ihr Einsatz ist nur möglich bei der Verlegung in einem Schutzrohr oder einem vergleichbaren Verlegesystem.

Für ortsveränderliche Betriebsmittel mit einer Bemessungsspannung bis 250 V und einem Bemessungsstrom von $\leq$ 6 A lassen die Normen Erleichterungen bei den oben genannten Anforderungen zu, allerdings nur für solche Betriebsmittel, die keinen starken mechanischen Beanspruchungen ausgesetzt sind. Die im Folgenden aufgeführten reduzierten Anforderungen gelten also nicht für Handlampen, Fußschalter und Fasspumpen. Für andere Betriebsmittel, die die genannten Bemessungsgrenzen einhalten, dürfen Leitungen mit einem Mantel aus normalem Polychloropren oder einem gleichwertigen Elastomer, aus normalem Gummi oder Leitungen mit einem vergleichbaren robusten Aufbau eingesetzt werden.

Der auszuwählende Typ des Außenmantels von Kabeln oder Leitungen für feste Verlegung in explosionsgefährdeten Bereichen kann ein Thermoplast-, Duroplast- oder Elastomermantel oder mineralisoliert mit Metallmantel sein.

Kabel oder Leitungen sind möglichst ohne Verbindungsstellen durch den Ex-Bereich zu führen, andernfalls sind explosionsgeschützte Klemmenkästen oder Schrumpfschlauchmuffen zu verwenden.

Bei der Verwendung von Kabelverlegesystemen, wie Schutzrohre und Kanäle, Wand- und Deckendurchführungen, ist der Durchtritt von Gasen, Dämpfen und Flüssigkeiten in den nichtgefährdeten Bereich (d.h. offene Enden, also Rohre bzw. Kanäle, die nicht durch die Wand oder Decke führen und keine Durchbrüche in voller Wanddicke verschließen, z.B. mit Mörtel oder mit anderen nicht brennbaren Dichtungsmassen) zu verhindern.

Kabel- und Leitungsanlagen sind in Bezug auf Umgebungseinflüsse zu schützen. Der Schutz gegen mechanische, chemische, thermische und andere schädigende Einwirkung ist zu gewährleisten, zum Beispiel durch Installation der Leitungstrasse im oberen Bereich des Ex-Raumes, um örtliche Stellen mit gefährdenden Einflüssen zu vermeiden; gegebenenfalls sind Kabel und Leitungen mit entsprechend widerstandsfähiger Beschaffenheit auszuwählen und auf Dauer sicherzustellen.

In Lagergebäuden für brennbare Flüssigkeiten ist außerdem damit zu rechnen, dass

- spezielle Bedingungen des baulichen Brandschutzes beachtet werden müssen,
- Brandschutz gemäß DIN VDE 0100-420 infrage kommt und
- Bedingungen des Funktionserhalts zu beachten sind.

Daraus können sich besondere Anforderungen ergeben, z. B. für die Wand- und Deckendurchführungen und/oder für den Feuerwiderstand.

Im Einzelfall muss hierzu der Betreiber befragt werden.

Spezielle Kabel für explosionsgeschützte Bereiche unterbinden die „Zonenverschleppung“ von Gasen innerhalb des Kabels und erfüllen damit die IEC 60079-14-9.3.1 vollständig. Die IEC 60079-14-9 legt die Anforderungen an die Kabel im Ex-Bereich hinsichtlich mechanischer Beschädigungen, Korrosion sowie chemischer und thermischer Einwirkungen fest. Allerdings wurde die Forderung der IEC 60079-14-9.3.1 eine „Pumping Action“ – also eine Verschleppung von brennbaren Gasen aus einer Umgebung mit explosionsfähiger Atmosphäre heraus zu verhindern – bis dato nur ungenügend erfüllt. Hintergrund ist die Tatsache, dass ein Kabel in seinem konstruktiven Aufbau nicht völlig kompakt ist. Zwischen den Adern und Füllern können Leerräume entstehen, in die brennbare Gase einströmen und weitergeleitet werden.

Angesichts dieser kapillaren Wirkung lässt sich eine Verschleppung nicht ausschließen. Dieser Effekt kann noch verstärkt werden, wenn in der Leitung poröse Füllmaterialien wie Fließstoffe und faserige Materialien verbaut werden, die ein hygroskopisches Verhalten besitzen.

Bei der internen Leitungsverlegung ist darauf zu achten, dass Leitungen oder Leiter, die eventuell mit metallischen Teilen in Berührung geraten können, zum Isolationsschutz mechanisch geschützt, geführt oder gesichert ausgeführt werden.

9.7.1 Elektrische Verbindungen und Anschlussteile für äußere Leiter

Elektrische Verbindungen werden aus zweckdienlichen Gründen und zum besseren Verständnis in mehrere Arten von Verbindungen aufgeteilt. Elektrische Verbindungen werden unterschieden in:

- feldseitige Verbindungen,
- werkseitige Verbindungen,

- unlösbare Verbindungen,
- wiederanschließbare Verbindungen.

Hierbei ist jedoch zu beachten, dass die Verbindungen der äußeren Erdung und dem Potentialausgleich unter die feldseitigen Verbindungen fallen.

Jede Installation muss bei ihrer Errichtung oder Ausführung mindestens folgende Punkte, wenn relevant, berücksichtigen:

1. Fester Anschluss – während des Klemmens und bei der Einführung darf es nicht zu einem Lösen der vorgesehenen Position kommen.
2. Das Selbstlockern der Verbindungen während des Betriebs muss verhindert werden.
3. Der Kontaktdruck der Anschlussverbindungen muss ausreichend (Herstellerangaben beachten!) und ohne Beschädigung der Leiter gewährleistet werden.
4. Die Funktionalität der Leiter darf zu keinem Zeitpunkt beeinträchtigt werden.
5. Es darf zu keinen wesentlichen Temperaturänderungen während der bestimmungsgemäßen Verwendung an den Kontaktstellen kommen.
6. Der Kontaktdruck ist sicher- und aufrecht zu erhalten,
7. Verbindungs- oder Anschlussklemmen sind so auszuführen, dass jeweils nur ein Einzelleiter angeschlossen werden kann. Ausnahme: Die Klemm- oder Verbindungsstelle ist für mehrere Anschlüsse geeignet und zugelassen.
8. Um Leiter zu schützen, und um einen gleichmäßigen Kontaktdruck sicherzustellen, sind geeignete Maßnahmen auszuwählen und zu verwenden. Dies können gegebenenfalls Aderendhülsen sein.
9. Anzugsmomente für Schraubverbindungen sind gemäß den Herstellerangaben zu beachten und entsprechend einzuhalten.

Beim Einsatz und der Verwendung von Aluminiumleitern sind insbesondere zusätzliche Anforderungen an deren Anschlüsse und Verbindungen zu beachten!

Muss während des Normalbetriebs mit Vibrationen oder Schwingungen gerechnet werden, sind geeignete Maßnahmen gegen ein Selbstlockern der Leiter zu treffen.

9.7.1.1 Feldseitige Verbindungen

Gemäß den aktuellen und allgemein gültigen Anforderungen für Anschlussklemmen und die feldseitige Verdrahtung ist der geeignete und zuverlässige Anschluss der Leiter herzustellen. Wie bei elektrotechnischen Verbindungen und Anschlüssen bekannt ist, ist der Querschnitt mindestens so auszuwählen, wie es die Betriebsmittel, Einrichtungen und Geräte erfordern. Bei der Verwendung von Anschlussklemmen mit der Schutzart „eb“ ist darauf zu achten, dass diese der „Isolierstoffprüfung“ unterzogen wurden.

Die Isolierstoffprüfung beschreibt eine Prüfung der Anschlussklemme unter festgelegten Standards. Ein Muster der Anschlussklemme wird für den geplanten vorgeschriebenen Betrieb installiert und einer „thermischen Beständigkeitsprüfung“ und Anschlussfestigkeit nach IEC 60079-0 unterzogen.

Bei der „Erwärmungsprüfung“ der Anschlussklemmen mit Schutzniveau „eb“ und einem Prüfstrom von 110 % des Bemessungsstroms darf sich die Stromschiene nicht mehr als 40 K (Kelvin) erwärmen. Diese Erwärmung hat nur eine Gültigkeit für Anschlussklemmen, die als Ex-Bauteil/Ex-Komponente eingesetzt werden!

Bei einem Anschluss von Geräten, Betriebsmitteln, Ex-Bauteilen oder Einrichtungen ist es möglich, die Anschlussvariante „erhöhte Sicherheit“, „e“, auch für andere Zündschutzarten anzuwenden. Weiterhin sind die Verbindungen so zu installieren, dass diese während des Betriebs zur Prüfung uneingeschränkt und gut erreichbar sind. Verbindungen und Verbindungstellen sowie die angeschlossenen Leiter sind in ihrer Dokumentation mit Angaben zur Anzahl, Größe, Ausführung der Verdrahtung, Bauart, hierzu gehören auch Werkstoffangaben, zu vermerken.

9.7.1.2 Anschlüsse und Verbindungen mit Kabelschuhen oder Vergleichbarem

Ein sicherer und fester Anschluss muss sichergestellt werden. Sind Halterungen vorhanden oder zum Anschluss gefordert und notwendig, sind diese zu montieren. Auch hier gilt der Nachweis und die Durchführung der „Beständigkeitsprüfung“.

Um einen sicheren und festen Anschluss von Kabeln, Leitungen und Leitern zu gewährleisten, muss ein Verdrehen oder Verlagern derselben verhindert werden. Durch diese Maßnahmen werden mögliche Kriech- und Luftstrecken, die durch ein Lösen der Leiter entstehen können, verhindert.

Bei der Auswahl geeigneter Klemmen und Verbindungselemente ist in deren Zertifikaten und Bescheinigungen (Dokumentation) ein besonderes Augenmerk darauf zu legen, ob eventuell zusätzliche Bedingungen durch den Hersteller gefordert werden. Sind zusätzliche Forderungen beschrieben, so sind diese einzuhalten und anzuwenden.

Beim Weichlöten ist darauf zu achten, dass der mechanische Anschluss zusätzlich erfolgen muss. Der Anschluss allein über das Weichlot ist nicht dafür geeignet, eventuelle mechanische Kräfte aufzunehmen und einen sicheren und festen Anschluss zu gewähren.

Grundsätzlich ist der Anschluss oder die Verbindungsstelle in einer für die eingesetzten Komponenten zulässigen Art und Festigkeit herzustellen. Die für feldseitige Anschlüsse und Verbindungen gültigen Anschlussbedingungen können auch für werkseitige Anschlüsse und Verbindungen verwendet werden. Als eine weitere Anschluss- und Verbindungsvariante können Drehklemmen für feldseitige Verbindungen gemäß der IEC 60998-2-4 ebenfalls für werkseitige Verbindungen mit dem Schutzniveau „ec" eingesetzt und angewendet werden.

Beim Herstellen von Festanschlüssen ist darauf zu achten, dass eine der folgenden aufgeführten Varianten zum Anschluss herangezogen wird. Ein Festanschluss darf nur erfolgen

- durch Quetschverbindungen,
- durch Hartlötverbindungen/Silberlöten,
- durch Schweißverbindungen,
- durch Weichlötverbindungen (bei Einhaltung zusätzlicher mechanischer Befestigungen),
- auf Leiterplatten (Platinen) angebrachten Bauteilen für Oberflächenmontage und Durchlochmontage, ohne zusätzliche mechanische Befestigung für das Schutzniveau „ec".

9.7.1.3 Anschluss und feste Hindernisse

Um im Fall einer inneren Explosion ein ungehindertes Ausblasen durch die Spalte von Betriebsmitteln in der Zündschutzart Ex „d" zu gewährleisten, muss bei der Montage dafür gesorgt werden, dass feste Hindernisse, die nicht Teil des Betriebsmittels selbst sind, einen Mindestabstand von der Außenkante der zünddurchschlagsicheren Spalte haben (**Tabelle 9.7**). Geringere Abstände sind nur dann zulässig, wenn das Betriebsmittel für diese geprüft worden ist.

Gas/Dampf Untergruppe	Mindestabstand in mm
II A	10
II B	30
II C	40

Tabelle 9.7 Mindestabstand von Hindernissen zur zünddurchschlagsicheren Verbindung in Abhängigkeit von der Untergruppe des Gases oder Dampfes.

9.7.2 Klemmen und Klemmenkästen

9.7.2.1 Besonderheiten

Aus der Sicht der Begriffsdefinition von Schaltgeräten stellen Klemmen und Klemmenkästen eine Besonderheit dar, da sie nicht zum betriebsmäßigen Öffnen und Schließen von elektrischen Stromkreisen eingesetzt werden. Wegen ihrer engen Verbindung zu den klassischen Schaltgeräten und Schaltanlagen sollen sie aber an dieser Stelle kurz erwähnt werden.

9.7.2.2 Techniken

Explosionsgeschützte Anschlussklemmen werden fast ausschließlich in der Zündschutzart „erhöhte Sicherheit“ ausgeführt. Mittlerweile gibt es auch hier Anschlussklemmen mit den verschiedenen Techniken aus dem nicht explosionsgefährdeten Industriebereich, z. B.:

- Schraubanschlusstechnik: Diese Technik bietet die Möglichkeit des Mehrleiteranschlusses und erlaubt die höchsten Kontaktkräfte. Sie ist weltweit bekannt und überall einsetzbar (**Bild 9.14**).
- Zugfederanschlusstechnik: Diese Klemme zeichnet sich durch das Anliegen einer gleichbleibenden und konstanten Federkraft aus. Dies hat Vorteile bei hohen und andauernden Vibrations- und Erschütterungsbeanspruchungen und verringert den in explosionsgefährdeten Bereichen notwendigen Wartungsaufwand (**Bild 9.15**).
- Direktanschlusstechnik: Hierbei wird der starre Leiter einfach direkt in die Klemme gesteckt. Wie bei der Zugfederanschlusstechnik besteht der Vorteil in der Unabhängigkeit vom Bediener und darüber hinaus im extrem geringen Platzbedarf (**Bild 9.16**).
- Schnellanschlusstechnik: Bei dieser Anschlussart wird der Leiter, ohne vorher abisoliert zu werden, direkt in die Klemme gesteckt. Durch eine Drehbewegung mit dem Schraubendreher wird die Leiterisolierung durchschnitten und der Kontakt erzeugt. Damit ergeben sich bis zu 60-%ige Verkürzungen der Montagezeiten (**Bild 9.17**).

Bild 9.14 Schraubanschlusstechnik

Bild 9.15 Zugfederanschlusstechnik

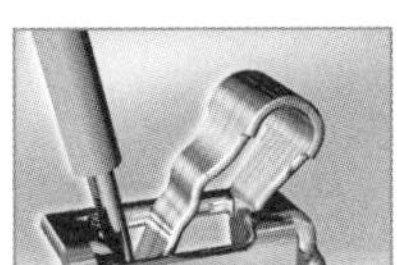

Bild 9.16 Direktanschlusstechnik

Bild 9.17 Schnellanschlusstechnik

Explosionsgeschütze Anschlussklemmen müssen für die verwendeten Leitungen ausreichend bemessen sein. Durch die Konstruktion wird sichergestellt, dass es selbst bei Temperaturwechseln mit Temperaturdifferenzen von mehr als 60 K nicht zu einem Selbstlockern kommen kann. Der Kontaktdruck muss gleichbleibend sein und darf nicht zur Beschädigung der Leiter führen. Anschlussklemmen, die für den Anschluss mehrdrähtiger Leiter bestimmt sind, müssen mit einem elastischen Zwischenglied ausgestattet sein. Für Klemmenkästen ergeben sich die gleichen Anforderungen wie an die anderen explosionsgeschützten Schaltgerätekombinationen. Besonders zu beachten sind hier allerdings die durch Temperaturmessungen während der Zulassungsphase festgelegten Maximalbestückungen mit Klemmen unterschiedlichen Querschnitts, die in der Betriebsanleitung dokumentiert sind.

Werden Anschlussklemmen verwendet, die die Einführung von mehr als einem Leiter zulassen, so muss dafür gesorgt werden, dass jeder Leiter ausreichend festgeklemmt ist. Deshalb müssen in diesem Fall Leiter mit unterschiedlichem Querschnitt in einer gemeinsamen Quetschhülle gesichert werden. Eine Abweichung davon ist nur zulässig, wenn in der zu dem Betriebsmittel gehörenden Dokumentation etwas anderes festgelegt ist. Damit es nicht zu Kurzschlüssen zwischen nebeneinanderliegenden Leitern in den Klemmblöcken kommen kann, ist in der Installationsnorm gefordert, dass die Isolierung der Leiter bis zum Metall der Anschlussklemme erhalten bleibt.

Werden in Anschluss- oder Abzweigkästen zu viele Klemmen installiert und auch mit den entsprechenden Leitern beschaltet, so kann aufgrund der dann zu großen freiwerdenden Verlustwärme die Temperatur die geforderte Temperaturklasse für den Kasten überschreiten. Deshalb sollte man vom Hersteller des Anschluss- oder Abzweigkastens entweder Angaben über die zulässige Anzahl der Anschlussklemmen, den Leitungsquerschnitt und den maximalen Strom anfordern, die dann einzuhalten sind, oder aber anhand der vom Hersteller festgelegten Parameter selbst überprüfen, ob die berechnete Verlustleistung kleiner ist als der Bemessungswert der höchstzulässigen Verlustleistung.

9.7.2.3 Klemmen in der Zündschutzart „erhöhte Sicherheit", Ex „e"

Zusätzliche Anforderungen für die „erhöhte Sicherheit" lassen sich wie folgt zusammenfassen:

- Es müssen eine ausreichend große Luft- und Kriechstreckentemperatur und alterungsbeständige Isolierstoffe vorliegen.
- Schutz vor Ausweichen des Leiters während des Anschlusses muss bestehen.
- Klemmen müssen gegen das Selbstlockern gesichert sein.
- Der Anschluss sollte frei von Leiterbeschädigungen sein.
- Dauerhaft ausreichender Kontaktdruck muss bestehen.
- Eine Kontaktsicherheit bei wechselnden Temperaturen sollte gegeben sein.
- Es darf keine Kontaktdruckübertragung über Isolierstoffe geben.
- Ein Mehrleiteranschluss kommt nur bei entsprechender Eignung infrage.
- Es bedarf eines elastischen Zwischengliedes bei mehrdrähtigen Leitern ab 4 mm^2.
- Ein festgelegtes Drehmoment bei Schraubanschlussklemmen ist erforderlich.

9.7.3 Zusätzliche Anforderungen an die Errichtung bei Kabel- und Leitungsanlagen zur Versorgung elektrischer Betriebsmittel, Geräte und Einrichtungen

Bei der Errichtung von Kabel- und Leitungsanlagen ist die jeweilige Einführung der Leiter in die Geräte zu beachten. Kabel- und Leitungseinführungen müssen die Anforderungen von IEC 60079-0 erfüllen.

Bei der Verwendung von getrennten bzw. separaten Kabel- und Leitungseinführungen dürfen:

- Kabel- und Leitungseinführungen mit Gewinde als Ex-Geräte bewertet werden,
- andere Kabel- und Leitungseinführungen nur als Ex-Komponenten bewertet werden,
- Kabel- und Leitungseinführungen mit anderen als hier spezifizierten Gewindeformen (z. B. zylindrische Gewinde ohne zusätzliches Dichtmittel oder z. B. konische Gewinde/Schraubverschlüsse ohne zusätzliche Dichtmittel) nur zusammen mit dem elektrischen Gerät oder als Ex-Komponente bewertet werden.

9.7.3.1 Kabel- und Leitungsanlagen zur Versorgung elektrischer Geräte und Einrichtungen/Kabel- und Leitungseinführungen

Ein besonderes Thema bei der Zündschutzart „druckfeste Kapselung" ist die Einführung von Kabeln und Leitungen. In Deutschland nicht üblich, aber im europäischen Ausland sehr beliebt, weil preiswert, ist die direkte Einführung von Kabeln und Leitungen in den druckfesten Raum. Für diese Technik gibt es speziell geprüfte und zugelassene Kabel- und Leitungseinführungen, die direkt in entsprechende Bohrungen des druckfesten Gehäuses eingeschraubt werden. Die Prüfung dieser Einführungen wird allerdings mit einem Metalldorn anstelle des Kabels oder der Leitung durchgeführt. Deshalb gibt es häufig von den Herstellern der Einführungen keine oder nur unvollständige Informationen über die Art der zu verwendenden Kabel und Leitungen. In der Installationsnorm für gasexplosionsgefährdete Bereiche wird festgelegt, dass für diese Technik nur Kabel und Leitungen aus thermoplastischen, duroplastischen oder elastomeren Materialien verwendet werden dürfen, die in hohem Maße fest und kreisförmig sind, extrudiertes Einbettungsmaterial haben und deren Füllstoff, wenn vorhanden, nicht hygroskopisch ist. Weitere Bedingung ist, dass die Einführungen einen Dichtungsring haben.

9.7.3.2 Auswahl der Kabel und Leitungen

Der Auswahl geeigneter Kabel und Leitungen kommt bei der Verwendung von Kabel- und Leitungseinführungen direkt in den druckfesten Raum also eine besondere Bedeutung zu, denn nur wenn sie richtig vorgenommen und die Montage besonders sorgfältig ausgeführt wird, ist am Ende die Funktionstüchtigkeit der Zündschutzart „druckfeste Kapselung" gegeben. Für den Erhalt dieser Funktionstüchtigkeit über die Zeit ist es besonders wichtig, dass die Materialien für die Mäntel der eingesetzten Kabel und Leitungen keinerlei Kaltflusseigenschaften aufweisen, da anderenfalls die erforderliche Dichtheit auf Dauer nicht gegeben ist. Bei Anwendung dieser Technik liegt also die Verantwortung für die Wirksamkeit der Zündschutzart Ex „d" bei den eingesetzten elektrischen Betriebsmitteln in wesentlichen Teilen beim Installateur.

Bei einer anderen ebenfalls außerhalb Deutschlands häufiger eingesetzten Technik werden zu direkten Einführung in den druckfesten Raum Kabel- und Leitungseinführungen eingesetzt, bei denen vor Ort die Abdichtung um jeden einzelnen Leiter mittels Vergussmasse oder anderer geeigneter Dichtungsmittel erfolgt. Aus der Tatsache, dass die wirksame Abdichtung des druckfesten Gehäuses auch bei dieser Technik erst bei den Montagearbeiten vorgenommen wird, ergibt sich auch hier eine erhebliche Verantwortung des Montierenden für die Wirksamkeit der Zündschutzart. Die oben beschriebene Problematik kann vermieden werden, wenn man Betriebsmittel in der Zündschutzart „druckfeste Kapselung" einsetzt, die bereits beim Hersteller mit einem eingegossenen Kabelschwanz oder mit einem außerhalb des druckfesten Raumes liegenden Anschlusskasten in der Zündschutzart Ex „e" geliefert werden. In diesen Fällen bleibt die Verantwortung für die Sicherheit der Durchführung des Kabelschwanzes bzw. der Durchführung vom druckfesten Raum in den Anschlusskasten Zündschutzart „erhöhte Sicherheit" beim Lieferanten der Betriebsmittel. Diese Art der Anschlusstechnik für Betriebsmittel in der Schutzart „druckfeste" Kapselung ist bislang die üblicherweise in Deutschland verwendete.

Auch bei der Zündschutzart Ex „e" gibt es Anforderungen an Einführungen für Kabel und Leitungen. Sie müssen so beschaffen sein, dass die Schutzart erhalten bleibt, d.h., es muss mit geeigneten Dichtungselementen die IP-Schutzart des Gehäuses (mindestens IP54) sichergestellt werden. Außerdem müssen sie die in DIN EN 60079-0 „Allgemeine Anforderungen" bezüglich der mechanischen Schlagfestigkeit gestellten Forderungen erfüllen.

10 Betrieb und Instandhaltung von Installationen und Geräten im Ex-Bereich

10.1 Betrieb

Nach dem Errichten einer Anlage und der erfolgreichen Erstprüfung kann die Anlage in Betrieb genommen werden. Eine solche Prüfung ist auch vor der endgültigen Wiederinbetriebnahme bei Änderungen an vorhandenen Anlagen oder bei Austausch oder Instandsetzung vorhandener Geräte notwendig. Ebenfalls erforderlich wird eine Prüfung der Installationen, wenn sich aus irgendwelchen Gründen die Zoneneinteilung in der Anlage in Richtung einer höheren Gefährdung ändert. Mit dem Zeitpunkt der Inbetriebnahme beginnt aber auch die Abnutzung der neu installierten Einrichtungen, hervorgerufen durch die verschiedenen Beanspruchungen, z. B. elektrischer, mechanischer oder auch chemischer Natur, denen die Einrichtungen während dieses Betriebs ausgesetzt sind. Unter dem Gesichtspunkt des Explosionsschutzes bedeutet dies, dass der Betreiber darauf zu achten hat, dass die volle Wirksamkeit aller Maßnahmen erhalten bleibt, die zu Explosionsschutzzwecken getroffen worden sind. Natürlich müssen beim Betrieb verfahrenstechnischer Anlagen und ihrer elektrischen Ausrüstung noch andere Gesichtspunkte, z. B. eine ausreichende Verfügbarkeit, betrachtet werden. Im Gegensatz zu den im Folgenden behandelten sicherheitsrelevanten Instandhaltungstätigkeiten kann der Aufwand bei Maßnahmen, die dem bloßen Funktionserhalt, d. h. der Fähigkeit, das gewünschte Produkt zu produzieren, dienen, unter wirtschaftlichen Aspekten optimiert werden. Außerdem ist es selbstverständlich, dass im explosionsgefährdeten Bereich alle die Schutzmaßnahmen getroffen werden müssen, die auch in nicht explosionsgefährdeten Bereichen zum Schutz der Arbeitnehmer und etwaiger Dritter gegen elektrische und nichtelektrische Gefahren erforderlich sind. In explosionsgefährdeten Bereichen dürfen Arbeiten mit Zündgefahren nur mit Genehmigung des zuständigen Betriebsleiters oder eines von ihm dazu beauftragten Mitarbeiters durchgeführt werden. Die Genehmigung darf nur erteilt werden, wenn mit ausreichender Wahrscheinlichkeit sichergestellt ist, dass für den zur Durchführung der Arbeiten notwendigen Zeitraum keine explosionsfähige Atmosphäre vorhanden ist oder andere wirkungsvolle Maßnahmen gegen eine etwaige Explosionsgefahr getroffen werden.

Diese können z. B., wenn die örtlichen Voraussetzungen es zulassen, im Einsatz von Gaswarngeräten und der Anordnung zur Einstellung aller Arbeiten mit Zündgefahren beim Überschreiten eines Grenzwertes von höchstens 10 % der unteren Explosionsgrenze (UEG) des die Explosionsgefahr verursachenden Gases oder Dampfes liegen. Die Genehmigung ist schriftlich zu erteilen und wird häufig auf einem Formblatt dokumentiert, das z. B. „Feuerschein", „Arbeitserlaubnisschein" oder „Freigabeschein für Arbeiten" genannt wird. Auch wenn an der elektrischen Anlage während des Betriebs Spannungs-, Strom-, Leistungs- oder Temperaturmessungen mit nicht explosionsgeschützten Messgeräten vorgenommen werden, ist eine schriftliche Genehmigung erforderlich. Durchgangsprüfungen und Widerstandsmessungen dürfen nur im spannungsfreien Zustand der Anlage vorgenommen werden, es sei denn, es wird ein Durchgangsprüfer verwendet, für den eine Konformitätserklärung des Herstellers vorliegt, die auf einer Baumusterprüfbescheinigung basiert. In der Praxis werden solche Geräte zum Ausklingeln von Adern und für Durchgangsprüfungen in der Signal- und Messtechnik benutzt. Da sie keine ausreichend unterscheidbaren Werte liefern, sind sie für anderweitige Einsätze nicht geeignet. Wenn bei einem Motor, dessen Motorschutz den Motor wegen Überlast abgeschaltet hat, kurz hintereinander mehrmals der Versuch unternommen wird, diesen wieder einzuschalten, so kann die Grenztemperatur überschritten werden. Die Folgen sind die Schädigung des Motors und die Möglichkeit einer Explosionsgefahr.

Deshalb muss der Motorschutz eine Wiedereinschaltsperre haben, die erst nach sorgfältiger Prüfung der Situation vor Ort am Motor entriegelt werden darf. Nach Rückstellung des Motorschutzes ist zu kontrollieren, ob der Antrieb anläuft. Dies kann entweder durch Sichtkontrolle des Anlaufs erfolgen oder am Abklingen des Anlaufstromes erkannt werden. Da der Motorschutz üblicherweise in für das Betriebspersonal nicht zugänglichen Schalträumen installiert ist, muss außerhalb der Normalarbeitszeit zum Entriegeln, wenn vorhanden, der Entstördienst beauftragt werden, oder es muss jemand von der die Elektroeinrichtungen betreuenden Mannschaft hereingerufen werden. Beide Maßnahmen bedeuten zusätzlichen Aufwand und Stillstandszeiten. Deshalb sollte für den Fall, dass die Ursache für die Auslösung des Motorschutzes ein Laufen des Motors unter Überlast ist, der Motor durch einen stärkeren ersetzt werden. Liegt die Ursache aber darin, dass die durch den Motor angetriebene Arbeitsmaschine gelegentlich betriebsbedingt blockiert, z. B. eine Förderschnecke, in deren Fördergut sich ab und zu einmal zu große Brocken befinden, so hilft in aller Regel eine Vergrößerung der Antriebsmaschine nicht, sondern führt im Fall eines Blockierens höchstens zu einer Beschädigung der Arbeitsmaschine. Hier kann Abhilfe dadurch geschaffen werden, dass man den Motorschutz durch eine Schaltung ergänzt, die sicherstellt, dass innerhalb eines Zeitraumes, der ausreichend für eine genügende Abkühlung des Motors ist, der Motor nur genau einmal wieder eingeschaltet werden kann.

Das Betriebspersonal muss für diesen Fall so geschult werden, dass es weiß, dass beim Auslösen des Motorschutzes zunächst die Arbeitsmaschine wieder gangbar gemacht werden muss, bevor der Motor wieder eingeschaltet werden kann. Wird diese Reihenfolge nicht beachtet, so ist auch hier die Wiederinbetriebnahme nur unter Hinzuziehung von Fachpersonal möglich. Ein weiterer Punkt, der beim Aufenthalt in explosionsgefährdeten Bereichen oft aus Unachtsamkeit nicht korrekt beachtet wird, ist das Mitführen von nicht explosionsgeschützten persönlichen elektrischen oder elektronischen Geräten, z. B. elektronische Armbanduhren, Hörhilfen, Fernbedienungen von Kraftfahrzeugalarmanlagen oder -zentralverriegelungen, Schlüsselring-Taschenlampen, Rechner und Mobiltelefone. Mit Ausnahme von elektronischen Armbanduhren, die im Allgemeinen als ungefährlich angesehen werden, ist die Mitnahme solcher Geräte in den explosionsgefährdeten Bereich nur dann zulässig, wenn sie die Anforderungen der der Zone entsprechenden Gerätekategorie erfüllen oder wenn im Explosionsschutzdokument nach einer für das spezielle Gerät durchgeführten Risikoabschätzung festgestellt wird, dass beim Mitführen dieses Gerätes keine Zündgefahr adäquat zur Zoneneinteilung besteht.

10.2 Elektrische Schutzmaßnahmen

Grundsätzlich gilt, dass für jeden elektrischen Stromkreis, jedes elektrische Gerät und jedes Betriebsmittel ein Schutz gegen gefahrbringende Auswirkungen durch Kurzschluss und Erdschluss sowie Überlast vorzusehen ist. Die ausgewählten Schutzeinrichtungen oder Schutzmaßnahmen müssen so ausgeführt sein, dass ein selbstständiges bzw. automatisches Einschalten unter Fehlerbedingungen nicht möglich ist. Ein selbständiges Inbetriebsetzen oder ein Selbstanlauf muss verhindert werden. Weiterhin bestehen hinsichtlich der Abschaltzeiten von Schutzeinrichtungen in den Bereichen mit dem Geräteschutzniveau (EPL) „Ga“, „Gb“, „Da“ und „Db“ mögliche geringere Abschaltzeiten. Dies ist von Fall zu Fall separat zu bewerten und zu prüfen.

Kann in einem elektrischen Stromkreis eine Überlast nicht vermieden werden, sind Maßnahmen zum Schutz gegen Überlast notwendig. Ist zum Beispiel in mehrphasigen Stromkreisen oder bei mehrphasigen Anschlüssen von Geräten damit zu rechnen, dass es bei einem Ausfall einer Phase zu einer unerlaubten Erhitzung oder Überhitzung bzw. einer unerlaubt hohen Oberflächentemperatur kommt, müssen Schutzmaßnahmen durchgeführt und installiert werden. Führt jedoch die automatische Abschaltung eines elektrischen Gerätes oder eines Betriebsmittels zu eventuell weiteren oder höheren schwerbeherrschbaren Sicherheitsrisiken in der Anlage oder in einem Bereich, darf eine Warneinrichtung alternativ zur automatischen Abschaltung eingesetzt und verwendet werden.

10.3 Explosionsschutz und SIL (Safety integrity Level)

Im Explosionsschutz werden die Anforderungen des „normalen Standards" und die der darunterfallenden Sicherheitsstandards hinsichtlich der möglichen Auswirkungen durch Explosionen nochmals „verschärft", um Risiken zu vermeiden oder zumindest zu reduzieren. Mit dem Safety Integrity Level (SIL) wird eine „Maßeinheit" zur Bestimmung einer Risikoreduzierung beschrieben. Das bedeutet, dass SIL für die Bestimmung einer Risikoreduzierung als nachvollziehbarer Wert steht. SIL dient der Beurteilung elektrischer/elektronischer/programmierbar elektronischer Systeme in Bezug auf die Zuverlässigkeit von Sicherheitsfunktionen. Nach einer durchgeführten Risikobewertung und einer Risikoreduzierung, z. B. für sicherheitsgerichtete Stromkreise, ist die erfolgte Risikoreduzierung nachzuweisen. Nach erfolgter Risikoreduzierung ist darzulegen, dass deren Umfang mindestens dem geforderten Maß (also der SIL-Anforderung) entspricht. Aus dem angestrebten Level ergeben sich die sicherheitsgerichteten Konstruktionsprinzipien, die eingehalten werden müssen, damit das Risiko einer Fehlfunktion minimiert werden kann. Diese SIL-Anforderung untergliedert sich in Stufen von 1 bis 4. Der Vorgang zur Bewertung einer Risikoreduzierung und zur Einstufung in eine SIL-Klasse erfolgt (grob) in drei Schritten:

1. Risikobewertung – Risikobeurteilung: Daraus folgt die Feststellung der erforderlichen Risikoreduzierung bzw. Risikominderung.
2. Realisierung/Durchführung der zuvor festgestellten Risikoreduzierung/Risikominderung.

3. Bewertung/Validierung – zum Beispiel von der funktionalen Sicherheit (Teil der Gesamtsicherheit, bezogen beispielsweise auf ein Steuerungssystem (von Einrichtungen oder Maschinen), das von der korrekten Funktion des sicherheitsbezogenen Systems und anderer risikomindernder Maßnahmen abhängt.)

In vielen Bereichen der Risikominderung, z.B. beim Explosionsschutz, existieren europäische Vorschriften und aus EU-Richtlinien ableitbare Forderungen, aus denen hervorgeht, dass sicherheitstechnische Funktionen, zum Beispiel in einer Prozessanlage mit explosionsgefährdeten Bereichen/Zonen, transparent anhand einer SIL-Einstufung dargestellt werden können. Je nach Bauart, Funktion, Einsatzgebiet und Einsatzbedingungen eines nach SIL betrachteten Bauteils sind neben relevanten Normen andere Regelwerke (wie z.B. ATEX) zu berücksichtigen. Bei sicherheitsgerichteten Installationen in explosionsgefährdeten Bereichen liegt der Anteil konventionell verdrahteter Stromkreise immer noch sehr hoch, obwohl auch in Ex-Bereichen der Anteil der Bustechnologien in den letzten Jahren gestiegen ist. So findet man beispielsweise Bus-Anwendungen für den Ex-Bereich, welche bis zu einer Stufe mit SIL 3 geeignet sind. Viele eigensichere SIL-Ex-Einheiten sind multifunktional und können für die unterschiedlichsten Anwendungen eingesetzt werden, zum Beispiel als Signalverarbeitungsgerät oder als Trennverstärker. Viele Anwendungen können im Ex-Bereich bzw. in Zone 1 und 2 oder 21 installiert werden und entsprechen einer SIL Kategorie 2 nach IEC 61508.

10.4 Störungsbegrenzung an Schaltgerätekombinationen und Geräten

Störungen in Schaltanlagen sind nicht absolut auszuschließen. Durch die richtige Auswahl der Geräte, Berücksichtigung der Grenzbelastung, Beachtung der Wartungsvorgaben und schließlich durch rechtzeitigen Austausch von Geräten wird die Anzahl solcher Störungen verringert. Hinsichtlich der Explosionsgefahr ist in der Zone 1 sicherzustellen, dass solche Störungen nicht zu einer Zündgefahr werden können. Dazu ist es erforderlich, dass die Anforderungen an Kurzschlussschutz und Überlastschutz entsprechend DIN VDE 0100 und gemäß den Randbedingungen der Geräte sorgfältig beachtet werden. Gravierende Störungen für die Anlage sind Lichtbogenkurzschlüsse (Störlichtbögen). Es ist entweder dafür zu sorgen, dass das Auftreten solcher

Störungen ausgeschlossen wird (z. B. durch Einzelkontaktkapselung) oder dass die durch einen inneren Störlichtbogen entstehenden Wärme- und Druckbeanspruchungen auf für das Gehäuse unkritische Werte begrenzt werden. Druckfeste Gehäuse sind deshalb immer gegen Kurzschluss abzusichern. Die vorgeschriebene Sicherung ist bei gegebener Größe und Bauart des Gehäuses abhängig von der an der Einbaustelle möglichen Kurzschlussleistung. Je kleiner die an der Einbaustelle verfügbare Kurzschlussleistung ist, umso kleiner muss der Nennstrom der Sicherung sein, um die Durchlassenergie beim Kurzschluss sicher zu begrenzen. Da die Ansprechdauer der Sicherung oder Kurzschlussschutzeinrichtung sehr stark die Höhe des Druckanstiegs beeinflusst, kann die Absicherung bei kleinen Kurzschlussleistungen am Einbauort schwierig sein. Eine zu lange Schmelzzeit der Sicherung kann zur Kurzschlussexplosion des Gehäuses führen. Bei der Auslegung des Überlastschutzes sind die engen Einbauverhältnisse und die möglichen zusätzlichen Bedingungen durch die Temperaturklasse zu beachten. Bei der Beurteilung der thermischen Verhältnisse einer Schaltanlage spielen der Gleichzeitigkeitsfaktor und ggf. das Anlaufverhalten eine wichtige Rolle. Während z. B. bei gegenseitig verriegelten Motorabgängen von einem Gleichzeitigkeitsfaktor <1 (z. B. 0,6) bei der Berechnung der Verluste ausgegangen werden kann, muss bei Lichtverteilungen und bei Heizungsverteilungen mit dem Faktor 1 gerechnet werden. Bei Heizungsverteilungen ist auch zu beachten, dass für eine längere Anlaufzeit das 1,25-fache des Nennstromes fließen kann. Oft ist daher ein zeitlich gestaffeltes Einschalten sinnvoll. Bei selbstregulierenden Heizbändern kann über mehrere Minuten sogar ein Vielfaches des Nennstromes fließen. Die leichte Zugänglichkeit der elektrischen Betriebsmittel muss gewährleistet sein. Sie müssen identifiziert werden können, möglichst ohne die Verdrahtung zu bewegen. Betriebsmittel, die gelegentlich ausgewechselt oder betätigt werden müssen, sollten so gut zugänglich sein, dass dies möglich ist, ohne dass hierfür andere Teile der Anlage abgebaut werden müssen. In jedem Fall sind eine enge Abstimmung und Zusammenarbeit zwischen Hersteller und Betreiber erforderlich.

10.5 Grundlagen der Instandsetzung/Instandhaltung von Installationen und Geräten im Ex-Bereich

Die Instandsetzung im Allgemeinen kann in die vier Maßnahmen:

1. Wartung,
2. Inspektion,
3. Instandsetzung,
4. Verbesserung

unterteilt werden. Diese Unterteilungen beinhalten die Berücksichtigung inner- und außerbetrieblicher Forderungen, die Abstimmung der Instandhaltungsziele mit den Unternehmenszielen sowie die Berücksichtigung entsprechender Instandhaltungsstrategien.

Unter Instandhaltungsmaßnahmen versteht man die Kombination verschiedener technischer und organisatorischer Maßnahmen während eines Lebenszyklus einer Anlage, einer Einrichtung oder Installation und einer Einheit von beispielsweise elektrischen Geräten, die zum Erhalt oder zur Wiederherstellung des funktionalen und ordnungsgemäßen Zustands einer Anlage dienen. Aus diesem Grund tragen Maßnahmen, darunter die Instandsetzung und Wartung in allen technischen Anlagen und die Installationen in explosionsgefährdeten Bereichen und Zonen sowie in nicht explosionsgefährdeten Anlagen, zum sicheren Betreiben bei. Dementsprechend haben diese Maßnahmen einen wichtigen und hohen Stellenwert sowohl bei der Errichtung der Anlagen und Installationen als auch bei der Auswahl und dem Betreiben technischer Anlagen.

Unter Wartungsmaßnahmen fallen Maßnahmen zur Vermeidung oder zur Verzögerung der Abnutzung technischer Einrichtungen und Geräte und deren Installationen.

Zu diesen Maßnahmen der Wartung können unter anderem gehören:

- Festlegung des Auftrags (Auftragsinhalt, Auftragsdokumentation),
- Aufstellen spezifischer Wartungspläne,
- besondere abgestimmte Durchführungsvorbereitungen,
- Präventionsmaßnahmen, zum Beispiel bei der Arbeitsplatzausstattung oder bei Schutz- und sicherheitsgerichteten Einrichtungen,
- Funktionsprüfungen,
- Wartungsdurchführungen/Wartungsgänge und Zyklen,
- „Status Quo“-Meldungen.

Wartung und Instandsetzung bilden eine Kombination aller Tätigkeiten, die ausgeführt werden müssen, um einen Gegenstand in einem Zustand zu erhalten bzw. diesen in einen solchen zu führen, in welchem er den Anforderungen der betreffenden Spezifikation entspricht und die Ausführung der geforderten Funktionen sicherstellt.

Die „Inspektion"/Überprüfung dient der Feststellung und Bewertung bzw. Beurteilung des Ist-Zustandes einer Installation, einer Anlage oder einer Einrichtung bzw. Einheit. Sie beinhaltet auch die Bewertung und die Feststellung zur Abnutzung und deren Ursachen. Anhand der erkennbaren und bewerteten Abnutzungsursachen können Maßnahmen für den weiteren Einsatz und die Verwendung und Nutzung festgestellt und festgelegt werden.

Zusätzliche Maßnahmen einer Überprüfung/Inspektion können sein:

- Auswertung der Ergebnisse der Inspektion zur Beurteilung des Ist-Zustandes,
- Durchführen von Fehleranalysen,
- Bewertung und Aufzeigen von angewandten Lösungen im Vergleich zu alternativen Lösungen,
- Festlegung von Lösungen,
- Feedback zu neuen Lösungen und Maßnahmen einholen.

Die Instandsetzung selbst beschreibt das Durchführen von Maßnahmen, darunter: Reparaturen, um die ursprüngliche und ordnungsgemäße Funktion oder Ausführung einer Installation oder eines Gerätes bzw. einer fehlerbehafteten Einrichtung wiederherzustellen.

Bei der Verbesserung hingegen werden zur Steigerung der Zuverlässigkeit oder zur Verlängerung der Lebensdauer oder der Sicherheit alle Kombinationen aus technischen und organisatorischen Maßnahmen durchgeführt, ohne die ursprüngliche Funktion der betreffenden Einrichtung zu verändern. Eine Verbesserung kann auch vorgenommen oder durchgeführt werden, um etwaige Fehler während des Betriebes zu vermeiden oder um Ausfälle zu verhindern.

Instandsetzungsarbeiten, die den Explosionsschutz nicht beeinflussen, können ohne Rücksicht auf die BetrSichV vorgenommen werden. Hierzu gehören insbesondere die üblichen Wartungs- und Reparaturarbeiten an Betriebsmitteln der Zündschutzarten „druckfeste Kapselung", Ex „d", „Fremdbelüftung", Ex „p", sowie zum Teil auch bei den Zündschutzarten „Eigensicherheit", Ex „i", und „erhöhte Sicherheit", Ex „e", wie

- das Auswechseln von Kohlebürsten und Bürstenhaltern,
- das Überdrehen von Schleifringen und Kommutatoren,
- der Austausch von Anschlussklemmen,

- das Auswechseln von Lagern,
- das Instandsetzen von Lüftern und Lüfterhauben unter Verwendung von Originalersatzteilen,
- das Anschweißen abgebrochener Motorfüße,
- das Erneuern von Dichtungen.

Alle derartigen Arbeiten beeinflussen, sofern sie sorgfältig und fachgerecht ausgeführt werden, die Explosionssicherheit der Geräte im Allgemeinen nicht. Trotzdem ist auch an dieser Stelle eine Reihe von Sicherheitsmaßnahmen zu beachten. Das gilt vor allem in den Fällen, in denen druckfest gekapselte Gehäuse geöffnet werden müssen. Genaue Kenntnisse über die Eigenart der jeweiligen Zündschutzart sind stets erforderlich, damit beim Wiederzusammenbau keine den Explosionsschutz beeinträchtigenden Veränderungen eintreten. So ist bei den Geräten der Zündschutzart „d" stets sorgfältig zu prüfen, ob sich die Spalte an Gehäusen und Wellendichtungen noch in einwandfreiem Zustand befindet. Grundsätzlich dürfen beim Austausch wichtiger Einzelteile nur Originalersatzteile verwendet werden.

10.5.1 Besondere Instandsetzungsarbeiten

Ein Betriebsmittel, das an Teilen, von denen der Explosionsschutz abhängt, geändert oder instandgesetzt wurde, darf erst dann wieder in Betrieb genommen werden, nachdem eine befähigte Person festgestellt hat, dass es den Anforderungen der BetrSichV und den jeweiligen technischen Vorschriften entspricht und nachdem sie hierüber eine Prüfbescheinigung erteilt hat. Diese ist am Betriebsort aufzubewahren und der zuständigen Behörde auf Verlangen vorzuzeigen.

Geeignete Betriebsangehörige können durch die zuständigen Behörden als „befähigte Person" anerkannt werden; hierdurch lässt sich das Prüf- und Bescheinigungsverfahren zum Teil erheblich vereinfachen. Die Werkstatt und die befähigte Person müssen über die notwendigen Einrichtungen bzw. Fachkenntnisse verfügen, damit gewährleistet ist, dass die Zündschutzart des instandgesetzten Betriebsmittels aufrechterhalten wurde. Gewisse Arbeiten können Instandsetzungswerkstätten im Allgemeinen nicht selbst vornehmen, sie müssen den jeweiligen Herstellern überlassen bleiben. Das gilt z. B. für Reparaturen an Käfigläufern sowie an Überwachungsgeräten, die durch Kontrolle von Überstrom, Temperatur, Luftstrom, Kühlmitteln usw. die Explosionssicherheit gewährleisten sollen. Auch Beschädigungen an druckfesten Teilen von Geräten der Zündschutzart „d" bedingen im Allgemeinen ein Auswechseln des betreffenden Gehäuses oder Gehäuseteils. Die Einhaltung der Einbautoleranzen kann in der Regel nur der Hersteller gewährleisten. Druckfeste Leitungsdurchführungen dürfen nur dann außerhalb des Herstellerwerks ausgewechselt werden, wenn die jeweiligen Originalteile zur Verfügung stehen und die Einschraubgewinde nicht beschädigt sind. Wicklungen von elektrischen Maschinen (Motoren, Generatoren, Transformatoren) in der Zündschutzart „erhöhte Sicherheit“, Ex „e“, bedürfen einer sehr sorgfältigen Instandsetzung. Hierbei ist eine Reihe von besonderen Punkten zu beachten, die wegen ihrer wirtschaftlichen und technischen Bedeutung in den genannten Richtlinien ausführlich zusammengestellt sind. Sinngemäß sind diese Richtlinien auch für Maschinen und Geräte anderer Zündschutzarten anwendbar, jedoch wird für Maschinen der Zündschutzart „e“ eine zweimalige Wicklungstränkung gefordert, falls das Tränkmittel Lösungsmittel enthält.

10.5.2 Allgemeine gültige Anforderungen an Instandsetzungsarbeiten

Bei der Durchführung von Instandsetzungsarbeiten auch außerhalb explosionsgeschützter Bereiche und Zonen sind allgemein gültige Anforderungen einzuhalten. Diese Anforderungen beschreiben unter anderem organisatorische Maßnahmen mit dem Hinblick auf die Sicherheit von Verfahren, Prozessen und Arbeiten.

Grundsätzliche Anforderungen:

- Arbeiten in der Anlage nur mit „Erlaubnisschein“ des Betreibers durchführen.
- Einschlägig geschulte Fachkraft oder Sachverständiger beurteilt, ob der Explosionsschutz betroffen ist.
- Zündschutzart (z. B. Temperaturklasse, Explosionsgruppe, IP-Schutzart) darf nicht beeinträchtigt werden.
- Keine behelfsmäßige Instandsetzung vornehmen.
- Information und Dokumentation müssen vorliegen.

Falls der Explosionsschutz betroffen ist:

- möglichst Originalersatzteile vom Hersteller,
- entsprechende Einrichtung für Reparatur und Prüfung,
- Prüfung durch anerkannte befähigte Person,
- Kennzeichnung auf Reparatur-Zusatzschild oder Prüfbescheinigung der anerkannten befähigten Person.

10.5.3 Prüfen und Instandhaltung elektrischer Geräte und Installationen im explosionsgefährdeten Bereich

Elektrische Anlagen in explosionsgefährdeten Bereichen verfügen über spezielle Anforderungen, die den ordnungsgemäßen Betrieb ermöglichen. Es ist aus Gründen der Sicherheit wesentlich, dass die Wirksamkeit dieser speziellen Anforderungen während der gesamten Lebensdauer dieser Anlagen erhalten bleibt. Dazu sind regelmäßige wiederkehrende Prüfungen und eine ständige Überwachung durch Fachkräfte sowie ein koordiniertes Wartungs- und Instandsetzungskonzept notwendig.

Damit Inspektionen/Überprüfungen, Wartung und Instandsetzung ordnungsgemäß und effektiv durchgeführt werden können, müssen Dokumentationen vorliegen:

a) Ex-Zonenplan mit den Angaben zu den geforderten EPLs je Zone,
b) Angaben zu Temperaturklassen und Gerätegruppen für Gas und/oder Staub,
c) Geräteeigenschaften (Bemessungstemperaturen, Zündschutzarten, IP-Schutzgrad etc.)
d) vorgefertigte Prüfberichte,
e) Unterlagen zur Erstprüfung,

Die Prüfung, Wartung und Instandsetzung der Anlagen darf nur von erfahrenem Personal ausgeführt werden, dem bei der Ausbildung auch Kenntnisse über die verschiedenen Zündschutzarten und Errichtungsverfahren, die Anforderungen einschlägiger nationaler Vorschriften und Unternehmensregeln für die Anlage sowie die allgemeinen Grundsätze der Zoneneinteilung vermittelt wurden. Ein Nachweis für die relevanten Erfahrungen und die absolvierten Schulungen muss dokumentiert und verfügbar sein!

In der Betriebssicherheitsverordnung (BetrSichV) sind die Mindestanforderungen in deutsches Recht umgesetzt. Danach dürfen Wartung, Umbau und Instandsetzung nur von befähigten Personen durchgeführt werden, für die in § 2 folgende Begriffsbestimmung zu finden ist: „Befähigte Person im Sinne dieser Verordnung ist eine Person, die durch ihre Berufsausbildung, ihre Berufserfahrung und ihre zeitnahe berufliche Tätigkeit über die erforderlichen Fachkenntnisse zur Prüfung der Arbeitsmittel verfügt".

Für die Prüfung nach einer Instandsetzung sind in § 14 weitergehende Anforderungen, z. B. eine Überwachungsstelle oder eine von der zuständigen Behörde anerkannte befähigte Person, verlangt. Die befähigte Person muss von der zuständigen Behörde für diese Prüfungen anerkannt sein. Aufgaben der befähigten Personen können auch von zugelassenen Überwachungsstellen wahrgenommen werden, die die Zulassung nach BetrSichV besitzen.

Die zur Prüfung befähigte Person hat nach jeder Justierung, Wartung und Instandsetzung, Reparatur, Wiederherstellung, Änderung oder jedem Austausch die Geräte oder die relevanten Teile von betroffenen Geräten zu überprüfen. Diese Überprüfungen sind in Prüfberichten mit den festgestellten Ergebnissen und Messprotokollen zu dokumentieren! Ist es notwendig, dass im Verlauf einer Prüfung eine Anlage oder ein Gerät demontiert werden muss, müssen Vorkehrungen getroffen werden, um sicherzustellen, dass beim Wiederzusammenbau die Wirksamkeit der Zündschutzart erhalten bleibt.

Werden Änderungen in der Zoneneinteilung vorgenommen oder Anforderungen an das EPL oder den Einbaustandort eines Gerätes oder einer Einrichtung geändert, muss hinsichtlich der Zündschutzart, der Explosionsgruppe und der Temperaturklasse eine Überprüfung zur Erfüllung der Anforderungen durchgeführt werden.

Sowohl aus den gesetzlichen Bestimmungen als auch aus den Erfordernissen eines unfallfreien, ungestörten Produktionsablaufs ergibt sich die Notwendigkeit, eine elektrische Anlage in ordnungsgemäßem Zustand zu halten und ständig zu überwachen. Bei den notwendigen Arbeiten darf keine zusätzliche Explosionsgefahr auftreten – je nach Art des Eingriffs in die Anlage muss durch eine sogenannte „Feuererlaubnis" sichergestellt sein, dass keine explosionsfähige Atmosphäre auftreten kann. In Großbetrieben ist durch entsprechende Organisation und Dokumentation für eine technisch umfassende und in den Akten nachprüfbare ständige Überwachung mit klarer Zuordnung der Verantwortung gesorgt.

Installations- oder Reparaturbetriebe, die mit der Wartung und Überwachung von explosionsgefährdeten Anlagen betraut werden, sollten sich an den Erfahrungen und Formalien der Großbetriebe orientieren.

Die Betriebsanleitung der Hersteller und eventuell erschwerende Betriebs- und Umgebungsbedingungen sind besonders zu beachten!

10.5.3.1 Arten von Prüfungen

Bei den Prüfungen wird unterschieden nach Prüftiefe und Art der Prüfungen. Mit der Prüftiefe werden Umfang und Intensität der Prüfung beschrieben. Es gibt Sichtprüfungen, Nahprüfungen und Detailprüfungen. Nach den Definitionen der Norm handelt es sich bei einer Sichtprüfung um eine Prüfung, bei der ohne Anwendung von Zugangseinrichtungen oder Werkzeugen sichtbare Fehler festgestellt werden, z. B. fehlende Schrauben oder beschädigte Gehäuse.

Eine Nahprüfung ist eine Prüfung, bei der zusätzlich zu den Aspekten der Sichtprüfung weitere Fehler festgestellt werden, z. B. lockere Schrauben, die nur durch Verwendung von Zugangseinrichtungen, z. B. Stufen oder Leitern (falls erforderlich), und Werkzeugen zu erkennen sind.

Eine Detailprüfung schließlich ist eine Prüfung, bei der zusätzlich zu den Aspekten der Nahprüfung solche Fehler festgestellt werden, die nur durch das Öffnen von Gehäusen und/oder, falls erforderlich, Verwendung von Werkzeugen und Prüfeinrichtungen zu erkennen sind. Nach Durchführung einer Detailprüfung muss besondere Sorgfalt darauf verwandt werden, den ordnungsgemäßen Zustand der geprüften Einrichtung wiederherzustellen. Sicht- und Nahprüfungen können in aller Regel an unter Spannung stehenden Betriebsmitteln durchgeführt werden. Detailprüfungen machen normalerweise ein Freischalten der Betriebsmittel und damit auch eine Arbeitserlaubnis durch den Betreiber erforderlich.

Bei der Art der Prüfungen unterscheidet man zwischen der Prüfung vor Inbetriebnahme, auch Erstprüfung genannt, und wiederkehrenden Prüfungen. Für die Prüfung vor Inbetriebnahme ist es nicht erforderlich, eine vollständige Detailprüfung der Betriebsmittel durchzuführen, wenn eine gleichwertige Prüfung bereits vom Hersteller vorgenommen wurde und eine Beeinträchtigung der Explosionsschutzmaßnahmen durch die Montagearbeiten nicht zu befürchten ist. Beispielsweise muss die Unversehrtheit der Spalte eines neu gelieferten Gehäuses in der Schutzart „druckfeste Kapselung“ nicht überprüft werden, wenn es zur Installation nicht geöffnet werden muss, weil es mit einem mitgelieferten Anschlussraum in der Schutzart „erhöhte Sicherheit, „e“, versehen ist. Wohl aber muss dieser Anschlussraum nach der Montage darauf überprüft werden, ob die Anforderungen seiner Schutzart bezüglich Dichtigkeit, Kriechstrecken usw. nach wie vor erfüllt sind. Wiederkehrende Prüfungen dürfen als Sicht- oder Nahprüfungen ausgeführt werden, wobei das Ergebnis der Sicht- oder Nahprüfung sein kann, dass eine zusätzliche Detailprüfung erforderlich ist. Werden regelmäßig wiederkehrende Prüfungen durchgeführt, so kommt der Festlegung der Prüfintervalle und der erforderlichen Prüftiefe eine große Bedeutung zu. Beispielsweise kann dabei die in **Bild 10.1** dargestellte Vorgehensweise verwendet werden.

Man legt unter Beachtung der Art des Betriebsmittels, der zu erwartenden Beanspruchung und der sonstigen Umgebungseinflüsse und einer Ge-

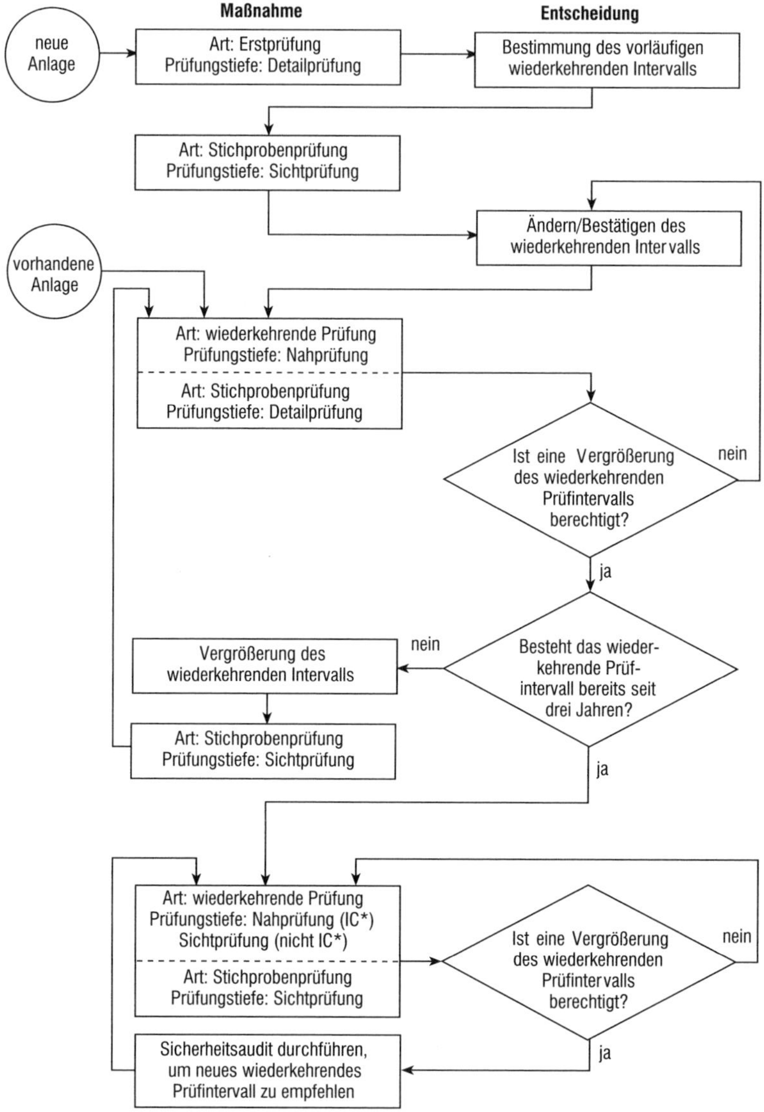

* IC = zündfähig bei bestimmungsgemäßem Betrieb, d.h., wenn innere Bauelemente des Betriebsmittels bei bestimmungsgemäßem Betrieb zündfähige Lichtbögen, Funken oder Oberflächentemperaturen erzeugen

Bild 10.1 Typischer Prüfungsablauf bei wiederkehrenden Prüfungen nach DIN EN 60079-17 (VDE 0165-10-1)

fährdungsbeurteilung ein anfängliches Prüfintervall fest. In diese Festlegung können und sollen natürlich bereits vorhandene Erfahrungen mit vergleichbaren Betriebsmitteln in vergleichbarer Situation und etwaige Hinweise und Informationen des Herstellers einfließen. Ergibt die erneut durchgeführte wiederkehrende Prüfung, dass in der Zeit zwischen den Prüfungen keine Beeinträchtigung der zum Explosionsschutz getroffenen Maßnahmen eingetreten ist, so kann das Prüfintervall verlängert werden.

Werden für die wiederkehrende Prüfung Detailprüfungen erforderlich, so können diese unter der Voraussetzung, dass eine ausreichend große Anzahl gleicher Geräte vorhanden ist, als Stichprobenprüfung durchgeführt werden; d. h., nur eine bestimmte Anzahl dieser Geräte wird der Detailprüfung unterzogen. Die Anzahl der zu prüfenden Geräte muss dabei so gewählt werden, dass ein aussagekräftiges Ergebnis gewonnen werden kann. Daraus ergibt sich, dass auch Umfang und Zusammensetzung der Stichprobe bei jeder wiederkehrenden Prüfung neu überdacht werden müssen. Auf jeden Fall sollten aber die nicht zur Stichprobe gehörenden Geräte einer Sichtprüfung unterzogen werden.

Gesonderte Überlegungen sind für die Festlegung von Prüfintervallen von ortsveränderlichen elektrischen Betriebsmitteln (handgeführten, tragbaren und transportierbaren Betriebsmitteln) erforderlich, da sie einer erhöhten Beschädigungsgefahr unterworfen sind. Für die meisten dieser Geräte müssen in Deutschland ohnedies die in der DGUV Vorschrift 3 (ehemals BGV A3) angegebenen Prüffristen angewendet werden. Es empfiehlt sich, (zusätzlich) die Angaben der Hersteller zu berücksichtigen und einzuhalten.

Es ist sinnvoll und ratsam, Prüfpläne oder Prüfkonzepte für die individuellen elektrischen Geräte, Einrichtungen und Betriebsmittel sowohl in explosionsgefährdeten Bereichen und Zonen als auch in nicht explosionsgefährdeten Bereichen zusammenzustellen.

Als Beispiele für Prüfpläne der Prüfungen von Geräten und Geräten mit spezifischen Anforderungen (Zündschutzarten) dienen die **Tabellen 10.1, 10.2** und **10.3**, die der EN 60079-17 (DIN VDE 0165-10-1) entnommen worden sind.

	Prüfung x = für alle Zündschutzarten n = nur Zündschutzart „n“ t = nur Zündschutzart „t“ und „tD“	**Ex „d“**			**Ex „e“**			**Ex „n“** **Ex „t“/„tD“**		
		Prüftiefe								
		D	**N**	**S**	**D**	**N**	**S**	**D**	**N**	**S**
A	**Allgemein – alle Geräte**									
1	Gerät entspricht EPL/Zonenanforderungen des Einbauortes	x	x	x	x	x	x	x	x	x
2	Gerätegruppe ist richtig	x	x		x	x		x	x	
3	Geräte-Temperaturklasse ist richtig (nur für Gas)	x	x		x	x		n	n	
4	maximale Oberflächentemperatur ist richtig (nur für „t“/„tD“)							t	t	
5	Schutzgrad (IP-Grad) der Geräte entspricht dem Schutzniveau der Gruppe/der Leitfähigkeit	x	x	x	x	x	x	x	x	x
6	Geräte-Stromkreisbezeichnung ist richtig	x			x			x		
7	Geräte-Stromkreisbezeichnung ist vorhanden	x	x	x	x	x	x	x	x	x
8	Gehäuse, Glasscheiben und Glas-Metall-Abdichtungen und/oder -Verbindungen sind ordnungsgemäß	x	x	x	x	x	x	x	x	x
9	keine Beschädigung oder unzulässigen Änderungen	x			x			x		
10	kein Hinweis auf sichtbare unzulässige Änderungen		x	x		x	x		x	x
11	Schrauben, Kabel- und Leitungseinführungen (direkt und indirekt), Blindverschlüsse sind vom richtigen Typ, vollständig und dicht									
	– physikalische Prüfung	x	x		x	x		x	x	
	– Sichtprüfung			x			x			x
12	Gewindedeckel an Gehäusen sind vom richtigen Typ, dicht und gesichert									
	– physikalische Prüfung	x	x							
	– Sichtprüfung			x						
13	Spaltflächen sind sauber und unbeschädigt, Dichtungen (falls vorhanden) sind zufriedenstellend und richtig angebracht	x								
14	Zustand der Gehäusedichtungen ist zufriedenstellend	x			x			x		
15	es gibt keinen Hinweis auf das Eindringen von Wasser oder Staub in das Gehäuse in Übereinstimmung mit der IP-Bemessung	x			x			x		
16	Die Abmessungen der Spaltweiten liegen: – innerhalb der Grenzen nach der Dokumentation des Herstellers, – innerhalb der Maximalwerte der zum Zeitpunkt der Errichtung gültigen Bau- und Prüfnormen oder – innerhalb der durch die Anlagendokumentation zulässigen Werte.	x								
17	elektrische Anschlüsse sind fest				x			x		
18	unbenutzte Anschlussklemmen sind festgezogen				x			n		
19	umschlossene Schalteinrichtungen und hermetisch abgedichtete Geräte sind unbeschädigt							n		
20	gekapselte Bauteile sind unbeschädigt				x			n		
21	druckfest gekapselte Bauteile sind unbeschädgt				x			n		

Quelle: EN 60079-17 (DIN VDE 0165-10-1)

Tabelle 10.1 Prüfplan für Ex „d“, „e“, „n“ und Ex „t/tD“ (Teil 1/3) [9]

	Prüfung x = für alle Zündschutzarten n = nur Zündschutzart „n“ t = nur Zündschutzart „t“ und „tD“	**Ex „d“**			**Ex „e“**			**Ex „n“ Ex „t“/„tD“**		
		Prüftiefe								
		D	**N**	**S**	**D**	**N**	**S**	**D**	**N**	**S**
22	schwadensichere Gehäuse sind in Ordnung (nur Schutzart „nR“)							n		
23	Prüfanschluss, falls vorhanden, ist funktionsfähig (nur Schutzart „nR“)							n		
24	Atmungsfunktion ist zufriedenstellend (nur Schutzart „nR“)	x			x			n		
25	Atmungs- und Entwässerungseinrichtung sind zufriedenstellend	x	x		x	x		n	n	
	– gerätespezifisch (Beleuchtung)									
26	Leuchtstoffröhren zeigen keine EOL-Effekte				x	x	x	x	x	x
27	HID-Lampen neigen keine EOL-Effekte	x	x	x	x	x	x	x	x	x
28	Lampen-Bemessungswert, -Typ, Konfiguration der Anschlussstifte und Anordnung sind richtig	x			x			x		
	– gerätespezifisch (Motoren)									
29	Lüfter haben ausreichenden Abstand zum Gehäuse und/oder Abdeckungen, Kühlsysteme sind unbeschädigt, Motorenunterbauten haben keine Kerben oder Risse	x	x	x	x	x	x	x	x	x
30	Luftstrom der Lüftung ist nicht behindert	x	x	x	x	x	x	x	x	x
31	Isolationswiderstand (I_R) der Motorwicklungen ist zufriedenstellend	x			x			x		
B	**Installation – Allgemein**									
1	Kabel- und Leitungstyp ist zweckentsprechend	x			x			x		
2	an Kabeln und Leitungen ist keine sichtbare Beschädigung	x	x	x	x	x	x	x	x	x
3	Abdichtung von Schächten, Kanälen, Rohren und/oder „conduits“ ist zufriedenstellend	x	x	x	x	x	x	x	x	x
4	mechanische Zündsperren und Kabelendverschlüsse sind richtig gefüllt	x								
5	Conduitsystem und Übergang zum gemischten System sind unbeschädigt	x			x			x		
6	Erdverbindungen, einschließlich zusätzlicher Potentialausgleichanschlüsse, sind ordnungsgemäß (z. B. Anschlüsse sind fest, Leiterquerschnitte sind ausreichend)									
	– physikalische Prüfung	x			x			x		
	– Sichtprüfung		x	x		x	x		x	x
7	Fehlerschleifenimpedanz (TN-System) oder Erdungswiderstand (IT-System) sind ausreichend	x			x			x		
8	automatische elektrische Schutzeinrichtungen sind richtig eingestellt (automatische Rückstellung nicht mögich)	x			x			x		
9	automatische elektrische Schutzeinrichtungen sprechen innerhalb zulässiger Grenzwerte an	x			x			x		
10	besondere Verwendungsbedingungen (falls zutreffend) sind eingehalten	x			x			x		

Quelle: EN 60079-17 (DIN VDE 0165-10-1)

Tabelle 10.1 Prüfplan für Ex „d“, „e“, „n“ und Ex „t/tD“. (Teil 2/3) [9]

	Prüfung x = für alle Zündschutzarten n = nur Zündschutzart „n“ t = nur Zündschutzart „t“ und „tD“	**Ex „d“**			**Ex „e“**			**Ex „n“ Ex „t“/„tD“**		
		Prüftiefe								
		D	**N**	**S**	**D**	**N**	**S**	**D**	**N**	**S**
11	Kabel und Leitungen, die nicht benutzt werden, sind richtig abgeschlossen	x			x			x		
12	Hindernisse in der Nähe von zünddurchschlagsicheren Verbindungen sind in Übereinstimmung mit IEC 60079-14	x	x	x						
13	Installationen mit veränderbarer Spannung/Frequenz sind in Übereinstimmung mit der Dokumentation	x	x		x	x		x	x	
	Installation – Heizeinrichtungen									
14	Temperaturfühler funktionieren in Übereinstimmung mit der Dokumentation des Herstellers	x			x			t		
15	Sicherheitsabschalteinrichtungen funktionieren in Übereinstimmung mit der Dokumentation des Herstellers	x			x			t		
16	die Einstellung der Sicherheitsabschaltung ist versiegelt	x	x		x	x				
17	Zurücksetzen der Sicherheitsabschaltung der Heizeinrichtung ist nur mit Werkzeug möglich	x	x		x	x				
18	automatisches Zurücksetzen ist nicht möglich	x	x		x	x				
19	Zurücksetzen der Sicherheitsabschaltung der Heizeinrichtung im Fehlerfall ist verhindert	x			x					
20	Sicherheitsabschaltung ist unabhängig von der Regelungseinrichtung	x			x					
21	falls erforderlich, ist ein Niveauschalter angebracht und richtig eingestellt	x			x					
22	falls erforderlich, ist ein Strömungswächter angebracht und richtig eingestellt	x			x					
	Installation – Motoren									
23	Motorschutzeinrichtungen arbeiten innerhalb der zulässigen Zeitgenzen t_E oder t_A				x					
C	**Umgebung**									
1	Gerät ist ausreichend gegen Korrosion, Wetter, Schwingung und andere Störfaktoren geschützt	x	x	x	x	x	x	x	x	x
2	keine übermäßige Staub- oder Schmutzansammlung	x	x	x	x	x	x	x	x	x
3	elektrische Isolierung ist sauber und trocken				x			x		
D= Detailprüfung, N = Nahprüfung, S = Sichtprüfung										

Tabelle 10.1 Prüfplan für Ex „d“, „e“, „n“ und Ex „t/tD“ (Teil 3/3) [9]

Quelle: EN 60079-17 (DIN VDE 0165-10-1)

	Prüfung x = erforderlich	**Prüftiefe**		
		D	**N**	**S**
A	**Gerät**			
1	Dokumentation für Stromkreis und/oder Gerät entspricht dem EPL/der Zone	x	x	x
2	installiertes Gerät entspricht dem wie in der Dokumentation festgelegt	x	x	
3	Stromkreis- und/oder Gerätekategorie und -gruppe sind korrekt	x	x	
4	IP-Bemessung der Geräte ist für den vorliegenden Gruppe-III-Stoff geeignet	x	x	
5	Temperaturklasse des Gerätes ist richtig	x	x	
6	Umgebungstemperaturbereich des Betriebsmittels ist für die Installation richtig	x	x	
7	Betriebstemperaturbereich des Betriebsmittels ist für die Installation richtig	x	x	
8	Installation ist deutlich gekennzeichnet	x	x	
9	Gehäuse, Glasteile und Glas-Metalldichtungen und/oder Vergussmasse sind zufriedenstellend	x		
10	Kabel- und Leitungseinführungen und Blindverschlüsse sind vom richtigen Typ, vollständig und dicht – physikalische Prüfung – Sichtprüfung	x	x	x
11	keine unzulässigen Änderungen	x		
12	kein Hinweis auf unzulässige Änderungen		x	x
13	Sicherheitsbarrieren, galvanische Trenner, Relais und andere Energiebegrenzungs-Einrichtungen entsprechen dem bescheinigten Typ, sind installiert in Übereinstimmung mit den Anforderungen aus der Bescheinigung und, falls erforderlich, sicher geerdet	x	x	x
14	Zustand der Gehausedichtungen ist zufriedenstellend	x		
15	elektrische Verbindungen sind fest	x		
16	gedruckte Schaltungen sind sauber und unbeschädigt	x		
17	Maximalspannung U_M des zugehörigen Betriebsmittels wird nicht überschritten	x	x	
B	**Installation**			
1	Kabel und Leitungen sind entsprechend der Dokumentation instaliert	x		
2	Kabel- und Leitungsabschirmungen sind entsprechend der Dokumentation geerdet	x		
3	keine sichtbare Beschädigung an Kabeln und Leitungen	x	x	x
4	Abdichtung von Schächten, Kanälen, Rohren und/oder „conduits" ist zufriedenstellend	x	x	x
5	Punkt-zu-Punkt-Verbindungen sind alle richtig (nur Erstprüfung)	x		
6	Erdungsdurchgängigkeil für nicht galvanisch getrennte Stromkreise ist ausreichend (z. B. Verbindungen sind fest und die Leiterquerschnitte ausreichend)	x		
7	Erdverbindungen erhalten die Funktionsfähigkeit der Zündschutzart	x		
8	Erdung der eigensicheren Stromkreise ist zufriedenstellend	x		
9	Isolationswiderstand ist zufriedenstellend	x		
10	Trennurg zwischen eigensicheren und nichteigensicheren Stomkreisen ist in gemeinsamen Verteilerkästen oder Relaisschränken vorhanden	x		
11	Kurzschlussschutz der Energieversorgung stimmt mit der Dokumentation überein	x		
12	besondere Verwendungsbedingungen (falls zutreffend) sind eingehalten	x		
13	Kabel und/oder Leitungen, die nicht benutzt werden, sind richtig abgeschlossen	x		

Tabelle 10.2 Prüfplan für EX „i" (Teil 1/2) [9]

	Prüfung x = erforderlich	Prüftiefe D	N	S
B	**Umgebung**			
1	Gerät ist ausreichend gegen Korrosion, Wetter, Schwingung und andere Störfaktoren geschützt	x	x	x
2	keine übermäßige Staub- oder Schmutzansammlung	x	x	x
D= Detailprüfung, N = Nahprüfung, S = Sichtprüfung				

Tabelle 10.2 Prüfplan für EX „i" (Teil 2/2) [9]

	Prüfung x = erforderlich	Prüftiefe D	N	S
A	**Gerät**			
1	Gerät entspricht EPL/Zonenanforderungen des Einbauortes	x	x	x
2	Gerätegruppe ist richtig	x	x	
3	Temperaturklasse des Gerätes oder Oberflächentemperatur ist richtig	x	x	
4	Kennzeichnung des Geräte-Stromkreises ist richtig	x		
5	Geräte-Stromkreisbezeichnung ist vorhanden	x	x	x
6	Gehäuse, Glasscheiben und Glas-Metall-Dichtungen und/oder -Verbindungen sind ordnungsgemäß	x	x	x
7	keine unzulässigen Änderungen	x		
8	kein Hinweis auf unzulässige Änderungen		x	x
9	Lampen-Bemessungswert, -Typ und -Anordnung sind richtig	x		
B	**Installation**			
1	Kabel- und/oder Leitungstyp ist geeignet	x		
2	an Kabeln und/oder Leitungen ist keine sichtbare Beschädigung	x	x	x
3	Erdverbindungen, einschließlich zusätzlicher Potentialausgeichsanschlüsse, sind ordnungsgemäß (z. B. Anschlüsse sind fest, Leiterquerschnitte sind ausreichend) – physikalische Prüfung – Sichtprüfung	x	x	x
4	Fehlerschleifenimpedanz (TN-System) oder Erdwiderstand (IT-System) ist ausreichenend	x		
5	automatische elektrische Schutzeinrichtungen sprechen in zulässigen Grenzwerten an	x		
6	automatische elektrische Schutzeinrichtungen sind richtig eingestellt	x		
7	Schutzgastemperatur am Eintritt liegt unter dem festgelegten Höchstwert	x		
8	Luftkanäle, Rohrleitungen und Gehäuse sind in gutem Zustand	x	x	x
9	Schutzgas ist im Wesentlichen frei von Verunreinigungen	x	x	x
10	Schutzgasdruck und/oder -durchfluss ist ausreichend	x	x	x
11	Druck- und/oder Durchflussanzeiger, Alarmeinrichtungen und Verriegelungen funktionieren richtig	x		
12	Zustand von Funken- und Partikelsperren von Kanälen zum Ausblasen des Gases in explosionsgefährdeten Bereichen ist zufriedenstelled	x		
13	besondere Verwendungsbedingungen (falls zutreffend) sind eingehalten	x		

Tabelle 10.3 Prüfplan für EX „p" und „pD" (Teil 1/2) [9]

Prüfung x = erforderlich		Prüftiefe		
		D	N	S
B	**Umgebung**			
1	Gerät ist ausreichend gegen Korrosion, Wetter, Schwingung und andere Störfaktoren geschützt	x	x	x
2	keine übermäßige Staub- oder Schmutzansammlung	x	x	x
D= Detailprüfung, N = Nahprüfung, S = Sichtprüfung				

Tabelle 10.3 Prüfplan für EX „p" und „pD" (Teil 2/2) [9]

10.5.3.2 Vorgehensweise – Prüfung von Motoren

Grundsätzlich ist bei Antrieben und Motoren darauf zu achten, dass diese selbst oder deren Zubehör und Ausrüstung zu keiner Zeit eine potentielle Zündquelle darstellen. Damit dieses gewährleistet ist, sind zusätzlich zu den aufgeführten Beispielen zu Prüfungen auch die Einhaltung und Berücksichtigung von Herstellerangaben unabdingbar, vgl. **Tabelle 10.4.**

Pos.	Was wird geprüft bzw. wie wird geprüft?	Auffälligkeiten	unauffällig	erledigt?
1	Sind unnormale Geräusche erkennbar?			
2	Ist der Füllstand/die Vorlage des Schmiermittels in Ordnung?			
3	Sind Dichtungen/Gleitlager in einem ordnungsgemäßen Zustand?			
4	Sind Lager und/oder Getriebe auffällig?			
5	Sind Lager-, Getriebe-, oder Riementemperaturen überschritten?			
6	Sind Kühlungseinrichtungen (z. B. Kühllufteinspülungen) funktionstüchtig und ausreichend?			
7	Sind Oberflächentemperaturen nicht über ein Normalmaß erhitzt?			
8	Sind Regel-, und Schutzeinrichtungen verfügbar und einsatzbereit?			
9	Gibt es unerlaubte lose oder gelöste Teile am Aggregat oder in der Umgebung/Nähe?			
10	Sind Verbindungs- oder Konstruktionsteile befestigt und mit dem richtigen Drehmoment angezogen?			
11	Liegen Korrosionen vor?			
12	Gibt es Anzeichen von Wärmestau oder Erhitzung durch benachbarte Teile?			
13	Sind unerlaubt hohe Schwingungen oder Unwucht zu erkennen?			

Tabelle 10.4 Checkliste zum Prüfen von Motoren auf Basis der EN 60079-17 (DIN VDE 0165-10-1) (Teil 1/2) [9]

Pos.	Was wird geprüft bzw. wie wird geprüft?	Auffälligkeiten	unauffällig	erledigt?
14	Stimmen vorgegebene Übersetzungen, z. B. an Zahnrad- oder Riemenantrieben?			
15	Sind relevante Füllstände erreicht oder grenzwertig?			
16	Sind Be- und Entlüftungsmaßnahmen funktionstüchtig?			
17	Werden Grenzwerte während des Normalbetriebs erreicht?			
18	Sind mögliche Aufzeichnungen und Dokumentationen verfügbar und einsehbar?			
19	Können Profil- und Verlaufskurven im Leitsystem oder der Visualisierung nachvollzogen werden und wenn ja, sind alle Daten plausibel?			
20	Sind Schutzmaßnahmen wie Potentialausgleich/Erdung etc. gegeben?			

Tabelle 10.4 Checkliste zum Prüfen von Motoren auf Basis der EN 60079-17 (DIN VDE 0165-10-1) (Teil 2/2) [9]

10.5.3.3 Kenntnisse, Fachkunde und Kompetenzen von Personen

In der EN 60079-17 (DIN VDE 0165-10-1) werden im Anhang B weitere Personen mit unterschiedlichen Kompetenzen in Sachen Prüfung, Wartung und Instandsetzung explosionsgeschützter Einrichtungen und Ausstattungen sowie Ausrüstungen aufgeführt und beschrieben. Hier werden Aussagen zu Anforderungen, zu Kenntnissen und zur Fachkunde dargestellt.

Die Einteilung der Personen erfolgt dabei in zwei „Kategorien“:

a) Die „fachkundige Person in leitender Funktion“

b) Das „fachkundige Personal“

Die Prüfung und Instandhaltung von Anlagen, die in diesem Dokument behandelt werden, dürfen nur von fachkundigem Personal durchgeführt werden. Im Folgenden werden die Kenntnisse, Fähigkeiten und Kompetenzen von fachkundigen Personen in leitender Funktion und fachkundigem Personal aufgezeigt.

Die „fachkundige Person in leitender Funktion“, welche für die Betreuung und Durchführung der Prüfungen und die Instandhaltung von explosionsgeschützter Ausrüstung verantwortlich ist, muss folgende Mindesteigenschaften mit sich bringen:

- allgemeines Verständnis der notwendigen Elektrotechnik,
- praktisches Verständnis der Prinzipien und der Techniken des Explosionsschutzes,

- technisches Verständnis und die Fähigkeit, technische Zeichnungen, Pläne und Dokumente zu lesen und zu bewerten,
- Kenntnisse der Arbeitsabläufe und Verständnis der relevanten Normen, die für den Explosionsschutz notwendig sind (IEC 60079-10-1, IEC 60079-10-2, IEC 60079-14 und IEC 60079-19),
- grundlegende Kenntnisse in
  - Qualitätssicherung
  - Auditieren
  - Dokumentationsführung
  - Rückverfolgbarkeit von Messungen und Kalibrieren von Messgeräten.

Diese Personen müssen ihre Beteiligung auf die Anleitung des fachkundigen Personals beschränken, das die Prüfungs- und Instandhaltungsarbeiten ausführt, und dürfen sich nicht selbst direkt an der Arbeit beteiligen, solange nicht sichergestellt ist, dass ihre praktischen Fähigkeiten wenigstens den in Anhang B.2.2 der DIN EN IEC 60079-17 VDE 0165-10-1:2024-10 genannten Anforderungen entsprechen.

Das fachkundige Personal, zum Beispiel Techniker zur Prüfung, Wartung und Instandsetzung, muss dem erforderlichen Maß entsprechen und die Anforderungen, welche zur Durchführung der Tätigkeit notwendig sind, erfüllen. Diese Anforderungen sind:

- Verständnis der allgemeinen Prinzipien der Zoneneinteilung oder des EPL und des Explosionsschutzes,
- Verständnis über die Verfahren der Zündschutzarten und Gerätekennzeichnung,
- Verständnis der Gesichtspunkte der Gerätekonstruktion, die das Schutzkonzept beeinflussen,
- Verständnis der Zertifizierung und der einschlägigen Teile dieses Dokuments,
- Verständnis der zusätzlichen Notwendigkeit von Arbeitserlaubnissystemen und sicherer elektrischer Trennung für den Explosionsschutz,
- Vertrautheit mit den besonderen Techniken, die bei der Prüfung und Instandhaltung anzuwenden sind,
- umfassendes Verständnis der Auswahl- und Aufstellungsanforderungen von IEC 60079-14 und
- allgemeines Verständnis der Reparatur- und Regenerierungsanforderungen von IEC 60079-19.

Ist das Personal an der ständigen Überwachung beteiligt, werden zudem folgende Anforderungen gestellt:

- Bewusstsein darüber, wie sich das Verfahren sowie die Umgebungsbedingungen auf die Abnutzung eines Geräts in der Anlage auswirken können,
- Erfahrung mit dem Konzept der ständigen Überwachung in Verbindung mit Berichterstattung und Analysefunktionen.

Des Weiteren ist die Teilnahme an geeigneten Weiterbildungs- oder Ausbildungsmaßnahmen vorgeschrieben, zu dokumentieren und der Nachweis für eine regelmäßige Überprüfung verfügbar zu machen.

Die Kompetenzen der fachkundigen Personen in leitender Funktion und des fachkundigen Personals müssen spätestens alle fünf Jahre überprüft werden. Die Person muss nachweisen, dass sie

a) die Fähigkeiten besitzt, die für die Arbeiten notwendig sind,
b) in den festgelegten Tätigkeitsbereichen kompetent handeln kann und
c) die relevanten Kenntnisse und das Verständnis zur Untermauerung der Kompetenz besitzt.

Verantwortliche Personen, die für die Verfahren bei der Überholung, Reparatur und Regenerierung von bestimmten Zündschutzarten von Ex-Geräten verantwortlich sind, müssen zumindest die folgenden Eigenschaften besitzen:

a) Grundkenntnisse der entsprechenden Elektrotechnik und des Maschinenbaus auf der Ebene eines Handwerkers oder höher,
b) praktisches Verständnis der Prinzipien des Explosionsschutzes und der Schutzarten,
c) Verständnis und Fähigkeit, technische Zeichnungen zu lesen und auszuwerten,
d) Vertrautheit mit Messfunktionen einschließlich praktischer Fachkunde in der Messtechnik, um bekannte Größen zu messen,
e) Arbeitskenntnisse und Verständnis der relevanten Normen auf dem Gebiet des Explosionsschutzes,
f) Grundkenntnisse der Qualitätssicherung einschließlich der Prinzipien der Rückverfolgbarkeit von Messungen und des Kalibrierens von Instrumenten.

Diese Personen müssen ihre Beteiligung bei Überholung, Reparatur und Regenerierung auf die bezeichneten Kompetenzbereiche beschränken und dürfen sich nicht ohne Anweisung von Experten mit Veränderungen von Ex-Geräten beschäftigen.

Handwerker

Gemäß der DIN EN IEC 60079 Teil 19 werden im Anhang B2.2 neben der verantwortlichen Person mit Fachkunde und Kenntnissen auch Handwerker mit ihren notwendigen Anforderungen aufgeführt. Folgendes müssen Handwerker, in dem Ausmaß, das zur Erfüllung ihrer Aufgaben nötig ist, besitzen:

a) Verständnis der allgemeinen Prinzipien der Zündschutzarten und der Kennzeichnung,
b) Verständnis solcher Gesichtspunkte der Gerätekonstruktion, die das Schutzkonzept beeinflussen,
c) Verständnis der Untersuchung und Prüfung, die zu den einschlägigen Teilen dieses Dokuments gehören,
d) Fähigkeit, die Ersatzteile und Bauteile zu identifizieren, die vom Hersteller zugelassen sind,
e) Vertrautheit mit den besonderen Verfahren, die bei Reparaturen angewendet werden, die in diesem Dokument zitiert sind.

Kompetenzen

Kompetenzen müssen für jede Zündschutzart zutreffen, mit der die Person beschäftigt ist. Zum Beispiel: Es ist für eine Person möglich, nur auf dem Gebiet der Reparatur und Überholung von Ex „d“ Maschinen kompetent zu sein und nicht voll kompetent für die Reparatur von Ex „d“ Schaltgeräten oder Ex „e“ elektrischen Maschinen.

In solchen Fällen muss die Leitung des Dienstleistungsbetriebs dies in ihrem Dokumentationssystem festlegen.

Sie muss außerdem in der Lage sein, die Kompetenz nachzuweisen bei

a) Gebrauch und Verfügbarkeit der in DIN EN IEC 60079-19 (VDE 0165-20-1) festgelegten Unterlagen,
b) Erstellung von Arbeitsberichten für den Betreiber und
c) Gebrauch und Erstellung von Reparaturwerkstattaufzeichnungen.

Verantwortliche Personen

Verantwortliche Personen müssen in der Lage sein, ihre Kompetenz zu beweisen, und den Nachweis erbringen, dass sie die festgelegten Anforderungen für Kenntnisse und Fachkunde bezüglich der betroffenen Schutzarten und Gerätearten erworben haben.

Bewertung

Die Kompetenz der verantwortlichen Personen und der Handwerker muss in Abständen nach DIN EN IEC 60079-19 (VDE 0165-20-1) überprüft und zugeordnet werden. Grundlage ist ein zufriedenstellender Nachweis, dass die Person

a) die notwendige Fachkunde besitzt, die für den Umfang der Arbeiten erforderlich ist,
b) kompetent in den festgelegten Tätigkeitsbereichen handeln kann und
c) die relevanten Kenntnisse und das Verständnis zur Untermauerung der Kompetenz besitzt.

Geeignete Schulungen und Bewertungen müssen von Zeit zu Zeit in Abständen vorgenommen werden, die von der Häufigkeit der Anwendung der Technik oder Fähigkeit und der Änderung der Normen und Vorschriften abhängen. Der Zeitabstand sollte normalerweise drei Jahre nicht überschreiten.

Anmerkung: Zum Beispiel kann Kompetenz gegenüber den zuständigen Einheiten nach dem IEC-Ex-Zertifikat für Kompetenzen des Personals bewiesen werden.

10.5.3.4 Gerätereparatur, Überholung und Regenerierung

Die DIN EN IEC 60079-19 (VDE 0165-20-1) Explosionsgefährdete Bereiche – Teil 19: Gerätereparatur, Überholung und Regenerierung (IEC 60079-19:2019) gibt Anweisungen grundsätzlich technischer Art über die Reparatur, Überholung, Regenerierung und Veränderung eines Ex-Gerätes, das für die Verwendung in explosionsfähigen Bereichen ausgelegt wurde.

Sie ist anwendbar für Überholung und Reparatur, durch die Mängel entschärft werden, die während des Betriebs, der Prüfung und der Instandhaltung festgestellt wurden.

Sie gibt keinen Hinweis über Kabel- und Verdrahtungssysteme, die nach Wiedereinbau des Geräts eine Erneuerung erfordern können; und ist nicht auf Zündschutzarten „m“ anwendbar.

Begriffe, Zündschutzarten, Anmerkungen

Symbol „X“

Suffix zur Zertifikatsnummer, das benutzt wird, um auf spezielle Einsatzbedingungen hinzuweisen.

Anmerkung: Das Symbol „X“ wird verwendet, um zu vermitteln, dass wesentliche Informationen für den Einbau, den Gebrauch und die Instandhaltung des Geräts im Zertifikat enthalten sind.

Zündschutzart „n“

Zündschutzart, die so auf das elektrische Gerät angewendet wird, dass die umgebende explosionsfähige Gasatmosphäre bei bestimmungsgemäßem Betrieb und bei bestimmten festgelegten regelmäßig erwarteten Vorkommnissen nicht entzündet werden kann.

Anmerkung: Zusätzlich wird mit den Anforderungen der DIN EN IEC 60079-15 (VDE 0170-16) beabsichtigt, dass es unwahrscheinlich ist, dass ein Fehler auftritt, der eine Zündung verursachen könnte.

Zündschutzart „pD"

Zündschutzart, bei der das Einbringen eines Schutzgases in ein Gehäuse mit dem Zweck erfolgt, die Bildung einer explosionsfähigen Staubatmosphäre innerhalb des Gehäuses durch Aufrechterhaltung eines Überdruckes gegen die umgebende Atmosphäre zu verhindern.

Sonderschutz „s"

Ein Konzept, das eingeführt worden ist, um die Ausführung, die Beurteilung und Prüfung von Geräten zu ermöglichen, die aus betrieblichen oder funktionellen Gründen nicht mit den Anforderungen einer gängigen Zündschutzart oder einer Kombination davon übereinstimmen, bei denen aber trotzdem gezeigt werden kann, dass sie das notwendige Geräteschutzniveau (EPL) erreichen.

Schutz gegen das Zünden von Staub durch Gehäuse „t"

Zündschutzart für explosionsfähige Staubatmosphären, bei der das elektrische Gerät mit einem Gehäuse zum Schutz gegen Eindringen von Staub und einem Mittel zur Begrenzung der Oberflächentemperaturen ausgestattet wird.

Anmerkung: Die Schutzart „t" wurde früher mit „tD" bezeichnet.

Nachweisakte

Satz von Dokumenten, die die Übereinstimmung von elektrischen Geräten und Anlagen zeigt, einschließlich des Zertifikates, der Gebrauchsanleitung des Herstellers, Aufzeichnungen von früherer Reparatur, Überholung und Regenerierung.

Allgemeine Grundsätze

Abschnitt 4 der IEC 60079-19 behandelt jene Aspekte von Reparatur, Überholung, Regenerierung, Variation und Veränderung, die allen explosionsgeschützten Geräten gemeinsam sind. Die Abschnitte 5 bis 15 stellen Anweisungen für die zusätzlichen Anforderungen zur Verfügung, die für bestimmte Zündschutzarten gelten. Wenn bei einem Gerät mehr als eine Zündschutzart angewendet wird, muss auf die entsprechenden Abschnitte der Normen Bezug genommen werden.

Reparaturen und Überholungen, die die Zündschutzart berühren, müssen als in Übereinstimmung mit den gelisteten Unterlagen angenommen werden, wenn:

a) Teile des Herstellers oder Teile festgelegt nach einer angegebenen Dokumentation benutzt werden,
b) Reparaturen oder Variationen genau wie in diesem Dokument und den gelisteten Unterlagen beschrieben ausgeführt werden und
c) wenn sie durch eine kompetente Person durchgeführt werden.

Für den Fall, dass die entsprechende Dokumentation nicht verfügbar ist, muss die Reparatur oder die Überholung des Geräts nach diesem Dokument der DIN EN IEC 60079-19 (VDE 0165-20-1) und anderen relevanten Normen durchgeführt werden, denen das Gerät ursprünglich entsprechen musste. Die Schritte zur Erlangung der entsprechenden Dokumentation müssen in dem Bericht der Reparaturwerkstatt aufgezeichnet werden.

Wenn das Gerät geändert worden ist, muss es den Anforderungen des Regelwerks entsprechen, wo die Erstellung eines neuen Zertifikats gefordert wird, oder es ist nicht länger für den Einsatz im explosionsgefährdeten Bereich geeignet.

Werden andere Ausführungsarten der Reparatur oder Variation angewendet, die nicht diesem Dokument entsprechen, ist es seitens der Hersteller und/oder der Zertifizierungsstelle erforderlich festzustellen, ob das Gerät für die weitere Verwendung in einem explosionsfähigen Bereich geeignet ist.

Allgemeines

Reparaturwerkstätten müssen ein effektives Qualitätsmanagementsystem betreiben, das die unten im Einzelnen angegebenen Anforderungen einschließen muss:

Jeder Dienstleistungsbetrieb muss eine „Verantwortliche Person" mit der erforderlichen Kompetenz (siehe Anhang B der DIN EN IEC 60079-19 (VDE 0165-20-1) innerhalb der Organisation des Managements bestimmen, die die Verantwortung und Berechtigung dafür übernimmt, dass das überholte/reparierte Gerät dem mit dem Betreiber abgestimmten Ex-Geräte-Zertifikat entspricht.

Die so bestimmte Person muss Arbeitskenntnisse über die betreffenden Normen zum Explosionsschutz haben und diese Dokumente verstehen.

Es muss ein Plan für die Qualitätsprozesse erstellt werden, der geeignete Untersuchungs-, Diagnose-, Prüf- und Überwachungsverfahren enthält, um sicherzustellen, dass die Reparaturen und Überholungen die funktionalen

Anforderungen erfüllen und mit der DIN EN IEC 60079-19 (VDE 0165-20-1) und anderen entsprechenden Normen oder dem Ex-Geräte-Zertifikat und den gelisteten Unterlagen übereinstimmen, um fähig zu sein, dem Betreiber die Eignung für den Wiedereinbau in einen explosionsgefährdeten Bereich zu bestätigen.

Der Dienstleistungsbetrieb muss

1. Verfahren oder Arbeitsanleitungen für die Überholung und Reparatur von Ex-Geräten erstellen,
2. den Bereich der Prüf- und Messmöglichkeiten und ihre Grenzen bei der Benutzung für die Reparatur und Überholung von Ex-Geräten bestimmen und aufzeichnen,
3. ein System zur Kalibrierung der Messgeräte entsprechend internationaler oder nationaler Normen unterhalten,
4. Aufzeichnungen führen, die lesbar sein müssen. Mit der Erfassung der aktuellen Messungen muss die Nachverfolgbarkeit der gemessenen Ergebnisse zu kalibrierten Instrumenten erbracht werden und dafür Sorge getragen werden, dass diese für die vorgegebene Aufbewahrungsperiode wieder auffindbar sind,
5. mss ein internes Auditprogramm einrichten, um seine Leistungsfähigkeit bei der Erfüllung der Anforderungen dieses Dokuments zu zeigen,
6. Aufzeichnungen führen, um den Betreiber zu identifizieren und alle Einzelheiten der Abhilfemaßnahmen festzuhalten,
7. sowohl geeignete Einrichtungen für die Reparatur und Überholung als auch die notwendige Ausrüstung und geschulte Handwerker mit der erforderlichen Kompetenz und Befugnis besitzen, um unter Berücksichtigung der speziellen Zündschutzart die Arbeiten durchzuführen,
8. eine Bewertung des Zustandes des zu reparierenden Geräts durchführen, und er muss mit dem Betreiber den erwarteten Status des reparierten Geräts abstimmen sowie den Umfang der durchzuführenden Arbeiten.

Bei der Durchführung von dimensionalen und/oder elektrischen Messungen muss der Dienstleistungsbetrieb Werte für „wie gefunden“ und für „wie ausgeliefert“ in seinen Berichten für spätere Bezugnahme aufzeichnen.

Wenn ein Prozess die Integrität einer Schutzart beeinflussen kann und die sich ergebende Integrität nach der Bearbeitung nicht verifiziert werden kann, muss dieser spezielle Prozess gemessen und überwacht werden, um die Übereinstimmung mit den geforderten Parametern zu zeigen. Wenn Prüfungen erforderlich sind, müssen sie durchgeführt werden, wie in der

DIN EN IEC 60079-19 (VDE 0165-20-1) oder in anderen maßgeblichen Normen festgelegt; dabei sind Stichprobentechniken nicht erlaubt.

Wenn nicht normgerechte Geräte erkannt werden, muss der Dienstleistungsbetrieb das Risiko abschätzen, um alle abhilfeschaffenden Maßnahmen zu bestimmen.

Bei jeder Überholung oder Reparatur muss der Dienstleistungsbetrieb alle Ex-Anforderungen bezüglich der Schutzart bestätigen, um fähig zu sein, die Übereinstimmung mit entweder den gelisteten Unterlagen oder anderen zutreffenden Normen einschließlich aller spezifischen Einsatzbedingungen nachzuweisen. Dies sollte die Begründung für die Weglassung von Prüfungen enthalten, die in diesem Dokument erwähnt werden und von denen der Benutzer vernünftigerweise annehmen könnte, dass sie enthalten sind.

Die Beurteilung muss dokumentiert werden und muss die maßgeblichen Abschnitte der passenden Norm für die Schutzart ansprechen und die DIN EN IEC 60079-19 (VDE 0165-20-1), und sie muss in den Arbeitsbericht für den Betreiber eingeschlossen sein. Solche Beurteilungen müssen durch die verantwortliche Person durchgeführt werden, unterstützt durch geeignete Handwerker. Die verantwortliche Person darf nur Bewertungen von Zündschutzarten durchführen, für die sie ihre Kompetenz nachgewiesen hat.

Überholungs- und Reparaturaktivitäten können nur dann außerhalb des Dienstleistungsbetriebs durchgeführt werden, wenn es das Qualitätsmanagement zulässt, dass die Arbeit an einem anderen Ort fertig gestellt wird, d. h. durch Erzeugung von zusätzlichen Verfahren und Aufzeichnungen, um die Überholung und Reparatur zu dokumentieren.

Reparatur von Bauteilen

Wenn ein Bauteil des vollständigen Ex-Geräts zur Reparatur aus der Anlage genommen wird, wie z. B. ein Läufer einer elektrischen Maschine oder der Deckel eines Gehäuses, und es undurchführbar ist, bestimmte Prüfungen vorzunehmen, die durch die DIN EN IEC 60079-19 (VDE 0165-20-1) oder die zutreffende Norm für die Schutzart gefordert sind, muss der Reparateur die Einzelheiten der Prüfungen, die nicht durchgeführt werden können, dokumentieren und dem Betreiber schriftlich mitteilen, bevor er mit der Reparatur fortfährt.

Die für die Reparatur oder Überholung nach den gelisteten Unterlagen und zugehörigen Zeichnungen notwendigen Daten hängen von dem Typ des Geräts und der Schutzart des Geräts ab, das repariert werden soll.

Solche Daten können Einzelheiten des Folgenden einschließen, sind jedoch nicht darauf beschränkt:

a) technische Spezifikation,
b) Zeichnungen,
c) maßgebliche Normen der Explosionsschutzart(en),
d) Betriebsbedingungen (wie Umgebung, Speisung (Umrichter), Schmierstoffe, Betriebsweise usw.),
e) Anweisungen zur Montage und Demontage,
f) Ex-Geräte-Zertifikat und gelistete Unterlagen mit spezifischen Einsatzbedingungen, sofern festgelegt,
g) Kennzeichnung (einschließlich Ex-Kennzeichnung),
h) empfohlene Methoden für den Einbau, Betrieb, die Instandhaltung, Reparatur oder Überholung des Geräts,
i) Ersatzteillisten,
j) Zusammenfassung der Vorgeschichte des reparierten Produkts einschließlich der aus der DIN EN IEC 60079-19 (VDE 0165-20-1) zusammengetragenen Informationen.

Die Informationen können Änderungen unterworfen sein.

Veränderungen

Der Betreiber muss schriftlich informiert werden und seine schriftlichen Anweisungen müssen eingeholt werden, wenn eine Veränderung vorgeschlagen wird, die dazu führt, dass das Gerät nicht mehr den gelisteten Unterlagen oder der Norm, nach der das Gerät zertifiziert wurde, entspricht. Wenn die Veränderung ausgeführt wird, ist das Gerät ohne zusätzliche Neubeurteilung nicht mehr für den Einsatz in einem explosionsgefährdeten Bereich geeignet.

Wenn die Veränderung ausgeführt wird und die Neubeurteilung nicht vorgenommen wird, muss das Schild entfernt oder geändert werden, um einen klaren Hinweis zu geben, dass das Gerät nicht mit dem Ex-Geräte-Zertifikat übereinstimmt. Zusätzlich muss der Bericht für den Betreiber die technischen Eigenschaften der Veränderung klar angeben und dass das Gerät ohne zusätzliche Neubeurteilung nicht mehr für den Einsatz in einem explosionsgefährdeten Bereich geeignet ist.

Der Bericht darf nicht die Aufmachung einer Übereinstimmungsaussage haben.

Provisorische Reparaturen

Eine provisorische Reparatur, die dazu dient, einen fortdauernden Kurzzeitbetrieb des Geräts zu erreichen, darf nur dann durchgeführt werden, wenn die Aufrechterhaltung des Explosionsschutzes sichergestellt ist oder andere angemessene Maßnahmen getroffen werden, bis das Gerät vollständig wiederhergestellt ist.

Bestimmte provisorische Reparaturverfahren dürfen deshalb nicht zugelassen werden.

Alle provisorischen Reparaturen sollten so schnell wie möglich auf das Niveau einer vollständigen Reparatur gebracht werden.

Provisorische Reparaturen nach guter technischer Praxis sollten nur vor Ort in Abstimmung mit dem Betreiber und entweder dem Hersteller oder dem Dienstleistungsbetrieb fertiggestellt werden.

Provisorische Reparaturen müssen vollständig dokumentiert sein und zur Nachweisakte und dem Gerätereparaturbericht hinzugefügt werden. Sie sollten guter Ingenieurspraxis folgen und mit dem Betreiber des Geräts abgestimmt sein.

10.5.3.5 Arbeitsstellen mit eventuell auftretender explosionsgefährdender Atmosphäre

Bei der Bewertung von Arbeitsstellen, in denen mit einer Ex-Atmosphäre zu rechnen ist, muss eine tätigkeits- und arbeitsplatzbezogene Gefährdungsbeurteilung durchgeführt werden. Zusätzlich zur Gefährdungsbeurteilung kann es durch den Betreiber Verfahrens- oder Betriebsanweisungen für besondere Bereiche geben. Die folgenden Punkte können Bestandteil einer Verfahrens- und Betriebsanweisung sein.

1. Freigabeschein ausfüllen, Arbeiten mit den Verantwortlichen organisieren, bevor die Arbeiten beginnen.
2. Messung der Atmosphäre, kontinuierlich über die komplette Arbeitsdauer.
3. Die Gasleitungen im Bereich sind auf Dichtheit zu prüfen.
4. Absperrarmaturen sind zu schließen und gegen unbefugtes Öffnen zu sichern. Wird mit einer einzelnen Armatur die erforderliche Dichtheit nicht erreicht, sind weitere Maßnahmen zu treffen (z. B. Steckscheiben setzen).
5. Feuerarbeiten (Schweiß-, Trenn-, Schneidarbeiten etc.) sowie Bohrarbeiten sind in der Zeitdauer auf das Minimum zu beschränken.

6. Betreffende Leitungsabschnitte sind zu entspannen.
7. Überwachen des Gasdrucks vor den Absperrarmaturen.
8. Vor dem Trennen oder Verbinden von Gasleitungen aus Metall, dem Ein- oder Ausbauen von Leitungen, Armaturen, Gaszählern, Gasdruckregelgeräten und ähnlichen Geräten solcher Gasleitungen sowie vor dem Setzen oder Ziehen von Steckscheiben ist zum Schutz gegen gefährliche Berührungsspannung und zündfähigen Funkenüberschlag bei brennbaren Gasen eine metallene, elektrisch leitende Überbrückung der Trennstelle herzustellen, wenn nicht anderweitig eine elektrisch leitende Überbrückung besteht. Hierfür sind z. B. Kupferleitungen geeignet. Folgende Leitungsquerschnitte sind einzuhalten: 25 mm^2 bei einer Überbrückung von bis zu 10 m und 50 mm^2 bei Längen bis zu 20 m. Überbrückungen bis 3 m können mit min. 16 mm^2 hergestellt werden. Der Übergangswiderstand ist so gering wie möglich zu halten, deshalb sind die Anschlusspunkte (Kontaktflächen) großflächig und blank anzulegen.
9. Bei längerer Arbeitsunterbrechung oder bei Verlassen der Arbeitsstelle ist die Trennstelle gasdicht zu verschließen.
   Gasfreier Zustand kann erreicht werden durch:
   - gasdichtes Absperren mittels Blindflansch oder Steckscheibe,
   - Absperrarmaturen mit zwischenliegender Entlüftung (Zwischenraum ist drucklos zu halten).

   Entgasen der Leitung kann erreicht werden durch:
   - Spülen mit Luft oder Inertgas (z. B. Stickstoff N),
   - Entlüften der Betriebsmittel über Schläuche ins Freie, wenn keine Zündgefahr im Ausblasbereich auftreten kann. In Schlammleitungen ist mit Gasnestern, ausgasenden Schlammrückständen und Restgas zu rechnen, daher sind diese Leitungen vor den Feuerarbeiten zu reinigen und zu entlüften bzw. zu spülen – falls nötig, ist hierzu Inertgas zu verwenden.
10. Isolierarbeiten unter Verwendung von offenen Flammen und/oder beim dichtem Abschließen der Isolation dürfen erst durchgeführt werden, wenn feststeht, dass kein Gas austritt.
11. Alle mit brandfördernden Gasen in Berührung kommende Teile müssen frei von Öl und Fett gehalten werden.
12. Es sind Maßnahmen zur Brandbekämpfung vorzusehen, z. B. geeignete, geprüfte Feuerlöscher (bei größeren Arbeitsstellen müssen die Maßnahmen im Einzelfall festgelegt werden).

10.6 Wartung und Instandhaltung von Ex-Leuchten

Explosionsgeschützte Leuchten müssen – wie jedes andere Betriebsmittel – regelmäßig entsprechend der Betriebssicherheitsverordnung überprüft und gewartet werden. Dabei sind die Angaben des Herstellers in der Betriebsanleitung zu beachten. Ziel der Wartung ist die Sicherstellung des Explosionsschutzes und der vorgegebenen Mindestbeleuchtungsstärke. Die Wartung sollte in der Regel auch den Lampenwechsel und die Reinigung der Leuchten umfassen. Dabei muss strikt darauf geachtet werden, dass nur solche Lampen verwendet werden, die in der Betriebsanleitung bzw. im Typschild der Leuchte angegeben sind. Eine Fehlbestückung kann den Verlust des Explosionsschutzes zur Folge haben. Das Gehäuse sollte auf Beschädigungen geprüft werden. Dabei sollte ein besonderes Augenmerk auf die Funktion der Gehäusedichtungen und der Kabeleinführungsdichtungen gelegt werden. Starke Verfärbungen von Kunststoffteilen deuten auf thermische Beanspruchung oder auch chemische Einflüsse hin. Gegebenenfalls müssen solche Teile gegen Originalersatzteile ausgetauscht werden. Stark verschmutzte Leuchtenwannen können den Lichtstrom erheblich reduzieren. Es empfiehlt sich, solche Wannen gegen neue Originalersatzteile auszutauschen. Bei Leuchten der Schutzart „druckfeste Kapselung“ gilt es, die Gehäusespalte auf Beschädigung und Korrosion zu untersuchen.

11 Blitzeinschlagsgefahren und Blitzschutz im Bereich explosionsfähiger Atmosphäre

Ein Blitzschlag ist eine elektrische Entladung zwischen Wolke und Erde oder zwischen Wolke und Wolke. Bei der Form der Entladung zwischen Wolke und Erde treten am Einschlagpunkt sehr hohe Stromdichten auf. Die hohen Ströme führen zu Erwärmungen und Potentialverschiebungen entlang der Ableitung. Der Blitzstrom hat elektromagnetische Auswirkungen. Diese können eine galvanische, induktive oder kapazitive Kopplung, leitungsgeführte Stoßwellen und elektromagnetische Impulsfelder umfassen.

Ein direkter Blitzschlag kann direkt zu einer Explosion führen, wenn er in einem explosionsgefährdeten Bereich stattfindet und dadurch eine explosive Atmosphäre erzeugt. Auch indirekte Auswirkungen eines Blitzschlags können eine Explosion auslösen, beispielsweise wenn leitungsgebundene Stoßwellen oder elektromagnetische Impulse sensible Komponenten einer Anlage beschädigen oder zerstören und dadurch eine explosive Atmosphäre erzeugt wird.

Um solche Gefahren zu minimieren, sollten Anlagenbetreiber effektive Blitzschutzmaßnahmen ergreifen, wie etwa:

1. Installation von Blitzschutzanlagen, die den Blitzstrom sicher ableiten und den Einschlag auf einen kontrollierten Pfad leiten, siehe hierzu **Bilder 11.1** und **11.2**.

Bild 11.1 Blitzschutz/Fangeinrichtung an Gas-Druck-Regelanlagen

Bild 11.2 Blitzschutz/Fangeinrichtung an Gas-Druck-Regelanlagen

2. Installation von Überspannungsschutzvorrichtungen, um empfindliche elektrische und elektronische Geräte vor Schäden durch leitungsgebundene Stoßwellen oder elektromagnetische Felder zu schützen.
3. Überprüfung der Explosionsgefährdung in der Umgebung der Anlage nach einem Blitzschlag und gegebenenfalls Ergreifung geeigneter Maßnahmen, um sicherzustellen, dass keine explosionsfähigen Atmosphären vorhanden sind.
4. Schulung der Mitarbeiter über die Gefahren von Blitzschlägen und die erforderlichen Sicherheitsmaßnahmen.

Darüber hinaus sollten einige betriebliche Maßnahmen ergriffen werden, wie zum Beispiel das regelmäßige Überwachen von Anlagen und Maschinen, um potenzielle Schäden oder Defekte rechtzeitig erkennen zu können, sowie das Einhalten von Richtlinien und Vorschriften zum Explosionsschutz.

Verläuft der Blitzkanal durch eine explosionsfähige Atmosphäre, wird diese unmittelbar entzündet. Durch die hohen Ströme entlang des Blitzstromweges kann es zur Erwärmung der blitzstromführenden Anlagenteile oder Sprühentladungen kommen.

Aufgrund von Potentialdifferenzen zu angrenzenden Anlagenteilen sind Funkenentladungen oder Überschläge möglich.

In Metallteilen in der Umgebung der Ableitwege kommt es aufgrund kapazitiver und induktiver Kopplung zu Strömen und Potenzialverschiebungen.

Die Auswirkungen von Blitzeinschlägen, die in großer Entfernung in Versorgungsleitungen (Kabel und Rohrleitungen) erfolgen, sind zu berücksichtigen, soweit sie Rückwirkungen auf den explosionsgefährdeten Bereich haben.

Die Notwendigkeit von Blitzschutzmaßnahmen in Bezug zum Explosionsschutz ergeben sich im Wesentlichen aus der Gefahrstoffverordnung (GefStoffV), sowie deren Technische Regeln für Gefahrstoffe (TRGS) und der Betriebssicherheitsverordnung BetrSichV und ihren TRBS.

Weitere Anforderungen und Angaben zu Ausführungen des äußeren Blitzschutzes findet man in der DGUV 113-001 (ehemals BGR 104) „Explosionsschutz-Regeln“ wie auch der DIN EN 1127-1 „Explosionsschutz – Grundlagen und Methodik“.

Generell wird für Anlagen mit Ex-Bereichen/-Zonen jedoch die Blitzschutzklasse II empfohlen, wenn aus der Gefährdungsbeurteilung oder der Risikoanalyse nach DIN EN 62305 Teil 2 keine weiteren Anforderungen ermittelt werden.

Folgendes gilt für Schutzmaßnahmen gegen Blitzschlag in explosionsgefährdeten Bereichen, in denen Maßnahmen zur Zündquellenvermeidung erforderlich sind:

- Blitzschutzmaßnahmen sind bei nur seltenem und kurzfristigem Auftreten eines explosionsfähigen Gemischs (Zone 2/22) nicht erforderlich, da die Wahrscheinlichkeit für das Zusammentreffen eines Blitzes mit dem Auftreten von gefährlicher explosionsfähiger Atmosphäre als vernachlässigbar angesehen werden kann.
- Fang- und Ableiteinrichtungen dürfen in und durch Bereiche der Zone 2 oder Zone 22 führen.
- Der Blitzeinschlag in explosionsgefährdeten Bereichen der Zone 1/21 bzw. Zone 0/20oder vergleichbar ist zu verhindern, da es sonst zu einer Entzündung der explosionsfähigen Atmosphäre kommt.

Zur Vermeidung von Zündgefahren durch Blitzeinschlag können auch organisatorische Maßnahmen, z. B. Einsatz von Gewitterwarnsystemen bei Instandsetzungsarbeiten, zur Anwendung kommen.

11.1 Ausführungen zum Schutz vor Blitzeinschlag und transienter Überspannungsschutz

Ableitwege des Blitzes müssen so ausgeführt werden, dass ihre Erwärmung oder zündfähige Funken nicht zur Zündquelle der gefährlichen explosionsfähigen Atmosphäre werden können. Dazu sind Anschlüsse und Verbindungen mit Rohrleitungen so auszubilden, dass beim Blitzstromdurchgang keine Funken bzw. unzulässig hohe Erwärmungen zu erwarten sind.

Geeignete Anschlüsse an Rohrleitungen können sein angeschweißte Fahnen, Bolzen, Gewindebohrungen in den Flanschen zur Aufnahme von Schrauben oder Rohrschellen. Diese Verbindungsstellen müssen so dimensioniert werden, dass sie blitzstromtragfähig sind.

Bei einer Mindestwanddicke von 4 mm (Stahl) oder 7 mm (Aluminium) von Behältern, Kuppeln zum Witterungsschutz und Rohrleitungen wird eine heiße Oberfläche als wirksame Zündquelle im Fall eines Blitzeinschlags nicht unterstellt. Darüber hinaus gelten derartige Bauteile auch als blitzstromtragfähig (**Bilder 11.3** und **11.4**).

Bei der Ableitung von Blitzströmen sollen insbesondere in explosionsgefährdeten Bereichen der Zone 1/21 und 0/20 Überschläge vermieden werden.

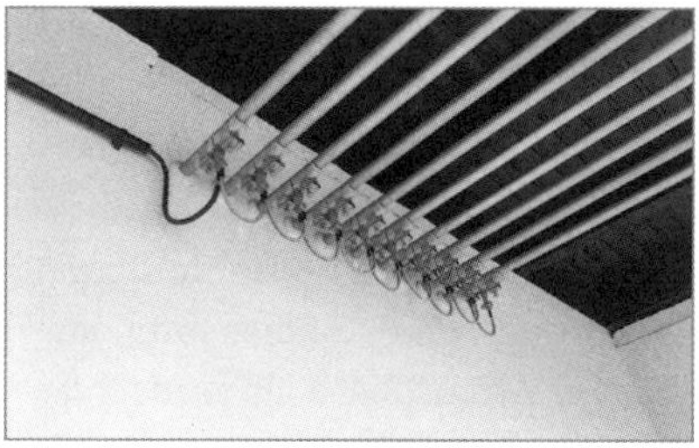

Bild 11.3 Blitzstromtragfähiger/ Blitzschutz-Potentialausgleich

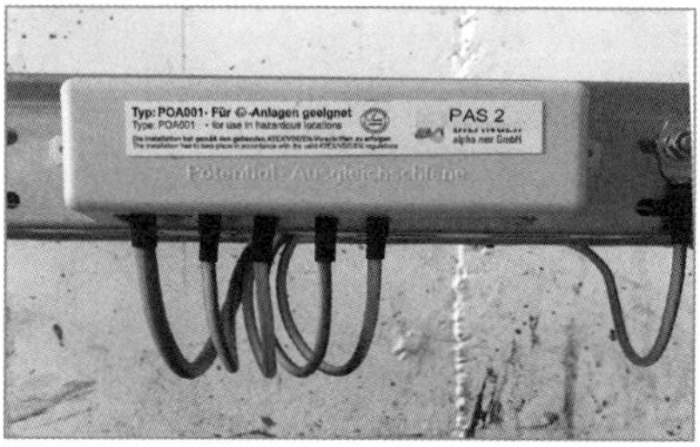

Bild 11.4 Blitzstromtragfähiger/ Blitzschutz-Potentialausgleich

Um dieses zu erreichen, müssen die Ableitungswege einen ausreichenden Sicherheitsabstand zu allen Anlagenteilen haben, die nicht über einen blitzstromtragfähigen Potentialausgleich oder Überspannungsschutzorgane mit dem Ableitungsweg verbunden sind. Die zugehörigen Leitungsverbindungen müssen die Anforderungen von Abschnitt 5.8.2 Absatz 5 der TRGS 723 erfüllen.

Sofern die Gefährdungsbeurteilung nicht zu abweichenden Ergebnissen führt, sind die Maßnahmen mindestens so zu treffen, dass eine Blitzkugel mit einem Radius von 30 m und ein Scheitelwert des Blitzstroms von 150 kA (entspricht einer Einstufung des Gefährdungspegels 2/einer Blitzschutzklasse 2) beherrscht wird.

Blitzschutzmaßnahmen dürfen durch ihre Wirkung bzw. Konfiguration andere Schutzmaßnahmen, z. B. kathodischen Korrosionsschutz, nicht beeinträchtigen. Hinsichtlich Blitzschutzmaßnahmen an ortsfesten Behältern und Füll- und Entleerstellen wird auf TRGS 509, hinsichtlich der Blitzschutzmaßnahmen an Betankungsanlagen auf TRBS 3151/TRGS 751 „Vermeidung von Brand-, Explosions- und Druckgefährdungen an Tankstellen und Gasfüllanlagen zur Befüllung von Landfahrzeugen“ verwiesen.

11.2 Gefährdungsbeurteilung/Bewertung von Brand- und Explosionsgefährdung

Treten bei explosionsfähigen Gemischen mehrere Arten von brennbaren Gasen, Dämpfen, Nebeln, Aerosolen oder Stäuben gleichzeitig auf, so müssen die Schutzmaßnahmen auf die größte Gefährdung ausgerichtet sein.

Die Beurteilung der Gefährdungen durch explosionsfähige Gemische ist nach § 6 GefStoffV gefordert. Die Gefährdungsbeurteilung bildet die Basis für die Entwicklung des Explosionsschutzkonzeptes. Ein Explosionsschutzkonzept ist erforderlich, sofern das Auftreten explosionsfähiger Gemische nicht bereits unter Berücksichtigung der Dichtheit der Anlage, der natürlichen Lüftung oder organisatorischer Maßnahmen sicher verhindert ist.

Dies gilt sowohl für explosionsfähige Atmosphären (TRGS 720 Abschnitt 3 Absatz 2 Nummer 1 bis 3) als auch für explosionsfähige Gemische unter nicht atmosphärischen Bedingungen (TRGS 720 Abschnitt 4 Absatz 2 Nummer 1 bis 3).

Kann die Bildung gefährlicher explosionsfähiger Gemische nicht sicher verhindert werden, hat der Arbeitgeber zu beurteilen und zu dokumentieren:

1. die Wahrscheinlichkeit und Dauer des Auftretens gefährlicher explosionsfähiger Gemische (siehe hierzu Abschnitt 3.2 sowie TRGS 722),
2. die Wahrscheinlichkeit des Vorhandenseins oder der Entstehung und des Wirksamwerdens von Zündquellen einschließlich elektrostatischer Entladungen (siehe hierzu Abschnitt 3.3 sowie TRGS 723 und TRGS 727) und
3. das Ausmaß der zu erwartenden Auswirkungen von Explosionen (siehe hierzu Abschnitt 3.4.1 bis 3.4.3 in Verbindung mit TRGS 724).

Diese Beurteilung bzw. Wertung muss sich auf die konkreten örtlichen und betrieblichen Verhältnisse beziehen. Dazu müssen die relevanten Informationen über den Prozess oder die Tätigkeit vorliegen.

Die Gefährlichkeit einer explosionsfähigen Atmosphäre wird insbesondere durch die Mengen und die Art ihres Einschlusses, z. B. in Behältern, mehr oder weniger geschlossenen Räumen, Gruben, Kanälen und im Freien, beeinflusst.

Mehr als 10 l zusammenhängende explosionsfähige Atmosphäre müssen in geschlossenen Räumen unabhängig von der Raumgröße grundsätzlich als gefährliche explosionsfähige Atmosphäre angesehen werden.

Auch kleinere Mengen können bereits gefahrdrohend sein, wenn sie sich in unmittelbarer Nähe von Menschen befinden. In Räumen von weniger als etwa 100 m^3 kann auch eine kleinere Menge als 10 l gefahrdrohend sein.

Eine grobe Abschätzung ist mithilfe der Faustregel möglich, dass in solchen Räumen explosionsfähige Atmosphäre von mehr als einem Zehntausendstel des Raumvolumens gefahrdrohend sein kann, also z. B. in einem Raum von 80 m^3 bereits 8 l.

Hieraus darf aber nicht gefolgert werden, dass dann der gesamte Raum als explosionsgefährdeter Bereich gilt. Nur der Teilbereich, in dem gefährliche explosionsfähige Atmosphäre auftreten kann, gilt als explosionsgefährdeter

Bereich. Die Auswirkungen einer Explosion können jedoch darüber hinausgehen und müssen betrachtet werden.

In der Gefährdungsbeurteilung müssen Zündgefahren durch Blitzschlag (Direkt- oder Ferneinschläge mit ihren transienten Überspannungen) für explosionsgefährdete Bereiche in ihrer Gesamtheit bewertet werden.

11.3 Blitzschlag – Hinweise für die Gefährdungsbeurteilung

Eine Zündung kann durch direkten Einschlag oder durch Auswirkungen von Einschlägen in größerer Entfernung entstehen.

1. Erfolgt ein Blitzeinschlag in explosionsfähige Atmosphäre, wird die Atmosphäre unmittelbar entzündet. Zündgefahr besteht durch starke Erwärmung der Ableitwege des Blitzes.
2. Von Blitzeinschlagstellen aus fließen starke Ströme, die auch in größerer Entfernung von der Einschlagstelle zündfähige Funken, Sprühfeuer oder Überspannung auslösen können.
3. Bei Blitzschlag außerhalb der Zonen können Rückwirkungen auf die explosionsgefährdeten Bereiche auftreten.

Bei der Planung und Ausführung eines Blitzschutz-Systems durch Ex-Zonen müssen insbesondere folgende Regelwerke berücksichtigt werden:

1. DIN EN 62305-3 – Anhang D – „Weitere Informationen für Blitzschutz-Systeme für explosionsgefährdete bauliche Anlagen"
2. VDE 0185-305-3 – Beiblatt 2 – „Zusätzliche Informationen für besondere bauliche Anlagen"

In Ex-Anlagen mit Ex-Zone 2 und 22 ist gemäß Beiblatt 2 (VDE 0185-305-3, Punkt 4.3) nur bei seltenen unvorhergesehenen Zuständen damit zu rechnen, dass Ex-Atmosphäre vorhanden ist.

Daher ist es zulässig, dass in Ex-Zone 2 und 22 Fangeinrichtungen unter Beachtung des Anhang D in DIN EN 62305-3 (VDE 0185-305-3) positioniert werden (**Bilder 11.5, 11.6** und **11.7**).

Bild 11.5 Mögliche beispielhafte Blitzschutzsysteme im Bereich von Gas-Druck-Regelanlagen

Bild 11.6 Mögliche beispielhafte Blitzschutzsysteme im Bereich von Gas-Druck-Regelanlagen

Bild 11.7 Mögliche beispielhafte Blitzschutzsysteme im Bereich von Gas-Druck-Regelanlagen

11.4 Schutzmaßnahmen

11.4.1 Besonderheiten

In den Ex-Zonen 1 und 21 ist zum Beispiel eine hochvoltisolierte Ableitung nach dem ersten Potentialanschluss in regelmäßigen Abständen (0,5 m) mittels metallischer Leitungshalter an den Potentialausgleich anzubinden.

Der Potentialausgleich darf im Falle eines Blitzeinschlags nicht von Blitzstrom durchflossen werden und muss im Schutzwinkel der Blitzschutz-Anlage bzw. der Fangeinrichtung liegen.

Eingesetzte Installationskomponenten müssen den Anforderungen der Ex-Zonen entsprechend ausgewählt und eingesetzt werden.

Hierzu gehören unter anderem folgende Installationskomponenten:

- Banderdungsschellen,
- Blitz- und Überspannungsschutzgeräte/Ableiter (Typ 1 bis 3),
- Potentialausgleichsschienen,
- Trennfunkenstrecken bzw. Funkenstrecke,
- Blitzbarriere.

11.4.2 Schutzmaßnahmen für alle Ex-Zonen

- Der Blitzeinschlag in explosionsfähige Atmosphäre ist zu verhindern, da es sonst zu einer Entzündung der explosionsfähigen Atmosphäre kommt. Zusätzlich müssen die Ableitwege des Blitzes so ausgeführt werden, dass eine Erwärmung oder zündfähige Funken bzw. Sprühfunken nicht zur Zündquelle der explosionsfähigen Atmosphäre werden können.
- Die schädlichen Auswirkungen auf explosionsgefährdete Bereiche auch von Blitzeinschlägen, die in größerer Entfernung erfolgen, müssen vermieden werden.
- Anlagen sind durch geeignete Blitzschutzmaßnahmen zu schützen, wenn Gefahren durch Blitzeinschlag zu erwarten sind. Die Maßnahmen sind mindestens so zu treffen, dass eine Blitzkugel mit einem Radius von 30 m beherrscht wird.
- Blitzschutzmaßnahmen dürfen durch ihre Wirkung bzw. Konfiguration andere Schutzmaßnahmen, z. B. kathodischen Korrosionsschutz, nicht beeinträchtigen.
- Als Verbindungsleitungen zwischen Metallteilen und Erdern gelten außer elektrischen Leitungen auch Anlagenteile aus Metall, die sicher elektrisch leitend verbunden sind.

11.4.3 Schutzmaßnahmen entsprechend für die Zonen 0 und 20

1. Schädliche Einwirkungen auf die Zonen 0 und 20 von Blitzen, die außerhalb der Zonen 0 und 20 einschlagen, sind zu verhindern. Dies gilt z. B. als erfüllt, wenn Überspannungsableiter (SPD) an geeigneten Stellen, also außerhalb explosionsgefährdeter Bereiche, eingebaut werden.
2. Anschlüsse und Verbindungen mit Rohrleitungen sind so auszubilden, dass beim Blitzstromdurchgang keine Funken bzw. unzulässig hohe Erwärmungen entstehen. Geeignete Anschlüsse an Rohrleitungen sind angeschweißte Fahnen oder Bolzen oder Gewindebohrungen in den Flanschen zur Aufnahme von Schrauben. Diese Verbindungsstellen müssen so dimensioniert werden, dass sie blitzstromtragfähig sind.

11.4.4 Schutzmaßnahmen entsprechend für die Zonen 1 und 21

Potentialausgleich sowie Anschlüsse und Verbindungen mit Anlagenteilen aus Metall sind so auszubilden, dass beim Blitzstromdurchgang keine Funken bzw. unzulässig hohe Erwärmungen entstehen. Geeignete Anschlüsse an Rohrleitungen sind angeschweißte Fahnen oder Bolzen oder Gewindebohrungen in den Flanschen zur Aufnahme von Schrauben.

11.4.5 Schutzmaßnahmen entsprechend für die Zonen 2 und 22

Blitzschutzanlagen als Maßnahmen für die Zonen 2 und 22 sind nicht erforderlich, da die Wahrscheinlichkeit für das Zusammentreffen eines Blitzes mit dem Auftreten von gefährlicher explosionsfähiger Atmosphäre als äußerst gering angesehen werden kann. Gegebenenfalls können organisatorische Maßnahmen (z. B. bei Instandsetzungsarbeiten) zur Anwendung kommen.

11.4.6 Mögliche Schutzmaßnahmen gegen Blitzschlag in explosionsgefährdeten Bereichen, in denen Maßnahmen zur Zündquellenvermeidung erforderlich sind, gemäß TRGS 723

1. Blitzschutzmaßnahmen sind bei nur seltenem und kurzfristigem Auftreten eines explosionsfähigen Gemischs (Zone 2/22) nicht erforderlich, da die Wahrscheinlichkeit für das Zusammentreffen eines Blitzes mit dem Auftreten von gefährlicher explosionsfähiger Atmosphäre als vernachlässigbar angesehen werden kann.
2. Fang- und Ableiteinrichtungen dürfen in und durch Bereiche der Zone 2 oder Zone 22 führen.
3. Der Blitzeinschlag in explosionsgefährdeten Bereichen der Zone 1/21 bzw. Zone 0/20 oder vergleichbar ist zu verhindern, da es sonst zu einer Entzündung der explosionsfähigen Atmosphäre kommt.
4. Zur Vermeidung von Zündgefahren durch Blitzeinschlag können auch organisatorische Maßnahmen, z. B. Einsatz von Gewitterwarnsystemen bei Instandsetzungsarbeiten, zur Anwendung kommen.
5. Ableitwege des Blitzes müssen so ausgeführt werden, dass ihre Erwärmung oder zündfähige Funken nicht zur Zündquelle der gefährlichen explosionsfähigen Atmosphäre werden können. Dazu sind Anschlüsse und Verbindungen mit Rohrleitungen so auszubilden, dass beim Blitzstromdurchgang keine Funken bzw. unzulässig hohe Erwärmungen zu erwarten sind. Geeignete Anschlüsse an Rohrleitungen sind angeschweißte Fahnen, Bolzen, Gewindebohrungen in den Flanschen zur Aufnahme von Schrauben oder Rohrschellen. Diese Verbindungsstellen müssen so dimensioniert werden, dass sie blitzstromtragfähig sind.

6. Bei einer Mindestwanddicke von 4 mm (Stahl) oder 7 mm (Aluminium) von Behältern, Kuppeln zum Witterungsschutz und Rohrleitungen wird eine heiße Oberfläche als wirksame Zündquelle im Fall eines Blitzeinschlags nicht unterstellt. Darüber hinaus gelten derartige Bauteile auch als blitzstromtragfähig.
7. Bei der Ableitung von Blitzströmen sollen insbesondere in explosionsgefährdeten Bereichen der Zone 1/21 und 0/20 Überschläge vermieden werden. Um dieses zu erreichen müssen die Ableitungswege einen ausreichenden Sicherheitsabstand zu allen Leitungsverbindungen haben und müssen die Anforderungen von Abschnitt 5.8.2 Absatz 5 der TRGS 723:2019-07 erfüllen.
8. Sofern die Gefährdungsbeurteilung nicht zu abweichenden Ergebnissen führt, sind die Maßnahmen mindestens so zu treffen, dass eine Blitzkugel mit einem Radius von 30 m und ein Scheitelwert des Blitzstroms von 1,5 kA beherrscht wird [8].

11.4.7 Blitzschlag gemäß DIN EN 1127-1:2019-10

Selbst ohne Blitzschlag können Gewitter zu hohen induzierten Spannungen in Geräten, Schutzsystemen und Komponenten und zu Zündgefahren führen.

Bezüglich der Schutzmaßnahmen gegen Zündgefahren durch Blitzschlag siehe DIN EN 1127-1:2019-10, Abschnitt 6.4.8.

11.4.7.1 Schutzmaßnahmen zum Blitz- und Überpannungsschutz, für Kategorien 1 (Zone 0) und Kategorie 2 (Zone1)

Die Ableitwege des Blitzes müssen so ausgeführt werden, dass eine Erwärmung oder zündfähige Funken oder Sprühfunken nicht zur Zündquelle der explosionsfähigen Atmosphäre werden können. Das gilt auch für Einschläge in größerer Entfernung.

Die Maßnahmen sind mindestens so zu treffen, dass sich eine Blitzkugel mit einem Radius von 30 m beherrschen lässt.

Blitzschutzmaßnahmen dürfen durch deren Wirkung oder technische Ausführung andere Schutzmaßnahmen, z. B. kathodischen Korrosionsschutz, nicht beeinträchtigen.

Außer elektrischen Leitungen gelten als Verbindungsleitungen zwischen Metallteilen und Masseanschlüssen (Erder) auch Anlagenteile aus Metall, die betriebssicher elektrisch leitend verbunden sind.

Potentialausgleich sowie Anschlüsse und Verbindungen mit Rohrleitungen sind so auszubilden, dass beim Blitzstromdurchgang keine Funken oder unzulässig hohe Erwärmungen entstehen.

Geeignete Anschlüsse an Rohrleitungen sind angeschweißte Fahnen oder Bolzen oder Gewindebohrungen in den Flanschen zur Aufnahme von Schrauben.

Für Geräte der Kategorie 1 müssen diese Verbindungsstellen so dimensioniert werden, dass sie blitzstromtragfähig sind.

Außerdem sind für Geräte der Kategorie 1 Überspannungsableiter (SPD) an geeigneten Stellen, also außerhalb explosionsgefährdeter Bereiche, einzubauen.

Potentialausgleichsverbindungen müssen gegen Selbstlockern gesichert werden.

11.4.7.2 Schutzmaßnahmen zum Blitz- und Überpannungsschutz für Kategorie 3 (Zone 2)

Blitzschutzanlagen sind nicht erforderlich, da die Wahrscheinlichkeit für das Zusammentreffen eines Blitzes mit dem Auftreten von gefährlichen explosionsfähigen Atmosphären als äußerst gering angesehen werden kann. Gegebenenfalls können organisatorische Maßnahmen (z. B. bei Instandsetzungsarbeiten) zur Anwendung kommen.

Werden Gefährdungen durch Blitzschlag festgestellt, dann müssen die Geräte, Schutzsysteme und Komponenten folgende Anforderungen für alle Kategorien erfüllen:

Anlagen müssen durch geeignete Blitzschutzmaßnahmen geschützt werden. Schädliche Einwirkungen von Blitzeinschlägen, die außerhalb von Bereichen vorkommen, in denen ständig, über lange Zeit oder häufig durch Gemische von Luft und Gasen, Dämpfen oder Nebeln oder Luft/Staub-Gemische gefährliche explosionsfähige Atmosphären hervorgerufen werden, müssen verhindert werden. Es sollten z. B. an geeigneten Stellen Überspannungsableiter eingebaut werden. Bei von Erde bedeckten Tankanlagen oder elektrisch leitenden Anlagenteilen, die gegen den Behälter elektrisch isoliert sind, ist ein Potentialausgleich in Form einer Erdringleitung erforderlich. Diese Anforderungen müssen in der Benutzerinformation (siehe Abschnitt 7 aus DIN EN 1127-1) enthalten sein.

Blitzschutzmaßnahmen dürfen keine Maßnahmen zum kathodischen Korrosionsschutz nach Abschnitt 6.4.6 aus DIN EN 1127-1 beeinträchtigen.

11.4.8 Blitz- und Überspannungsschutz gemäß DIN EN 60079-14 (VDE 0165-1):2014-10 EN 60079-14:2014

Bei der Auslegung elektrischer Anlagen müssen Schritte unternommen werden, um die Auswirkungen von Blitzeinschlägen auf ein sicheres Niveau zu beschränken (siehe IEC 62305-3:2010, Anhang D).

- Die EN 60079-14 enthält Einzelheiten zu Anforderungen an den Blitzschutz für Ex-„ia"-Betriebsmittel bei Einbau in Einsatzorten, die EPL „Ga" erfordern.
- Das Kabel oder die Leitung zwischen den eigensicheren elektrischen Betriebsmitteln am Errichtungsort, der EPL „Ga" oder „Da" erfordert, und der Überspannungsschutzeinrichtung muss so verlegt werden, dass es/sie gegen Blitzschlag geschützt ist

Wenn die Erdung des Stromkreises zur Betriebsweise gehört, z. B. mit einem geerdeten Thermoelement, Druckaufnehmer oder einer Leitfähigkeitssonde, sollte dies die einzige Verbindung zur Erde sein, außer es kann nachgewiesen werden, dass kein Fehlerzustand als Ergebnis des Vorhandenseins von mehr als einer Erdverbindung auftreten kann-

Hinweise:

- Die Ansprechspannung der Überspannungs-Schutzeinrichtung muss durch den Betreiber und einen Fachmann für die jeweilige Installation bestimmt werden.
- Die Anwendung von einer oder mehreren Niederspannungs-Überspannungsschutzeinrichtungen in einem eigensicheren Stromkreis ändert die Art und Weise, in der dieser Stromkreis als geerdet zu betrachten ist. Dies ist bei der Projektierung des eigensicheren Systems zu berücksichtigen.

Wenn von zuständigen Behörden oder als Ergebnis einer Risikobewertung nach IEC 62305-2 ein Schutz gegen Blitzschlag erforderlich ist, sollten mindestens LPS der Schutzklasse/Blitzschutzklasse II eingesetzt werden.

- Das Blitzschutzsystem sollte so ausgeführt werden, dass bei einem direkten Blitzeinschlag außer an der Einschlagstelle keine Schmelz- und Sprühwirkungen entstehen.
- In explosionsgefährdeten Bereichen wird für sämtliche Blitzschutzsysteme eine Anordnung Typ B (Ringerder) für die Erdungsanlage empfohlen.
- Sämtliche Teile des äußeren Blitzschutzes (Fangeinrichtung und Ableitungen) sollten, wo es möglich ist, in einem Abstand von mindestens 1 m außerhalb der explosionsgefährdeten Bereiche angeordnet werden. Wo das nicht möglich ist, sollten Leiter, die innerhalb eines Abstands von

0,5 m von der Gefahrenzone geführt werden, durchgehend sein oder durch Quetschverbinder oder Schweißen verbunden werden.

- Wo sich ein explosionsgefährdeter Bereich direkt unter einem Metalldach befindet, das bei einem Blitzeinschlag durchschlagen werden kann, müssen Fangeinrichtungen entsprechend den Anforderungen der Norm EN 62305 Teil 3 errichtet werden.

Überspannungsschutz

- Überspannungsschutzgeräte sollten möglichst außerhalb explosionsgefährdeter Bereiche angebracht werden.
- Überspannungsschutzgeräte innerhalb explosionsgefährdeter Bereiche sollten für den explosionsgefährdeten Bereich, in dem sie installiert sind, zugelassen sein oder sich in einem Gehäuse befinden, wobei Gehäuse und Überspannungsschutzgerät für diese Gefahrenzone zugelassen sind.

Zusätzlicher Potentialausgleich

- Potentialausgleich mit Zusatzanforderungen aus EN 60079-14

In Anlagen mit Zone 2 oder Zone 22 sind keine zusätzlichen Blitzschutzmaßnahmen erforderlich.

Für Produktionsanlagen aus Metall (z. B. außenliegende Kolonnen, Reaktoren, Behälter mit Bereichen der Zonen 2 oder 22), deren Material und Dicke den Anforderungen der EN 62305 Teil 3, Tabelle 3 entsprechen, gilt:

- Fangeinrichtungen und Ableitungen sind nicht erforderlich,
- Produktionsanlagen sind zu erden.

Für Anlagen mit Zone 1 oder Zone 21 gelten die Festlegungen für die Zonen 2 und 22 mit folgenden Ergänzungen:

- Sind in Rohrleitungen Isolierstücke eingesetzt, sollte der Betreiber die Schutzmaßnahmen festlegen. Durch Einsatz von z. B. explosionsgeschützten Trennfunkenstrecken kann ein Über- bzw. Durchschlag verhindert werden. Wenn möglich sollten die Trennfunkenstrecken und die Isolierstücke außerhalb der explosionsgefährdeten Bereiche eingebaut werden.

Ergänzung durch folgende Empfehlungen, soweit zutreffend.

1. Verbindungen des Blitzschutzsystems für den Blitzschutz-Potentialausgleich mittels Rohrleitungen und anderer metallischen Installationen dürfen nur mit Zustimmung des Betreibers der Anlage ausgeführt werden.

2. Verbindungen für den Blitzschutz-Potentialausgleich über Funkenstrecken dürfen nicht ohne Zustimmung des Anlagenbetreibers erfolgen. Diese Geräte müssen für die Zone, in der sie benutzt werden, geeignet sein.

Für Anlagen im Freien mit Bereichen der Zonen 0 und 20 gilt zusätzlich zu den Festlegungen für die Zonen 1, 2, 21 und 22 folgendes:

- Elektrische Einrichtungen im Innern von Tanks für brennbare Flüssigkeiten sollten für diese Anwendungen geeignet sein. Aufgrund der Bauart sollten Maßnahmen zum Blitzschutz ergriffen werden.
- Geschlossene Behälter aus Stahl, in deren Innern sich die Zone 0 bzw. 20 befindet, sollten an den möglichen Blitzeinschlagstellen eine Wanddicke von mindestens mm haben. Bei geringerer Wanddicke sollten Fangeinrichtungen angebracht werden.
- Erdung von Metallrohrleitungen, Stahlkonstruktion, Gleisen ggf. über Trennfunkenstrecken. Streuströme müssen berücksichtigt werden: Bahnstrom, KKS Zugsicherungen. Erdung metallischer Tanks abhängig von der größten horizontalen Abmessung bis 20 m einmal, über 20 m zweimal.
- In Tankfarmen genügt ein Erder und die Verbindung der Tanks untereinander ggf. auch über Rohrleitungen. Schwimmdachtank: Das Schwimmdach muss gut leitend mit dem Mantel verbunden sein.
- Blitzstromtragfähige Verbindungen müssen gegen Selbstlockern gesichert sein (Nachweis über die Wirksamkeit der Verbindung erforderlich).
- Oberirdische Rohrleitungen aus Metall außerhalb von Produktionsanlagen sollten alle 30 m mit dem Erdungssystem verbunden oder mit einem Oberflächenerder oder einem Staberder geerdet werden.

Für Fernleitungen zum Befördern brennbarer Flüssigkeiten gilt:

- In Pumpenkammern, Schieberkammern und ähnlichen Anlagen sollten alle eingeführten Rohrleitungen einschließlich der metallenen Mantelrohre durch Leitungen mit einem Querschnitt von mindestens 50 mm^2 überbrückt werden.
- Die Überbrückungsleitungen sollten an besonderen angeschweißten Fahnen oder mit gegen Selbstlockern gesicherten Schrauben an den Flanschen der eingeführten Rohre angeschlossen werden. Isolierstücke sollten durch Funkenstrecken überbrückt werden.

Bewertung von Maßnahmen zur Lüftung und Verdünnung und ihr Einfluss auf den explosionsgefährdeten Bereich

Werden Gefährdungen durch Blitzschlag festgestellt, dann müssen die Geräte, Schutzsysteme und Komponenten folgende Anforderungen erfüllen:

Alle Kategorien: Anlagen müssen durch geeignete Blitzschutzmaßnahmen geschützt werden.

Schädliche Einwirkungen von Blitzeinschlägen, die außerhalb von Bereichen vorkommen, in denen ständig, über lange Zeit oder häufig durch Gemische von Luft und Gasen, Dämpfen, Aerosolen oder Nebeln oder Luft/Staub-Gemische explosionsfähige Atmosphären hervorgerufen werden, müssen verhindert werden, z. B. sollten an geeigneten Stellen Überspannungsableiter eingebaut werden.

Bei von Erde bedeckten Tankanlagen oder elektrisch leitenden Anlagenteilen, die gegen den Behälter elektrisch isoliert sind, ist ein Potentialausgleich in Form einer Erdringleitung erforderlich. Diese Anforderungen müssen in der Benutzerinformation enthalten sein.

Blitzschutzmaßnahmen dürfen keine Maßnahmen zum kathodischen Korrosionsschutz beeinträchtigen.

11.4.9 Blitzschutz-Maßnahmen gemäß DIN EN 62305-3 (VDE 0185-305-3) Beiblatt 2

Für Anlagen im Freien mit Bereichen der Zone 0 und 20 gilt zusätzlich zu den Festlegungen für die Zonen 1, 2, 21 und 22:

a) Verbindungen der Blitzschutzanlage zum Blitzschutz-Potentialausgleich mit Rohrleitungen und anderen metallenen Installationen dürfen nur im Einvernehmen mit dem Betreiber der Anlage ausgeführt werden.
b) Elektrische Einrichtungen im Innern von Tanks für brennbare Flüssigkeiten müssen für diese Anwendungen geeignet sein. Aufgrund der Bauart sind Maßnahmen zum Blitzschutz zu ergreifen.
c) Geschlossene Behälter aus Stahl, in deren Inneren sich die Zone 0 bzw. die Zone 20 befindet, müssen an den möglichen Blitzeinschlagstellen eine Wanddicke von mindestens 5 mm haben. Bei geringeren Wanddicken sind Fangeinrichtungen anzubringen.

Es sind sowohl die Gefährdungen, die von dem Betrieb einer überwachungsbedürftigen Anlage selbst ausgehen können, als auch die Gefährdungen, die durch Wechselwirkungen mit anderen Anlagen oder der Umgebung entstehen können, zu berücksichtigen.

Was sind Wechselwirkungen?

- Gegenseitige Beeinflussung von Anlagen/Systemen/Geräten,
- direkte oder indirekte Einwirkung von Zündquellen auf Anlagen/Systeme/Geräte.

Nach § 6, Absatz 4 der GefStoffV gilt:

„Der Arbeitgeber hat festzustellen, ob die verwendeten Stoffe, Gemische und Erzeugnisse bei Tätigkeiten, auch unter Berücksichtigung verwendeter Arbeitsmittel, Verfahren und der Arbeitsumgebung sowie ihrer möglichen Wechselwirkungen, zu Brand- oder Explosionsgefährdungen führen können.

Dabei hat er zu beurteilen,

1. *ob gefährliche Mengen oder Konzentrationen von Gefahrstoffen, die zu Brand- und Explosionsgefährdungen führen können, auftreten,*
2. *ob Zündquellen oder Bedingungen, die Brände oder Explosionen auslösen können, vorhanden sind und*
3. *ob schädliche Auswirkungen von Bränden oder Explosionen auf die Gesundheit und Sicherheit der Beschäftigten möglich sind“* [5].

Schutzmaßnahmen in Arbeitsbereichen mit Brand- und Explosionsgefährdung (Bild 11.8)

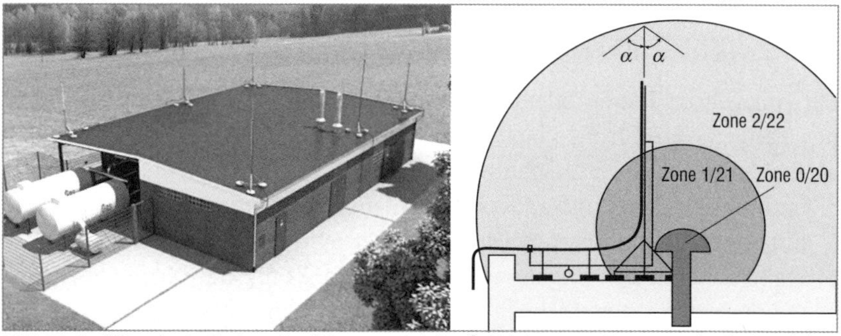

Quelle: OBO Bettermann „Leitfaden Blitz und Überspannungsschutz für Ex-Bereiche [11]

Bild 11.8 Blitzschutz-System-Ausführung mit isCon®-Ableitung an Fangmast im Ex-Bereich

Soweit nach der Gefährdungsbeurteilung erforderlich,

1. muss es bei Energieausfall möglich sein, die Geräte und Schutzsysteme unabhängig vom übrigen Betriebssystem in einem sicheren Betriebszustand zu halten,
2. müssen im Automatikbetrieb laufende Geräte und Schutzsysteme, die vom bestimmungsgemäßen Betrieb abweichen, unter sicheren Bedingungen von Hand abgeschaltet werden können und

3. müssen gespeicherte Energien beim Betätigen der Notabschalteinrichtungen so schnell und sicher wie möglich abgebaut oder isoliert werden.

Beispiel: Überdruckkapselung von Schalt- und Steuerungsanlagen, funktionswichtige Steuerungen

Hinweis:
Zum sicheren Betrieb der Anlage gehört, dass die Gesamtheit aller Geräte, Schutzsysteme oder Sicherheits-, Kontroll- oder Regelvorrichtungen und deren funktionale Zusammenschaltung im Sinne der GefStoffV nach dem Blitzeinschlag die Anlage sicher weiter betrieben werden kann.

Anhang

Literaturverzeichnis

[1] *Dyrba, B.:* Kompendium Explosionsschutz. Sammlung der relevanten Vorschriften zum Explosionsschutz mit 130 Fragen und Antworten für die Praxis. Hürth: Carl Heymanns Verlag 2019.

[2] Bundesamt für Arbeitsschutz und Arbeitsmedizin (Hrsg.): Technische Regeln für Gefahrstoffe (TRGS) 720: Gefährliche explosionsfähige Gemische – Allgemeines.

[3] Gesetz über überwachungsbedürftige Anlagen (ÜAnlG). https://www.gesetze-im-internet.de/_anlg/BJNR316200021.html

[4] DIN EN ISO/IEC 80079-20-1:2020-09
Explosionsfähige Atmosphären – Teil 20-1: Stoffliche Eigenschaften zur Klassifizierung von Gasen und Dämpfen – Prüfverfahren und Daten (ISO/IEC 80079-20-1:2017, einschließlich Cor 1:2018); Deutsche Fassung EN ISO/IEC 80079-20-1:2019

[5] Verordnung zum Schutz vor Gefahrstoffen (Gefahrstoffverordnung – GefStoffV)

[6] Verordnung über Sicherheit und Gesundheitsschutz bei der Verwendung von Arbeitsmitteln (Betriebssicherheitsverordnung – BetrSichV) Anhang 3 (zu § 14 Absatz 4) Prüfvorschriften für bestimmte Arbeitsmittel

[7] DIN EN IEC 60079-10-1 VDE 0165-101:2022-02
Explosionsgefährdete Bereiche – Teil 10-1: Einteilung der Bereiche – Gasexplosionsgefährdete Bereiche (IEC 60079-10-1:2020 + COR1:2021); Deutsche Fassung EN IEC 60079-10-1:2021

[8] Bundesamt für Arbeitsschutz und Arbeitsmedizin (Hrsg.): Technische Regeln für Gefahrstoffe (TRGS) 723: Gefährliche explosionsfähige Gemische – Vermeidung der Entzündung gefährlicher explosionsfähiger Gemische

[9] DIN EN IEC 60079-17 VDE 0165-10-1:2024-10
Explosionsgefährdete Bereiche – Teil 17: Prüfung und Instandhaltung elektrischer Anlagen

[10] Bundesamt für Arbeitsschutz und Arbeitsmedizin: Zugelassene Überwachungsstellen nach ÜAnlG und BetrSichV. https://www.baua.de/DE/Die-BAuA/Aufgaben/Gesetzliche-und-hoheitliche-Aufgaben/Produktsicherheitsgesetz/Zugelassene-Ueberwachungsstellen (abgerufen am 06.02.2025)

[11] OBO Bettermann Vertrieb Deutschland GmbH: Leitfaden Blitz- und Überspannungsschutz für Ex-Bereiche. Menden: 2019.

Normen

DIN EN 1127-1 Explosionsfähige Atmosphären --Explosionsschutz --Teil 1: Grundlagen und Methodik

DIN EN 60034 (VDE 0530) (alle Teile), Drehende elektrische Maschinen

DIN EN 60034-1 (VDE 0530-1), Drehende elektrische Maschinen – Teil 1: Bemessung und Betriebsverhalten

DIN EN 60034-1 Berichtigung 1 (VDE 0530-1 Berichtigung 1), Drehende elektrische Maschinen – Teil 1: Bemessung und Betriebsverhalten

DIN EN 60034-5 (VDE 0530-5), Drehende elektrische Maschinen – Teil 5: Schutzarten aufgrund der Gesamtkonstruktion von drehenden elektrischen Maschinen (IP-Code) – Einteilung

DIN 31051, Grundlagen der Instandhaltung

DIN EN 60061 (alle Teile), Lampensockel und -fassungen sowie Lehren zur Kontrolle der Austauschbarkeit und Sicherheit

DIN EN 60061-1, Lampensockel und -fassungen sowie Lehren zur Kontrolle der Austauschbarkeit und Sicherheit – Teil 1: Lampensockel

DIN EN 60068-2-6 (VDE 0468-2-6), Umgebungseinflüsse – Teil 2-6: Prüfverfahren – Prüfung Fc: Schwingen (sinusförmig)

DIN EN 60068-2-27 (VDE 0468-2-27):2010-02, Umgebungseinflüsse – Teil 2-27: Prüfverfahren – Prüfung Ea und Leitfaden: Schocken (IEC 60068-2-27:2008); Deutsche Fassung EN 60068-2-27:2009

DIN EN 60079 (VDE 0170) (alle Teile), Explosionsgefährdete Bereiche

DIN EN 60079-0 (VDE 0170-1):2019-09, Explosionsgefährdete Bereiche – Teil 0: Betriebsmittel – Allgemeine Anforderungen (IEC 60079-0:2017); Deutsche Fassung EN 60079-0:2018

DIN EN 60079-1 (VDE 0170-5), Explosionsgefährdete Bereiche – Teil 1: Geräteschutz durch druckfeste Kapselung „d“

DIN EN 60079-7 (VDE 0170-6):2018-08, Explosionsgefährdete Bereiche – Teil 7: Geräteschutz durch erhöhte Sicherheit „e“ (IEC 60079-7:2015); Deutsche Fassung EN 60079-7:2015

DIN EN IEC 60079-10-1 (VDE 0165-101) Explosionsgefährdete Bereiche – Teil 10-1: Einteilung der Bereiche – Gasexplosionsgefährdete Bereiche

DIN EN 60079-11 (VDE 0170-7), Explosionsgefährdete Bereiche – Teil 11: Geräteschutz durch Eigensicherheit „i“

DIN EN 60079-15 (VDE 0170-16), Explosionsfähige Atmosphäre – Teil 15: Geräteschutz durch Zündschutzart „n“

DIN EN 60079-17 (VDE 0165-10-1), Explosionsgefährdete Bereiche – Teil 17: Prüfung und Instandhaltung elektrischer Anlagen (IEC 60079-17); Deutsche Fassung EN 60079-17

DIN EN 60079-18 (VDE 0170-9), Explosionsgefährdete Bereiche – Teil 18: Geräteschutz durch Vergusskapselung „m“

DIN EN 60079-29-2 (VDE 0400-2), Explosionsgefährdete Bereiche – Teil 29-2: Gasmessgeräte – Auswahl, Installation, Einsatz und Wartung von Geräten für die Messung von brennbaren Gasen und Sauerstoff

DIN EN 60085 (VDE 0301-1), Elektrische Isolierung – Thermische Bewertung und Bezeichnung

DIN EN 60112 (VDE 0303-11), Verfahren zur Bestimmung der Prüfzahl und der Vergleichszahl der Kriechwegbildung von festen, isolierenden Werkstoffen

DIN EN 60155 (VDE 0712-101), Glimmstarter für Leuchtstofflampen

DIN EN 60228 (VDE 0295), Leiter für Kabel und isolierte Leitungen

DIN EN 60238 (VDE 0616-1), Lampenfassungen mit Edisongewinde

DIN EN 60297 (alle Teile), Bauweisen für elektronische Einrichtungen

DIN EN 60400 (VDE 0616-3), Lampenfassungen für röhrenförmige Leuchtstofflampen und Starterfassungen

DIN EN 60529 (VDE 0470-1), Schutzarten durch Gehäuse (IP-Code)

DIN EN 60598 (VDE 0711) (alle Teile), Leuchten

DIN EN 60598-1 (VDE 0711-1):2009-09, Leuchten – Teil 1: Allgemeine Anforderungen und Prüfungen (IEC 60598-1:2020, modifiziert); Deutsche Fassung EN 60598-1:2021

DIN EN 60598-2 (VDE 0711-2) (alle Teile), Leuchten –Teil 2: Besondere Anforderungen

DIN EN 60664-1 (VDE 0110-1), Isolationskoordination für Betriebsmittel in NIederspannungs-Stromversorgungssystemen – Teil 1: Grundsätze, Anforderungen und Prüfungen

DIN EN 60927 (VDE 0712-15), Geräte für Lampen – Startgeräte (andere als Glimmstarter) – Anforderungen an die Arbeitsweise

DIN EN 60947-7-1 (VDE 0611-1), Niederspannungsschaltgeräte – Teil 7-1: Hilfseinrichtungen – Reihenklemmen für Kupferleiter

DIN EN 60947-7-2 (VDE 0611-3), Niederspannungsschaltgeräte – Teil 7-2: Hilfseinrichtungen – Schutzleiter-Reihenklemmen für Kupferleiter

DIN EN 60998-2-4 (VDE 0613-2-4), Verbindungsmaterial für Niederspannungs-Stromkreise für Haushalt und ähnliche Zwecke – Teil 2-4: Besondere Anforderungen an Drehklemmen

DIN EN 60999-1 (VDE 0609-1), Verbindungsmaterial – Elektrische Kupferleiter – Sicherheitsanforderungen für Schraubklemmstellen und schraubenlose Klemmstellen – Teil 1: Allgemeine Anforderungen und besondere Anforderungen für Klemmstellen für Leiter von 0,2 mm^2 bis einschließlich 35 mm^2

DIN EN 60999-2 (VDE 0609-101), Verbindungsmaterial – Elektrische Kupferleiter – Sicherheitsanforderungen für Schraubklemmstellen und schraubenlose Klemmstellen – Teil 2: Besondere Anforderungen für Klemmstellen für Leiter über 35 mm^2 bis einschließlich 300 mm^2

DIN EN 61048 (VDE 0560-61), Geräte für Lampen – Kondensatoren für Leuchtstofflampen- und andere Entladungslampenkreise – Allgemeine Anforderungen und Sicherheitsanforderungen

DIN EN 61184 (VDE 0616-2), Bajonett-Lampenfassungen

DIN EN 61195 (VDE 0715-8), Zweiseitig gesockelte Leuchtstofflampen – Sicherheitsanforderungen

DIN EN 61347-1 (VDE 0712-30):2021-08, Geräte für Lampen – Teil 1: Allgemeine und Sicherheitsanforderungen (IEC 61347-1:2015); Deutsche Fassung EN 61347-1:2015

DIN EN 61347-2-1 (VDE 0712-31), Geräte für Lampen – Teil 2-1: Besondere Anforderungen an Startgeräte (andere als Glimmstarter)

DIN EN 61347-2-2 (VDE 0712-32), Geräte für Lampen – Teil 2-2: Besondere Anforderungen an gleich- oder wechselstromversorgte elektronische Konverter für Glühlampen

DIN EN 61347-2-3 (VDE 0712-33), Geräte für Lampen – Teil 2-3: Besondere Anforderungen an wechsel- und/oder gleichstromversorgte elektronische Betriebsgeräte für Leuchtstofflampen

DIN EN 61347-2-7 (VDE 0712-37), Geräte für Lampen – Teil 2-7: Besondere Anforderungen an elektronische Betriebsgeräte für die Notbeleuchtung, die von einer Stromquelle für Sicherheitszwecke (ESSS) versorgt werden (selbstversorgt)

DIN EN 61347-2-8 (VDE 0712-38), Geräte für Lampen – Teil 2-8: Besondere Anforderungen an Vorschaltgeräte für Leuchtstofflampen

DIN EN 61347-2-9 (VDE 0712-39), Geräte für Lampen – Teil 2-9: Besondere Anforderungen an elektromagnetische Betriebsgeräte für Entladungslampen (ausgenommen Leuchtstofflampen)

DIN EN 60034-18-41 (VDE 0530-18-41), Drehende elektrische Maschinen – Teil 18-41: Qualifizierung und Qualitätsprüfungen für teilentladungsfreie elektrische Isoliersysteme (Typ I) in drehenden elektrischen Maschinen, die von Spannungsumrichtern gespeist werden

DIN CLC IEC/TS 60034-25 (VDE V 0530-25), Drehende elektrische Maschinen – Teil 25: Wechselstrommaschinen zur Verwendung in Antriebssystemen – Anwendungsleitfaden

DIN VDE 0636-3 (VDE 0636-3), Niederspannungssicherungen – Teil 3: Zusätzliche Anforderungen an Sicherungen zum Gebrauch durch Laien (Sicherungen überwiegend für Hausinstallationen oder ähnliche Anwendungen) – Beispiele für genormte Sicherungssysteme A bis F

DIN EN 50495 (VDE 0170-18), Sicherheitseinrichtungen für den sicheren Betrieb von Geräten im Hinblick auf Explosionsgefahren

DIN EN 60079 (VDE 0170) (alle Teile), Explosionsgefährdete Bereiche

DIN EN 60079-0 (VDE 0170-1):2019-09, Explosionsgefährdete Bereiche – Teil 0: Betriebsmittel – Allgemeine Anforderungen (IEC 60079-0):2017; Deutsche Fassung EN 60079-0:2018

DIN EN 60079-14 (VDE 0165-1), Explosionsgefährdete Bereiche – Teil 14: Projektierung, Auswahl und Errichtung elektrischer Anlagen

DIN EN 60079-17 (VDE 0165-10-1), Explosionsgefährdete Bereiche – Teil 17: Prüfung und Instandhaltung elektrischer Anlagen

DIN EN 60079-19 (VDE 0165-20-1), Explosionsgefährdete Bereiche – Teil 19: Gerätereparatur, Überholung und Regenerierung

DIN EN 60156 (VDE 0370-5), Isolierflüssigkeiten – Bestimmung der Durchschlagspannung bei Netzfrequenz – Prüfverfahren

DIN EN 60247 (VDE 0380-2), Isolierflüssigkeiten – Messung der Permittivitätszahl, des dielektrischen Verlustfaktors (tan φ) und des spezifischen Gleichstrom-Widerstandes

DIN EN 60296 (VDE 0370-1), Flüssigkeiten für elektrotechnische Anwendungen – Isolieröle auf Mineralölbasis für elektrische Betriebsmittel

DIN EN 60529 (VDE 0470-1), Schutzarten durch Gehäuse (IP-Code)

DIN EN 60814 (VDE 0370-20), Isolierflüssigkeiten – Ölimprägniertes Papier und ölimprägnierter Pressspan – Bestimmung von Wasser mit automatischer Karl-Fischer-Titration

DIN EN 60836 (VDE 0374-10), Anforderungen an ungebrauchte Silikonisolierflüssigkeiten für elektrotechnische Anwendungen

DIN EN 61099 (VDE 0375-1), Isolierflüssigkeiten – Anforderungen an neue synthetische organische Ester für elektrotechnische Zwecke

DIN EN 61125 (VDE 0380-4), Isolierflüssigkeiten – Prüfverfahren zur Evaluierung der Oxidationsbeständigkeit von Isolierflüssigkeiten im Anlieferungszustand

DIN EN 62021-1 (VDE 0370-31), Isolierflüssigkeiten – Bestimmung des Säuregehaltes – Teil 1: Automatische potentiometrische Titration

DIN EN 62535 (VDE 0370-33), Isolierflüssigkeiten – Prüfverfahren für den Nachweis von potenziell korrosivem Schwefel in gebrauchtem und ungebrauchtem Isolieröl

DIN EN 62770 (VDE 0370-70), Flüssigkeiten für elektrotechnische Anwendungen – Neue natürliche Ester für Transformatoren und ähnliche elektrische Betriebsmittel

DIN EN ISO 2592, Mineralölerzeugnisse – Bestimmung des Flamm- und Brennpunktes – Verfahren mit offenem Tiegel nach Cleveland

DIN EN ISO 2719, Bestimmung des Flammpunktes – Verfahren nach Pensky-Martens mit geschlossenem Tiegel

DIN EN ISO 3104, Mineralölerzeugnisse – Durchsichtige und undurchsichtige Flüssigkeiten – Bestimmung der kinematischen Viskosität und Berechnung der dynamischen Viskosität

DIN ISO 3016, Mineralölerzeugnisse – Bestimmung des Pourpoints

Relevante Tabellen und Bilder

Pos.	Kennung	Titel	Ausgabe
1	EmpfBs-1113	Beschaffung von Arbeitsmitteln	03_2021
2	EmpfBs-1114	Anpassung an den Stand der Technik bei Verwendung von Arbeitsmitteln	03_2018
3	TRAS 410	Technische Regel für Anlagensicherheit – Erkennen und Beherrschen exothermer chemischer Reaktionen	02_2021
4		Sicherheitshinweise für Gefahrstoffe gemäß CLP-Verordnung (www.baua.de)	11_2014
5	TRGS 722	Vermeidung oder Einschränkung gefährlicher explosionsfähiger Gemische	02_2021
6	TRBS 1111	Gefährdungsbeurteilung	03_2018
7	TRBS 1112 Teil 1	Explosionsgefährdungen bei und durch Instandhaltungsarbeiten – Beurteilung von Schutzmaßnahmen	03_2010
8	TRBS 1123	Prüfpflichtige Änderungen von Anlagen in explosionsgefährdeten Bereichen – Ermittlung der Prüfnotwendigkeit gemäß § 15 Absatz 1 BetrSichV	07_2018
9	TRBS 1201 Teil 1	Prüfung von Anlagen in explosionsgefährdeten Bereichen	03_2019
10	TRBS 1201 Teil 2	Prüfungen und Kontrollen bei Gefährdungen durch Dampf und Druck	07_2018
11	TRBS 1201 Teil 3	Instandsetzung an Geräten, Schutzsystemen, Sicherheits-, Kontroll- und Regelvorrichtungen im Sinne der Richtlinie 2014/34/EU	01_2018
12	TRBS 1201	Prüfungen und Kontrollen von Arbeitsmitteln und überwachungsbedürftigen Anlagen	03_2019
13	TRGS 720	Gefährliche explosionsfähige Gemische – Allgemeines	07_2020
14	TRGS 721	Gefährliche explosionsfähige Atmosphäre – Beurteilung der Explosionsgefährdung	10_2020
15	TRGS 722	Vermeidung oder Einschränkung gefährlicher explosionsfähiger Atmosphäre	02_2021
16	TRGS 723	Gefährliche explosionsfähige Atmosphäre – Vermeidung der Entzündung gefährlicher explosionsfähiger Atmosphäre	07_2019
17	TRGS 724	Gefährliche explosionsfähige Atmosphäre – Maßnahmen des konstruktiven Explosionsschutzes, welche die Auswirkung einer Explosion auf ein unbedenkliches Maß beschränken	07_2019
18	TRBS 3145/ TRGS 745	Ortsbewegliche Druckgasbehälter – Füllen, Bereithalten, innerbetriebliche Beförderung, Entleeren	02_2016
19	TRBS 3146/ TRGS 746	Ortsfeste Druckanlagen für Gase	09_2016
20	TRBS 3151/ TRGS 751	Vermeidung von Brand-, Explosions- und Druckgefährdungen zur Befüllung von Landfahrzeugen	02_2024
21	TRGS 407	Tätigkeiten mit Gasen – Gefährdungsbeurteilung	02_2016
22	TRGS 500	Schutzmaßnahmen	09_2019
23	TRGS 510	Lagerung von Gefahrstoffen in ortsbeweglichen Behältern	12_2020
24	TRGS 529	Tätigkeiten bei der Herstellung von Biogas	07_2024
25	TRGS 555	Betriebsanweisung und Information der Beschäftigten	02_2017

Tabelle 12. 1 Technische Regeln für Gefahrstoffe (TRGS)/Technische Regeln für Betriebssicherheit (TRBS) und Bekanntmachungen zur Betriebssicherheit (BekBS) – Übersicht (Teil 1/2)

Pos.	Kennung	Titel	Ausgabe
26	TRGS 725 Entwurf	Gefährliche explosionsfähige Atmosphäre – Mess-, Steuer- und Regeleinrichtungen im Rahmen von Explosionsschutzmaßnahmen	04_2023
27	TRGS 727	Vermeidung von Zündgefahren infolge elektrostatischer Aufladungen	01_2016
28	TRGS 800	Brandschutzmaßnahmen	12_2010

Tabelle 12. 1 Technische Regeln für Gefahrstoffe (TRGS)/Technische Regeln für Betriebssicherheit (TRBS) und Bekanntmachungen zur Betriebssicherheit (BekBS) – Übersicht (Teil 2/2)

Begriff	Erläuterung/Bezeichnung
Medien gemäß TRGS	Gase, Flüssigkeiten, Feststoffe – Abluft – Treibstoffe – Lösemittel – etc.
brennbarer Stoff	Ein Stoff, der selbst brennbar oder dazu in der Lage ist, ein brennbares Gas, einen brennbaren Staub, Flusen, Fasern, Nebel oder Dampf zu bilden.
brennbare Flüssigkeit	Eine Flüssigkeit, die aufgrund ihrer Stoffeigenschaften und Betriebsbedingungen brennbare Dämpfe bilden kann.
verflüssigtes brennbares Gas	Ein brennbarer flüssiger Stoff, der bei seiner Handhabung und Lagerung unter atmosphärischen Bedingungen ein brennbares Gas ist.
Staub	Umfasst sowohl brennbaren Staub als auch brennbare Flusen.
brennbarer Staub	Feststoffpartikel $\leq 500\,\mu m$ in der Atmosphäre, die sich aufgrund ihres Eigengewichtes absetzen oder niederschlagen können und in Verbindung mit Luft brennen/glimmen und bei atmosphärischen Bedingungen (Druck und Temperatur) explosionsfähige Gemische bilden können.
leitfähiger Staub	Brennbarer Staub mit einem spezifischen Widerstand $\leq 103\,\Omega m$.
nicht leitfähiger Staub	Brennbarer Staub mit einem spezifischen Widerstand $\geq 103\,\Omega m$.
brennbare Flusen	Absetzbare oder niederschlagsfähige Feststoffpartikel in der Luft, einschließlich Fasern $> 500\,\mu m$ als Nenngröße.
staubdichtes Gehäuse	Ein Gehäuse, das ein Eindringen von Staubteilchen verhindert.
staubgeschütztes Gehäuse	Ein Gehäuse, das ein Eindringen von Staubteilchen nicht vollständig verhindert, bei welchem jedoch der ordnungsgemäße und sichere Betrieb auch bei einer geringen Menge von Staub gewährleistet ist.
zünddurchschlagsicherer Spalt	Stelle an der Oberfläche zweier Gehäuseteile, die die Übertragung einer Explosion, die im Inneren stattfindet, an die explosionsfähige Atmosphäre, die das Gehäuse umgibt, verhindert.
Geräteschutzniveau EPL	Nach IEC 60079-0 werden Geräte für explosionsgefährdete Bereiche in drei Schutzniveaus eingestuft (vgl. Kapitel 3): Die Kriterien der Einstufung orientieren sich an dem Gerät, wobei die Höhe der Wahrscheinlichkeit einer Zündung zugrunde gelegt wird und die Unterschiede zwischen explosionsfähigen Gasatmosphären, explosionsfähigen Staubatmosphären und explosionsfähigen Atmosphären in schlagwetterempfindlichen Grubenbauen berücksichtigt werden.

Tabelle 12. 2 Begriffs-Glossar (Teil 1/9)

Begriff	Erläuterung/Bezeichnung
Ex-Bauteil	Teil eines elektrischen Gerätes oder eines Moduls, das mit dem Symbol „U" gekennzeichnet ist und das nicht für sich allein verwendet werden darf. Über dessen Einbau in elektrischen Geräten oder Systemen zur Verwendung in explosionsgefährdeten Bereichen muss gesondert entschieden werden.
Explosionsgruppen	Man unterscheidet zunächst die Explosionsgruppen I und II. Gruppe I umfasst schlagwettergefährdete Grubenbaue mit Methangas und Kohlenstaub als wesentliche brennbare Stoffe. Alle anderen Anwendungsfälle gehören in die Gruppe II. Die Explosionsgruppe II wird für die brennbaren Stoffe und auch für die explosionsgeschützten Geräte noch in Abhängigkeit von Grenzspaltweite und dem Verhältnis des Mindestzündstromes zum Mindestzündstrom von Methan weiter unterteilt in die Untergruppen A, B und C, wobei in C die Stoffe mit der geringsten Mindestzündenergie bzw. Grenzspaltweite eingeordnet sind. Diese Unterteilung ist wichtig für den gerätetechnischen Aufwand bei den Schutzarten „Eigensicherheit" und „druckfeste Kapselung". Da in die Gruppe IIC als wesentliche Stoffe nur Wasserstoff und Acetylen eingestuft sind, sollte man Geräte in den genannten Schutzarten in IIC nur dann fordern, wenn man nicht sicher ausschließen kann, dass diese beiden Gase in der zu instrumentierenden Anlage doch einmal zum Einsatz kommen.
hybrides Gemisch	Mischung eines brennbaren Gases oder Dampfs mit Staub.
atmosphärische Bedingungen	Atmosphäre mit Umgebungstemperaturen im Bereich von −20 °C bis +60 °C und einem Luftdruck von 800 hPa bis 1.100 hPa.
Umgebungstemperatur	Temperatur der Luft oder des Mediums, welches sich in der unmittelbaren Umgebung eines Gerätes, Betriebsmittels oder einer Einrichtung befindet.
Dauergebrauchstemperatur	Temperaturbereich von Werkstoffen eines Gerätes oder Betriebsmittels, das unter Einsatz seines bestimmungsgemäßen Verwendungszwecks die Beständigkeit desselben für die zu erwartende Lebensdauer beschreibt.
Grenztemperatur	Maximal erlaubte Temperatur für ein Gerät oder ein Teil eines Gerätes, die gleich der niedrigeren der beiden Temperaturen ist. Sie orientiert sich an der – Gefahr einer Zündung eines explosionsfähigen Gemisches, – thermischen Beständigkeit der verwendeten Materialien.
Glimmtemperatur brennbarer Stäube	Die niedrigste Temperatur einer erhitzten freiliegenden Oberfläche, bei der sich eine 5 mm dicke abgelagerte Staubschicht entzündet.
untere Explosionsgrenze (UEG) obere Explosionsgrenze (OEG)	Untere Explosionsgrenze (UEG) und obere Explosionsgrenze (OEG) geben die Konzentrationsgrenzen für die Zündungsfähigkeit eines Gemisches an. Unterhalb der unteren Explosionsgrenze enthält das Gemisch zu wenig Brennstoff, man sagt, es ist zu mager. Bei Konzentrationen zwischen der unteren und oberen Explosionsgrenze ist das Gemisch zündfähig. Oberhalb der oberen Explosionsgrenze ist zu viel Brennstoff bzw. zu wenig Sauerstoff vorhanden, man spricht von einem zu fetten Gemisch. UEG und OEG werden angegeben in %, bezogen auf das Gesamtvolumen des Gemisches.
Anlagen in explosionsgefährdeten Bereichen	Gesamtheit der explosionsschutzrelevanten Arbeitsmittel, inklusive der Verbindungselemente und den explosionsschutzrelevanten Gebäudeteilen.
gefährdete Bereiche	Bereiche, in denen aufgrund der örtlichen Gegebenheiten und Einrichtungen Stoffe eingebracht oder zubereitet werden. Dazu zählen auch Bereiche, in denen aufgrund von Instandhaltungsmaßnahmen und den daraus entstehenden Verunreinigungen eine zusätzliche Explosionsgefahr entstehen kann.

Tabelle 12. 2 Begriffs-Glossar (Teil 2/9)

Begriff	Erläuterung/Bezeichnung
explosionsfähige Atmosphäre	Ein Gemisch aus Luft und einem brennbaren Stoff unter atmosphärischen Bedingungen, welche nach einer stattgefundenen Entzündung eine sich selbst unterhaltende Flammenausbreitung ermöglicht.
explosionsgefährdeter Bereich	Ein Bereich, in dem eine explosionsfähige Atmosphäre auftreten kann oder bereits vorhanden ist, ohne dass besondere oder zusätzliche Schutzmaßnahmen für die Bauweise von Geräten, Betriebsmitteln, Einrichtungen und Installationen notwendig werden.
Personen-Schleuse (Luftschleuse)	Einrichtung zum Betreten oder Verlassen, bestehend aus zwei voneinander abhängigen Türen mit dem Zweck, den inneren Überdruck eines Raums aufrechtzuerhalten, um das Eindringen einer in der Umgebung bestehenden explosionsfähigen Atmosphäre zu verhindern.
fachkundig	Fachkundig ist, wer über die erforderlichen Fachkenntnisse einer durchgeführten Tätigkeit verfügt und Folgendes nachweisen kann – entsprechende Berufsausbildung, – Berufserfahrung. Fachkundig ist auch, wer zeitnah eine entsprechende berufliche Tätigkeit ausübt und an spezifischen Fortbildungsmaßnahmen teilnimmt.
sachkundig	Als sachkundig gilt, wer seine bestehende Fachkunde aufgrund von Teilnahmen an behördlich anerkannten Sachkundelehrgängen erweitert und aktualisiert hat.
Instandhaltung	Gesamtheit aller Maßnahmen zur Erhaltung des sicheren Zustandes oder zur Rückführung in diesen Zustand. Instandhaltung umfasst insbesondere Inspektion, Wartung und Instandsetzung.
Prüfung	Ermittlung des Ist-Zustands, Vergleich des Ist-Zustands mit dem Soll-Zustand sowie Bewertung der Abweichung des Ist-Zustands vom Soll-Zustand.
prüfpflichtige Änderung	Jede Maßnahme, durch welche die Sicherheit eines Arbeitsmittels beeinflusst wird. Auch Instandsetzungsarbeiten können solche Maßnahmen sein.
zur Prüfung befähigte Person	Person, die durch ihre Berufsausbildung, ihre Berufserfahrung und ihre zeitnahe berufliche Tätigkeit über die erforderlichen Kenntnisse zur Prüfung von Arbeitsmitteln verfügt; soweit hinsichtlich der Prüfung von Arbeitsmitteln in den Anhängen 2 und 3 weitergehende Anforderungen festgelegt werden, sind diese zu erfüllen.
Wirtschaftsakteure	Hersteller (schriftlich Bevollmächtigter), Inverkehrbringer, Einführer, Händler.
Freisetzungsquelle	Örtlichkeit, an welcher Gas, Dampf, Nebel, Aerosol oder Flüssigkeit in die Atmosphäre freigesetzt werden und es aufgrund dieser Freisetzung zu einer explosionsfähigen Atmosphäre kommen kann.
Freisetzungsgrad – ständiger – primärer – sekundärer	Dauer und Häufigkeit einer Freisetzung – ständige, häufige oder langzeitige Freisetzung, – wiederkehrende oder gelegentliche Freisetzung im Normalbetrieb, – keine erwartete Freisetzung im Normalbetrieb; erfolgt eine Freisetzung, so geschieht dies nur selten und kurzfristig.
Quellen mit kontinuierlichem Freisetzungsgrad	– Oberflächen brennbarer Flüssigkeiten, die kontinuierlich oder langzeitig der Atmosphäre ausgesetzt sind (z. B. Öl-/Wasserabscheider), – Oberflächen brennbarer Flüssigkeiten in Festdachtanks mit ständiger Belüftung in die Atmosphäre.

Tabelle 12. 2 Begriffs-Glossar (Teil 3/9)

Begriff	**Erläuterung/Bezeichnung**
Quellen mit primärem Freisetzungsgrad	– Dichtungen von Pumpen, Kompressoren oder Ventilen, wenn bei Normalbetrieb eine Freisetzung brennbarer Stoffe in die Atmosphäre erwartet wird, – Probeentnahmestellen, bei denen im Normalbetrieb eine Freisetzung brennbarer Stoffe in die Atmosphäre erwartet wird, – Entlastungsventile, Entlüftungsöffnungen und andere Öffnungen, bei denen im Normalbetrieb eine Freisetzung brennbarer Stoffe in die Atmosphäre erwartet wird, – unmittelbare Umgebung von offenen Sackfüll- oder Sackentleerungsstellen (Staub).
Quellen mit sekundärem Freisetzungsgrad	– Dichtungen von Pumpen, Kompressoren oder Ventilen, bei denen im Normalbetrieb keine Freisetzung brennbarer Stoffe erwartet wird, – Flansche, Verbindungen und Rohrfittings, bei denen im Normalbetrieb keine Freisetzung brennbarer Stoffe erwartet wird, – Probeentnahmestellen, bei denen im Normalbetrieb keine Freisetzung brennbarer Stoffe erwartet wird, – Entlastungsventile, Entlüftungsöffnungen und andere Öffnungen, bei denen im Normalbetrieb keine Freisetzung brennbarer Stoffe erwartet wird, – Mannlöcher, die gelegentlich und nur während eines sehr kurzen Zeitraumes geöffnet werden müssen (Staub).
Freisetzungsrate	Menge eines brennbaren Gases, eines Aerosols, Dampfes oder Nebels an der Freisetzungsquelle in einer gewissen Zeitangabe.
untere Brennbarkeitsgrenze	Volumenanteil von brennbarem Gas oder Dampf in der Luft, unterhalb dessen keine explosionsfähige Gasatmosphäre gebildet wird, ausgedrückt als Prozentsatz (siehe IEC 60079-20-1). Dieser Begriff ist auch als „untere Explosionsgrenze" bekannt [LEL, engl.: Lower Explosive Limit].
obere Brennbarkeitsgrenze	Volumenanteil von brennbarem Gas oder Dampf in der Luft, oberhalb dessen keine explosionsfähige Gasatmosphäre gebildet wird, ausgedrückt als Prozentsatz (siehe IEC 60079-20-1). Dieser Begriff ist auch als „obere Explosionsgrenze" bekannt [UEL, engl: Upper Explosive Limit].
Zonen (Ex-Zonen)	Explosionsgefährdete Bereiche, Örtlichkeiten und Räume, die anhand von Häufigkeit und Dauer einer auftretenden explosionsfähigen Atmosphäre eingeteilt werden.
Zone 0	Bereich mit ständiger und längerer Verweildauer oder häufiger auftretender explosionsgefährdeter Gas-Atmosphäre.
Zone 1	Bereich, in dem bei Normalbetrieb damit gerechnet werden muss, dass eine Gas-Atmosphäre wiederkehrend oder gelegentlich auftritt.
Zone 2	Bereich, in dem bei Normalbetrieb nicht von einer explosionsfähigen Gas-Atmosphäre ausgegangen wird. Tritt jedoch eine Gas-Atmosphäre auf, so ist diese nur von kurzer Dauer.
Zone 20	Ort, an dem eine explosionsfähige Staubatmosphäre in Form einer Wolke in der Luft ständig, langzeitig oder häufig vorhanden ist.
Zone 21	Ort, an dem eine explosionsfähige Staubatmosphäre in Form einer Wolke in der Luft bei bestimmungsgemäßem Betrieb gelegentlich auftritt.

Tabelle 12. 2 Begriffs-Glossar (Teil 4/9)

Begriff	Erläuterung/Bezeichnung
Zone 22	Bereich, in dem es nicht wahrscheinlich ist, dass eine explosionsfähige Staubatmosphäre in Form einer Wolke brennbaren Staubes in der Luft bei bestimmungsgemäßem Betrieb auftritt. Tritt diese jedoch auf, dann nur für einen kurzen Zeitraum.
überdruckgekapselter Raum	Eingeschlossenes Volumen, das durch Überdruckkapselung geschützt wird und ausreichend Raum bietet, damit es von einer Person betreten werden kann, um darin zu arbeiten oder sich aufzuhalten.
Stand der Technik	Beschreibt den Entwicklungsstand fortschrittlicher Verfahren, Einrichtungen oder Betriebsweisen, der die praktische Eignung einer Schutzmaßnahme als gesichert erscheinen lässt.
harmonisierte Norm	Artikel 2 Nummer 1 Buchstabe c der Verordnung (EU) Nr. 1025/2012 des Europäischen Parlaments und des Rates vom 25. Oktober 2012 zur europäischen Normung, zur Änderung der Richtlinien 89/686/EWG und 93/15/EWG des Rates sowie der Richtlinien 94/9/EG, 94/25/EG, 95/16/EG, 97/23/EG, 98/34/EG, 2004/22/EG, 2007/23/EG, 2009/23/EG und 2009/105/EG des Europäischen Parlaments und des Rates und zur Aufhebung des Beschlusses 87/95/EWG des Rates und des Beschlusses Nr. 1673/2006/EG des Europäischen Parlaments und des Rates (ABl. L 316 vom 14.11.2012, S. 12).
bestimmungsgemäße Verwendung	Verwendung von Geräten und Schutzsystemen entsprechend der Gerätegruppe und Gerätekategorie und unter Beachtung aller Herstellerangaben, die für den sicheren Betrieb der Geräte notwendig sind.
Schutzflüssigkeit	Flüssigkeit, die den direkten Kontakt der explosionsfähigen Atmosphäre mit potenziellen Zündquelle nicht zulässt.
Geräte	Maschinen, Betriebsmittel, stationäre oder ortsbewegliche Vorrichtungen, Steuerungs-/Ausrüstungsteile und Warn- und Vorbeugesysteme, die einzeln oder kombiniert zur Erzeugung, Übertragung, Speicherung, Messung, Regelung und Umwandlung von Energien oder Werkstoffen dienen, soweit sie eine potentielle Zündquelle aufweisen und dadurch eine Explosion verursachen können.
dichtes Gerät	Ein Gerät, das so konstruiert und aufgebaut ist, dass das Eindringen einer von außen anstehenden Atmosphäre durch Ausdehnen und Zusammenziehen einer sich im Inneren befindlichen Flüssigkeit bei bestimmungsgemäßer Verwendung verhindert wird.
Komponenten	Bauteile, die für den sicheren Betrieb von Geräten und Schutzsystemen erforderlich sind, ohne jedoch selbst eine autonome Funktion zu erfüllen.
Schutzsysteme	Alle Vorrichtungen – mit Ausnahme der Komponenten von Geräten –, die anlaufende Explosionen umgehend stoppen oder den von einer Explosion betroffenen Bereich begrenzen sollen und als Systeme mit autonomer Funktion gesondert auf den Markt bereitgestellt werden.
Gerätegruppe	Gerätegruppe I bezieht sich auf Geräte für den Bergbau, für den Untertagebereich sowie deren Übertageanlagen, die durch Grubengas und/oder brennbare Stäube gefährdet werden können. Gerätegruppe II gilt für Geräte für die übrigen Bereiche, die durch eine explosionsfähige Atmosphäre gefährdet werden können.
Arbeitsmittel	Werkzeuge, Geräte, Maschinen oder Anlagen. Anlagen setzen sich aus mehreren Funktionseinheiten zusammen, die zueinander in Wechselwirkung stehen und deren sicherer Betrieb wesentlich von Wechselwirkungen bestimmt wird.

Tabelle 12. 2 Begriffs-Glossar (Teil 5/9)

Begriff	Erläuterung/Bezeichnung
Bereitstellung	Alle Maßnahmen, die der Arbeitgeber zu treffen hat, damit den Beschäftigten nur der Verordnung entsprechende Arbeitsmittel zur Verfügung gestellt werden. Diese umfassen Montagearbeiten, z.B. den Zusammenbau eines Arbeitsmittels einschließlich der für die sichere Benutzung erforderlichen Installationsarbeiten.
Benutzung	Erprobung, Ingangsetzung, Stillsetzung, Gebrauch, Instandsetzung und Wartung, Prüfung, Sicherheitsmaßnahmen bei Betriebsstörungen, Um-/Abbau und Transport.
Betrieb überwachungs-bedürftiger Anlagen	Prüfung durch zugelassene Überwachungsstellen oder befähigte Personen und Benutzung ohne Erprobung vor erstmaliger Inbetriebnahme.
Änderung	Jede Maßnahme, bei der die Sicherheit der Anlage beeinflusst wird. Hierzu gehört auch die Instandsetzung.
„Wesentliche Veränderung“	Jede Änderung, welche die überwachungsbedürftige Anlage derart verändert, dass sie laut den Sicherheitsmerkmalen eine neue Anlage darstellt.
Material	Werkstoffe von: – Geräten (Pumpen, Fördereinrichtungen etc.), – Konstruktionen/Teilen, – Gegenständen (Rohrleitungen, Schläuchen, Behältern etc.), – Betriebsmitteln, – Einrichtungen (Ladetanks, Silos usw.), – sonstigem. Werkstoffe in Form von: – Stahl, – Glas, – Kunststoff, – Holz, – Lacke, – Folien, – Gummierungen. (ausgenommen hiervon sind Verbundwerkstoffe!)
zugehörige(s) elektrische(s) Gerät, Betriebsmittel oder Einrichtung	Elektrisches Gerät, das sowohl energiebegrenzte als auch nichtenergiebegrenzte Stromkreise führt. Die nichtbegrenzten energiegeführten Stromkreise dürfen keinen negativen Einfluss auf die energiebegrenzten Stromkreise haben.
Anschlussteile	Klemmen, Schrauben oder sonstige Teile, die zum Anschluss der zugeführten Stromkreise bzw. Leiter dienen.
werkseitige Verbindungen	Anschlüsse von Kabeln und Leitungen bzw. Leitern, deren Verbindungen im Rahmen des Fertigungsprozesses unter kontrollierten Bedingungen/ im Normalbetrieb durchgeführt werden.
betriebsseitige Verbindungen	Anschlüsse von Kabeln und Leitungen bzw. Leitern, deren Verbindungen am Gerät oder Betriebsmittel während einer Installation im „Feld“ Betriebsbereich hergestellt werden.
Durchgangswiderstand R_D	Elektrischer Widerstand eines Materials, Gegenstands oder einer Einrichtung usw., angegeben in Ω.
spezifischer Widerstand ρ	Auch als spezifischer Durchgangswiderstand in Ωm bekannt – beschreibt den Widerstand eines Mediums oder Materials bezogen auf Länge und Querschnittsfläche.

Tabelle 12. 2 Begriffs-Glossar (Teil 6/9)

Begriff	Erläuterung/Bezeichnung
Oberflächenwiderstand R_0	Elektrischer Widerstand auf der Oberfläche eines Gegenstands, einer Einrichtung oder eines Betriebsmittels, Angabe in Ω.
Streifenwiderstand R_{ST}	Elektrischer Widerstand an Streifen von textilen Flächengebilden, der zur Verbesserung der Ableitfähigkeit der elektrostatischen Ladungen durch Beimischungen anderer Materialien den Widerstand der Grundmaterialien verringert. Beispiel: eingelassene Carbonfasern oder Metallfäden in Big Bags zur Erhöhung der Ableitfähigkeit.
Ableitwiderstand R_E	Elektrischer Widerstand einer Einrichtung, eines Gegenstands oder eines Betriebsmittels, gemessen gegen Erdpotential. R_E wird in Ω angegeben.
Leitfähigkeit K	Die Leitfähigkeit wird in s/m angegeben und stellt den Kehrwert des spezifischen Widerstands dar.
leitfähig	Von leitfähig wird gesprochen, wenn ein Medium oder Material einen spezifischen Widerstand von $\rho \leq 104$ Ωm aufweist oder der Oberflächenwiderstand $R_0 \leq 104$ Ω beträgt. (*Hinweis:* Der Höchstwert 105 Ω und der Mittelwert 104 Ω dürfen nicht überschritten werden, zum Beispiel beim Oberflächenwiderstand leitfähig gemachter Kunststoffe).
Luftstrecke	Kürzeste Strecke zwischen zwei leitfähigen Teilen in der Luft.
Kriechstrecke	Kürzeste Abstand entlang von Oberflächen eines festen Isolierstoffes zwischen zwei oder mehr leitfähigen Teilen in der Luft.
Abstand	Kürzeste Entfernung zwischen leitfähigen Teilen durch eine feste Isolation bzw. Isolierung.
ableitfähig	– Medien und Materialien mit einem spezifischen Widerstand >104 Ω und <109 Ω oder – ein Gegenstand/eine Einrichtung mit einem Oberflächenwiderstand zwischen 104 Ω und 109 Ω, gemessen bei 23 °C und 50 % relativer Luftfeuchte oder – Oberflächenwiderstand zwischen 104 Ω und 1.011 Ω, gemessen bei 23 °C und 30 % relativer Luftfeuchte
geerdet (im elektrostatischen Sinne)	Leitfähige Gegenstände, Flüssigkeiten, Schüttgüter mit einem Ableitwiderstand von $R_E \leq 108$ Ω.
aufladbar (im elektrostatischen Sinne)	Isolierende Medien und Gegenstände sowie Einrichtungen aus isolierenden Materialien. Leitfähige und ableitfähige Gegenstände und Einrichtungen sind aufladbar, wenn diese nicht geerdet sind.
Explosion	Schlagartige Verbrennung eines Gemisches aus brennbaren Gasen, Dämpfen, Nebeln oder Stäuben und Luft. Bei dieser schlagartigen Verbrennung werden sehr schnell große Wärmemengen freigesetzt, die zu einem plötzlichen lokalen Druckanstieg führen. Dieser plötzliche Druckanstieg wird in der Umgebung als Knall wahrgenommen. Je nach Größe der Verbrennungsgeschwindigkeit spricht man von einer Verpuffung, einer Explosion oder einer Detonation. Aus der Begriffsdefinition ergeben sich zwangsläufig folgende Grundvoraussetzungen für das Zustandekommen einer Explosion: Es muss ein brennbarer Stoff in zündfähiger Konzentration in einer Mischung mit Luft vorhanden sein. Wird diese Mischung durch Kontakt mit einer Zündquelle gezündet, so kommt es zur Explosion.

Tabelle 12. 2 Begriffs-Glossar (Teil 7/9)

Begriff	Erläuterung/Bezeichnung
explosionsfähiges Gemisch	Gemisch aus brennbaren Gasen, Dämpfen, Nebeln oder aufgewirbelten Stäuben mit Luft oder einem anderen Oxidationsmittel, welches beim Auftreten einer wirksamen Zündquelle mit einer sich selbsttätig fortpflanzenden Flammenausbreitung reagiert und einen im Allgemeinen sprunghaften Temperatur- und Druckanstieg hervorruft.
gefährliches explosionsfähiges Gemisch	Ein Gemisch, das in einer solchen Menge vorhanden ist, dass besondere und zusätzliche Schutzmaßnahmen zur Aufrechterhaltung der Sicherheit erforderlich werden.
gefährliche explosionsfähige Atmosphäre	Ein gefährliches explosionsfähiges Gemisch mit Luft unter atmosphärischen Bedingungen. Die gefährliche explosionsfähige Atmosphäre besteht aus einem Gemisch aus Luft und brennbaren Gasen, Dämpfen, Nebeln oder Stäuben unter atmosphärischen Bedingungen, in dem sich der Verbrennungsvorgang nach erfolgter Entzündung auf das gesamte unverbrannte Gemisch überträgt. Der Festlegung auf atmosphärische Bedingungen kommt deshalb eine so große Bedeutung zu, weil die für die Belange des Explosionsschutzes wichtigen sicherheitstechnischen Kenngrößen Funktionen von Druck, Temperatur und Sauerstoffgehalt des Gemisches sind und nur in dem oben definierten atmosphärischen Bereich als ausreichend konstant angesehen werden können.
atmosphärische Bedingungen	Umgebungstemperaturen von −20 °C bis +60 °C und einem Druck von 0,8 bar (80 kPa) bis 1,1 bar (110 kPa) sowie Luft mit einem normalem Sauerstoffgehalt von üblicherweise 21 % (V/V).
explosionsgefährdete(r) Bereich/Zone	Gefahrenbereich, in dem mit explosionsgefährdeter Atmosphäre gerechnet werden kann.
Mindestzündladung (MZQ)	Unter Versuchsbedingungen kleinste elektrostatische Entladung, die ein zündwilliges Gemisch einer gefahrdrohenden explosionsfähigen Atmosphäre entzünden kann.
Mindestzündenergie (MZE)	Unter festgelegten Versuchsbedingungen ermittelte kleinste, in einem Kondensator gespeicherte Energie, welche bei Entladung ausreichend ist, um ein zündwilliges Gemisch mit einer explosionsfähigen Atmosphäre zu entzünden. Diese Kenngröße ist wichtig für die Zündschutzart „Eigensicherheit“, „i“.
Mindestzündstrom	Mindestwert eines Stroms, der einen induktiven Stromkreis durchfließt und bei Unterbrechung auch das zündwilligste Gemisch zu zünden vermag. Der MIC (engl.: Minimum Ignition Current) ist die im angloamerikanischen Sprachraum häufig verwendete Alternative zur Mindestzündenergie.
relative Dichte eines Gases oder Dampfes	Dichte eines Gases oder Dampfes bezogen auf die Dichte der Luft unter gleichen Bedingungen. Die Dichte von Luft = 1!
Flammpunkt	Niedrigste Temperatur einer Flüssigkeit, bei der sich unter festgelegten Bedingungen ein entflammbares Dampf/Luft- Gemisch entwickelt.
Siedepunkt	Temperatur unter Atmosphärendruck (1.013 mbar) einer siedenden Flüssigkeit.
Dampfdruck	Druck, der sich einstellt, wenn sich ein Dampf mit einem Feststoff oder einer Flüssigkeit in einem abgeschlossenen System im thermodynamischen Gleichgewicht befindet.

Tabelle 12. 2 Begriffs-Glossar (Teil 8/9)

Begriff	Erläuterung/Bezeichnung
Zündtemperatur (Gas)	Niedrigste Temperatur einer erhitzten Oberfläche, bei der unter festgelegten Bedingungen eine Entzündung brennbarer Stoffe in Form von Gas oder Dampf in Verbindung mit Luft eintritt. Aus der Zündtemperatur für das explosionsfähige Gemisch ergibt sich die maximal zulässige Temperatur der für das Gemisch zugänglichen heißen Oberflächen explosionsgeschützter Geräte. Zur besseren Handhabbarkeit wurden brennbare Stoffe nach ihrer Zündtemperatur und Geräte entsprechend ihrer Oberflächentemperatur in Temperaturklassen eingeteilt.
Entzündbare Flüssigkeiten	Flüssigkeiten, die einen Flammpunkt von weniger als 23 °C haben.
Zündtemperatur (Staub)	Niedrigste Temperatur einer heißen Oberfläche, bei der sich eine Staubschicht von festgelegter Dicke auf einer heißen Oberfläche entzündet.
Zündtemperatur (Staubwolke)	Niedrigste Temperatur einer inneren heißen Wand eines Ofens, bei der sich eine Staubwolke in der Luft im Ofen entzündet.
Zündsperre	Hilfsgehäuse, das der Abdichtung der Kabelisolierung am Anschluss des Kabels an einem Betriebsmittel dient.
Grenzspaltweite (engl.: Maximum Experimental Safe Gap, abgekürzt MESG)	Größte Spaltweite zwischen Ober- und Unterteil der Innenkammer einer Prüfanordnung, bei der unter festgelegten Bedingungen bei Entzündung des sich im Inneren befindlichen Gemisches noch verhindert wird, dass das in der Außenkammer befindliche Gemisch durch einen 25 mm langen Spalt gezündet wird. Die Grenzspaltweite wird für die Schutzart „druckfeste Kapselung", „d", benötigt.
Zertifikat	Dokument, welches die Konformität eines Produktes (z. B. Gerät, Prozess, System, Person oder Organisation mit festgelegten Anforderungen) bestätigt.
EU-Konformitätserklärung	Erklärung gemäß Artikel 14 der Richtlinie 2014/34/EU des Europäischen Parlaments und des Rates vom 26. Februar 2014 zur Harmonisierung der Rechtsvorschriften der Mitgliedstaaten für Geräte und Schutzsysteme zur bestimmungsgemäßen Verwendung in explosionsgefährdeten Bereichen.
Technische Spezifikation	Dokument, in dem die technischen Anforderungen vorgeschrieben sind, denen ein Produkt genügen muss.

Tabelle 12. 2 Begriffs-Glossar (Teil 9/9)

Normen-Klartext	EN-Norm	IEC-Norm
Geräte – allgemeine Anforderungen	EN 60079-0	IEC 60079-0
Einteilung der Bereiche – gasexplosionsgefährdete Bereiche	EN 60079-10-1	IEC 60079-10-1
Einteilung der Bereiche – staubexplosionsgefährdete Bereiche	EN 60079-10-2	IEC 60079-10-2
Projektierung, Auswahl und Errichtung elektrischer Anlagen	EN 60079-14	IEC 60079-14
Künstliche Belüftung zum Schutz von Analyseräumen		IEC/TR 60079-16
Prüfung und Instandhaltung elektrischer Anlagen	EN 60079-17	IEC 60079-17
Gerätereparatur, Überholung und Regenerierung	EN 60079-19	IEC 60079-19
Stoffliche Eigenschaften zur Klassifizierung von Gasen und Dämpfen – Prüfmethoden und Daten		IEC 60079-20-1
Betriebsmittel mit Trennelementen oder kombinierten Zündschutzarten	EN 60079-26	IEC 60079-26

Tabelle 12. 3 Nachschlagewerke – Liste relevanter Normen – Elektrische Geräte, Einrichtungen in Ex-Bereichen (Teil 1/2)

Normen-Klartext	EN-Norm	IEC-Norm
Schutz von Geräten und Übertragungssystemen, die mit optischer Strahlung arbeiten	EN 60079-28	IEC 60079-28
Gasmessgeräte – Anforderungen an das Betriebsverhalten von Geräten für die Messung brennbarer Gase	EN 60079-29-1	IEC 60079-29-1
Gasmessgeräte – Auswahl, Installation, Einsatz und Wartung von Geräten für die Messung brennbarer Gase und Sauerstoff	EN 60079-29-2	IEC 60079-29-2
Gasmessgeräte – Leitfaden zur funktionalen Sicherheit von ortsfesten Gaswarnsystemen	EN 60079-29-3	IEC 60079-29-3
Gasmessgeräte – Anforderungen an das Betriebsverhalten von Geräten mit offener Messstrecke für die Messung brennbarer Gase	EN 60079-29-4	IEC 60079-29-4
Elektrische Widerstands-Begleitheizungen – allgemeine Anforderungen und Prüfanforderungen	EN 60079-30-1	IEC 60079-30-1
Elektrische Widerstands-Begleitheizungen – Anwendungsleitfaden für Entwurf, Installation und Instandhaltung	EN 60079-30-2	IEC 60079-30-2
Elektronische Gefährdung – Prüfverfahren	EN 60079-32-2	IEC 60079-32-2
Gefahr durch elektrostatische Entladungen		IEC/TS 60079-32-1
Eigensichere Systeme mit elektronisch gesteuerter Begrenzung der Funkendauer		IEC/TS 60079-39
Werkstoffeigenschaften – Prüfverfahren für brennbare Stäube	EN ISO/IEC 80079-20-2	ISO/IEC 80079-20-2
Sicherheitseinrichtungen für den sicheren Betrieb von Geräten im Hinblick auf Explosionsgefahren	EN 50495	

Tabelle 12. 3 Nachschlagewerke – Liste relevanter Normen – Elektrische Geräte, Einrichtungen in Ex-Bereichen (Teil 2/2)

Abkürzung	Bezeichnung
CE	europäisches Konformitätskennzeichen
⟨Ex⟩	Kennzeichen zur Verhütung von Explosionen (ATEX)
Ex	Kennzeichnung von Ex-Bereichen durch den Betreiber
I, II	Gerätegruppe I oder II des Explosionsschutzes
I, IIA, IIB, IIC	Explosionsgruppen
II 1D, II 2D, II 3D	Kennzeichnung von Betriebsmitteln für die Staub-Ex-Zonen
ABS	Ausschuss für Betriebssicherheit (Nachfolger des DExA)
AcetV	Acetylenverordnung
A I, A II, A III, B	Gefahrklassen brennbarer Flüssigkeiten (nach VbF)
ArbSchG	Arbeitsschutzgesetz
ArbStättV	Arbeitsstättenverordnung
ASR	Arbeitsstättenrichtlinien
ATEX	Atmosphères explosibles; Kurzform für EG-Richtlinien
BAM	Bundesanstalt für Materialforschung und -prüfung, Berlin
BAuA	Bundesanstalt für Arbeitsschutz und Arbeitsmedizin

Tabelle 12. 4 Verzeichnis der Abkürzungen (Teil 1/4)

Abkürzung	Bezeichnung
BetrSichV	Betriebssicherheitsverordnung
ASR	Arbeitsstättenrichtlinien
BG	Berufsgenossenschaft
BGBl.	Bundesgesetzblatt
BGR	Berufsgenossenschaftliche Regeln
BGV	Berufsgenossenschaftliche Vorschriften (früher VBG)
BGVR	Berufsgenossenschaftliches Vorschriften- und Regelwerk
BIA	Berufsgenossenschaftliches Institut für Arbeitssicherheit
BMWA	Bundesministerium für Wirtschaft und Arbeit (früher: BMA)
BVS	Bergbau-Versuchsstrecke Dortmund-Derne, jetzt EXAM
CEN	Europäisches Komitee für Normung
CENELEC	Europäisches Komitee für Elektrotechnische Normung
ChemG	Chemikaliengesetz
CSA	Canadian Standards Association (kanadische Normenstelle)
D (engl. Dust)	Kennbuchstabe für Staubexplosionsschutz
DGUV	Deutsche Gesetzliche Unfallversicherung (ehem. BGV)
DexA	Deutscher Ausschuss für explosionsgeschützte elektrische Anlagen
DIN	Deutsches Institut für Normung
DKE	Deutsche Elektrotechnische Kommission im DIN und VDE
DMT	Deutsche Montan Technologie
DQS	Deutsche Gesellschaft zur Zertifizierung von Managementsystemen
EEx	Kennzeichen für elektrischen Explosionsschutz nach EN
ElexV	Verordnung über elektrische Anlagen in explosionsgefährdeten Bereichen (alt)
EN	Europäische Norm
EG	Europäische Gemeinschaft
EU	Europäische Union
Ex	Kennzeichen für den Explosionsschutz (z. B. nach VDE (alt) oder IEC)
Ex d	Zündschutzart „Druckfeste Kapselung“
Ex e	Zündschutzart „Erhöhte Sicherheit“
Ex i	Zündschutzart „Eigensicherheit“
Ex m	Zündschutzart „Vergusskapselung“
Ex n	Zündschutzart „non-sparking“
Ex o	Zündschutzart „Ölkapselung“
Ex p	Zündschutzart „Überdruckkapselung“
Ex q	Zündschutzart „Sandkapselung“
Ex s	Zündschutzart „Sonderschutz“
EXAM	DEKRA EXAM GmbH
ExNB group	Gruppe der notifizierten Prüfstellen (NB – notified bodies)
Ex-RL	Explosionsschutz-Regeln (früher: Richtlinien) mit Beispielsammlung (ehem. BGR 104), heute DGUV Regel 113-001
ExVO	Explosionsschutzverordnung

Tabelle 12. 4 Verzeichnis der Abkürzungen (Teil 2/4)

Abkürzung	**Bezeichnung**
EX-WK	Explosionswahrscheinlichkeit
FDIS	Entwurf einer IEC-Norm (Schlussentwurf)
FGL	Fördergemeinschaft Gutes Licht
FP	Flammpunkt einer brennbaren Flüssigkeit
G1 ... G5	Zündgruppen nach früherer nationaler Norm
G	Kennbuchstabe für Betriebsmittel mit Gasexplosionsschutz
g.e.A.	Gefährliche explosionsfähige Atmosphäre
GAA	Staatliches Gewerbeaufsichtsamt
GefStoffV	Gefahrstoffverordnung
GewO	Gewerbeordnung
GPSG	Geräte- und Produktsicherheitsgesetz (Ersatz für GSG und PSG)
GSG	Gerätesicherheitsgesetz (abgelöst durch GPSG)
HD	Harmonisierungsdokument
ia, ib, ic	Eigensicherheit mit unterschiedlichem Niveau
IBExU	Institut für Sicherheitstechnik GmbH
IEC	Internationale Elektrotechnische Kommission
IECEx Scheme	Freiwillige Kennzeichnung für Ex-Betriebsmittel gemäß IEC-Normen
IP	Internationaler Code für Schutzarten durch Gehäuse
IS	Isolationssystem (z.B. Zellradschleuse)
M1, M2	Gerätekategorien des Schlagwetterschutzes
MESG	Grenzspaltweite (maximum experimental safe gap)
MSR	Mess-, Steuerungs- und Regelungstechnik
MZE	Mindestzündenergie
NAMUR	Normenausschuss Messen und Regeln
NASG	DIN-Normenausschuss Sicherheitstechnische Grundsätze
NB	Notified Body (anerkannte Prüfstelle)
NEC	National Electrical Code (US-Norm)
OEG	Obere Explosionsgrenze
UEG	Untere Explosionsgrenze
prEN	Entwurf einer europäischen Norm
PTB	Physikalisch-Technische Bundesanstalt
QM	Qualitätsmanagement
WZQ	Wirksame Zündquelle
QS	Qualitätssicherungssystem
RL	Richtlinie
Sch	Früheres Kurzzeichen für den Schlagwetterschutz
STF	Staubforschungsinstitut
T1 ... T6	Temperaturklassen
TAD	Technischer Aufsichtsdienst (z. B. einer Berufsgenossenschaft)
TR	Technische Regel für Anlagen

Tabelle 12. 4 Verzeichnis der Abkürzungen (Teil 3/4)

Abkürzung	Bezeichnung
TRbF	Technische Regeln für brennbare Flüssigkeiten
TRBS	Technische Regeln für Betriebssicherheit
TRGS	Technische Regeln für Gefahrstoffe
TÜV	Technischer Überwachungsverein e.V. (z.B. TÜV SÜD Industrie Service GmbH)
ÜA	Überwachungsbedürftige Anlage
UL	Underwriters Laboratories (Prüfstelle in den USA)
UVV	Unfallverhütungsvorschrift
VbF	Verordnung über brennbare Flüssigkeiten
VDE	Verband der Elektrotechnik, Elektronik und Informationstechnik e.V.
VdTÜV	Verband der Technischen Überwachungsvereine
VIK	Verband der Industriellen Energie- und Kraftwirtschaft e.V. (Energiefachverband der deutschen Industrie)
Mit „X“ gekenn-zeichneter-Schein	Prüfbescheinigung mit besonderen Bedingungen
ZLS	Zentralstelle der Länder für Sicherheitstechnik (z.B. ZLS-München)
Zone	Einstufung der Explosionsgefahr
ZÜS	Zugelassene Überwachungsstelle (z.B. TÜV SÜD Industrie Service GmbH)

Tabelle 12. 4 Verzeichnis der Abkürzungen (Teil 4/4)

Anlage: Bereich:														Referenzzeichnung:
1	2	3	4	5	6	7	8	9	10	11	12	13	14	15
	brennbarer Stoff							Flüchtigkeit*		UBG		Ex-Eigenschaften		sonstige Angaben und Anmerkungen
	Name	Zusammensetzung	Molekulargewicht in kg/kmol	relative Dichte Gas/Luft ρ	polytropher Index der adiabatischen Ausdehnung γ	Flammpunkt in °C	Entzündungstemperatur in °C	Siedepunkt in °C	Dampfdruck 20 °C in kPa	Volumen in %	Dichte in kg/m³	Gerätegruppe	Temperaturklasse	

* Üblicherweise wird der Dampfdruck angegeben; falls dieser jedoch nicht angegeben ist, kann der Siedepunkt verwendet werden.

Tabelle 12. 5 Datenblatt für die Zoneneinteilung explosionsgefährdeter Bereiche – Teil I: Liste der brennbaren Stoffe und Kennwerte
Quelle: EN 60079-10-1 (DIN VDE 0165-101) Tabelle A.1

Anlage: Bereich:																	Referenz-zeichnung:
1	2	3	4	5	6	7	8		9	10	11	12	13	14		15	16
	Freisetzungsquelle					brennbarer Stoff				Lüftung			explosionsgefährdeter Bereich				sonstige Angaben und/oder Bemerkungen
	Beschreibung	Örtlichkeit	Freisetzungsgrad[a]	Freisetzungsgrad in kg/s	Freisetzungsgrad in m³/s	Referenz[b]	Betriebstemperatur in °C	Druck in kPa	Zustand[c]	Art[d]	Verdünnungsgrad[e]	Verfügbarkeit[e]	Art der Zone 0–1–2	Zonenausdehnung in m		Verweis[f]	
														vertikal	horizontal		

a C – ständig, P – primär, S – sekundär
b Gibt die Listennummer von Teil I an.
c G – Gas, L – Flüssigkeit, LG – Flüssiggas, S – Feststoff
d N – natürlich, AG – technisch allgemein, AL – technisch örtlich
e siehe IEC 60079-10-1, Anhang C
f Angabe des Kennzeichnungbezuges, wenn verwendet, oder Berechnungsbezug.

Tabelle 12. 6 Datenblatt für die Zoneneinteilung explosionsgefährdeter Bereiche – Teil II: Liste der der Freisetzungsquellen
Quelle: EN 60079-10-1 (DIN VDE 0165-101) Tabelle A.2

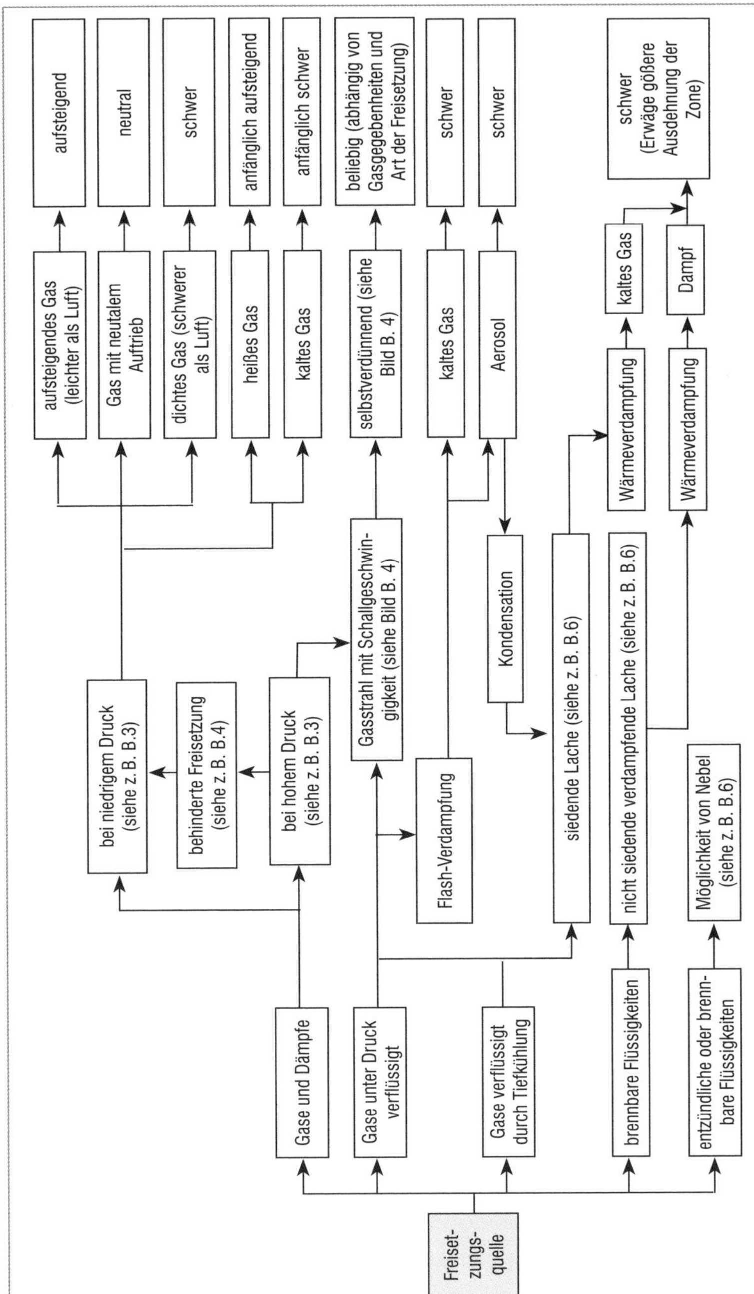

Bild 12.1 Formen der Freisetzung
Quelle: EN 60079-10-1 (DIN VDE 0165-101) Bild B.1, Anhang B

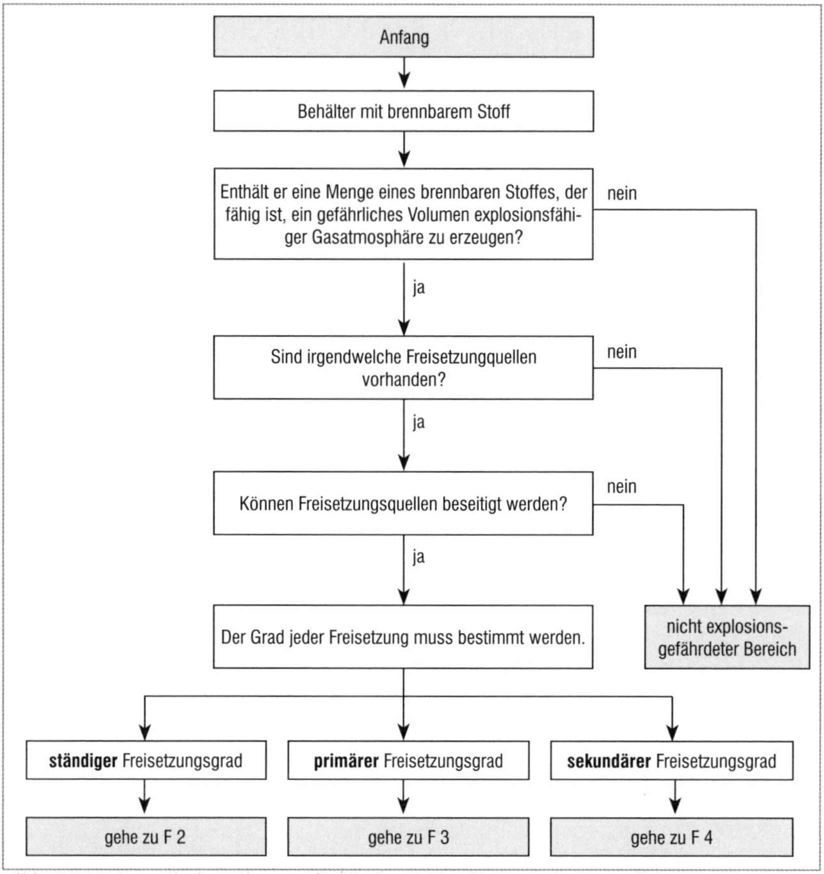

Bild 12.2 Schematische Näherung für die Zoneneinteilung explosionsgefährdeter Bereiche (Teil 1/4)
Quelle: EN 60079-10-1 (DIN VDE 0165-101) Bild F1 bis F4, Anhang F

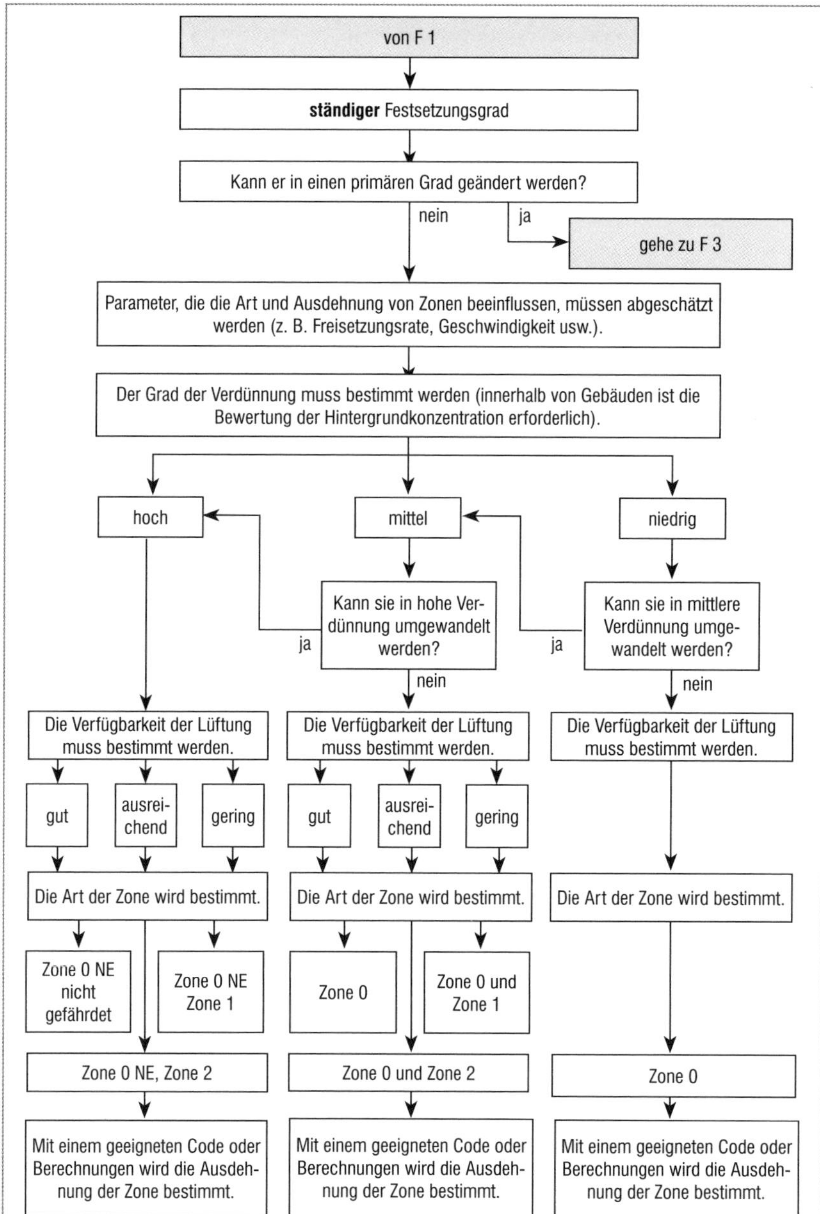

Bild 12.2 Schematische Näherung für die Zoneneinteilung explosionsgefährdeter Bereiche (Teil 2/4)
Quelle: EN 60079-10-1 (DIN VDE 0165-101) Bild F1 bis F4, Anhang F

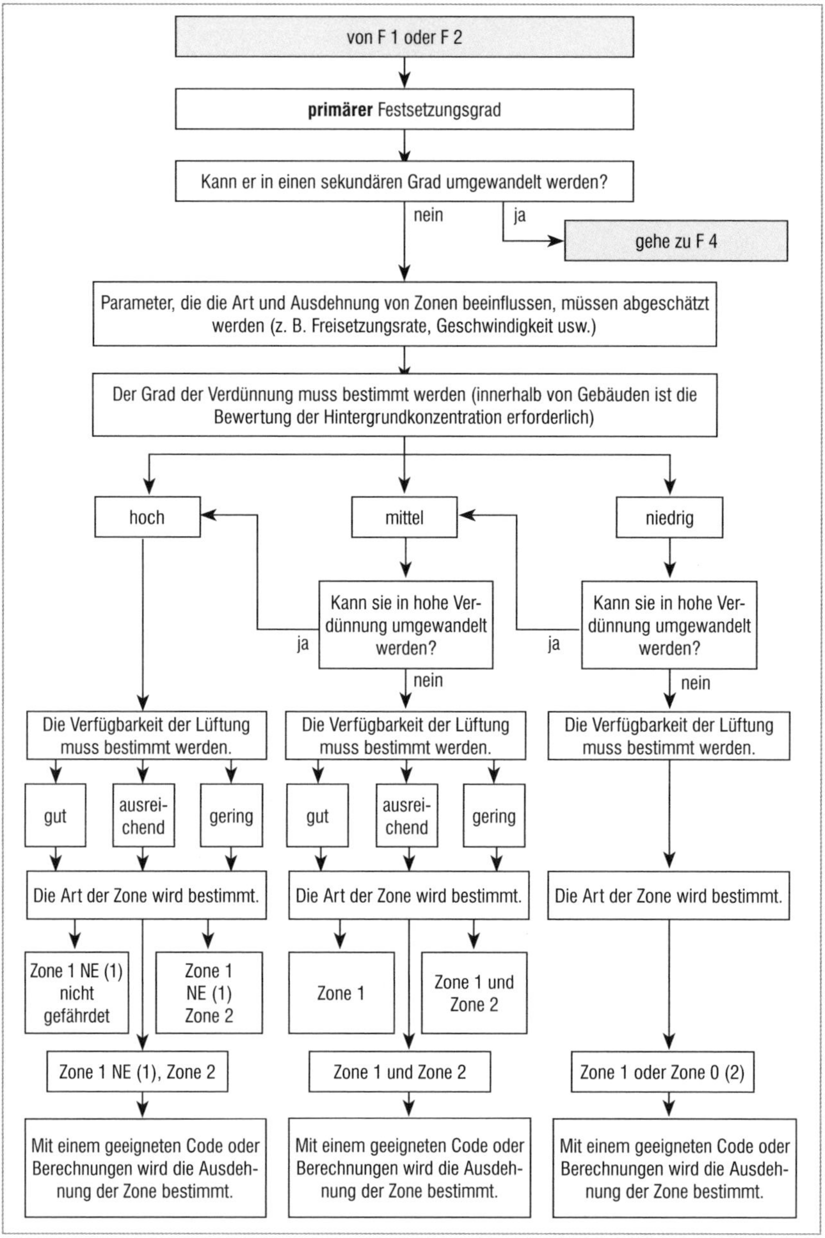

Bild 12.2 Schematische Näherung für die Zoneneinteilung explosionsgefährdeter Bereiche (Teil 3/4)
Quelle: EN 60079-10-1 (DIN VDE 0165-101) Bild F1 bis F4, Anhang F

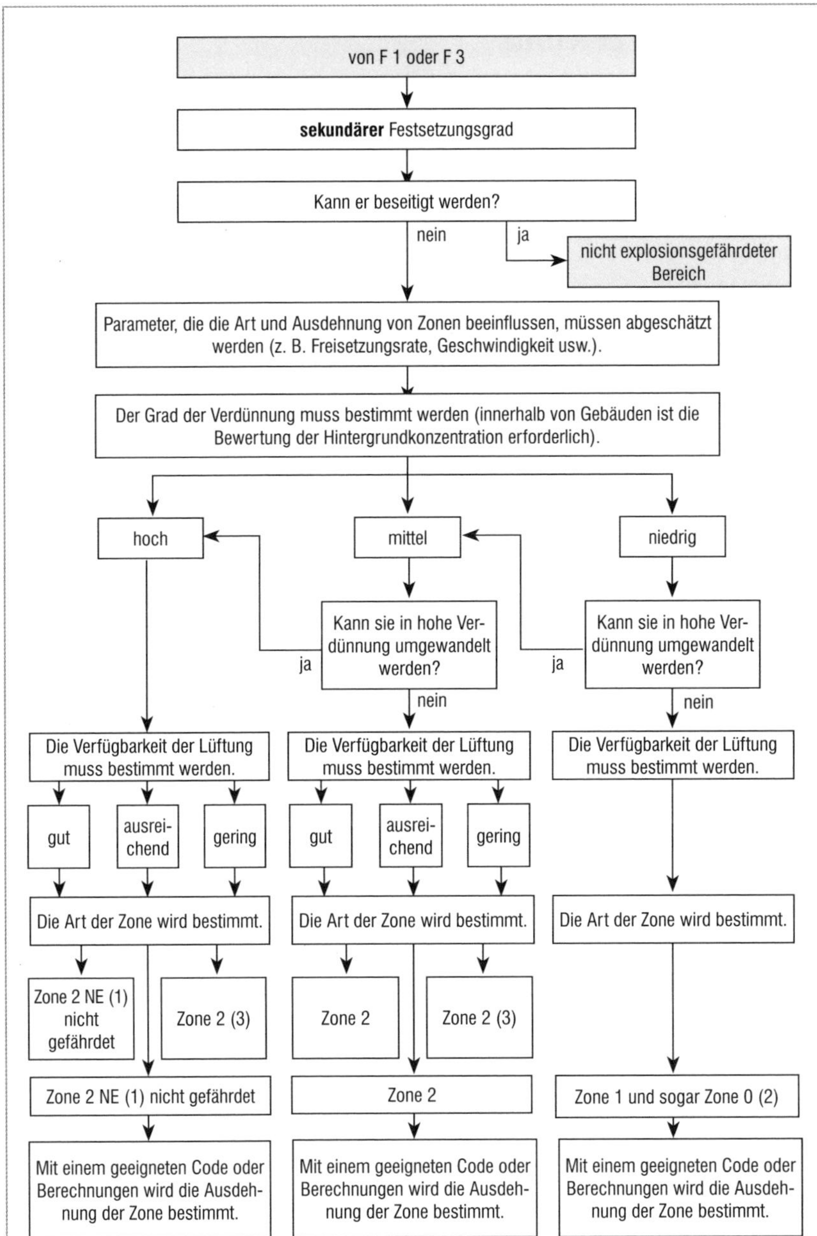

Bild 12.2 Schematische Näherung für die Zoneneinteilung explosionsgefährdeter Bereiche (Teil 4/4)
Quelle: EN 60079-10-1 (DIN VDE 0165-101) Bild F1 bis F4, Anhang F

Stichwortverzeichnis

A

Ableitungen 305
Ableitung von Blitzströmen 302
Abschalten 232
Abschwächung 161
Altanlagen 47
Anlagendokumentation 180
Anlagen mit Erlaubnispflicht 86
Anwendungsbereich 19
Anzugsmomente 250
Arbeitserlaubnis 234
Arbeitserlaubnisschein 260
Arbeitsstellen 290
Arbeitsunterbrechung 291
ATEX-Richtlinie 18
Aufladen 219
Austausch 161
Auswählen 160

B

Batterien 219
Baumusterprüfbescheinigungen 24
Bauweisen 235
befähigte Person 37, 267
Beleuchtung 209
Beleuchtungsstärke 213
Bemessungsspannung 248
Bemessungsstrom 248
Benutzerinformationen 182
Berufsausbildung 38
Berufserfahrung 38
Bescheinigungen 19
bestimmungsgemäßer Gebrauch 20
bestimmungsgemäße Verwendung 20
Betreiber 20
Betreiber/Hersteller 20
Betrieb 259
Betriebsanleitung 20, 207
Betriebssicherheitsverordnung 15
Betriebsstätten 15
Beurteilungsmaßstäbe 74
Blitzschlag 293
Blitzschutz 122
Blitzschutzmaßnahmen 293, 300
blitzstromführende Anlagenteile 294
Blitz- und Überspannungsschutz 122
B-Normen 55
Brandschottung 245
Brandschutz 244
brennbare Flusen 150
brennbarer Staub 147
Büschelentladung 231, 293, 296, 298, 299

C

Checkliste zur Prüfung 48
C-Normen 55
Conduit-Systeme 141

D

Dauergebrauchstemperatur 129
Detailprüfung 21, 270, 271
Direktanschlusstechnik 253
Dispersionsgrad 60
Dokumentation 41
Dokumentationsprüfung 81
Dokumentation zur Installation 180
Dokumente 30
Druckfeste Kapselung 100
Durchschlagsspannung 231
Durchspülung 123

E

Eigensicherheit 104
einfache eigensichere Stromkreise 114
Einzelkontaktkapselung 235
elektrische Entladung 293
elektrische Maschinen 189
elektrische Verbindungen 249
Elektromotoren 191, 207
elektrostatische Aufladungen 228
elektrostatische Zündgefahren 228
EPL (Geräteschutzniveau) 175, 221
Erdpotentiale 121
Erdung 110
Erhöhte Sicherheit 98
errichten 160, 205
Errichtungsbestimmungen 117
Erstprüfung 21, 259, 269, 271
EU-Konformitätserklärung 24

Ex-Bereiche 52
explosionsgefährdete Bereiche 37
explosionsgefährdete Zonen 37
Explosionsgefährdungen 52
Explosionsgrenzen 58
Explosionsgruppe 111, 167, 237
Explosionsrisikobewertung 66
Explosionsschutz 52, 55
Explosionsschutzkonzept 52
Explosionsschutzmaßnahmen 78
Ex-Zonenplan 52, 269

F
fachkundige Personen 21
fachkundige Person mit leitender Funktion 280
Fähigkeiten 37
Fangeinrichtungen 305
Feinstäube 152
feldseitige Verbindungen 250
fester Anschluss 250
Feuerarbeiten 290
Feuerschein 260
Freigabeschein 260, 290
Freischalten 233
Freisetzung 71, 128
Freisetzungsgrad 69
Freisetzungsquellen 68
Funkenbildung 221
Funktionalität 250
Funktionserhalt 249
Funktionskleinspannung 222

G
gasdichtes Absperren 291
Gas-Explosionsschutz 149
Gefährdungsbeurteilung 35
Gefahrstoffverordnung 36, 51
Gehäusekapselung 235
Geräte 21
Gerätedokumentation 180
Gerätegruppen 21, 41
Gerätekategorien 176
Geräteschutzniveau 124, 175, 217
Gleitstielbüschelentladung 231
Glimmtemperatur 144, 155
Grenzspaltweite 168
Grundnorm 55
Grundsätze 161

H
Handleuchten 215
Hersteller 19, 20
hybride Gemische 157

I
IEC 60079-14 41
IEC 60079-19 42
IEC/EN 60079-1 16
IEC/EN 60079-46 16
Importeur 19
Inbetriebnahme 44
Inbetriebnahmeprüfungen 185
Induktivität 117
Inertisierung 163
innere Freisetzung 128
Inspektion 265
Installationsmaterial 221
Instandhaltungsmaßnahmen 228
Instandsetzung 265
Intervall 48
Inverkehrbringen 19, 29
IP-Schutzgrad 41, 143
IT-Netz 222

K
Kabel 248
Kabeleinführung 141, 255
Kabelschuhe 251
Kabel- und Leitungsanlagen 242
Kapazität 117
Kategorie 247
Kennzeichnung 111
Klemmen 253
Klemmenkästen 253
Kompaktleuchten 214
Komponenten 36
Komponentenkapselung 235
Konformitätsbewertungsverfahren 25
Konformitätserklärung 24
Konformitätsvermutung 25
Konstruktionsteile 225
konstruktiver Explosionsschutz 59
Kontaktdruck 250
Kontrolle 161
Korrosionsbeständigkeit 41
Kurzschlussschutz 263

L
Leckverluste 123, 127
Leiterquerschnitt 227
leitfähiger Staub 150
Leitungen 248
Leitungseinführung 141, 255
Leuchten 209
Leuchtstofflampen 215
Lichtbogen 232

M
Materialkombinationen 221
Materialzusammensetzungen 221
maximale Druckanstiegsrate 58

maximaler Explosionsdruck 58
mediendichte Kapselung 157
Messprotokolle 270
Mindestluftspalt 203
Mindestquerschnitt 243
Mindestvorschriften 52
Mindestzündenergie 155
Mindestzündstrom 168
Mindestzündtemperatur 155
minimaler Flammpunkt 133
Motor 199
Motorgrenztemperaturen 204
Motorschutz 260
Motortechnik 191
MZE 155

N
Nachweise 38
Nahprüfung 270, 271
Netzart 221, 222
Netzsystem 222
nichteigensichere Stromkreise 119
nicht leitfähiger Staub 150
Notbeleuchtung 212

O
obere Explosionsgrenze 58, 129
Oberflächentemperatur 41, 179
Oberflächenvergrößerung 148
OEG 129
ordnungsgemäßer Zustand 44
Ordnungsprüfung 81
organisatorische Maßnahmen 76
ortsfeste Anlagen 47

P
PA-Leiter 226
PA-System 226
PELV 222
planen 160
Potentialausgleich 225, 227
Potentialausgleich mit Zusatzanforderungen 305
potentielle Zündquelle 224
primärer Freisetzungsgrad 151
Projektieren 160
Prüfaufzeichnungen 40, 86
Prüfberichte 270
Prüfbescheinigungen 40, 86
Prüfen 269
Prüfintervall 39
Prüfkonzepte 273
Prüfpläne 273
Prüfspannung 118
Prüfung der Arbeitsmittel 77
Prüfung vor Inbetriebnahme 271
Pumping Action 249

Q
Qualifikation 37, 39
Qualitätssicherungssystem 25

R
Risikoanalyse 56
Risikobewertung 56
Risiko einer Fehlfunktion 262
Risikominderung 58

S
Safety integrity Level 262
Sandkapselung 137
Sauerstoffgrenzkonzentration 58, 164
Schaltfrequenz 204
Schaltgeräte 232
Schnellanschlusstechnik 253
Schraubanschlusstechnik 253
Schutz durch Gehäuse 169
Schutzgrad 174
Schutzklasse/Blitzschutzklasse II 304
Schutzkleinspannung 222
Schutzmaßnahmen 165
Schutzniveau 107, 174, 176
Schutztrennung 222
schwadensichere Gehäuse 139
Schwadensicherheit 140
sekundärer Freisetzungsgrad 151
Selbstlockern 250
SELV 222
Sicherheitsanforderungen 23
Sicherheitsbeleuchtung 212
Sicherheitseinrichtungen 126
sicherheitsgerichtete Produkte 185
Sicherheitskennzeichnungen 171
sicherheitstechnische Kenngrößen 57
Sicherheitsvorkehrungen 126
Sichtprüfung 270, 271
SIL 262
SIL-Einstufung 263
ständiger Freisetzungsgrad 151
ständige Überwachung 22
statische Überdruckkapselung 125
Staubablagerungen 152, 160
Staub-Ex 149

Staubexplosionsschutz 147
Steckdosen 217
Stecker 217
Steckverbinder 217
Steckverbindung 218
Stichprobenprüfung 273
Störungsbegrenzung 263

T
technische Schutzmaßnahmen 186
Temperaturklasse 41, 179
thermische Überlast 199
TN-Netz 222
TRBS/TRGS 74
Trennung 120
TRGS 720/TRGS 721 64
TT-Netz 222
Typ A-Norm 55

U
überdruckgekapselte Installationen 128
Überlastschutz 263
Überspannungsschutz 122
Überspannungs-Schutzeinrichtung 304
überwachungsbedürftige Anlagen 15, 42
Überwachungseinrichtungen 199
UEG 129
Umrichter 201
untere Explosionsgrenze 58, 129

V
Verbesserung 265
Verbindungs- oder Anschlussklemmen 250
Verdünnung 123
Versorgungs-Netz 221
vorbeugender Explosionsschutz 59

W
Wahrscheinlichkeit 56, 60, 76
Warnhinweise 171
Warnkennzeichnung 230
Wartung 265
Wartungsmaßnahmen 228
Wechselwirkungen 44, 308
Weisungsfreiheit 38
Werkstoffkombinationen 221
Wiederinbetriebnahme 259
wiederkehrende Prüfungen 85, 271
Wirksamkeit 42
Wirksamkeitsprüfungen 52
Wirtschaftsakteur 19

Z
zeitnahe berufliche Tätigkeit 38
Zeit t_E 197
Zertifikate 19, 24
Zone 0 66, 70
Zone 1 66, 70
Zone 2 66
Zone 20 70, 151
Zone 21 70, 151
Zone 22 151, 152
Zone NE 66
Zoneneinteilung 60, 149
Zoneneinteilung für Staub-Ex-Bereiche 153
Zone vernachlässigbarer Ausdehnung 67
zugehörige Betriebsmittel 106
zugelassene Überwachungsstelle 81
Zugentlastung 203
Zugfederanschlusstechnik 253
Zulassungen 19
Zulassungskennzeichnung 172
zündfähiger Staub 147
Zündgrenzkurven 117
Zündquellenanalyse 55, 87
Zündquellenbewertung 55, 124
Zündschutzarten 41, 91
Zündtemperatur 23, 144
zur Prüfung befähigte Person 270